中国工程科技发展战略福建研究院重点咨询研究项目

福建智能建造发展探索与实践

孙　峻　周　红　张杰辉　主编

哈爾濱工業大學出版社
HITP HARBIN INSTITUTE OF TECHNOLOGY PRESS

内 容 简 介

为了解福建省智能建造发展现状和需求，把握福建省建筑业企业数字化转型的进展，明确福建省智能建造重点战略方向及实施路径，编者邀请建筑业发展相关领导、学者及企业人士等多方专家共同探讨福建智能建造和建筑业数字化转型的战略与实施路径。本书针对福建省建筑业改革创新的实际情况和存在的问题，结合企业在智能建造发展过程中设计、施工、运维等方面的探索与观察，主要阐述了智能建造的概念及内涵、现状与问题、发展方向与趋势、目标与路径、关键技术与应用场景、经验做法与典型案例以及人才培养和企业组织管理变革等内容。

本书可为建筑业转型升级提供新思路，为推进福建省建筑业高质量发展提供支撑，可供智能建造领域的科研工作者、实践者及智能建造相关专业学生查阅参考。

图书在版编目（CIP）数据

福建智能建造发展探索与实践/孙峻，周红，张杰辉主编. — 哈尔滨：哈尔滨工业大学出版社，2025.3.

ISBN 978 - 7 - 5767 - 1656 - 6

Ⅰ. TU74-39

中国国家版本馆 CIP 数据核字第 20244ZF946 号

FUJIAN ZHINENG JIANZAO FAZHAN TANSUO YU SHIJIAN

策划编辑　王桂芝
责任编辑　宗　敏
出版发行　哈尔滨工业大学出版社
社　　址　哈尔滨市南岗区复华四道街 10 号　邮编 150006
传　　真　0451-86414749
网　　址　http://hitpress.hit.edu.cn
印　　刷　哈尔滨起源印务有限公司
开　　本　787 mm×1 092 mm　1/16　印张 23　字数 560 千字
版　　次　2025 年 3 月第 1 版　2025 年 3 月第 1 次印刷
定　　价　128.00 元

（如因印装质量问题影响阅读，我社负责调换）

前　言

以物联网、大数据、云计算、人工智能为代表的新一代信息技术，正在催生新一轮的产业革命。《中华人民共和国国民经济和社会发展第十四个五年规划和2035年远景目标纲要》强调，坚持创新在我国现代化建设全局中的核心地位，把科技自立自强作为国家发展的战略支撑。建筑业作为国民支柱产业，更应积极应用科学技术，创新引领发展。

近年来，福建省工程建设行业规模不断扩大，但依然存在科技水平较不高、技术管理手段相对落后等短板，亟须加快智能化转型，走出一条内涵式、集约式的发展道路。在此背景下，福建省积极发展新基建和智能建造，助力行业高质量发展。

在中国工程科技发展战略福建研究院的推动与支持下，"福建省新基建智能建造技术发展战略与实施路径研究"课题组向福建省建筑业协会、厦门市住房和建设局、福建省十余家建筑业领先企业及华中科技大学、厦门大学与福建工程学院（现福建理工大学）三校，发出征文邀请，供稿人既有从事智能建造理论研究的学者，也有从事福建省工程实践工作的专家，都取得了数字建造理论研究和技术应用的丰富成果，保证了内容的前沿性和权威性。各位专家学者结合自身经验，组织策划，共同研讨，从智能建造发展路径与智能建造实践探索两方面入手，系统梳理了智能建造理论框架和技术体系，阐释了福建省智能建造的发展优势、挑战与主要任务，总结了智能建造在工程建设中的实践应用。

为肯定各位领域内专家学者的积极献言，决定将所有投稿专家的论文汇编成《福建智能建造发展探索与实践》一书予以出版，尽数呈现给各位读者，供业界人士参考。

将现代信息技术与工程建造结合，促进建筑业转型升级，任重道远，需要不断深入研究和探索。若论文中关于福建智能建造发展的观点、方法等内容存在不足实属自然，希望本书能够起到抛砖引玉的作用，欢迎大家批评指正。

编　者

2025年1月

目　录

上篇　智能建造发展路径

下篇　智能建造实践探索

上篇　智能建造发展路径

福建省建筑业发展现状、问题及对策研究

侯伟生[1]　童威[2]

1. 福建省建筑业协会;2. 华中科技大学

摘　要:本文首先基于国家统计局、住房和城乡建设部等的数据描述了福建省建筑业的发展现状,然后进一步分析了福建省建筑业的发展质量以及存在的问题,在此基础上结合智能建造发展提出了相应的发展对策,指出:要积极培育龙头企业,扩大竞争力;加强人才培养,提高生产效率;加大科技创新投入,助推智能建造发展,为福建省建筑业发展提供参考。

关键词:建筑业;发展现状;智能建造;对策

建筑业是关联产业多、带动能力强、就业容量大、贡献程度高的基础性产业,是福建省重要的支柱产业,在福建省经济和社会发展中具有不可替代的作用。福建省目前算是一个建筑业大省,但与排名前列的建筑业大省强省比起来仍有一定差距。《福建省建筑业"十四五"发展规划》中提出要"提升智能建造能力,着力推动智能建造与建筑工业化协同发展"。因此,本文通过分析福建省建筑业的发展现状、质量和问题,提出智能建造方面的发展对策,为福建省建筑业数字化转型与高质量发展提供参考。

1　福建省建筑业发展现状分析

1.1　产值规模

近年来,福建省建筑业总体上保持稳步发展的态势,建筑业规模不断扩大,成为拉动福建省经济快速增长的重要产业。2018—2022 年的《中国统计年鉴》数据显示,建筑业总产值近年来基本稳定在全国第七名,但与排名靠前的江苏、浙江等省差距较大,而与排名靠近的四川、河南、山东等省差距较小。

从福建省 2017—2021 年的建筑业总产值及增速来看,福建省建筑业规模日益壮大,如图 1 所示。从 2017 年不超过 1 万亿元增加到 2021 年的约 1.58 万亿元,虽然增长速度从 2017 年到 2020 年在逐渐放缓,但 2020 年之后增速又开始有所回升。总体来看,福建省建筑业总产值保持稳步增长,2021 年福建省建筑业总产值为 15 810.43 亿元,相比 2020 年增长了 11.99%,在中国 31 个省(区、市)中排名第七(不包括港澳台地区)。福建省住房和城乡建设厅 2023 年 1 月发布的《2022 年我省建筑业经济运行情况》中的数据显示,2022 年福建省建筑业总产值达到了 1.71 万亿元,总产值仍然保持全国第七,同比增长 8.3%(比全国高 1.8 个百分点),增幅居东部地区第一。

同时福建省各市(州)的建筑业总产值存在不平衡现象,福州、厦门、泉州产值规模每年位居全省前三位,占到全省建筑业产值的近70%。其中,福州的产值也要远超第二和第三的市州,是泉州的两倍有余。

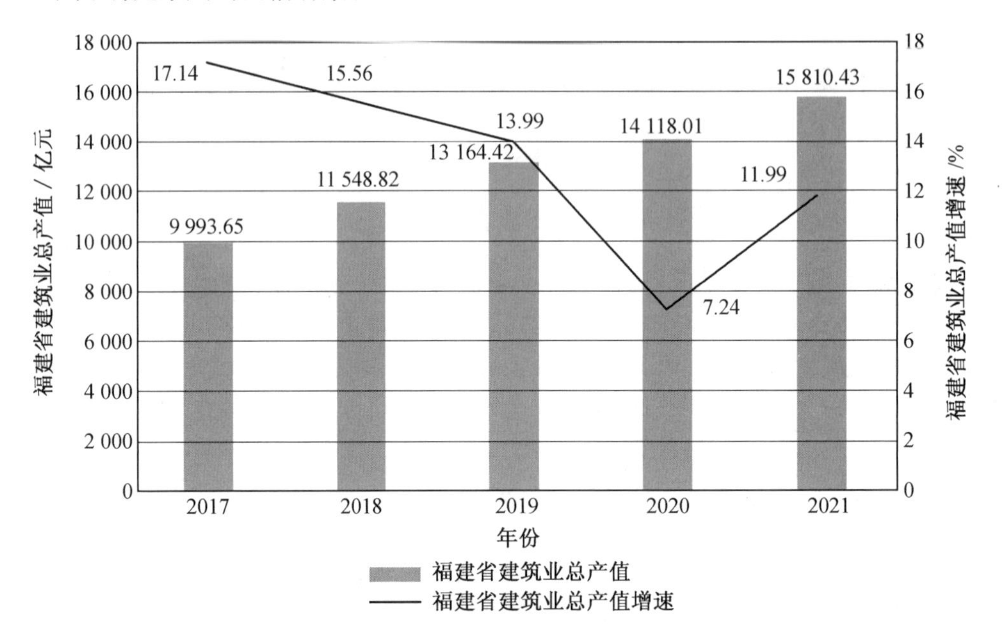

图1　2017—2021年福建省建筑业总产值及增速
(数据来源:https://www.stats.gov.cn/sj/ndsj/)

1.2　企业规模

从根据2017—2022年的《中国统计年鉴》得到的2016—2021年福建省与全国的建筑业企业数量及其占比(图2)来看,福建省建筑业企业数量呈现逐年增长的态势。其中,2018年和2019年的增速最快,保持在20%左右,自2019年往后稍稍放缓,但仍保持稳步增长。2021年,福建省工程建设企业数量达到了7 758家,相比2016年的3 608家企业,福建省建筑业企业规模扩大了一倍多。

与全国建筑业企业数量对比,从2016年到2021年,全国的建筑业企业数量从83 017家增加到128 743家,福建省建筑业企业数量占全国的比例均在稳步上升,如图2所示。从2016年的4.35%到2021年的6.03%,上升了近2个百分点,说明福建省长期以来一直倾向于鼓励发展建筑业企业数量,其政策和市场环境等因素对建筑业企业的发展较为有利。

同时,与江苏省和浙江省这两个产值大省比较来看,福建省建筑业企业数量占全国建筑业企业数量的比重大,如图3所示。从2016—2021年各省份建筑业企业在全国建筑业企业所占比例来看,福建省建筑业企业数占全国建筑业企业数比例逐年增长而江苏省和浙江省的占比基本保持稳定,没有明显变化。福建省的占比从2018年开始到2021年都要显著高于江苏省和浙江省,并且比例差距有进一步扩大的趋势,这说明福建省建筑企业在福建企业中占据比较重要的地位,对福建省的发展贡献较大。

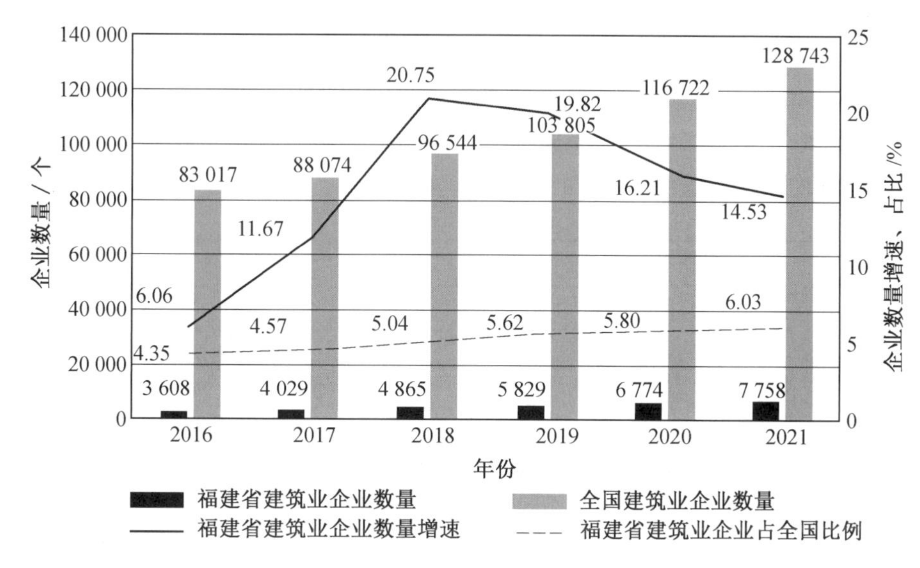

图2　2016—2021 年福建省与全国的建筑业企业数量及其占比
（数据来源：https://www.stats.gov.cn/sj/ndsj/）

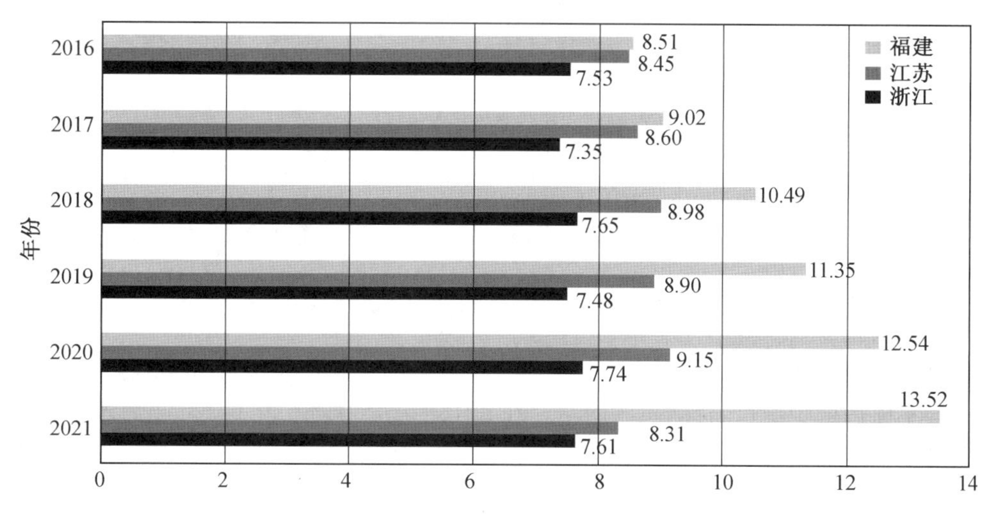

图3　2016—2021 年各省份建筑业企业在全国建筑业企业中所占比例
（数据来源：https://www.stats.gov.cn/sj/ndsj/）

1.3　从业人员规模

根据 2021 年和 2022 年的《中国统计年鉴》，截至 2021 年底，福建省建筑业从业人员数量达到了 477.65 万人，虽然相比 2020 年减少了 1.15%，但是从业人员数量仍位居全国第三位，仅次于江苏省和浙江省。从福建省 2016—2020 年的建筑业从业人员数量来看，福建省建筑业从业人员规模总体上呈不断扩大的趋势，平均增速为 8.54%，并且从 2016 年到 2018 年均保持较高增速，如图 4 所示。随后增速有所下降，在 2019 年和 2020 年保持较低增长。从业人员数量的增长可能与建筑业企业数量的增长带来了大量的就业岗位密不可分，但是在2021年从业人员数量却出现了负增长，出现这种情形可能是受行业形势的影响，建筑业从业人员数量趋于稳定。根据2021年和2022年的《中国统计年鉴》数据计算，2019年到2021年福建省建筑业从业人员数量占全省就业人员的比例分别为20.67%、21.90%和21.74%，这说明福建省建筑业在吸纳农村转移人口就业、推进新型城镇化建设和维护社会稳定等方面继续发挥显著作用。

图4　2016—2021年福建省建筑业从业人员数量及增速
（数据来源：https://www.stats.gov.cn/sj/ndsj/）

1.4　建筑业企业签订合同总额和新签合同额

根据2017—2022年的《中国统计年鉴》，福建省建筑业企业签订合同总额从2016年到2021年保持稳步增长，合同总额的增速在2018年达到峰值20.64%，随后增速开始放缓，平均增速为14.29%，从合同总额的稳定增长可以看出福建省建筑业的发展也相对稳定，如图5所示。

新签合同总额总体上也呈逐年增长的趋势，而增速总体上呈逐年放缓的趋势。2016年到2021年期间，新签合同额的平均增速为13.13%，保持着较好的上升状态。其中2020年新签合同额比2019年有较大的提高，总增速也从近几年的低谷2.58%陡然上升至11.73%，取得了较大的成就。虽然新签合同额在2021年出现了负增长，但基本同2020年保持一致。同时2020年和2021年新签合同总额占签订合同总额比例均超过50%，说明福建省建筑业企业在一定程度上仍然保持着旺盛的活力。

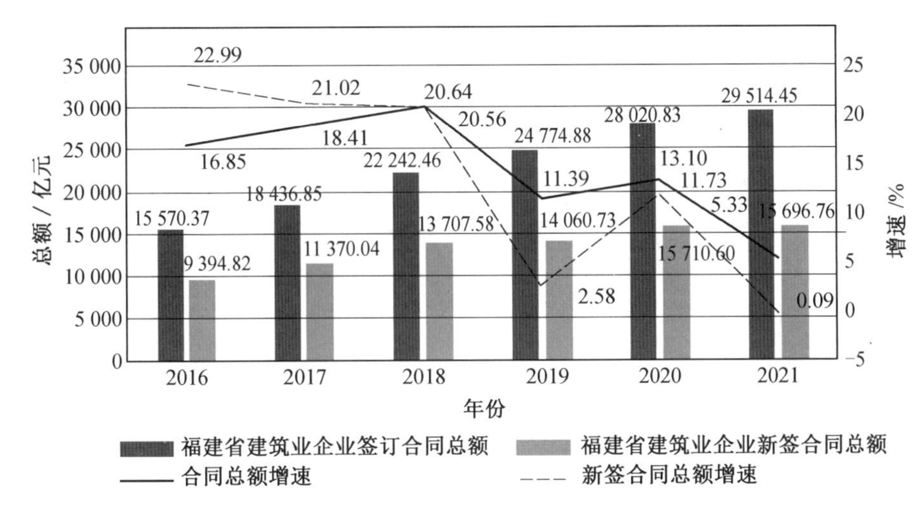

图 5　2016—2021 年福建省建筑业企业签订合同总额、新签合同总额及增速

（数据来源：https://www.stats.gov.cn/sj/ndsj/）

1.5　利润总额和产值利润率

根据 2017—2022 年的《中国统计年鉴》，福建省建筑业利润总额从 2016 年到 2021 年一直保持着稳步增长的态势，而从增速曲线来看，波动比较大，如图 6 所示。2017 年达到增速峰值 21.01%，2019 年跌至最低（0.42%），平均增速为 9.43%，高于全国 31 个省（区、市）（不包括港澳台地区）建筑业企业利润总额的平均增速 4.68%。福建省 2019 年建筑业企业利润总额增速几乎停滞，与当时国家政策和行业形势的变化是密切相关的，因为同年其他许多省份包括排名前列的产值大省（如浙江省和湖北省）的建筑业企业利润总额均出现了负增长的现象。值得一提的是，在全国建筑业企业的利润总额增速持续下降期间，福建省 2020 年的增速却出现了相对较大的提升。尤其是在 2021 年全国增速几乎停滞的时候，福建省仍保持在 6.95%。这种逆势增长说明福建省持续推进行业增产增

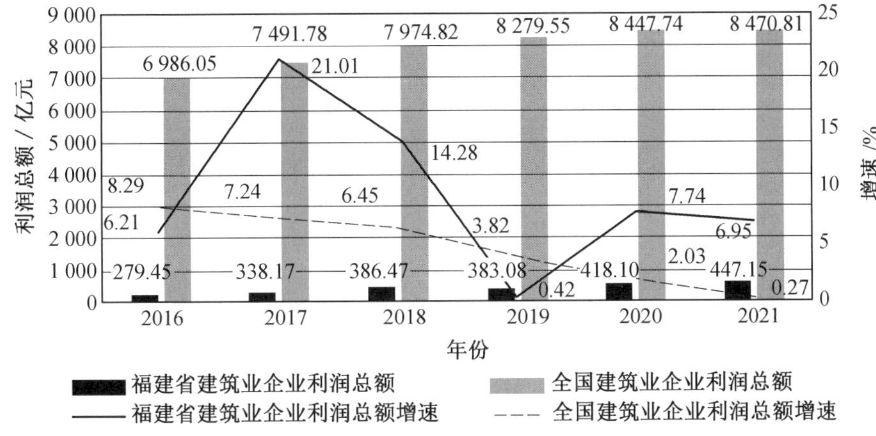

图 6　2016—2021 年福建省与全国建筑业企业利润总额及其增速对比

（数据来源：https://www.stats.gov.cn/sj/ndsj/）

效，使全省建筑业持续恢复增长。

根据2017—2022年《中国统计年鉴》中的建筑业企业利润总额和建筑业总产值两项指标，可以得到各省的建筑业产值利润率。2016—2021年福建省建筑业产值利润率一直在3.00%附近波动，总体呈逐年下降的趋势，如图7所示。2021年福建省建筑业产值利润率更是降低到最低值，为2.83%，反映出福建省建筑业企业经营状况不是很好。横向比较几个产值大省可以看出，福建省建筑业产值利润率高于浙江省，但与江苏、湖北两省还有一些差距。这表明福建省建筑业单位产值获得的利润较为可观，福建省建筑业企业相较于浙江省的综合效率较高。

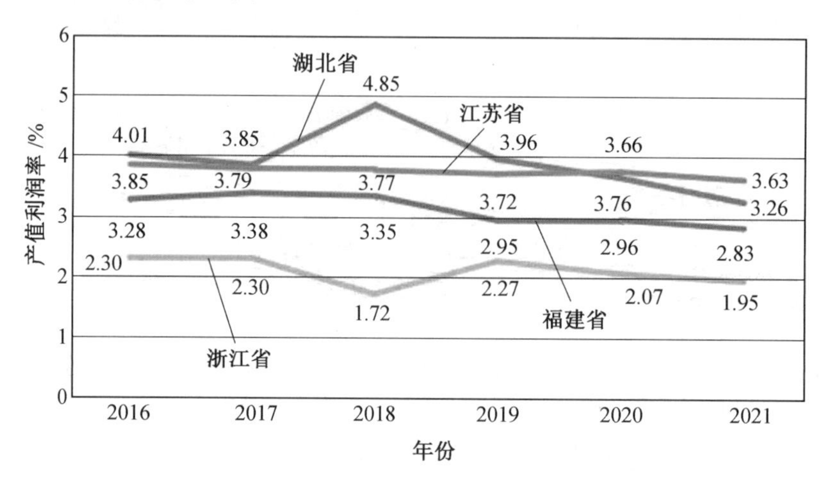

图7　2016—2021年各省建筑业产值利润率对比图
（数据来源：https://www.stats.gov.cn/sj/ndsj/）

1.6　外省产值和增加值占比

从2017年到2021年，福建省建筑业在外省完成的产值保持稳步增长，如图8所示。福建省建筑业在外省完成的产值占全省的比重也在逐年增加，外向度位居全国前列。福建省住房和城乡建设厅2022年1月发布的《2021年全省建筑业持续恢复增长》中的数据显示，2021年在外省完成产值为7 476.3亿元，外向度达47.3%。福建省住房和城乡建设厅2023年1月发布的《2022年我省建筑业经济运行情况》中的数据显示，2022年福建省省外完成产值8 299亿元，相比2021年增长了11个百分点，外向度高达48.5%，这说明福建省建筑业长期致力于拓展省外市场，并且成效显著。

根据《福建统计年鉴2022》中的地区生产总值可以得到福建省生产总值和福建省建筑业增加值。从2019—2021年的福建省全省生产总值、建筑业总产值与增加值及其增速来看，两者均呈现逐年增长的趋势，如图9所示。从两者的增长速度以及增速曲线的升降趋势基本保持同步可以看出，福建省建筑业总产值与全省生产总值联系紧密，这就从侧面反映出福建省建筑业对于全省生产总值的贡献和重要程度都是较高的。从建筑业增加值占地区生产总值的比例来看，建筑业增加值每年都占到整个福建省全省生产总值的10%以上，如图10所示。虽然从2018年开始比例有稍许下降，但总体上呈现增长趋势，说明了建筑业作为福建省的支柱产业地位稳固。

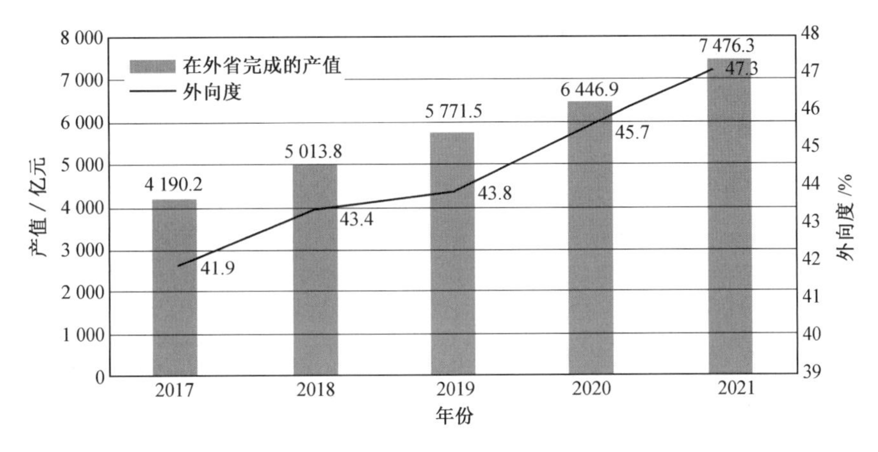

图 8　2017—2021 年福建省建筑业在外省完成的产值及其占比

（数据来源：https://zjt. fujian. gov. cn/xxgk/tjxx/jzytj/）

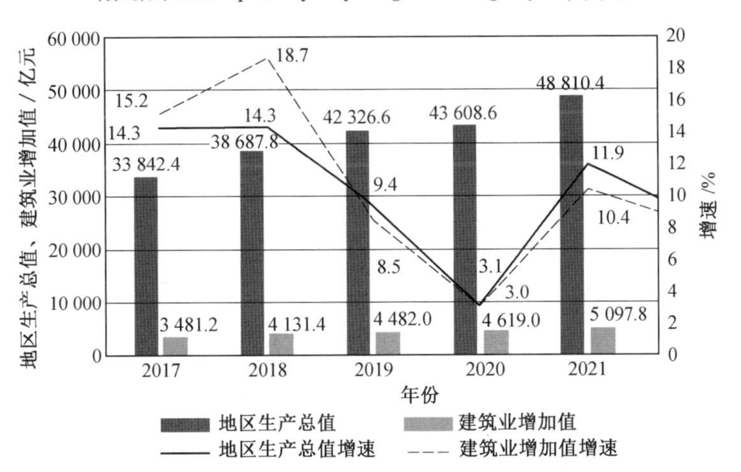

图 9　2017—2021 年福建省地区生产总值与建筑业增加值及其增速

（数据来源：https://tjj. fujian. gov. cn/tongjinianjian/dz2022/index. htm）

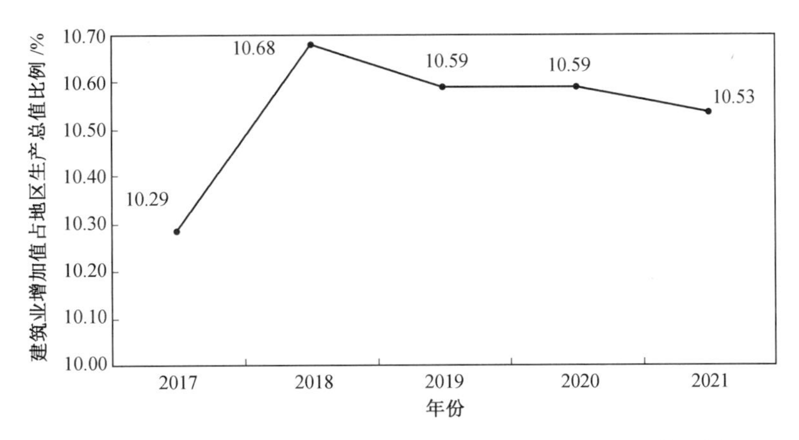

图 10　2017—2021 年福建省建筑业增加值占地区生产总值比例

（数据来源：https://tjj. fujian. gov. cn/tongjinianjian/dz2022/index. htm）

2 福建省建筑业发展质量分析

2.1 建造产品

福建省建筑业为民众提供了放心满意的建造产品。2000 年和 2022 年的《福建省统计年鉴》数据显示,从 1985 年到 2021 年,福建省房屋施工面积由 946.8 万 m^2 增长至 87 230.72 万 m^2,增长幅度约为 91%;房屋竣工面积由 407.3 万 m^2 增长至 19 206.99 万 m^2,增长幅度约为 47 倍。福建省统计局 2022 年 9 月发布的《人口高质量发展取得成效——"喜迎二十大"福建经济社会发展成就系列之十一》,福建人口居住条件得到不断改善。人口普查数据显示,2020 年全省居民家庭人均住房建筑面积达到 43.83 m^2,比 2010 年增加 6.76 m^2,增长幅度达 15.4%。

福建省建筑业为改善城乡面貌及格局、推进城镇化提供了必不可少的公共配套设施,在促进经济社会发展、优化城乡布局、完善城市功能等方面发挥了重要作用。2021 年全省常住人口中,居住在城镇的人口 2 918 万人,城镇化率达到 69.7%,比全国平均水平高 5.0 个百分点,与 2012 年相比,城镇化率提高了 10.4 个百分点。

但是福建省建筑业的建造产品仍面临着多方面的挑战,面临着产品品质性能仍需进一步提升、韧性不足,节能减排任务艰巨等挑战。

2.2 建造过程

福建省建筑业拉动了福建省生产总值的增长。从图 10 可以看出,福建省 2017—2021 年建筑业增加值在福建省生产总值增长中的占比连续保持在 10% 以上,极大地促进了福建省经济的发展,是福建省名副其实的支柱产业。

福建省建筑业拉动了关联产业的发展。在拉动经济的同时,建筑业对其他产业部门所产生的需求,对产业链上下游其他产业的刺激与带动,拉动了建材、设备制造、新能源、金融、信息等关联产业的发展。

福建省建筑业拉动了就业。建筑业在吸纳全社会劳动力、提供就业岗位、转移农村剩余劳动力等方面同样发挥了巨大的作用,对于保障人民生活、稳定社会秩序有着深远的意义。

但是建造过程仍面临挑战。建材供应能力有限、建筑材料满足不了低碳减排的要求、建筑废物回收和再利用不足、对回收材料质量缺乏信心、信息技术应用不足、生产效率较低、缺少项目全寿命周期解决方案。在生产方式方面,工作效率较低,包括使用低效和过时的生产经营方式。在环境方面,建筑业碳排放量较大、建筑废物污染环境等一直是典型的建筑业发展挑战。

2.3 建造组织

建筑业的"大投入"和"大产出",在为国民经济做出贡献的同时,也带来了很多社会与环境问题。建筑业一直以来被视作劳动密集型产业,而非技术密集型产业。由于科技创新不足,建造过程往往伴随着资源能源高消耗、污染环境(如固体垃圾、扬尘、噪声、碳排放量大)等问题,建筑业建造标准化和精益化不足,行业生产率不高。建筑业是劳动密集型的高危行业,安全健康问题严峻,质量不合格容易引发产品宜居性以及周边社区问题。

行业结构方面,福建省建筑领先企业优势不够突出,引领带动作用有待加强,只有少数公司具有较大规模。以项目为基础的建造过程涉及许多步骤,且项目参与者人数众多,从几个专业的工程和规划公司到多个分包商以及材料供应商。由于整个产业的协作水平不高,公司倾向于管理自己的风险,所以相互之间的摩擦就在所难免。产业队伍方面,熟练劳动力的短缺是大多数建筑公司需要应对的问题,劳动力老龄化,劳动力结构分散,缺乏年轻的专业人才。一方面,建筑业的劳动力队伍正在老龄化,60 岁以上的员工数量增长速度超过其他年龄段,而 25 岁以下的员工数量正在下降,这阻碍了建筑业企业现有的运营,也导致企业数字化进程的滞后,创新缓慢。另一方面,建筑业的进入门槛较低,非正规劳动力占很大比例,使得规模较小、效率较低的建筑业企业能够参与竞争。

2.4 科技创新

数字化、信息化、智能化技术正与建筑业深度融合。随着可持续发展理念、绿色环保等意识的深入人心,建筑业的科技创新也逐渐受到重视。福建省相关政府部门也制定了较多的政策,鼓励、支持建筑业的技术进步与科技创新。数字化、信息化、智能化技术与建筑业的深度融合逐渐被视为建筑业发展的重要任务,并将成为未来建筑业发展的趋势。

随着数字化信息技术的高速发展,5D 建筑信息模型、无人机、机器人、大数据、物联网、三维打印、虚拟现实、增强现实、数字孪生等技术在建筑业具有广泛的应用前景。但是,当前的建筑市场对于这些信息技术在项目设计、施工、运维的全寿命周期过程中利用率还比较低。利用好这些数字化信息技术对提升福建省建筑业生产力水平有重要意义。

3 福建省建筑业发展问题分析

3.1 技术装备水平和劳动生产率有待提升

《中国统计年鉴 2022 年》显示,2021 年我国建筑业企业平均技术装备率为 8 639 元/人,动力装备率为 4.3 kW/人;而 2021 年福建省建筑业企业技术装备率为 3 731 元/人,明显低于全国平均水平,在全国 31 个省(区、市)中排名倒数第一;2021 年福建省建筑业企业动力装备率为 2.3 kW/人,排名倒数第四。2020 年全国 31 个省(区、市)建筑业企业技术装备率和动力装备率情况如图 11 所示。

2017—2022 年的《中国统计年鉴》数据显示,福建省建筑业劳动生产率从 2016 年到 2021 年基本上保持稳步增长趋势,如图 12 所示。2021 年,福建省按建筑业总产值计算的劳动生产率 32.20 万元/人,相比 2020 年增长了 12.55%,但与全国平均水平 47.32 万元/人还有一定的差距。

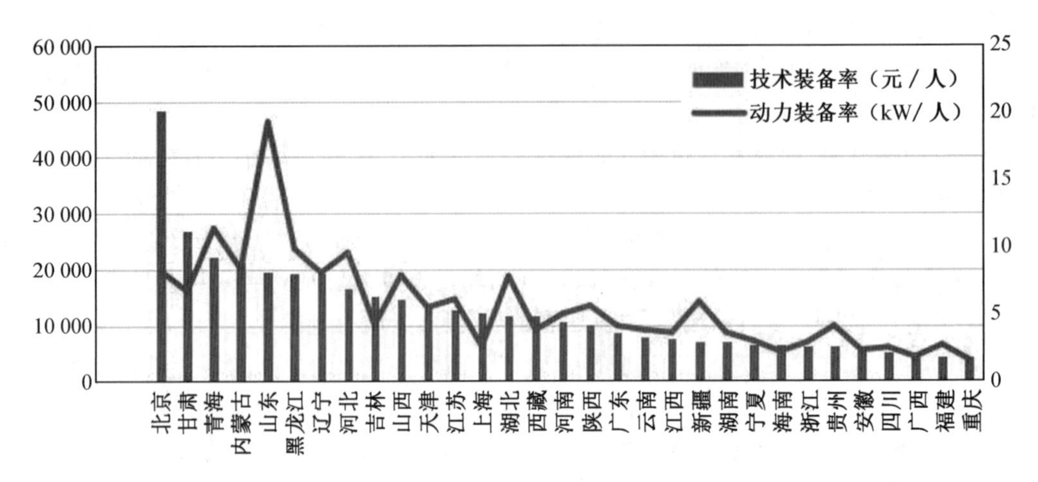

图 11　2020 年全国 31 个省(区、市)建筑业企业技术装备率和动力装备率情况(不含港澳台地区)
(数据来源:https://www.stats.gov.cn/sj/ndsj/2022/indexch.htm)

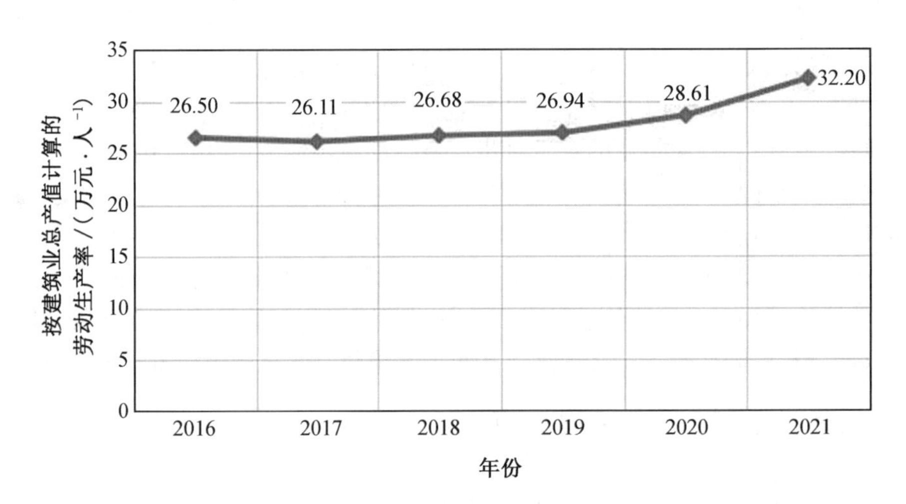

图 12　2016—2021 年福建省建筑业劳动生产率
(数据来源:https://www.stats.gov.cn/sj/ndsj/)

3.2　科技创新投入不足,智能建造发展处于起步阶段

与我国智能建造水平较高的省份和地区相比,在科技创新投入方面,福建省智能建造的发展仍处于起步阶段,这主要是由于福建省智能建造的产业生态还存在明显的不足,具体表现在以下两方面。

(1)主体合作不充分,专业人才不充足。

首先,福建省智能建造产学研主体的合作不够充分,未形成技术开发企业、高校和建筑业企业等产学研主体的深度融合,未达成建筑产业上下游间的智能建造综合布局,不利于发展智能建造技术和产品在不同主体间的一致性和上下游间的延续性。其次,由于智能建造对新一代信息技术的适应性和专业性要求高,而我国建筑业从业人员普遍年龄较大且多为单一土建类人才,不熟悉且难以适应智能建造技术,不能满足智能建造对高端复合型人才的需求，因此亟须对智能建造专门人才的引进、培育和储备。

（2）核心技术不深入，数据标准不统一。

首先，福建省工程项目中开发和应用的智能建造核心技术较为薄弱，主要依赖在外省已有成熟技术基础上的二次开发，且形成的多为低端技术，难以构成面向项目全生命周期的智能化和集成化管控产品，甚至有些工程的智能建造技术的应用仅仅停留于形式，未解决实际工程问题。其次，福建省智能建造数据的标准体系有待健全，各家产品的数据标准不统一，缺乏数据接口，导致产品兼容性较差，不能形成“一点示范，遍地开花”的局面，不利于智能建造产品的推广。

4　福建省智能建造发展对策

4.1　积极培育龙头企业，扩大竞争力

一方面，政府应积极培育龙头骨干企业，进一步扩大企业领先优势，提高福建省建筑业企业的竞争力。龙头骨干企业是一个地区建筑业整体实力的标志，迅速做大做强一批龙头骨干企业，是福建省发展建筑业的战略需要。政府应尽快出台扶持建筑业发展的政策体系，为建筑业的发展提供强有力的政策支持，引导建筑业健康有序地发展。对资质等级较高，企业规模较大，发展基础较好，市场竞争力较强的龙头骨干企业要积极引导，重点扶持，通过整合重组，鼓励强强联合，培育一批大型建筑企业集团，使他们真正形成福建省建筑行业的龙头骨干企业，带动全省建筑业的发展。[1]

另一方面，企业也应加强自身建设，改变以往“重项目、轻管理”的观念，切实转到“向管理要效益”的轨道上来。实行科学化、规范化、精细化、人性化管理等灵活高效的经营管理体制和运行机制，提高企业管理能力。不断深化人事制度改革，力争做到人尽其才，才尽其用，并采取创新性的分配办法，对人员进行考评和激励。[2]

4.2　加强人才培养，提高生产效率

要改变福建省建筑业从业人员的大规模投入推动建筑业发展的状态，优化人才结构，提高人才质量，必须进一步深入改革建筑工程技术人才培养机制。

一方面，要加强行业技术进步趋势及对人才需求变化前瞻的分析与研究。行业技术进步对工程技术人员需求，不仅是数量的影响，更重要的是质量与结构性的影响。当前建筑业迫切需要转型升级，工业化、绿色化及智慧化的建筑业发展方向，不仅要求保持建筑业人才培养的规模，更重要的是要不断提高培养质量，培养出更多的复合型人才，加快有效改变传统建造方式对劳动力大规模投入的依赖[3]。

另一方面，要加强产学研的深度融合，积极培养复合型人才。智能建造产学研主体间要逐步经历合作、融合，迈向深度融合阶段，实现高效率成果转化。建筑业企业要积极与高校和研发机构开展产业链协同合作，加大智能建造技术的研发投入，同时向高校提出智能建造相关的用人要求。研发机构要借助建筑业企业的工程项目，指导和跟踪智能建造技术的应用过程，做好反馈信息收集和应用，通过应用进一步做好技术完善。通过发挥骨干研发单位的技术优势、应用单位的需求牵引效应，以实际工程需求驱动技术落地，为建

筑业企业创收,而建筑业企业为效益质量的创优进一步加大研发投入的良性循环。此外,高校方面要设立专门的智能建造专业,从多学科交叉融合角度培养具有T形知识结构的复合型人才,既拥有建筑3D打印、建筑机器人等材料、机械和计算机学科的宽广知识面,又具备足够深入的土木工程专业知识。同时,高校应当积极与建筑业企业合作,明确行业智能建造技术的发展趋势和人才需求,探索符合智能建造创新发展的校企协同育人模式。通过产学研深度融合与专业人才的培育,为构建福建省智能建造良性的产业生态提供优良的发展模式和后继动力。

4.3 加大科技创新投入,助推智能建造发展

由于科技进步和技术创新能力的不足,福建省许多施工企业拥有的仅仅是常规技术,主要从事房屋建筑施工生产,差别化竞争能力弱,这不仅使企业在开拓省外市场方面表现乏力,而且其省内市场的份额也被省外企业越来越多地占领,不少企业的经营活动陷入受制于人的被动境地。因此大力开发、推广、应用新工艺、新技术、新材料和新设备,依靠科技进步和技术创新来提升建筑业的科技含量和附加值,培育新的经济增长点,拓展新的生存与发展空间,才是福建省建筑业今后可持续健康发展的根本出路。

一方面,政府首先积极拓宽智能建造技术相关的创新支持渠道,同时加大支持规模和财政扶持力度,建立以政府扶持为引导、企业投入为主体、多元社会资金参与的创新投入机制,提升资源配置效率,推动孵化新技术、新产品;其次,建立智能建造标准体系和技术评估机制,依托现有的国家和社会检测认证资源,对智能建造关键技术发展与应用水平进行客观评估,指导智能建造的发展方向;最后建立规范有序的市场环境,构建公平竞争的商业市场体系,完善相关法律法规,加大知识产权的宣传和保护力度。

另一方面,建筑业企业要把握建筑业数字转型的大潮流,逐步摆脱传统建筑业的碎片化、粗放式的生产管理模式,普及智能建造技术的工程应用,搭建面向工程全寿命周期的智能建造整体解决方案,同时加快技术从示范工程普及向所有工程的速度,提升体系化发展能力。研发机构要努力创新我国自有知识产权的智能建造产品,紧扣市场需求,深化市场调研并积极布局,着力解决行业痛点、难点问题,聚焦工程软件、工程物联网、工程机械、工程大数据等底层技术问题,逐步实现技术突破,打造符合实际工程需要和面向行业未来的优质产品,并依靠产品的有效可靠逐步扩大用户基数。同时,要建立规范化的工程大数据标准,从示范性的实际项目出发,构建切实可行数据标准,并逐步推广向企业级、行业级,为构建福建省建智能建造的良性的产业生态打好统一的框架。

参考文献

[1] 胡蒿.湖南省建筑业发展现状与对策分析[J].民族论坛,2015(3):82-84.

[2] 戚萍,韩颖.黑龙江建筑业现状及发展潜力研究[J].统计与咨询,2016,(1):12-15.

[3] 吴仁华,蔡彬清.建筑业技术装备率分析及其对人才培养的启示——以福建省为例[J].福建建筑,2019(9):30-34.

福建省智能建造产业与数字经济发展分析

孙峻　贾沁茹

华中科技大学

摘　要:国际形势和国家政策不断推动建筑业把握数字经济发展机遇,完成智能化转型升级。福建省作为我国的建筑大省,发展基础雄厚,但智能建造发展仍处于起步阶段。本文分析了智能建造产业与数字经济间的作用关系,对数字经济下的智能建造新业态进行归纳和总结;梳理了福建省智能建造产业链,并对"十四五"期间福建省建筑业数字经济规模进行了预测;提出了数字经济条件下福建省智能建造产业发展的相关建议。本文厘清了智能建造产业与数字经济发展间的理论关系,明确了福建省智能建造产业体系和发展前景,为福建省发展智能建造产业、带动数字经济规模增长提供参考。

关键词:智能建造产业;数字经济;智能建造产业链;规模预测

随着数字技术的飞速发展,数字经济上升至国家战略高度,成为国家经济增长的新引擎。数字技术正在颠覆传统经济运行模式,推动农业、能源产业、建筑业、服务业等传统领域数字化发展。建造产业应当深刻理解新一轮科技革命带来的变革及其紧迫性,把握数字经济时代的新机遇,推动产业变革升级,实现健康持续发展。

福建省作为我国的建筑大省,"十三五"期间累计完成建筑业总产值 5.7 万亿元,排名全国第 7 位,发展基础雄厚,发展态势良好;但仍存在着生产效率和装备水平有待提升、装配式建筑发展质量总体不高、智能建造发展仍处于起步阶段等问题。面对数字经济时代的机遇与挑战,福建省应把握信息技术发展机遇,推进建造产业转型升级,进一步带动数字经济规模增长。

1　智能建造产业与数字经济的关联

1.1　智能建造与数字经济的作用关系

数字经济是指以数据资源作为关键生产要素、以现代信息网络作为重要载体、以信息通信技术的有效使用作为效率提升和经济结构优化的重要推动力的一系列经济活动[1]。党的十九届五中全会提出,发展数字经济,推进数字产业化和产业数字化,推动数字经济和实体经济深度融合。习近平总书记指出,"促进数字技术与实体经济深度融合,赋能传统产业转型升级,催生新产业新业态新模式"。

建筑业是关联产业多、带动能力强、就业容量大、贡献程度高的基础性产业,是我国重要的支柱产业,在经济和社会发展中具有不可替代的作用。2017 年麦肯锡全球研究院发布的一份名为《想象建筑业数字化未来》(*Imagining construction's digital future*)的报告显示,虽然我国建筑业GDP占国民经济总产值比重为7%、建筑业雇员数量占全员劳动力比重为12%,但数字化水平在各行业的排名垫底。近年来,国家及行业持续发布政策文件推动建筑业数字化智能化升级。《中华人民共和国国民经济和社会发展第十四个五年规划和2035年远景目标纲要》中明确提及"发展智能建造"。住建部等13部门联合发布《住房和城乡建设部等部门关于推动智能建造与建筑工业化协同发展的指导意见》提出,推进建筑工业化、数字化、智能化升级,加快建造方式转变,推动建筑业高质量发展。为贯彻落实住建部文件要求、顺应建筑产业发展趋势,福建省住建厅等9部门发布《关于加快推动新型建筑工业化发展的实施意见》提出,推动建造方式改革,发展新型建筑工业化,促进新型建筑工业化和智能建造、绿色建造协同发展。福建省厦门市被住建部列为智能建造试点城市之一。

智能建造与数字经济发展之间存在双向的作用关系。一方面,数字经济推动建造产业转型升级。作为继农业经济、工业经济后的第三种经济形式,数字经济被普遍认为是新动能的主要构成部分和新旧动能转换的主要推动力;从外在表现来看,新旧动能的转换就是产业结构的转换,即数字经济是推动产业结构升级的主要动力。[2]因此,数字经济的发展可以促使建造产业的产业结构发生变更,为建造产业转型升级注入新动能。另一方面,建造产业及关联产业转型升级是数字产业化及产业数字化的表现,带动了数字经济规模的持续增长。建筑业拥有庞大的市场规模和众多的上下游关联产业,市场发展空间巨大。智能建造关联产业多,智能建造产业链是信息产业链和建造产业链"双链融合"产生的产业生态系统。但据研究报告显示,我国建筑业信息化率低,仅约为0.03%,在所有行业中位居倒数第二,而国际建筑业信息化达到0.3%。[3]加快建筑业转型升级、推动智能建造和新型工业化协同发展,将提升我国数字产业化和产业数字化程度,大大带动我国数字经济规模增长。

1.2 数字经济下的智能建造新业态

数字经济背景下涌现出的种种智能建造新业态,是建造产业在数字经济刺激下产业结构和产业形态发生变更的具体表现,是建筑业的建造模式、经营理念、市场形态、产品形态的全方位、整体式变革。

(1)建造服务化。

产业边界的相互融合催生出了新的业态和服务内容。建造服务化是在互联网科技、数字化技术快速发展的背景下,由服务与建造融合出的新的建造模式,是面向服务的建造和基于建造的服务的整合。[4]建造服务化包括建造过程的服务化和建造产品的服务化。

传统的建造活动仅为单纯的生产性建造,而以数字技术为支撑,工程建设领域的企业将在生产性建造活动的基础上提供更多的增值服务,也会使得更多的技术、知识性服务价值链融合到工程建造过程中。如传统的工程咨询行业属于工程建造产业链上游环节,但基于数据的全过程工程咨询向产业上下游延伸,服务涵盖了工程设计、施工建设、运营管理的工程全生命周期。

传统的建筑产品仅仅提供活动或居住的场所,功能较为基础,所创造的价值处于产业链底端。"产品+服务"是数字经济发展的产物,是一种新的业态形式,即在产品建造的基础上为客户增加服务功能,创造新的价值。[5]建筑业企业不仅需要提供基础的实物产品,还应当着眼于面向未来的运营和使用,提供各种各样的服务,保证建设目标的实现和用户的舒适体验,从而拓展建设企业的经营模式和范围,拉长产业链。医养结合的智能住宅、智慧社区、智慧基础设施等都是典型的应用实例。

(2)平台经济。

数字市场打破了物理隔阂与地理限制,利用各种各样的平台实现资源的共享和增值。平台企业连接生产厂家、服务商家、消费者,是生产交换关系的枢纽,整合多个市场主体和众多消费者的资源。[6]

工程建造行业具有发展平台经济的一些条件,如行业信息不对称现象明显、作业活动高度分散等。但是由于工程建造行业属于资源密集型行业,信息化水平低,交易标的金额通常较大,损失成本非常高,且行业监管较为严格,故而目前工程建造领域平台经济发展仍然较为缓慢。目前,建筑业已经出现了工程信息资源平台、工程外包项目聚合平台、综合众包服务平台等各类工程资源组织与配置服务平台。智能建造将不断拓展、丰富工程建造价值链,越来越多的工程建造参与主体将通过信息网络连接起来。工程建造价值链将不断重构、优化,催生出工程建造平台经济形态,大幅降低市场交易成本,改变工程建造市场资源配置方式,丰富工程建造的产业生态,实现工程建造的持续增值。

(3)数据资产。

数字资产有广义和狭义之分,狭义数字资产单指数字货币,广义数字资产泛指一切以数字表示的有价值和使用价值的数字符号,包括信息系统产生的数据、以电子形式存在的同资产交易相关的直接数据。[7]智能建造所形成的数据资产,既包括建筑产品的三维数字化交付,也包括工程全生命周期中沉淀的经过清洗整理的有价值的数字资源。

传统建筑生产过程是围绕直接形成实物建筑产品展开的,设计单位提供二维平面设计图纸,施工单位根据图纸来施工,得到实物产品,而建筑产品是三维的,具有较高的复杂性和不确定性,依据二维图纸的设计施工,其过程中不可避免会存在错、漏、碰、缺,造成建筑品质缺陷和资源浪费等问题。未来的建筑产品必将从单一实物建筑产品发展为实物建筑产品+数字产品,借助"数字孪生"技术,形成"实物+数字"复合产品形态,通过与人、环境之间的动态交互与自适应调整,实现以人为本、绿色可持续的目标。数字建筑产品将允许人们在计算机虚拟空间里对建筑性能、施工过程等进行模拟、仿真、优化和反复试错,"数字孪生"中数字建筑产品与实物建筑产品一虚一实、一一对应。数字建筑产品形成的虚拟"数字工地"作为后台,可以为前台的实体工地施工过程提供指导。数字建筑产品与实物建筑产品还可以是"一对多"的关系,即数字建筑产品形成的数字资源可复制应用到其他建筑产品中,实现数据资源的增值服务。

2　福建省智能建造产业链梳理

梳理智能建造产业链,刻画智能建造产业链图谱,明确福建省智能建造产业链细分领域代表企业,有助于厘清福建省智能建造产业现状、明确福建省智能建造产业总体布局,为推动福建省智能建造产业与数字经济发展提供基础。

2.1 智能建造核心产业分类

2021 年 5 月,国家统计局发布的《数字经济及其核心产业统计分类(2021)》[1]从“数字产业化”和“产业数字化”两方面,确定了数字经济的基本范围,为梳理智能建造核心产业提供了重要依据。智能建造包含“智能”和“建造”两方面的内涵,智能建造产业链是信息产业链和建造产业链“双链融合”形成的产业生态系统。[8]

参照上述产业的分类方法和理论,本文将智能建造的核心产业从建造产业链和信息产业链 2 个方面进行划分。建造产业方面以智能建造全生命周期的不同阶段对智能建造核心产业类别进行划分,主要包括数字化设计、工业化生产、智能化施工、智能装备制造、智慧化运维等产业;信息产业方面包括工程软件、工程物联网、工程大数据和建筑产业互联网平台等智能建造技术相关的信息产业。

本文以智能建造产业供需链、企业上下游关联性为基础,对智能建造核心产业进行梳理,主要包括上中下游 9 类产业(表 1)。

(1)建造产业链。

一是数字化设计产业,包括基于数字化工具的工程勘察、设计建模、仿真分析和方案审查等,以及工程项目全过程咨询服务。二是工业化生产产业,包括型钢和混凝土构件、预制混凝土墙板、叠合楼板、楼梯等建筑构件及部品部件的工厂化生产,绿色建材及适合智能建造的新型墙体材料、建筑防水材料、隔热隔音材料、3D 打印用材料等建筑新材料的制造。三是智能化施工产业,包括建筑工人实名制管理、视频监控、扬尘噪声监测、施工升降机安全监控、塔式起重机安全监控、危险性较大的分部分项工程安全管理、工程监理报告、工程质量验收管理、建材质量监管、工程质量检测监管、工资专用账户管理、装配模拟分析、建筑信息模型(BIM)施工等方面的智能施工管理。四是智能装备制造产业,包括建筑施工机器人、建筑维保机器人、部品部件生产机器人、智能安全帽、人脸识别闸机,以及智能造楼机、智能架桥机、智能塔吊、智能混凝土布料机等智能工程机械。五是智慧化运维产业,包括智慧楼宇运维、智慧能源管理、智慧安防管理、智慧巡检管理、智慧家居等。

(2)信息产业链。

一是工程软件产业,包括 BIM 软件、设计图纸智能辅助审查软件、基于 BIM 的性能化分析软件、协同设计平台软件、装修智能设计软件等。二是工程物联网产业,包括智能建造所需的传感器、激光扫描仪、GPS 芯片、智能仪器仪表、无线射频识别装置、智能控制器、通信系统设备等。三是工程大数据产业,包括数据采集、标注、存储、传输、管理、应用、安全等工程大数据服务,以及云计算平台、算法开发等服务。四是建筑产业互联网平台产业,包括工程物资采购类平台、工程机械在线租赁平台、建筑市场用工信息服务平台、公共建筑能耗监测平台等重点领域行业级服务平台,基于企业资源计划(ERP)平台的企业级智能建造运营平台,实现工程项目全生命周期信息化管理的项目数字化管理平台。

表1　智能建造核心产业分类表

序号	产业链	核心产业	主要内容	归属国民经济行业名称及代码
1	建造产业链	数字化设计产业	基于数字化工具的工程勘察、设计建模、仿真分析和方案审查等；工程项目全过程咨询服务	工程勘察活动(7483) 工程设计活动(7484) 规划设计管理(7485) 专业设计服务(7492)
2		工业化生产产业	型钢和混凝土构件、预制混凝土墙板、叠合楼板、楼梯等建筑构件及部品部件的工厂化生产；绿色建材及适合智能建造的新型墙体材料、建筑防水材料、隔热隔音材料、3D 打印用材料等建筑新材料的制造	塑料板、管、型材制造(2922) 砼结构构件制造(3022) 水泥制品制造(3021) 轻质建筑材料制造(3024) 防水建筑材料制造(3033) 隔热和隔音材料制造(3034) 玻璃纤维增强塑料制品制造(3062) 建筑陶瓷制品制造(3071) 金属门窗制造(3312) 建筑材料生产专用机械制造(3515)
3		智能化施工产业	建筑工人实名制管理、视频监控、扬尘噪声监测、施工升降机安全监控、塔式起重机安全监控、危险性较大的分部分项工程安全管理、工程监理报告、工程质量验收管理、建材质量监管、工程质量检测监管、工资专用账户管理、装配模拟分析、BIM 施工等方面的智能施工管理	住宅房屋建筑(4710) 安全系统监控服务(7272) 工程和技术研究和试验发展(7320) 工程管理服务(7481) 工程监理服务(7482)

续表

序号	产业链	核心产业	主要内容	归属国民经济行业名称及代码
4	建造产业链	智能装备制造产业	建筑施工机器人、建筑维保机器人、部品部件生产机器人、智能安全帽、人脸识别闸机，以及智能造楼机、智能架桥机、智能塔吊、智能混凝土布料机等智能工程机械	连续搬运设备制造(3434) 其他物料搬运设备制造(3439) 工业机器人制造(3491) 特殊作业机器人制造(3492) 建筑工程用机械制造(3514) 建筑材料生产专用机械制造(3515) 可穿戴智能设备制造(3961) 智能无人飞行器制造(3963) 通用设备修理(4320) 专用设备修理(4330) 建筑工程机械与设备经营租赁(7113)
5		智慧化运维产业	智慧楼宇运维、智慧能源管理、智慧安防管理、智慧巡检管理、智慧家居等	通信终端设备制造(3922) 互联网安全服务(6440) 运行维护服务(6540) 物业管理(7020) 安全服务(7271)
6	信息产业链	工程软件产业	BIM 软件、设计图纸智能辅助审查软件、基于 BIM 的性能化分析软件、协同设计平台软件、装修智能设计软件等	基础软件开发(6511) 支撑软件开发(6512) 应用软件开发(6513) 其他软件开发(6519)
7		工程物联网产业	智能建造所需的传感器、激光扫描仪、GPS 芯片、智能仪器仪表、无线射频识别装置、智能控制器、通信系统设备等	信息安全设备制造(3915) 通信终端设备制造(3922) 敏感元件及传感器制造(3983) 物联网技术服务(6532)
8		工程大数据产业	数据采集、标注、存储、传输、管理、应用、安全等工程大数据服务，以及云计算平台、算法开发等服务	互联网安全服务(6440) 互联网数据服务(6450) 其他互联网服务(6490) 信息系统集成服务(6531) 信息处理和存储支持服务(6550)

续表

序号	产业链	核心产业	主要内容	归属国民经济行业名称及代码
9	信息产业链	建筑产业互联网平台产业	工程物资采购类平台、工程机械在线租赁平台、建筑市场用工信息服务平台、公共建筑能耗监测平台等重点领域行业级服务平台，基于企业资源计划(ERP)平台的企业级智能建造运营平台，实现工程项目全生命周期信息化管理的项目数字化管理平台	互联网接入及相关服务(6410) 互联网生产服务平台(6431) 互联网科技创新平台(6433) 互联网公共服务平台(6434) 互联网数据服务(6450) 运行维护服务(6540) 供应链管理服务(7224)

2.2　智能建造产业链图谱

智能建造产业链图谱如图 1 所示。

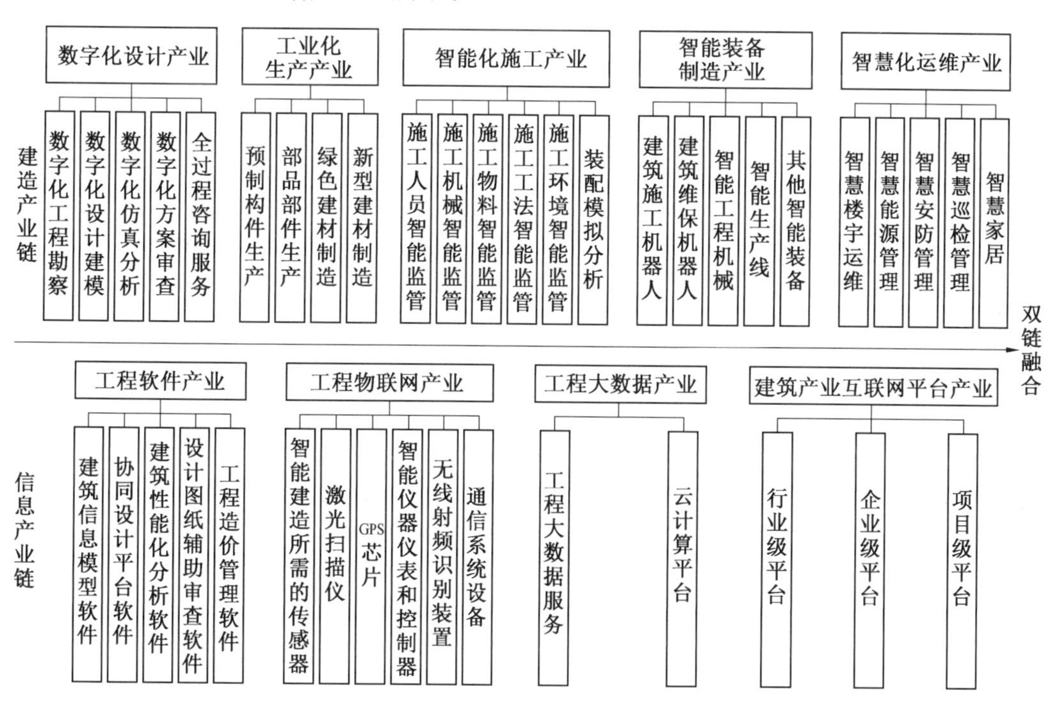

图 1　智能建造产业链图谱

2.3　福建省智能建造产业链细分领域代表企业

依据前文划分的智能建造核心产业分类，结合福建省建筑业及关联产业实际情况和调研情况，参考福建省住房和城乡建设厅《拟入选福建省建筑业龙头企业(施工总承包企业)名单》和《重点跟踪设计企业名单》、福建省数字福建建设领导小组办公室《2022 年度数字技术创新应用场景》、福建省数字福建建设领导小组办公室《2022 年度全省数字经济核心产业领域创新企业名单》、中国建筑材料企业管理协会《2020 中国建材企业 500 强系列榜单》等文件资料，总结福建省智能建造产业链细分领域代表企业见表 2。

表 2　福建省智能建造产业链细分领域代表企业

序号	产业链	核心产业	代表企业
1	建造产业链	数字化设计产业	福建省交通规划设计院有限公司 福州市规划设计研究院集团有限公司 福建省邮电规划设计院有限公司 福建省建筑设计研究院有限公司 福建省水利水电勘测设计研究院有限公司 中国电建集团福建省电力勘测设计院有限公司 中建海峡建设发展有限公司 福建博宇建筑设计有限公司 福建建工集团有限责任公司 厦门合立道工程设计集团股份有限公司 ……
2		工业化生产产业	福建省兴岩建筑科技有限公司 福耀玻璃工业集团股份有限公司 垒知控股集团股份有限公司 中宇建材集团有限公司 厦门路桥翔通股份有限公司 福建水泥股份有限公司 福建三明南方水泥有限公司 厦门宏发先科新型建材有限公司 固克节能科技股份有限公司 ……
3		智能化施工产业	中建海峡建设发展有限公司 中建四局建设发展有限公司 福建建工集团有限责任公司 福建省华荣建设集团有限公司 福建省二建建设集团有限公司 福建一建集团有限公司 厦门安科科技有限公司 福建省建筑设计研究院有限公司 ……
4		智能装备制造产业	莆田市数字集团有限公司 福建南方路面机械股份有限公司 福建中科兰剑智能装备科技有限公司 ……
5		智慧化运维产业	福建省中坚环保科技有限公司 ……

续表

序号	产业链	核心产业	代表企业
6	信息产业链	工程软件产业	福建晨曦信息科技集团股份有限公司 东华软件股份公司漳州分公司 ……
7		工程物联网产业	厦门四信通信科技有限公司 福建省中坚环保科技有限公司 福建省水投数字科技有限公司 福建时代星云科技有限公司 福建汇川物联网技术科技股份有限公司 福建慧智物联网产业发展有限公司 厦门矽创微电子科技有限公司 ……
8		工程大数据产业	福建省星宇建筑大数据运营有限公司 福建顶点软件股份有限公司 福建省星云大数据应用服务有限公司 ……
9		建筑产业互联网平台产业	福州雪品环境科技有限公司 厦门天卫科技有限公司 福建豆讯科技有限公司 博思数采科技发展有限公司 海丝埃睿迪数字科技有限公司 福州安博榕信息科技有限公司 ……

3　福建省建筑业数字经济规模预测

对福建省建筑业数字经济规模进行测算，能够进一步明晰福建省智能建造市场规模与发展前景，明确发展智能建造产业对数字经济规模持续增长的刺激作用。

按照中国信息通信研究院测算数据，2020 年我国数字产业化规模达到 7.5 万亿元，占数字经济比重为 19.1%。产业数字化规模达 31.7 万亿元，占数字经济比重达 80.9%，其中农业、工业、服务业数字经济渗透率（数字经济占其行业增加值的比例）分别为 8.9%、21%、40.7%。笔者咨询相关专家，得出建筑业渗透率可能略高于农业的结论，取 2020 年建筑业数字经济渗透率为 10% 进行测算，分别对福建省建筑业产业数字化和数字产业化经济规模进行测算，得到“十四五”期间福建省建筑业数字经济规模预测值。

3.1 福建省建筑业产业数字化经济规模测算

以福建省2017—2021年建筑业增加值数据为基础,采用指数平滑法预测福建省"十四五"期间建筑业增加值,结果见表3。

表3 福建省"十四五"期间建筑业增加值预测

年份	建筑业增加值/亿元	趋势预测 建筑业增加值/亿元	置信下限 建筑业增加值/亿元	置信上限 建筑业增加值/亿元
2017	3 481.15	—	—	—
2018	4 131.38	—	—	—
2019	4 482.03	—	—	—
2020	4 618.99	—	—	—
2021	5 140.55	5 140.55	5 140.55	5 140.55
2022	—	5 469.77	5 163.62	5 775.91
2023	—	5 847.15	5 531.51	6 162.78
2024	—	6 224.53	5 899.60	6 549.45
2025	—	6 601.91	6 267.87	6 935.94

注:建筑业增加值数据来源于《2021年福建省国民经济和社会发展统计公报》。

依据表3测算的增加值数据,以2020年建筑业数字经济渗透率10%为基准,按数字经济渗透率年均增长1.5%(2020年第二产业数据)进行测算,福建省"十四五"期间智能建造产业数字化增加值规模累计可达4 301.32亿元,2025年当年福建省智能建造产业数字化增加值规模约为1 155.33亿元。详细年度数据见表4。

表4 福建省"十四五"期间智能建造产业数字化增加值规模测算

年份	建筑业增加值/亿元	数字经济渗透率/%	产业数字化/亿元
2021	5 140.55	11.50	591.16
2022	5 469.77	13.00	711.07
2023	5 847.15	14.50	847.84
2024	6 224.53	16.00	995.92
2025	6 601.91	17.50	1 155.33
"十四五"总量	—	—	4 301.32

3.2 福建省建筑业数字产业化经济规模测算

以福建省2017—2021年建筑业企业营业收入数据为基础,采用指数平滑法预测福建省"十四五"期间建筑业企业营业收入数据,结果见表5。

表 5　福建省“十四五”期间建筑业企业营业收入预测

年份	建筑业企业营业收入/亿元	趋势预测建筑业企业营业收入/亿元	置信下限建筑业企业营业收入/亿元	置信上限建筑业企业营业收入/亿元
2017	8 649.07	—	—	—
2018	9 733.08	—	—	—
2019	10 868.75	—	—	—
2020	11 397.13	—	—	—
2021	12 569.00	12 569.00	12 569.00	12 569.00
2022	—	13 346.59	12 966.11	13 727.06
2023	—	14 312.25	13 886.53	14 737.97
2024	—	15 151.60	14 684.68	15 618.52
2025	—	16 117.27	15 612.51	16 622.03

注:建筑业企业营业收入数据来源于国家统计局。

根据中国建筑股份有限公司资料,发达国家大型建筑企业信息化投入占营业收入比例约 1%,国内占比约为 0.1%。依据表 5 测算的福建省建筑业企业营业收入数据,以 2020 年建筑业企业信息化投入占比 0.1% 为基准,按建筑业企业信息化投入占比年均增长0.1% 进行测算,福建省“十四五”期间建筑业数字产业化增加值规模累计可达 294.89 亿元,2025 年当年福建省建筑业数字化增加值规模约为 96.70 亿元。详细年度数据见表 6。

表 6　福建省“十四五”期间建筑业数字产业化增加值规模测算

年份	建筑业企业营业收入/亿元	数字经济渗透率/%	数字产业化/亿元
2021	12 569.00	0.20	25.14
2022	13 346.59	0.30	40.04
2023	14 312.25	0.40	57.25
2024	15 151.60	0.50	75.76
2025	16 117.27	0.60	96.70
“十四五”总量	—	—	294.89

3.3　福建省建筑业数字经济规模

依据福建省 2017—2021 年的经济数据,采取指数平滑法对 2022—2025 年数据进行预测。经初步测算,“十四五”时期福建省发展智能建造产业所产生的数字经济增加值规模可达 4 596.21 亿元,其中产业数字化 4 301.32 亿元,数字产业化 294.89 亿元;到 2025 年,当年福建省建筑业数字经济规模可达到约 1 252.04 亿元。详细年度数据见表 7。

表7　福建省“十四五”期间建筑业数字经济增加值规模测算　　单位：亿元

年份	2021	2022	2023	2024	2025	“十四五”总量
产业数字化	591.16	711.07	847.84	995.92	1 155.33	4 301.32
数字产业化	25.14	40.04	57.25	75.76	96.70	294.89
数字经济规模	616.30	751.11	905.09	1 071.68	1 252.03	4 596.21

4　数字经济条件下福建省智能建造产业发展建议

4.1　加快智能建造技术突破

福建省建筑业企业技术装备率和动力装备率处于全国下游，科技创新研发投入不足，智能建造发展总体上处于起步阶段。数字经济背景下，数字技术即将成为新通用技术，广泛融合应用到各个产业部门，并带动新产品新业务不断出现。[9]福建省应把握数字技术发展机遇，加快突破智能建造关键技术，促进新技术形成新产业，新产业催生新模式新业态，带动数字经济规模增长。

大力推广BIM技术。加快推进BIM技术在新型建筑工业化全寿命期的一体化集成应用，充分利用社会资源，共同建立、维护基于BIM技术的标准化部品部件库，实现设计、采购、生产、建造、交付、运行维护等阶段的信息互联互通和交互共享；推进BIM技术与城市信息模型（CIM）平台的融通联动，提高信息化监管能力，提高建筑行业全产业链资源配置效率。

推广应用物联网技术。推动传感器网络、低功耗广域网、5G、边缘计算、无线射频识别（RFID）及二维码识别等物联网技术在智慧工地的集成应用，发展可穿戴设备，提高建筑工人健康及安全监测能力，推动物联网技术在监控管理、节能减排和智能建筑中的应用。

加快智能建造与新型建筑工业化关键技术和重大装备的突破。加快新型建筑工业化与高端制造业深度融合，通过重点研发计划等多种形式支持智能建造与新型建筑工业化相关研究攻关；开展生产装备、施工设备的智能化升级行动，鼓励应用建筑机器人、工业机器人、智能移动终端等智能设备，打造福建智能建造装备品牌；发展基于新技术的“无人经济”。

4.2　拓宽智能建造应用场景

建筑产品与服务有机融合，提升建造服务化水平，推动行业新业态的形成，促进工程低碳绿色运行，提升用户舒适度和健康水平；培育协同创新生态，围绕绿色发展、智能发展、新型基础设施建设等领域，不断拓宽智能建造应用场景。

全面推进CIM平台建设，整合城市空间信息模型数据及城市运行感知数据，建设全覆盖、相互联通的城市智能感知系统和智慧城市基础操作平台。推动智能化市政基础设施建设和更新改造，对城市供水、排水、供电、燃气、热力等市政基础设施进行升级改造和智能化管理，提升市政基础设施的运行效率和安全性能。

打造智慧共享的智慧健康社区。发展基于数字技术的智能经济，引导企业研发绿色建筑、健康住宅、医养家居等建筑智能产品，打造集成智能感知、智能交互、智能服务的建筑智能终端，拓展智能建造产品形态。运用5G、物联网等新技术对社区设施、设备进行数字化、智能化改造，实现社区智能化管理；与商业/企业等第三方机构衔接可开放赋能的数据、应用及模块，为社区居民提供"多跨场景应用"服务，创建"全面、互通、开放、智能"的新型社区，打造智慧、共享的新型数字生活。

推进城市绿色低碳发展。加强财政、金融、规划、建设等政策支持，推动高质量绿色建筑规模化发展，大力推广超低能耗、近零能耗建筑，积极建设近零能耗建筑示范工程；加强绿色建造标准体系建设，构建覆盖工程建设全过程的绿色建造标准体系；在政府投资工程和大型公共建筑中全面推行绿色建造。

4.3　发展建筑业平台经济

福建省建筑业互联网平台主要集中在政府监管和行业信息方面，目前运营使用的包括福建省建设行业企业和人员信息公开平台、福建省建设工程信息公开平台、福建省建筑业监管信息平台、福建省建设工程监管一体化平台、福建省建筑劳务实名制管理平台等，对于规范行业治理产生了积极的作用。然而，福建省尚未建立起连接工程项目各参与主体和监管方的工程建造服务平台，距离建筑业平台经济业态的形成仍有一定的距离。

福建省应加快建设建筑产业互联网平台，以贯穿全产业链的互联网平台推动智能建造产业规模增长。政府支持建筑领域龙头骨干企业联合展开探索，建设行业级建筑产业互联网平台：打造集电子化招标、网上交易、供应链金融、物流服务于一体的工程物资集采平台，围绕智能检测和工程机械设备租赁的服务平台，到2025年实现互联网上交易额超万亿的规模目标。打造"绩效可追溯，信用可评价，薪资有保障"的建筑产业工人管理服务平台。推动有能力的企业建设企业级互联网平台，实现企业资源集约调配和智能决策。值得警惕的是，由于市场规模是发展数字经济的重要门槛[6]，因此应避免服务平台急功近利地盲目追求平台用户数量的爆炸式增长，以非理性的巨额前期投入换取平台价值的短期兑现[5]。工程建造服务平台服务于建筑业，对交易产品的质量要求不可松懈，对于进入平台的产品服务商需要设置一定的门槛与约束，并建立完善的纠纷处置机制。

在建设建筑业互联网平台的基础上，强化建筑业互联网平台的资源集聚能力，开展面向不同场景的应用创新。推动区块链技术与建筑业互联网的融合应用，以及基于"区块链+平台"的工程质量安全监管和建筑工人薪酬发放。支持传统建造企业与互联网平台企业、行业性平台企业、金融机构等开展联合创新，共享技术、人才、市场、设施等资源，培育建筑业服务型经济，构建"生产服务+商业模式+金融服务"跨界融合的数字化生态。

4.4　提升数据管理利用能力

数字经济时代，数据取代物质材料成为关键投入品。大体量、广范围数据的采集和获取，以及后续的存储、流转、分析、使用，是数字经济中的核心环节。[9]就建筑业而言，工程大数据建设仍处于起步阶段。数据标准体系尚未建立，数据共享缺乏内生动力，工程数据来源少、收集难，行业数据统计指标少，且大多限于内部使用。工程大数据的管理和利用也面临更大的阻碍，由于其专业属性的限制，必须遵循国家对行业管理的要求，因此需要政府的支持和推动。

福建省应加快工程数据标准体系建设。建立覆盖设计、生产、施工、运行维护及产业互联网等建筑全产业链、全生命周期的数据标准体系，编制智能建造完整数据资源目录。建立产业链数据共享机制，统筹建立健全数据确权、交易、共享等制度体系。

推广大数据技术应用。支持和推动工程项目报建资料、工程监管形成的数据、工程竣工验收资料及工程归档资料等数据的收集处理。推动大数据技术在工程项目管理、招标投标环节和信用体系建设中的应用，依托全国建筑市场监管公共服务平台，汇聚整合和分析相关企业、项目、从业人员和信用信息等相关大数据，支撑市场监测和数据分析，提高建筑业公共服务能力和监管效率。

参考文献

[1] 国家统计局. 数字经济及其核心产业统计分类(2021)[EB/OL]. (2021-05-27)[2022-02-18]. https://www.stats.gov.cn/sj/tjbz/gjtjbz/202302/t20230213_1902784.html.

[2] 李晓华. 数字经济新特征与数字经济新动能的形成机制[J]. 改革，2019(11):40-51.

[3] 国泰君安证券. 2022 年数字建筑行业发展现状及未来趋势分析 数字建筑是建筑业主要的发力方向[EB/OL]. (2022-01-11)[2022-02-18]. https://www.vzkoo.com/read/202201101789d00eb3685f8fc2ae6980.html.

[4] 丁烈云. 数字建造导论[M]. 北京：中国建筑工业出版社，2019.

[5] 丁烈云. 数字建造推动产业变革[J]. 施工企业管理，2022(4):79-83.

[6] 史丹. 数字经济条件下产业发展趋势的演变[J]. 中国工业经济，2022(11):26-42.

[7] 陆岷峰，王婷婷. 基于数字经济背景下的数字资产经营与管理战略研究——以商业银行为例[J]. 西南金融，2019(11):80-87.

[8] 毛超，张路鸣. 智能建造产业链的核心产业筛选[J]. 工程管理学报，2021,35(1):19-24.

[9] 张文魁. 数字经济的内生特性与产业组织[J]. 管理世界，2022,38(7):79-90.

基于投入产出法的建筑业产业关联分析——以福建省为例

周红[1]　王桤茜[2]

1. 厦门大学;2. 华中科技大学

摘　要:运用投入产出模型,通过计算直接消耗系数、完全消耗系数、直接分配系数、完全分配系数、影响力系数和感应度系数等技术经济指标,定量分析福建省建筑业与国民经济其他产业之间的关联水平,从实证角度探究福建省建筑业与其他产业之间的互动能力和产业结构特性,科学评估建筑业发展对国民经济的影响。研究结果表明:福建省的建筑业对交通运输、仓储和邮政、化学产品、非金属矿物制品、金属冶炼和压延加工品等产业部门的需求拉动能力较强,而对其他产业部门的供给推动作用广泛但不显著,整体来看与第二产业关联紧密,属于后向关联度高、前向关联度低的需求拉动型产业;建筑业对数字经济的需求拉动效应持续增强,其机械化、自动化水平不断提高,但在信息化、网络化和软件开发应用等方面发展相对缓慢,有必要加快发展智能建造,助力数字经济发展。

关键词:建筑业;产业关联;投入产出;需求拉动;数字经济

国民经济是一个由各个产业共同组成的复杂系统,系统中的每个产业并非相互独立,而是在发展中相互带动,彼此之间形成以投入产出关系为连接纽带的技术经济联系,即产业关联。[1]通过产业关联分析可以清晰地刻画各产业部门之间不同程度的依存关系,以及具体产业在国民经济中的地位。改革开放以来,我国建筑业改革发展成效显著,作为国民经济支柱产业的作用不断增强,为促进经济增长、缓解社会就业压力、推进新型城镇化建设、保障和改善人民生活、决胜全面建成小康社会做出了重要贡献。部分学者已经认识到建筑业具有投资额大、产业链长、波及面广、辐射性强等特点[2],但相关理论仍然缺乏实证研究的支撑。因此,本研究运用投入产出模型,以福建省 2012 年和 2017 年的投入产出表数据为基础,定量计算建筑业与国民经济其他产业的关联度系数、感应度系数和影响力系数等评估指标,通过实证研究分析福建省建筑业与其他产业之间的技术经济联系及其演化趋势,为福建省建筑业及其上下游关联产业发展与产业结构优化提供参考。

1　投入产出模型原理及研究思路

1.1　投入产出模型原理

投入产出分析是一种常见的研究产业关联的统计和数量经济分析方法,利用投入产出表建立相应的投入产出模型,对各产业部门在生产中的投入来源和使用去向进行定量分析,系统考察国民经济结构和产业部门间的技术经济联系。[3]投入产出表又被称为“里昂惕夫表”,最早由美籍俄裔经济学家里昂惕夫提出,随后在世界各国和国际组织中得到广泛应用。[4]1987 年,我国国务院办公厅发布《关于进行全国投入产出调查的通知》,首次提出进行全国投入产出调查,编制 1987 年全国投入产出表,以后每 5 年进行一次(逢 2、7 年份)。投入产出表的基本结构见表 1,x_{ij}横行表示 i 部门产品分配给 j 部门生产使用的数量,纵列表示 j 部门生产消耗 i 部门产品的数量,N_i表示劳动者报酬、生产税金额、固定资产折旧、营业盈余等初始投入价值,Y_i表示最终消费、资本形成总额、出口、国内省外流出等最终使用价值,X_i表示 i 部门的总产出,X_j表示 j 部门的总投入。利用投入产出表构建相应的投入产出模型,可以实现对国民经济各部门产业关联情况的定量分析。

表 1　投入产出表的基本结构

产出	投入		
	中间使用	最终使用	总产出
中间投入	x_{ij}	Y_i	X_i
增加值	N_i	—	—
总投入	X_j	—	—

1.2　研究思路

投入产出法主要是基于投入产出表的数据进行定量计算和分析,从而得出产业关联关系、波及程度和结构演变趋势。[5]根据产业间供给与需求联系,产业关联可以分为后向关联和前向关联两种基本形式,建筑业的后向关联与前向关联如图 1 所示。其中,后向关联是指一个产业对其上游产业发展的需求拉动作用,前向关联是指一个产业对其下游产业发展的供给推动作用。在上述两种关联中,产业部门之间因直接供给或需求生产资料产生的关联称为直接关联,因直接和间接供给或需求共同作用而产生的关联成为完全关联。关联度系数是量化评估产业关联程度的重要指标,可以采用直接消耗系数和完全消耗系数来评估产业后向关联度,采用直接分配系数和完全分配系数来评估产业前向关联度。在后向关联的基础上,进一步计算影响力系数,即某产业部门每增加 1 单位的最终产品对国民经济各产业部门所产生的生产需求的波及程度;在前向关联的基础上,进一步计算感应度系数,即各产业部门每增加 1 单位的最终产品对某一部门总产出的影响程度。

上游产业 —后向关联/需求→ 建筑业 —前向关联/供给→ 下游产业

图 1　建筑业的后向关联与前向关联

综上,本研究以建筑业为研究对象,选取 2012 年、2017 年福建省 42 个部门间的投入产出数据,利用 Excel 软件计算各产业部门的消耗系数和分配系数,通过关联度分析,从后向、前向关联等方面归纳福建省建筑业与各产业部门间的需求与供给关系;通过感应度系数和影响力系数的计算和分析,判断建筑业在福建省经济发展中的产业特点和其对经济发展的供给推动与需求拉动作用;同时,通过跨5年时间序列维度的纵向比较,探析建筑业产业关联的演化趋势,为福建省建筑业的结构调整与政策制定提供相应的参照和建议。

2　建筑业与后向产业的关联度测算

后向关联分析旨在描述建筑业部门与其生产资料供给部门之间的相互关系,即建筑业部门生产1个单位的产品需要消耗其他部门产品的数量,通过直接消耗系数和完全消耗系数来表示建筑业部门对其他部门的需求效应。

2.1　建筑业与后向产业的直接关联度

直接消耗系数,又称直接投入系数或技术系数,表示某个部门生产1个单位产品直接消耗其他部门产品的数量。[6] 直接消耗系数记为 $a_{ij}(i, j = 1,2,\cdots,n)$,其计算式如下:

$$a_{ij} = \frac{x_{ij}}{X_j} \quad \text{（公式 1）}$$

式中,x_{ij}表示j部门生产过程中对i产品消耗的价值量;X_j表示j部门的总投入。

对2012年、2017年福建省投入产出表中42个部门直接消耗系数矩阵进行测算,直接消耗系数总和分别是0.699 0、0.725 0,即建筑业每增加1个单位的产出将对其他产业部门带来0.699 0、0.725 0个单位的直接拉动需求,由此可见近年来建筑业对福建省经济的需求端拉动作用呈现上升趋势。对42个部门直接消耗系数求平均值得直接消耗系数均值分别为0.016 6、0.017 3,以此为界限将2012年、2017年建筑业直接后向关联产业划分为密切和非密切两类,其中建筑业直接后向密切关联产业分别为7、10个。

福建省建筑业直接后向关联产业的前10位见表2,由此可以测算出其累计直接关联度分别为90.12%、91.78%,建筑业生产产品需要直接消耗的大部分原材料均为表2中产业生产的产品。2012年,金属冶炼和压延加工品,非金属矿物制品,交通运输、仓储和邮政是建筑业的主要直接消耗产业,累计占比70.84%。2017年,建筑业对交通运输、仓储和邮政的拉动效应最显著,直接消耗系数占比为40.58%,非金属矿物制品、化学产品的直接消耗系数占比分别为13.52%、11.16%,居第2、3位。

表2　福建省建筑业与各相关产业的直接消耗系数(前10位)

排名	2012年		2017年	
	产业	系数	产业	系数
1	金属冶炼和压延加工品	0.242 0	交通运输、仓储和邮政	0.294 2
2	非金属矿物制品	0.179 1	非金属矿物制品	0.098 0
3	交通运输、仓储和邮政	0.074 1	化学产品	0.080 9
4	电气机械和器材	0.028 6	金属制品	0.050 3
5	金属制品	0.025 8	电气机械和器材	0.038 9
6	批发和零售	0.023 7	非金属矿和其他矿采选产品	0.028 3

续表

排名	2012 年		2017 年	
	产业	系数	产业	系数
7	化学产品	0.017 8	木材加工品和家具	0.020 8
8	建筑	0.014 6	居民服务、修理和其他服务	0.018 4
9	居民服务、修理和其他服务	0.014 0	造纸印刷和文教体育用品	0.018 0
10	木材加工品和家具	0.010 2	批发和零售	0.017 6

为进一步探究建筑业与数字经济发展之间的相互作用关系，本研究参照国家统计局发布的《数字经济及其核心产业统计分类（2021）》《国民经济行业分类》（GB/T 4754—2017）等相关统计分类标准，从福建省投入产出表的 42 个部门筛选出 15 个与数字产品制造业、数字产品服务业、数字技术应用业、数字要素驱动业等数字经济核心产业关联紧密的部门，主要包括通信设备、计算机和其他电子设备制造业，信息传输、软件和信息技术服务业，电气机械和器材制造业等，是数字经济发展的基础。[7, 8]

福建省建筑业与数字经济各相关产业的直接后向关联情况见表 3。经计算可得，2012 年、2017 年的直接消耗系数总和分别是 0. 129 3、0. 217 9，即建筑业每增加 1 个单位的产出将对数字经济相关产业部门带来 0. 129 3、0. 217 9 个单位的直接拉动需求，由此可见近年来福建省建筑业对于数字经济产业的直接需求拉动作用显著增强。从具体产业部门来看，建筑业对电气机械和器材制造业的直接需求拉动作用最强，其直接消耗系数在 42 个部门中稳居前 5，对通信设备、计算机和其他电子设备制造业的直接需求拉动作用较强，而对信息传输、软件和信息技术服务业的直接需求拉动作用比较微弱；纵向来看，从 2012 年到 2017 年，建筑业对电气机械和器材制造业，通信设备、计算机和其他电子设备制造业及信息传输、软件和信息技术服务业的直接需求拉动作用均逐渐增强。

表 3　福建省建筑业与数字经济各相关产业的直接消耗系数

2012 年			2017 年		
排名	产业	系数	排名	产业	系数
4	电气机械和器材	0.028 6	3	化学产品	0.080 9
6	批发和零售	0.023 7	5	电气机械和器材	0.038 9
7	化学产品	0.017 8	8	居民服务、修理和其他服务	0.018 4
8	建筑	0.014 6	9	造纸印刷和文教体育用品	0.018 0
9	居民服务、修理和其他服务	0.014 0	10	批发和零售	0.017 6
11	科学研究和技术服务	0.009 4	11	通用设备	0.016 7
13	金融	0.007 4	12	建筑	0.008 7
18	通信设备、计算机和其他电子设备	0.003 0	13	科学研究与技术服务	0.005 9
19	通用设备	0.002 8	15	通信设备、计算机和其他电子设备	0.004 2

续表

2012 年			2017 年		
排名	产业	系数	排名	产业	系数
20	租赁和商务服务	0.002 7	16	租赁和商务服务	0.003 6
22	造纸印刷和文教体育用品	0.002 0	18	仪器仪表	0.002 6
24	仪器仪表	0.001 1	21	专用设备	0.001 2
25	专用设备	0.001 0	24	金融	0.000 6
26	文化、体育和娱乐	0.000 8	25	信息传输、软件和信息技术服务	0.000 5
29	信息传输、软件和信息技术服务	0.000 4	31	文化、体育和娱乐	0.000 1

2.2 建筑业与后向产业的完全关联度

完全消耗系数,表示某个部门生产 1 单位产品直接和间接消耗其他部门产品的数量,等于直接消耗系数与全部间接消耗系数之和。完全消耗系数矩阵记为 $\boldsymbol{B}$,其计算式如下:

$$\boldsymbol{B}=(\boldsymbol{I}-\boldsymbol{A})^{-1}-\boldsymbol{I} \qquad \text{(公式 2)}$$

式中,$\boldsymbol{I}$ 为单位矩阵,$\boldsymbol{A}$ 为直接消耗系数矩阵。

对 2012 年、2017 年福建省投入产出表中 42 个部门完全消耗系数矩阵进行测算,完全消耗系数总和分别是 2. 091 2、2. 183 5,即建筑业每增加 1 个单位的产出将对其他产业部门带来 2. 091 2、2. 183 5 个单位的完全拉动需求。对 42 个部门完全消耗系数求平均值得完全消耗系数均值分别为 0. 049 8、0. 052 0,以此为界限划分 2012 年、2017 年建筑业完全后向密切关联产业分别为 9、16 个。福建省建筑业完全后向关联产业的前 10 位见表 4。

从表 4 中可以看出,交通运输、仓储和邮政,化学产品,非金属矿物制品,金属冶炼和压延加工品等,是建筑业的主要完全消耗产业部门,说明建筑业的生产活动对这些部门具有较强的依赖性。建筑业与部分产业部门的直接消耗系数很低,但相应的完全消耗系数却很高。其中,以 2017 年金属矿采选产品为例,建筑业与金属矿采选产品业的完全消耗系数是 0. 067 0,而其直接消耗系数的值却小于 0. 000 1,这说明建筑业对金属矿采选产品以间接消耗为主,因此其相应的直接关联度较不明显。类似地,建筑业主要是通过间接消耗对煤炭采选产品、石油和天然气开采产品、纺织品、食品和烟草等部门产生影响。

纵向对比福建省 2012 年、2017 年的后向完全消耗系数可知,建筑业与交通运输、仓储和邮政,化学产品等的完全消耗系数均稳居前列,且呈现出上升趋势,表明近年来福建省建筑业对这些产业部门的需求拉动作用越来越强。此外,由表 4 可知,整体来看建筑业与以制造业为主的第二产业关联程度较为紧密,表明建筑业发展主要依赖于原材料和能源的消耗与利用。

表4　福建省建筑业与各相关产业的完全消耗系数(前10位)

排名	2012年		2017年	
	产业	系数	产业	系数
1	金属冶炼和压延加工品	0.453 8	交通运输、仓储和邮政	0.381 5
2	非金属矿物制品	0.237 8	化学产品	0.254 9
3	交通运输、仓储和邮政	0.202 3	非金属矿物制品	0.153 8
4	化学产品	0.123 1	金属冶炼和压延加工品	0.126 8
5	电力、热力的生产和供应	0.108 4	非金属矿和其他矿采选产品	0.115 4
6	金属矿采选产品	0.089 7	金属制品	0.084 4
7	金融	0.087 2	造纸印刷和文教体育用品	0.070 4
8	石油、炼焦产品和核燃料加工品	0.078 1	金属矿采选产品	0.067 0
9	批发和零售	0.074 3	租赁和商务服务	0.066 9
10	金属制品	0.048 1	食品和烟草	0.066 9

福建省建筑业与数字经济各相关产业的完全后向关联情况见表5。经计算可得，2012年、2017年的完全消耗系数总和分别是0.557 6、0.723 9，即建筑业每增加1个单位的产出将对数字经济相关产业部门带来0.557 6、0.723 9个单位的完全拉动需求，由此可见，近年来福建省建筑业对于数字经济产业的完全需求拉动作用逐渐增强。从具体产业部门来看，充分考虑间接消耗效应之后，建筑业对电气机械和器材制造业，通信设备、计算机和其他电子设备制造业的完全需求拉动作用都比较显著，其完全消耗系数值也较为接近，对信息传输、软件和信息技术服务业的直接需求拉动作用依旧较弱；纵向来看，从2012年到2017年，建筑业对通信设备、计算机和其他电子设备制造业的完全需求拉动作用明显增强，对电气机械和器材制造业的完全消耗增幅相对平缓，而对信息传输、软件和信息技术服务业的完全需求拉动效应显著减弱。

表5　福建省建筑业与数字经济各相关产业的完全消耗系数

2012年			2017年		
排名	产业	系数	排名	产业	系数
4	化学产品	0.123 1	2	化学产品	0.254 9
7	金融	0.087 2	7	造纸印刷和文教体育用品	0.070 4
9	批发和零售	0.074 3	9	租赁和商务服务	0.066 9
11	电气机械和器材	0.047 1	12	批发和零售	0.063 4
14	通信设备、计算机和其他电子设备	0.038 7	15	通信设备、计算机和其他电子设备	0.058 8
15	造纸印刷和文教体育用品	0.035 6	16	电气机械和器材	0.058 5
18	居民服务、修理和其他服务	0.029 7	18	居民服务、修理和其他服务	0.039 1
19	租赁和商务服务	0.028 8	20	通用设备	0.029 8

续表

2012 年			2017 年		
排名	产业	系数	排名	产业	系数
23	通用设备	0.021 9	24	建筑	0.020 4
24	建筑	0.021 8	27	科学研究和技术服务	0.017 8
25	信息传输、软件和信息技术服务	0.014 4	30	金融	0.015 3
26	专用设备	0.013 3	34	文化、体育和娱乐	0.007 6
28	科学研究和技术服务	0.011 8	35	专用设备	0.007 5
33	文化、体育和娱乐	0.007 0	36	仪器仪表	0.006 9
39	仪器仪表	0.003 0	37	信息传输、软件和信息技术服务	0.006 6

3　建筑业与前向产业的关联度测算

前向关联分析旨在描述建筑业部门与消耗其生产资料部门之间的相互关系，即建筑业部门 1 单位的生产产品分配到其他部门的产品数量，通过直接分配系数和完全分配系数来表示建筑业部门对其他部门的供给效应。[9]

3.1　建筑业与前向产业的直接关联度

直接分配系数，表示某个部门生产 1 单位产品分配给其他部门作为中间产品直接使用的价值量。直接分配系数记为 $h_{ij}(i, j = 1,2,\cdots,n)$，其计算式如下：

$$h_{ij}=\frac{x_{ij}}{X_i} \qquad \text{（公式 3）}$$

式中，x_{ij}表示 i 部门将产品提供给 j 部门作为中间产品直接使用的价值量；X_i表示 i 部门的总产出。

对 2012 年、2017 年福建省投入产出表中 42 个部门直接分配系数矩阵进行测算，直接分配系数总和分别是 0.042 1、0.048 2，直接消耗系数均值分别为 0.001 0、0.001 1，以此为界限将 2012 年、2017 年建筑业直接后向关联产业划分为密切和非密切两类，其中建筑业直接后向密切关联产业分别为 7、11 个。通过计算分析可得，福建省建筑业发展基本带动了国民经济各个产业部门的发展，但从数值上看这种带动效应广泛但体现甚微。建筑业的直接分配系数明显小于直接消耗系数，说明建筑业是一个后向影响明显大于前向影响的产业。

福建省建筑业直接前向关联产业的前 10 位见表 6。由表 6 可知，建筑，交通运输、仓储和邮政，卫生和社会工作，电力、热力的生产和供应等部门，一直是建筑业的主要直接分配部门。2012 年，建筑业的产品作为中间产品分配给建筑业自身的比例最大，直接分配系数占比 34.69%，交通运输、仓储和邮政，农林牧渔产品和服务的直接分配系数占比分别为 17.25%、12.54%，位列第 2、3 位。2017 年，建筑业与交通运输、仓储和邮政，建筑，卫生和社会工作的直接分配系数占比分别为 18.32%、18.13%、9.55%，排名前三，表明近年来福建省建筑业产品的直接分配趋于均衡化。

表 6　福建省建筑业与各相关产业的直接分配系数(前 10 位)

排名	2012 年		2017 年	
	产业	系数	产业	系数
1	建筑	0.014 6	交通运输、仓储和邮政	0.008 8
2	交通运输、仓储和邮政	0.007 3	建筑	0.008 7
3	农林牧渔产品和服务	0.005 3	卫生和社会工作	0.004 6
4	卫生和社会工作	0.001 4	农林牧渔产品和服务	0.004 1
5	金融	0.001 3	电力、热力的生产和供应	0.003 9
6	电力、热力的生产和供应	0.001 2	化学产品	0.002 1
7	住宿和餐饮	0.001 1	非金属矿物制品	0.002 0
8	食品和烟草	0.001 0	纺织服装鞋帽皮革羽绒及其制品	0.001 8
9	居民服务、修理和其他服务	0.000 8	造纸印刷和文教体育用品	0.001 6
10	文化、体育和娱乐	0.000 7	食品和烟草	0.001 3

福建省建筑业与数字经济各相关产业的直接前向关联情况见表 7。经计算可得，2012 年、2017 年的直接分配系数总和分别是 0.021 0、0.016 8，由此可见，福建省建筑业对于数字经济相关产业的直接供给推动作用不显著，且呈现逐渐减弱的趋势。从具体产业部门来看，近年来建筑业对电气机械和器材制造业，通信设备、计算机和其他电子设备的直接供给推动作用逐渐增强，而对信息传输、软件和信息技术服务业的直接供给推动作用呈现减弱趋势。

表 7　福建省建筑业与数字经济各相关产业的直接分配系数

2012 年			2017 年		
排名	产业	系数	排名	产业	系数
1	建筑	0.014 615	2	建筑	0.008 732
5	金融	0.001 252	6	化学产品	0.002 146
9	居民服务、修理和其他服务	0.000 801	9	造纸印刷和文教体育用品	0.001 625
10	文化、体育和娱乐	0.000 729	11	通信设备、计算机和其他电子设备	0.001 213
13	信息传输、软件和信息技术服务	0.000 682	13	通用设备	0.000 653
14	化学产品	0.000 617	16	电气机械和器材	0.000 442
16	造纸印刷和文教体育用品	0.000 585	21	租赁和商务服务	0.000 357
17	批发和零售	0.000 573	22	信息传输、软件和信息技术服务	0.000 352
18	通信设备、计算机和其他电子设备	0.000 484	24	科学研究和技术服务	0.000 331
21	通用设备	0.000 211	25	专用设备	0.000 329
24	电气机械和器材	0.000 185	27	居民服务、修理和其他服务	0.000 245
30	专用设备	0.000 093	28	文化、体育和娱乐	0.000 189

续表

2012 年			2017 年		
排名	产业	系数	排名	产业	系数
32	租赁和商务服务	0. 000 084	33	金融	0. 000 095
37	仪器仪表	0. 000 034	35	批发和零售	0. 000 032
41	科学研究和技术服务	0. 000 014	38	仪器仪表	0. 000 023

3.2　建筑业与前向产业的完全关联度

完全分配系数,表示某个部门生产 1 单位产品直接和间接分配给其他部门产品的数量,体现为某部门对各部门的全部贡献程度。完全分配系数矩阵记为 $\boldsymbol{W}$,其计算式如下:

$$\boldsymbol{W}=(\boldsymbol{I}-\boldsymbol{H})^{-1}-\boldsymbol{I} \qquad \text{(公式 4)}$$

式中,$\boldsymbol{I}$ 为单位矩阵,$\boldsymbol{H}$ 为直接分配系数矩阵。

对 2012 年、2017 年福建省投入产出表中 42 个部门完全分配系数矩阵进行测算,完全分配系数总和分别是 0. 101 3、0. 134 2,直接分配系数均值分别为 0. 002 4、0. 003 2,以此为界限划分 2012 年、2017 年建筑业完全后向关联产业分别为密切和非密切两类,其中建筑业完全后向密切关联产业分别为 12、13 个。福建省建筑业完全前向关联产业的前 10 位见表 8。建筑业产品作为中间产品直接和间接分配给建筑业自身占比最大,在 2012 年、2017 年分别为 21. 55%、15. 21%。此外,交通运输、仓储和邮政,农林牧渔产品和服务,电力、热力的生产和供应,食品和烟草,化学产品,纺织服装鞋帽皮革羽绒及其制品等部门与建筑业前向关联程度也较为紧密。整体来看,绝大部分产业部门都与建筑业存在前向关联关系,但分配系数总体偏低,表明建筑业作为中间产品投入的需求量较少,建筑业对其他产业部门的供给推动作用不显著。

表 8　福建省建筑业与各相关产业的完全分配系数(前 10 位)

排名	2012 年		2017 年	
	产业	系数	产业	系数
1	建筑	0. 021 8	建筑	0. 020 4
2	交通运输、仓储和邮政	0. 009 3	交通运输、仓储和邮政	0. 014 1
3	农林牧渔产品和服务	0. 007 4	电力、热力的生产和供应	0. 009 3
4	食品和烟草	0. 006 6	化学产品	0. 008 5
5	化学产品	0. 004 8	食品和烟草	0. 008 1
6	纺织服装鞋帽皮革羽绒及其制品	0. 004 5	纺织服装鞋帽皮革羽绒及其制品	0. 007 5
7	金属冶炼和压延加工品	0. 004 4	农林牧渔产品和服务	0. 006 5
8	非金属矿物制品	0. 004 1	造纸印刷和文教体育用品	0. 006 2
9	电力、热力的生产和供应	0. 004 0	非金属矿物制品	0. 006 0
10	通信设备、计算机和其他电子设备	0. 003 4	卫生和社会工作	0. 005 5

福建省建筑业与数字经济各相关产业的完全后向关联情况见表9。经计算可得，2012年、2017年的完全消耗系数总和分别是0.045 9、0.053 9，由此可见，近年来福建省建筑业对于数字经济产业的完全供给推动作用稳中有升。从具体产业部门来看，建筑业产品作为中间产品直接和间接分配给电气机械和器材制造业，通信设备、计算机和其他电子设备制造业的比例较高，且呈现增长趋势，而建筑业产品作为中间产品直接和间接分配给信息传输、软件和信息技术服务业的比例较低，且呈现下降趋势。

表9　福建省建筑业与数字经济各相关产业的完全分配系数

2012年			2017年		
排名	产业	系数	排名	产业	系数
1	建筑	0.021 8	1	建筑	0.020 4
5	化学产品	0.004 8	4	化学产品	0.008 5
10	通信设备、计算机和其他电子设备	0.003 4	8	造纸印刷和文教体育用品	0.006 2
11	造纸印刷和文教体育用品	0.003 1	11	通信设备、计算机和其他电子设备	0.005 4
12	金融	0.002 5	14	电气机械和器材	0.002 5
16	电气机械和器材	0.001 8	19	通用设备	0.002 2
18	批发和零售	0.001 6	20	租赁和商务服务	0.002 0
20	居民服务、修理和其他服务	0.001 4	21	专用设备	0.001 5
21	信息传输、软件和信息技术服务	0.001 3	22	居民服务、修理和其他服务	0.001 3
22	通用设备	0.001 3	23	批发和零售	0.001 1
24	文化、体育和娱乐	0.001 0	26	科学研究和技术服务	0.000 7
25	专用设备	0.000 8	28	文化、体育和娱乐	0.000 7
26	租赁和商务服务	0.000 7	29	信息传输、软件和信息技术服务	0.000 7
36	仪器仪表	0.000 2	35	金融	0.000 4
37	科学研究和技术服务	0.000 2	37	仪器仪表	0.000 3

4　建筑业对应各产业的影响力和感应度分析

上述建筑业与前向和后向产业部门的关联关系分析主要从具体产业部门的角度描述了建筑业与各产业部门间的供需关系和依赖程度。下面将定量分析建筑业在国民经济中的影响和地位，通过计算建筑业的影响力系数和感应度系数来研究建筑业对于国民经济整体的供给推动效应和需求拉动效应的程度大小[10]。

影响力系数，指的是某个部门每增加1单位产值最终引起其他部门的产值增量总和占国民经济所有部门产量均值的比例。当影响力系数大于1时，说明该产业部门的生产活动对国民经济其他部门所产生的生产需求的波及和影响程度高于整个社会的平均影响水平；反之亦然。影响力系数越大，表明该产业部门对国民经济其他部门所产生的需求拉动作用越大。影响力系数可用ψ表示，其计算公式如下：

$$\psi = \frac{\sum_{i=1}^{n} l_{ij}}{\frac{1}{n}\sum_{i=1}^{n}\sum_{j=1}^{n} l_{ij}} \tag{公式5}$$

式中,l_{ij}为里昂惕夫逆矩阵$(I-A)^{-1}$中的元素,$\sum_{i=1}^{n} l_{ij}$为其第j列元素之和,$\frac{1}{n}\sum_{i=1}^{n}\sum_{j=1}^{n} l_{ij}$为里昂惕夫逆矩阵每列元素之和的平均值。

感应度系数,指的是某个部门的需求每增加1单位产值最终引起其对其他部门产生的诱发额总和占国民经济所有部门产量均值的比例。当感应度系数大于1时,说明该产业部门对国民经济其他部门变动的感应程度高于整个社会的平均影响水平;反之亦然。感应度系数越大,表明该产业部门对国民经济其他部门的感应程度就越强。感应度系数可用ζ表示,其计算公式如下:

$$\zeta = \frac{\sum_{j=1}^{n} k_{ij}}{\frac{1}{n}\sum_{i=1}^{n}\sum_{j=1}^{n} k_{ij}} \tag{公式6}$$

式中,k_{ij}为矩阵$(\boldsymbol{I-H})^{-1}$中的元素,$\sum_{j=1}^{n} k_{ij}$为其第i行元素之和,$\frac{1}{n}\sum_{i=1}^{n}\sum_{j=1}^{n} k_{ij}$为矩阵$(\boldsymbol{I-H})^{-1}$中每行元素之和的平均值。

通过上述公式可以计算出2012年、2017年福建省建筑业的影响力系数分别为1.170 2、1.115 3,在国民经济42个部门中分别位列第15、19位,影响力系数大于1说明建筑业对于福建省各产业部门的发展起着重要的需求拉动作用,但从纵向时间序列上来看,这种需求拉动效应有减弱的趋势;同理可算出2012年、2017年福建省建筑业的感应度系数分别为0.342 8、0.266 5,在国民经济42个部门中分别位列第41、39位,感应度系数小于1说明建筑业对于福建省各产业部门发展的供给推动作用较弱,类似地,近年来这种供给推动效应呈现出减弱的趋势。

5　结论

本研究基于2012年、2017年福建省投入产出表数据,以投入产出分析理论为基础,针对建筑业与国民经济其他产业部门间的产业关联关系进行了定量分析,从而得到以下主要结论。

(1)福建省建筑业对交通运输、仓储和邮政,化学产品,非金属矿物制品,金属冶炼和压延加工品等产业部门的需求拉动能力较强。近年来,福建省的建筑业对交通运输、仓储和邮政,化学产品等产业部门的需求拉动作用呈现逐渐增强的趋势。由直接消耗系数和完全消耗系数之间的差值分析可知,福建省建筑业主要通过间接需求拉动了金属矿采选产品、煤炭采选产品、石油和天然气开采产品、纺织品、食品和烟草等产业的发展。整体来看,建筑业与以制造业为主的第二产业后向关联紧密,说明福建省建筑业发展主要依赖于原材料和能源的消耗与利用。

(2)福建省的建筑业作为中间产品投入的需求量较少,建筑业对其他产业部门的供给推动作用广泛但不显著。其中,建筑业产品作为中间产品直接和间接分配给建筑业的比例最大,说明建筑业的产出对于自身发展的供给推动力最强。除此之外,福建省建筑业对交通运输、仓储和邮政,农林牧渔产品和服务,电力、热力的生产和供应,食品和烟草,化学产品,纺织服装鞋帽皮革羽绒及其制品等产业部门的供给关系也较为紧密。

(3)2012 年、2017 年福建省建筑业的影响力系数分别为 1.170 2、1.115 3,感应度系数分别为 0.342 8、0.266 5,得出福建省的建筑业是后向关联度高、前向关联度低的需求拉动型产业。建筑业的这种产业关联特性表明,建筑业发展显著依赖于国民经济其他产业部门的产品投入,但该部门的生产产品主要用于非生产性消费,形成住宅、公用建筑、基础设施等供人们使用的社会的最终产品。

(4)福建省建筑业对数字经济发展具有显著的需求拉动作用,且近年来该效应明显增强,说明加快推进建筑业转型升级对于发展数字经济具有重要影响。就具体产业部门而言,建筑业对于电气机械和器材制造业,通信设备、计算机和其他电子设备制造业的需求拉动效应较为明显,且持续增强,说明建筑业的机械化、自动化水平在不断提高;而建筑业对于信息传输、软件和信息技术服务业的需求拉动效应并不显著,说明建筑业在信息化、网络化和软件开发应用等方面发展相对缓慢,应该加大资金投入和研发力度,发展智能建造,加快推动建筑业数字化转型,助力数字经济发展。

参考文献

[1] 冒小栋,冯梦思. 基于投入产出法的建筑业产业关联分析——以江西省为例[J]. 建筑经济,2017,38(4):19-23.

[2] 孔凡文,邹红艳,张晓明. 基于投入产出模型的我国建筑业与相关产业关联度分析[J]. 沈阳建筑大学学报(社会科学版),2018,20(4):365-370.

[3] W L. Input-output analysis[J]. The new palgrave:A dictionary of economics,1987,2(1): 860-864.

[4] 丁和根. 我国传媒产业关联及其演化趋势分析——基于投入产出表的实证研究[J]. 新闻与传播研究,2020,27(11):57-75,127.

[5] STAMOPOULOS D, DIMAS P, TSAKANIKAS A. Exploring the structural effects of the ICT sector in the Greek economy: a quantitative approach based on input-output and network analysis [J]. Telecommunications Policy,2022,46(7):1-17.

[6] 夏明,张红霞. 投入产出分析:理论、方法与数据[M]. 2 版. 北京:中国人民大学出版社,2019.

[7] 田金方,李慧萍,张伟,等. 中国数字经济产业的关联拉动效应研究[J]. 统计与信息论坛,2022,37(5):12-25.

[8] 丁志帆. 数字经济驱动经济高质量发展的机制研究:一个理论分析框架[J]. 现代经济探讨,2020(1):85-92.

[9] 王莉莉,肖雯雯. 基于投入产出模型的中国海洋产业关联及海陆产业联动发展分析 [J]. 经济地理,2016,36(1):113-119.

[10] 于畅,张华星,王溦兰,等. 中国林产工业产业关联与波及效应分析——基于投入产出模型的国际比较[J]. 世界林业研究,2020,33(5):76-81.

构建智能建造产业生态，赋能建筑业高质量发展

张杰辉　陈石玮

福建工程学院

摘　要：进入数字化时代，建筑业要实现高质量发展，打造“中国建造”品牌，就需要跟上时代的变化，加快提升智能建造水平。本文从行业层级、企业层级和项目层级分析了福建省建筑业智能建造产业生态存在的问题，并提出了构建智能建造良性产业生态的措施建议，旨在为今后福建省政府制定智能建造发展政策提供参考。

关键词：智能建造；产业生态；高质量发展

1　福建省建筑业智能建造产业生态存在的问题

进入数字化时代，建筑业要实现高质量发展，打造“中国建造”品牌，就需要跟上时代的变化，加快提升智能建造水平。智能建造是以“三化”（数字化、网络化、智能化）和“三算”（算据、算力、算法）为特征的新一代数字化技术与工程建造有机融合形成的创新建造方式。智能建造的实施能对工程生产体系与组织方式进行全方位赋能，打破工程不同主体和过程之间的信息壁垒，促进工程建造过程的互联互通与资源要素协同。《福建省建筑业“十四五”发展规划》也提出“提升智能建造能力。着力推动智能建造与建筑工业化协同发展，加大智能建造在工程建设各环节应用，形成涵盖科研、设计、生产加工、施工装配、运营等全产业链融合一体的智能建造产业体系”。可见，发展智能建造，能够积极推动建筑业数字化升级，赋能建筑业高质量发展，是福建省建筑业当前的发展目标，也是对国家2035年远景目标的积极响应。

然而，对照我国智能建造水平较高的省份和地区，福建省智能建造的发展还存在不足，这主要是由于福建省智能建造的产业生态还不够完善，具体体现在以下3个方面。

1.1　行业层级

虽然已有《关于推动智能建造与建筑工业化协同发展的指导意见》等国家政策大力推广智能建造，但是福建省目前尚未出台智能建造的具体支持政策，未能充分激励建筑业企业和技术开发企业应用及开发智能建造技术与产品。[1]另外，由于国产智能建造产品有待完善，用户基数少，缺乏数据收集和市场反馈，导致推广困难，面临市场环境较为严峻。

1.2 企业层级

首先,福建省智能建造产学研主体的合作不够充分,未形成技术开发企业、高校和建筑业企业等产学研主体的深度融合,未达成建筑产业上下游间的智能建造综合布局,不利于发展智能建造技术及产品在不同主体间的一致性和上下游间的延续性。[2]其次,由于智能建造对新一代信息技术的适应性和专业性要求较高,而我国建筑业从业人员大多为单一土建类人才,不能满足智能建造对高端复合型人才的需求,因此亟须对智能建造专门人才的引进、培育和储备。

1.3 项目层级

首先,福建省工程项目中开发和应用的智能建造核心技术较为薄弱,主要是在已有成熟技术基础上的二次开发,难以构成面向项目全生命周期的智能化和集成化管控产品。[3]其次,福建省智能建造数据的标准体系有待健全,各家产品的数据标准不统一,缺乏数据接口,导致产品兼容性较差,不能形成“一点示范,遍地开花”的局面,不利于智能建造产品的推广。

2 构建智能建造良性产业生态的措施建议

为克服上述这些阻碍,要从构建福建省智能建造发展的良性产业生态入手,全面促进智能建造快速发展,带动建筑业数字化转型升级。

2.1 构建良性产业生态,要为企业开发和应用智能建造技术提供良好的政策支持与市场环境

首先,各级政府积极拓宽智能建造技术相关的创新支持渠道,同时加大支持规模和财政扶持力度,建立以政府扶持为引导、企业投入为主体、多元社会资金参与的创新投入机制,提升资源配置效率,推动孵化新技术、新产品。其次,政府建立智能建造标准体系和技术评估机制,对智能建造关键技术发展与应用水平进行客观评估,指导智能建造的发展方向。最后,政府建立规范有序的市场环境,构建公平竞争的商业市场体系,完善相关法律法规,加大知识产权的宣传和保护力度。[4]

2.2 构建良性产业生态,要形成产学研主体间的深度融合,培育专业人才

智能建造产学研主体间要逐步经历合作、融合及迈向深度融合阶段的过程,实现高效率成果转化。建筑业企业要积极与高校和研发机构开展产业链协同合作,加大智能建造技术的研发投入,同时向高校提出智能建造相关的用人要求。[5]研发机构要借助建筑业企业的工程项目,指导和跟踪智能建造技术的应用过程,做好反馈信息收集和应用,通过应用进一步做好技术完善。通过发挥骨干研发单位的技术优势、应用单位的需求牵引效应,以实际工程需求驱动技术落地,最终形成智能建造技术提高工程效率和质量,为建筑业企业创收,而建筑业企业为效益质量的创优进一步加大研发投入的良性循环。

2.3　构建良性产业生态，要加强智能建造技术的工程应用，建立工程大数据标准

建筑业企业要把握建筑业数字转型的大潮流，逐步摆脱传统建筑业的碎片化、粗放式的生产管理模式，普及智能建造技术的工程应用，搭建面向工程全生命周期的智能建造整体解决方案，同时加快技术从示范工程向所有工程普及的速度，提升体系化发展能力。[6]

参考文献

[1] 住房和城乡建设部，发展改革委，科技部，等. 关于推动智能建造与建筑工业化协同发展的指导意见[EB/OL].（2020-07-03）[2022-02-18]. https://www.gov.cn/zhengce/zhengceku/2020-07/28/content_5530762.htm.

[2] 刘育江. 智能建造与建筑工业化协同发展影响因素探究[J]. 广东建材，2024，40(6)：159-161.

[3] 王冰洁. 青岛：大力发展智能建造，加快建筑业转型升级[N]. 青岛日报，2024-05-29(006).

[4] 孙振宇，谯斓，王孟佳. 人工智能驱动下土木工程行业发展的机遇与挑战[J]. 科技风，2024(13)：1-3.

[5] 黄琬云，姚红梅. 数字时代民办高校智能建造人才培养研究[J]. 创新创业理论研究与实践，2024，7(8)：108-111.

[6] 潘伟. 聚焦智能建造构建数据底座以产业数字化升级助力项目高质量履约[J]. 施工企业管理，2024(5)：59-60.

福建省智能建造发展现状调研分析及战略路径研究

陈宇峰[1]　李宁静[2]

1. 福建省建筑业协会;2. 华中科技大学

摘　要:作为福建省重要的支柱产业,建筑业应当深刻理解新一轮科技革命带来的变革及其紧迫性,加快数字化转型。本文通过问卷调查的调研方式,明确福建省智能建造发展现状和需求,把握福建省建筑业企业数字化转型的进展,从智慧工地、装配式建筑、建筑产业互联网、新型城市基础设施建设、建筑行业治理现代化、建筑业企业数字化转型等方面提出福建省智能建造重点发展目标及实施路径,为加快推进福建省建筑业转型升级、推动福建省建筑业高质量发展提供参考建议。

关键词:智能建造;战略路径;智慧工地;装配式建筑;建筑产业互联网

建筑业是关联产业多、带动能力强、就业容量大、贡献程度高的基础性产业,是福建省重要的支柱产业。近年来,福建省智能建造产业规模不断扩大,在福建省经济和社会发展中具有不可替代的作用,为国民经济健康发展做出了重要的贡献。但在当前国际形势和国内发展的大背景下,福建省智能建造发展仍然存在科技水平不高、技术管理手段相对落后等短板,亟须加快数字化转型,推进高质量发展。[1]

以人工智能、物联网、大数据、云计算为代表的新一代信息技术,引发了人类社会继农业革命、工业革命之后的新一轮科技革命——信息革命,正在与各产业深度融合,推动产业进行变革升级。《2021 年国务院政府工作报告》明确要求“加快数字化发展,打造数字经济新优势,协同推进数字产业化和产业数字化转型”。建造产业应当深刻理解新一轮科技革命带来的变革及其紧迫性,充分把握行业发展的历史机遇,实现健康持续发展。

本文通过问卷调查的调研方式,明确福建省智能建造发展现状和需求,把握福建省建筑业企业数字化转型的进展,研究提出福建省智能建造重点发展目标及实施路径,为推进福建省建筑业转型升级、推动福建省建筑业高质量发展提供参考建议。

1　福建省智能建造发展现状调研分析

1.1　福建省智能建造发展总体现状

福建省建造产业具有雄厚的发展基础。《福建省建筑业“十四五”发展规划》数据显示,“十三五”期间,全省建筑业大力拓展省内外市场,累计完成建筑业总产值 5.7 万亿元，年均增长13.2%；实现建筑业增加值1.7万亿元，占全省GDP的9.5%。《中国建筑业统计年鉴2022》中数据显示，2021年，福建省工程建设行业总产值为15 810.43亿元，相比2020年增长了11.99%，在中国31省（区、市）中排名第7（不包含港澳台地区）；福建省工程建设企业数量达到了7 758家，相比2020年增加了14.53%；福建省工程建设行业从业人员数量达到了477.65万人，相比2020年减少了1.15%，位居全国第3位，仅次于江苏省和浙江省；福建省按建筑业总产值计算的劳动生产率322 044元/人，相比2020年增长了12.56%，但仍低于全国平均水平473 191元/人。累计上缴税收1 592亿元，为全省经济发展和地方财政收入做出重要贡献。

福建省积极推动智能建造发展，持续发布相关政策文件，总结目录见表1。

表1　智能建造相关政策总结目录

发布时间	文件
2020年4月30日	《关于印发〈福建省建筑业“百千”增产增效行动实施方案〉的通知》
2020年8月6日	《关于进一步推进建筑起重机械信息化管理的通知》
2021年1月12日	《关于2020年建筑业重点工作实施情况的通报》
2021年2月24日	《关于征集智能建造新技术新产品创新服务案例（第一批）的通知》
2021年3月3日	《关于公布2020年建筑业增产增效行动实施情况的通知》
2021年7月7日	《关于开展工程总承包延伸全产业链试点的通知》
2021年8月13日	《关于印发〈福建省建筑业“十四五”发展规划〉的通知》
2021年10月9日	《关于加快推动新型建筑工业化发展的实施意见》
2021年12月15日	《关于组织报送推广建筑信息模型（BIM）技术应用项目的通知》
2022年3月3日	《关于公布2021年度建机一体化企业信用综合评价结果的通知》
2022年3月17日	《福建省人民政府办公厅关于印发2022年数字福建工作要点的通知》
2022年3月22日	《关于开展智慧工地建设试点的通知》
2022年4月21日	《福建省建筑业龙头企业（施工总承包企业）实施方案（试行）》
2022年5月24日	《关于拟入选福建省建筑业龙头企业（施工总承包企业）名单的公示》

1.2　福建省智能建造发展具体情况

《福建省建筑业“十四五”发展规划》指出，“十三五”期间，建筑业经济规模日益扩大，产业结构持续优化，在装配式建筑、建筑设计、绿色建筑质量安全、市场管理、人才培养等方面也表现较好。

装配式建筑方面，全省累计开工装配式建筑4 145万m^2。建成投产21家预制混凝土构件生产基地，年设计生产能力达328万m^3；建成48家钢结构生产基地，年设计生产能力达298万t；14家企业被住建部认定为装配式建筑示范产业基地。编制装配式建筑地方标准及图集21项、省级工法22项。建成9家装配式建筑工人培训考核基地。

建筑设计方面，完善了建筑设计招投标体系，200多个项目采用直接委托和邀请招标方式由院士、设计大师领衔设计。建成了全国首个优秀建筑设计展示馆,2次成功举办全国建筑设计创新创优大会。81项工程获全国优秀工程勘察设计奖。

绿色建筑方面,绿色建筑地方标准体系和管理机制不断健全,累计建成绿色建筑1.9亿 m^2,2020年全省城镇新建建筑中绿色建筑面积占比达78%。城镇建筑中执行节能标准建筑面积累计达8.9亿 m^2。累计推广可再生能源应用建筑面积730万 m^2。规范绿色建筑标识管理,获得绿色建筑标识项目408个、标识面积5 321万 m^2。推行绿色建材产品认证,65个建材产品获得绿色建材标识。推广建筑信息模型(BIM)技术应用,实施BIM试点项目699个。

质量安全方面,建立了实施五方主体法人授权书、项目负责人工程质量终身责任承诺书和永久性标牌制度;实施了工程质量安全动态监管和责任主体黑名单制度;推进建筑施工安全生产标准化。实现施工图设计文件全流程数字化办理和网上留痕。加强了对建筑起重机械等危险性较大工程的监管,遏制群死群伤事故。15项工程获中国建设工程"鲁班奖",193项工程获"闽江杯"省优质工程奖,362项工程获省级建筑施工安全生产标准化优良项目称号。

市场管理方面,健全工程招投标机制,全面推行招投标信息网上公开,构建全省工程招投标监管办法、交易规则、评标办法"三统一",运用信息化技术严厉打击串通投标、弄虚作假违法行为。制定实施装配式建筑和工程总承包招投标政策,推动行业创新发展。探索开展建筑市场主体信用综合评价,将信用评价成果与业务承接挂钩。开展人员违规"挂证"清理,整改4万余人注册人员。完善保证金管理制度,推行电子保函。健全施工过程结算制度,稳步推进定额市场化改革,推行全费用综合单价和人工费计价法,基本建立了与市场经济相适应的工程造价管理体系。

人才培养方面,强化岗位培训考核和技能提升,考核通过企业安全生产管理人员9.4万人、施工现场专业人员12.4万人、特种作业人员1.7万人。引导建筑施工企业积极参与职业培训,探索建立企业自主培训考核机制,建立2家培训考核基地,105家试点企业累计培训5.8万人。培训农村建筑工匠2.3万人、园林古建特色工种6 690人。支持9家企业建设装配式建筑工人培训基地。在全国率先开展执(从)业人员网络继续教育,累计教育培训50万人次。开展台湾建筑师采认的工作,引导台湾优秀建筑师来福建省自贸区执业。

1.3 福建省智能建造发展特点

(1)建筑业企业数量众多,实力相对平均,市场竞争激烈。

由福建省工商联和三明市人民政府联合主办的"2021福建省民营企业100强"发布会指出,2021年,福建省建筑业企业数量达到7 758个,其中国有及国有控股企业单位185个,对建筑业总产值贡献为17.9%;地方民营企业数量众多,竞争较为激烈。如表2所示,中建海峡建设发展有限公司等6家施工总承包企业上榜"2021福建企业100强",其中4家国有企业2020年营业收入均达到百亿级别;如表3所示,福建省闽南建筑工程有限公司等12家建筑业企业上榜"2021福建民营企业100强",其中8家企业2020年营业收入均超50亿元。从地区分布来看,建筑业强势企业主要分布在福州、厦门和泉州。

2022 年 5 月,福建省住建厅公示了拟入选福建省建筑业龙头企业(施工总承包企业),包括中建海峡建设发展有限公司、福建建工集团有限责任公司、中建四局建设发展有限公司等 50 家企业。

表 2　2021 福建企业 100 强中的施工总承包企业

排名	企业名称	属性	地区	2020 年营业收入/亿元
29	中建海峡建设发展有限公司	国有	福州	363.6
34	福建建工集团有限责任公司	国有	福州	271.0
62	中建四局建设发展有限公司	国有	厦门	140.2
74	福建一建集团有限公司	国有	三明	120.2
89	福建省闽南建筑工程有限公司	民营	泉州	98.3
96	福建路港(集团)有限公司	民营	泉州	88.7

表 3　2021 福建民营企业 100 强中的建筑业企业

排名	企业名称	地区	2020 年营业收入/亿元
35	福建省闽南建筑工程有限公司	泉州	106.7
44	永富建工集团有限公司	福州	83.4
52	福建路港(集团)有限公司	泉州	71.6
62	福建省九龙建设集团有限公司	厦门	63.9
66	福建省惠东建筑工程有限公司	泉州	57.2
67	福建省东霖建设工程有限公司	泉州	56.2
70	厦门中联永亨建设集团有限公司	厦门	54.0
76	福建宏盛建设集团有限公司	福州	50.0
80	原闰建设集团有限公司	厦门	45.9
82	福建卓越建设集团有限公司	福州	45.6
99	方圆建设集团有限公司	泉州	36.1
100	福建巨岸建设工程有限公司	莆田	35.4

(2)外向度排名全国前列,不断加快“走出去”步伐。

如图 1 所示,2021 年,福建省在外省完成的产值为 7 476.3 亿元,外向度达 47.3%,位居全国第 4;福建省企业主要在广东、江西、江苏、浙江、山东承接工程,占省外完成产值的 44.4%。如图 2 所示,2021 年福建省对外承包工程业务完成营业额 17.4 亿美元,增长 34.9%;新签合同额 8.4 亿美元,增长 5%。

在“一带一路”倡议指引下,中建海峡建设发展有限公司充分利用区位优势,借助闽商在海外的影响力及优势资源,积极拓展东南亚市场;公司在马来西亚、印度尼西亚、柬埔寨、巴基斯坦、阿联酋等国家均有项目在实施。中国武夷实业股份有限公司已在非洲、东南亚等近40个国家和地区开展过业务，是福建企业“走出去”和实施“一带一路”倡议的主要力量。中建四局建设发展有限公司是中建四局的东南区域总部，业务覆盖福建、江西、江浙、广东、海南、武汉等东南区域以及柬埔寨、马来西亚等海外地区。

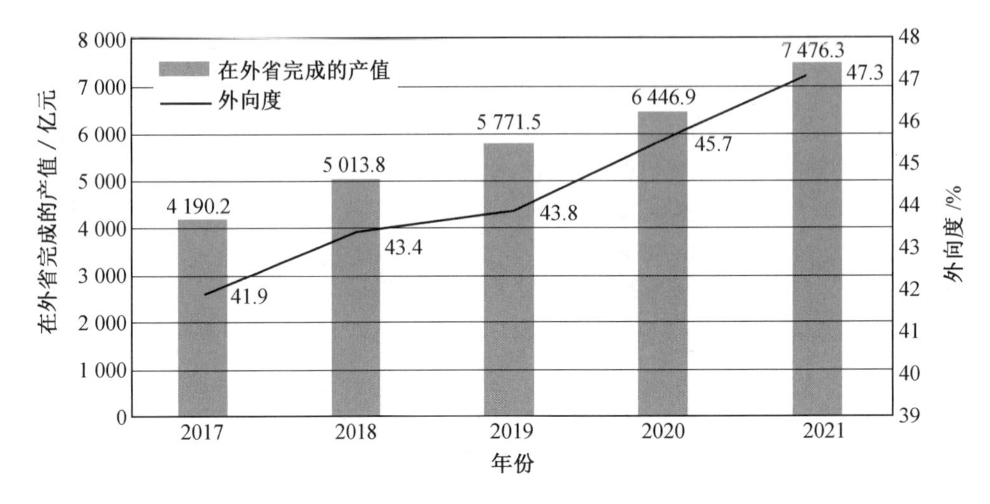

图1　2017—2021年福建省建筑业在外省完成的产值与外向度
（数据来源：国家统计局）

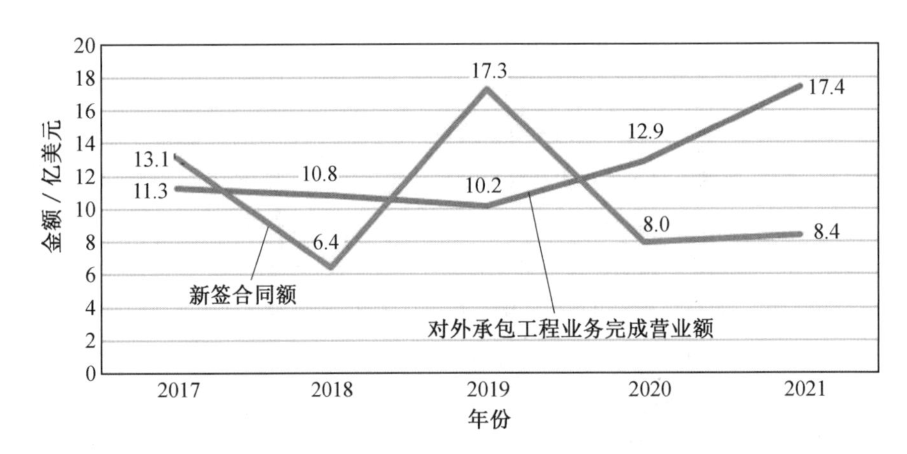

图2　2017—2021年福建省对外承包工程业务完成营业额与新签合同额
（数据来源：国家统计局）

（3）绿色建筑和装配式建筑发展迅速。

福建省持续加强绿色建筑标准化体系建设，发布实施《福建省绿色建筑设计标准》《福建省绿色建筑工程验收标准》《福建省公共建筑节能设计标准》《福建省居住建筑节能设计标准》等30余项绿色建筑相关标准。

福建省住建厅印发《福建省装配式建筑评价管理办法（试行）》《关于装配式建筑招标投标活动有关事项的通知》《装配式混凝土结构工程施工及质量验收规程》，提升装配式建筑发展整体水平。重点地区和企业在推广装配式建筑过程中发挥示范引领作用，福州市被住建部确定为全国第二批装配式建筑范例城市；中建海峡建设发展有限公司等5家企业评为第二批国家装配式建筑产业基地；泉州市开发应用装配式建筑信息管理平台，实现装配式建筑认定流程可视化、资料存储数字化、管理信息化；漳州市实行装配式建筑的建筑、结构、机电设备一体化设计并采用 BIM 技术。

1.4　福建省智能建造发展中存在的问题

调查问卷采用线上和线下相结合的形式发放，发放对象主要是福建省建筑业企业的相关管理人员和工程技术人员，共计回收了 179 份有效样本。受访者所属企业以施工单位为主，国企性质的占绝大多数，且超过半数的受访者的从业年限超过 10 年，专业技术职称以中高级居多。

问卷覆盖智慧工地、装配式建筑、建筑产业互联网、新型城市基础设施建设、建筑行业治理现代化、建筑业企业数字化转型等方面的内容，从应用情况、存在问题、难点、阻力等方面全面分析福建省智能建造发展现状，总结问题与优势。

(1)智慧工地。

目前智慧工地相关技术的应用较广，调研结果显示，智慧工地相关技术主要应用于数据共享环节，全面感知和分析决策环节应用水平较低，智慧工地相关技术的总体应用水平有待进一步提高。在具体的应用操作上，首先，目前人员信息动态管理和扬尘监测管控的应用水平较高，高支模、深基坑等危险性较大的分部分项工程监测预警应用水平有待提升。其次，现场安全隐患排查和高处作业防护预警应用水平相对较低，对施工现场安全监测预警的应用还有待加强。

从存在问题来看，如图 3 所示，超过半数的受访者认为对“智慧工地”价值认识不足阻碍了智慧工地的建设与发展，有 40.85% 的人选择了缺乏标准规范体系和投入不足，行业主管部门引导不足、相关人才的缺失各占 30.99% 和 26.76% 。由此可见，目前智慧工地建设与发展中存在的主要问题是对“智慧工地”价值认识不足、缺乏标准规范体系和投入不足。

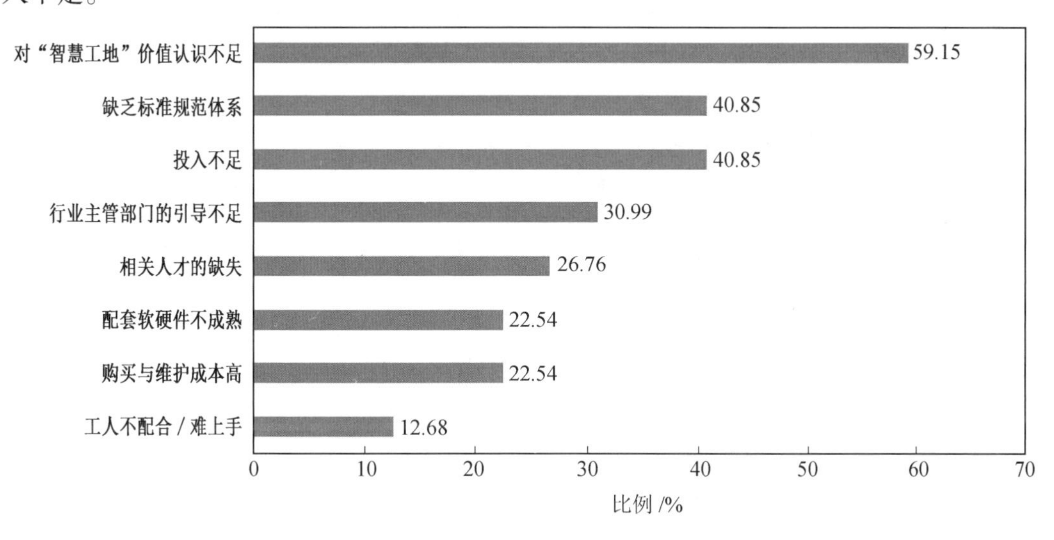

图 3　受访者认为智慧工地的建设与发展存在的问题

针对经济投入的不足，调研结果显示，在受访者所经历的工程项目中，64.79% 的项目中智慧工地投入仅占成本的5%以下,26.67%的项目中智慧工地投入占成本的5%～10%,仅4.23%的项目智慧工地投入达到成本的10%～15%。由此可见,企业对于智慧工地研发和建设的经济投入不足。

针对技术开发的不足,调研结果显示,在受访者所经历的工程项目中,61.97%的项目是委托技术开发公司对智慧工地技术进行开发,18.31%的项目是施工单位购买技术后进行二次开发,14.08%的项目是由施工单位自行开发,其他方式中有受访者提到由业主进行统筹应用。由此可见,目前大多数施工企业还是依赖于技术开发公司,自身对智慧工地技术的研发不足。

针对智慧工地软件和硬件应用的不足,基于对调研结果的词频分析,对有效答案进行了筛选,受访者提到的智慧工地软件主要有广联达、中塔、乐橙、萤石等,硬件主要有监测、实名制、监控、塔吊、塔机、可视化、高支模、扬尘、安全监控、人脸识别等。由此可见,建筑业企业对于智慧工地的软件和硬件应用较少。

(2)装配式建筑。

受访者对目前福建省装配式建筑各环节发展水平的评价可总结为:构件生产环节与装配施工环节发展水平较高,设计环节发展水平相对较低,福建省装配式建筑发展水平较好,但仍有待进一步推进,尤其是设计环节应该发挥其引领作用。

从主要阻力来看,如图4所示,接近半数的受访者认为成本增加和设计施工一体化管理难度大是制约福建省装配式建筑发展的主要阻力,其次是施工技术不成熟、标准规范体系不完善、缺少专业技术人才等。在其他阻力中,有受访者提到技术优势与经济效益不明显和后期质量缺陷较多是阻碍装配式建筑发展的关键因素。由此可见,装配式建筑发展应主要解决成本增加和设计施工一体化管理难度大的问题。

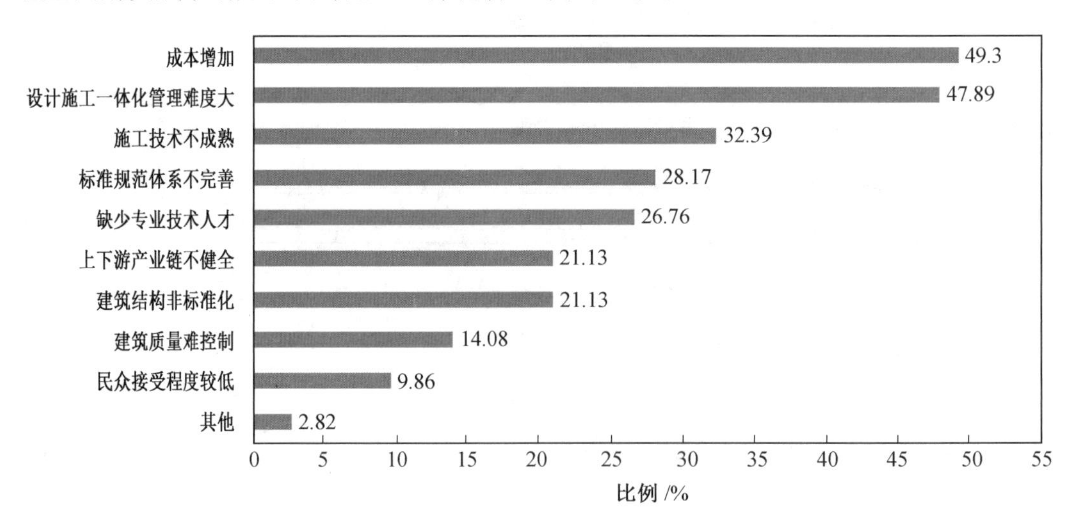

图4 受访者认为目前制约福建省装配式建筑发展的主要阻力

从产业链的薄弱环节来看,如图5所示,超过半数的受访者认为技术研发是目前装配式建筑产业链中最薄弱的环节,其次是产品设计,再者是材料开发、装配施工、工艺设备,最后是部品制造。由此可见,福建省装配式建筑产业链中技术研发和产品设计环节需要重点加强。

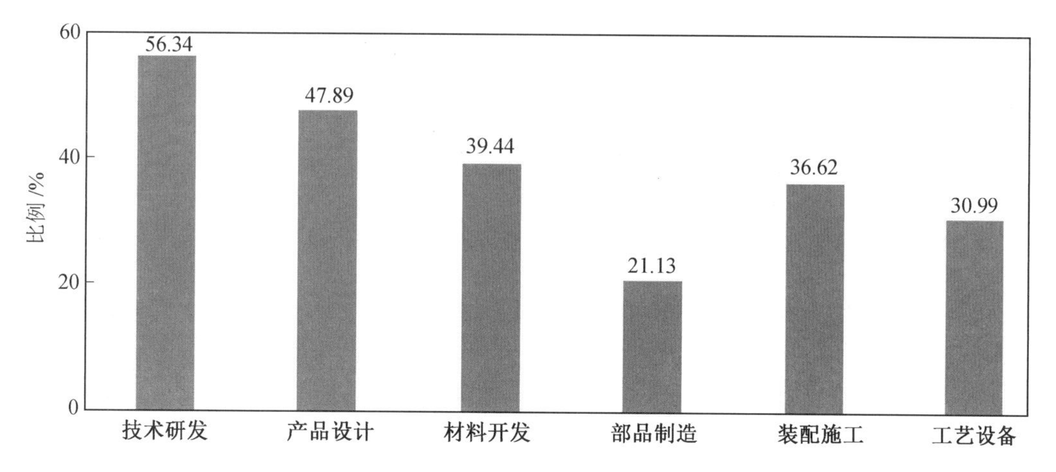

图5　受访者认为目前福建省装配式建筑产业链的薄弱环节

其中,针对产品设计存在的问题,调研结果显示,超过半数的受访者认为设计院没有转变设计思路,仍按现浇建筑进行设计装配式建筑,导致后期施工存在困难,以及设计院对于装配式建筑的构部件深化设计能力不足2个方面是装配式建筑设计目前存在的核心问题,46.48%的受访者认为是建筑结构设计非标准化影响出图效率,36.62%的受访者认为是装配式建筑的节点连接不能满足抗震要求,也有受访者提到装配式设计理念问题。由此可见,装配式建筑设计存在的核心问题在于设计思路及理念的转变。

针对装配施工存在的问题,调研结果显示,技术方面,超过60%的受访者认为预制构件拼缝连接处理方式和构件与主体结构的连接处理是装配式建筑施工中的主要技术难点;管理方面,超过半数的受访者认为缺乏懂装配式建筑施工的管理人员和施工人员技术不能满足项目要求是装配式施工的主要管理难点。由此可见,装配化施工应重点关注预制构件的连接技术,补足大量的专业技术人员和管理人员缺口。

(3)建筑产业互联网。

目前大众对于建筑产业互联网平台的定义不够明晰,了解程度不深,有待进一步加强发展方向指引。从发展阻力来看,如图6所示,57.75%的受访者认为制约建筑产业互联网发展的主要因素是大众对建筑产业互联网认识与理解的不足和相关技术的不足,53.52%的受访者认为是相关人才的缺乏。由此可见,需要进一步明确建筑产业互联网的本质、价值和发展路径,提升大众的认识和理解,同时加强对相关技术的研发应用。

从存在问题来看,如图7所示,超过半数的受访者认为平台种类多,数据集成难度大,共享共用不到位是目前建筑产业互联网平台存在的主要问题,43.66%的受访者认为是应用灵活创新不足,难以快速响应业务调整需求。由此可见,当前建筑产业互联网平台的数据挖掘分析应用能力、业务流程覆盖范围、安全保障体系和统一的平台建设标准都有待进一步提升,其中应该重点关注数据集成与共享和应用创新。

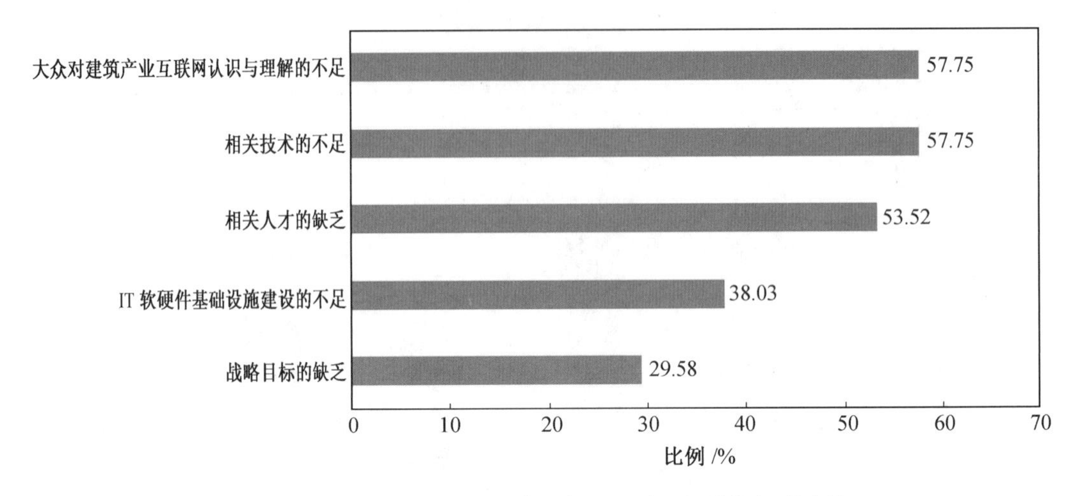

图 6　受访者认为目前制约建筑产业互联网发展的主要因素

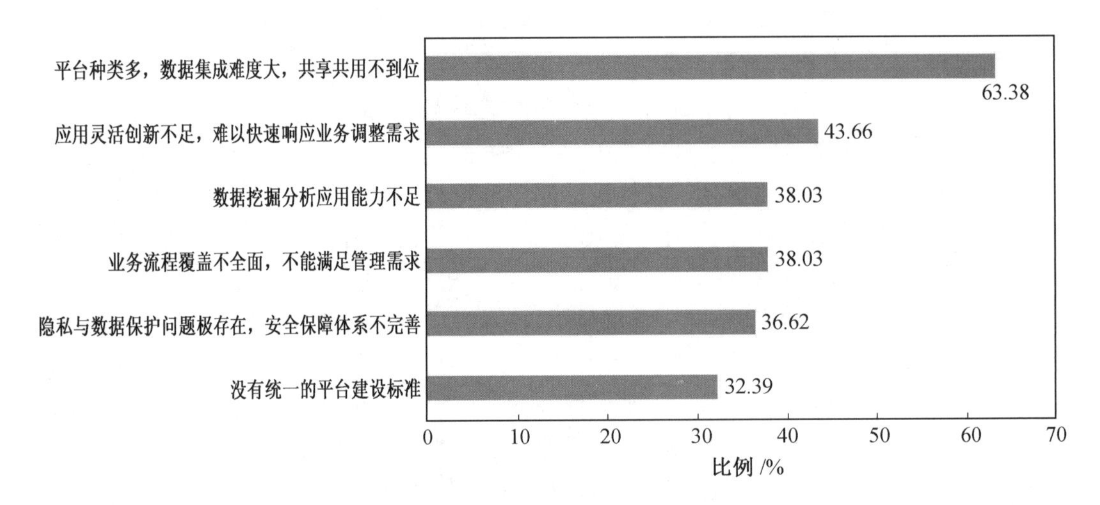

图 7　受访者认为目前建筑产业互联网平台存在的主要问题

(4)新型城市基础设施建设。

从发展阻力来看,如图 8 所示,超过半数的受访者认为建筑行业对绿色建筑的理解不一会阻碍绿色建筑的发展,40.85% 的受访者认为是建筑行业本身墨守成规,不愿意改变工作程序和方法,35.21% 的受访者认为是缺少绿色建筑有关的指标指导机制和缺少政府的鼓励以及政策、资金等支持,32.39% 的受访者认为是缺少市场需求,30.99% 的受访者认为是缺少技术和知识,23.94% 的受访者认为是成本较高且成本回收期较长。由此可见,绿色建筑发展的需要解决的重大阻碍为建筑行业对绿色建筑的理解不一,即相应标准规范的不足。

(5)建筑行业治理现代化。

从服务评价来看,对于目前工程建设项目审批“一站式服务”、建筑业“诚信激励、失信惩戒”的行业氛围、失信企业或“黑名单”企业的惩戒力度等治理情况,大部分的受访者感到比较满意或一般,说明当前建筑行业营商环境有待进一步优化,数字治理能力仍存在不足。

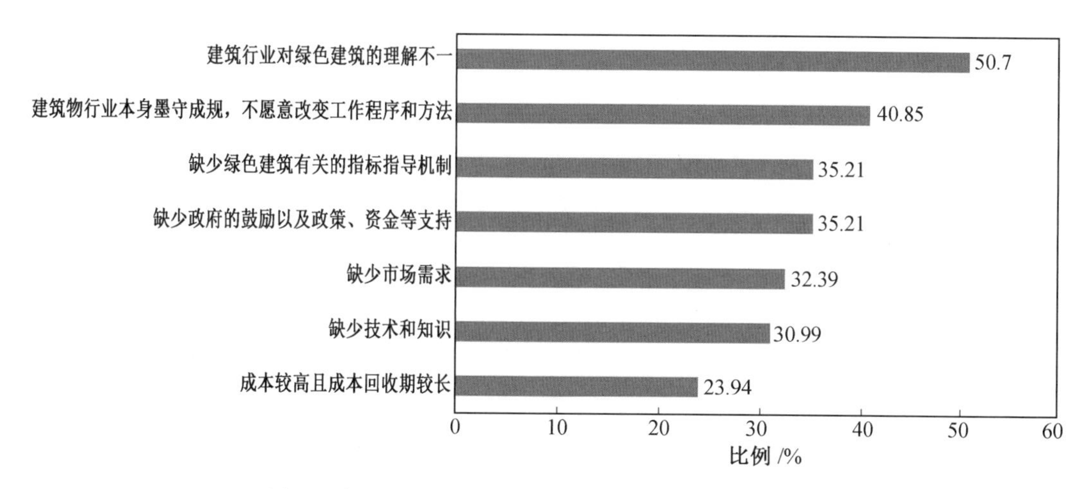

图8　受访者认为会阻碍在福建省绿色建筑发展的因素

从办理建设项目许可过程中的困难环节来看，如图9所示，32.39%的受访者认为在办理建设项目许可过程中最为困难的环节是前置条件审批环节（强制招投标、强制缴纳保证金、材料反复提交等），19.72%的受访者认为没有困难，16.9%的受访者认为是办理立项用地规划许可证，分别有11.27%的受访者认为是办理施工许可证和竣工验收，4.23%的受访者认为是签订土地出让合同，仅1.4%的受访者（1人）认为是不动产登记。由此可见，需要加强前置条件审批环节的改进，推动建设项目许可过程的高效化。

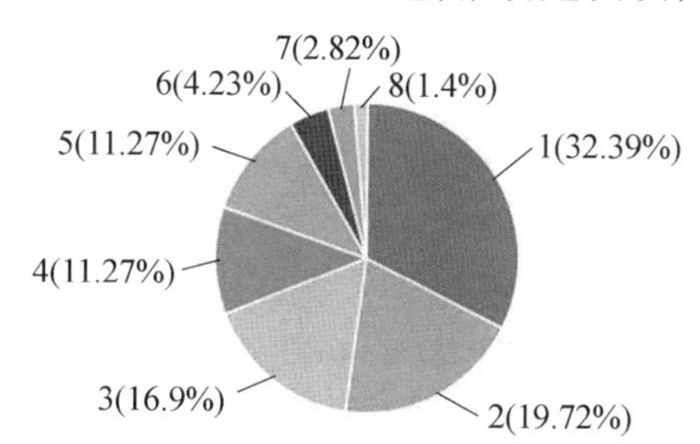

1—前置条件审批环节（强制招投标、强制缴纳保证金、材料反复提交等）；
2—没有困难；3—办理立项用地规划许可证；4—办理施工许可证；
5—竣工验收；6—签订土地出让合同；7—其他；8—不动产登记。

图9　受访者认为在办理建设项目许可过程中最为困难的环节

（6）建筑业企业数字化转型。

如图10所示，没有受访者表示对建筑业企业数字化转型非常了解，16.9%的受访者表示比较了解，63.38%的受访者表示一般，11.27%的受访者表示比较不了解，8.45%的受访者表示非常不了解。由此可见，对数字化转型的概念不甚了解是影响建筑业企业数字化转型的关键点，需要对企业高层管理者加强宣传教育，从而从思想上带动企业数字化转型。

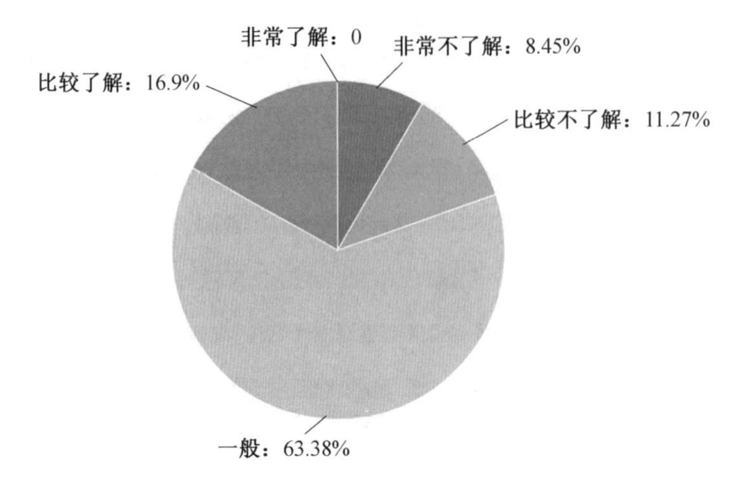

图 10　受访者对建筑业企业数字化转型的了解程度

2　福建省智能建造发展目标

2.1　总体目标

到 2025 年，福建省建筑业支柱产业的地位进一步巩固，初步形成建筑业高质量发展体系框架。智能建造产业体系初步建立，建造方式工业化、数字化、智能化、绿色化水平大幅提升，建造关键技术和重大装备有所突破；新型城市建设初显成效，绿色、健康、智慧、共享的住宅产品得到初步实践；建筑产业互联网平台初步建成，基于平台的产业上下游协同发展得到落实；工程质量安全保障体系基本健全，建筑市场秩序明显改善，现代化的建筑产业工人队伍初步建立。

到 2035 年，福建省建筑业发展质量和效益大幅跃升，成为全国领先的建筑强省。智能建造与新型建筑工业化协同发展的产业体系、标准体系和政策体系全面建成，福建工程建造产业现代化基本实现，“福建建造”核心竞争力全国领先；低碳智能互联互通的新型城市建设与改造基本完成，智能建造产品形态不断拓展，智慧共享的智慧健康社区广泛建设；建筑产业互联网平台建设完成，基于平台面向不同场景的智能建造服务新业态形成；工程质量安全得到保障，高素质人才队伍全面建立，行业治理现代化基本实现。

2.2　具体目标

(1)智慧工地。

大力推动智慧工地建设和安全监管信息化，到 2025 年，规模以上建设工程智慧工地覆盖率达 100%。

(2)装配式建筑。

到 2025 年，福建技术装备率和动力装备率提升至全国前 5；创建 3 个以上国家级新型建筑工业化示范(范例)城市，5 个以上国家级新型建筑工业化产业基地(园区类)，12 个以上国家级新型建筑工业化产业基地(企业类)，20 个以上国家级新型建筑工业化示范工程，全省装配式建筑占新建建筑面积的比例不低于 30%。

(3)建筑产业互联网。

到2025年,初步建成建筑产业互联网平台,加快场景应用,着重发挥提高质量与效率和加强产业协同发展的作用,建设起面向工程项目运营管理全流程数据与服务的“工程云”平台,全省新开工工程建设项目50%以上接入“工程云”平台。

(4)新型城市基础设施建设。

到2025年,全面建设省级公共信息模型(CIM)基础平台;以CIM基础平台为底座,推动物联网在城市基础设施、智能网联汽车、智慧社区、智能建造、智能城管等领域的应用,充分发挥新城建对有效投资和消费的带动作用,创造千亿级的经济产能。新型城市基础设施建设的数字化、网络化、智能化水平进一步提高,加快补齐重点地区、重点领域短板弱项,率先建成宜居、绿色、韧性、智慧、人文的城市转型发展地区。

(5)建筑行业治理现代化。

到2025年,政府主导、多元参与、法治保障的数字经济治理格局基本形成,治理水平明显提升。坚决杜绝重特大事故,有效遏制较大事故,建筑施工百亿元生产产值事故死亡率控制在0.25以下。构建覆盖新型企业家、领军人才、高级管理人才、高级技能人才和产业工人的建筑业人才体系,积极培育智能建造领军人才与技能人才,完善企业劳动用工制度及教育培训与技能评价体系,建成一支稳固的知识型、技能型、创新型建筑产业工人队伍。

(6)建筑业企业数字化转型。

培育以开发建设一体化、工程总承包、全过程工程咨询服务为业务主体的龙头骨干企业,引导企业强化技术管理及科技研发,更新经营理念和管理模式。到2025年,培育100家以上的智能建造新兴技术建筑业企业,形成以行业龙头骨干企业为核心、各专业领域领军企业联合推进、一大批定位于智能建造全产业链细分领域的中小科技型企业为助力的“福建建造”企业生态圈。

3　福建省智能建造发展路径

3.1　福建省智能建造发展框架

随着新一轮科技革命朝向纵深发展,以人工智能、大数据、物联网、第五代移动通信技术、区块链等为代表的新一代数字技术加速向各行业全面融合渗透。在工程建设领域,一些国家相继发布了基于数字技术的建造业发展战略,如《基础设施重建战略规划》(美国)、“建造2025”战略(英国)、“建设工地生产力革命”战略(日本)等。我国建筑业从规模发展到高质量内涵式发展的转变升级,理念的转变是基础,不仅要提升硬实力,还要打造软实力,即建造发展战略。

本文提出的福建省智能建造发展框架如图11所示。福建省应以建造绿色化为发展目标、建造智能化为技术支撑、建筑工业化为产业路径、治理现代化为改革动力,以智慧工地、装配式建筑、建筑产业互联网、新型城市基础设施建设、建筑业治理现代化、建筑业企业数字化转型为抓手,打造智能建造技术高地,发展智能建造新产业,加快推进建筑业转型升级、推动建筑业高质量发展。

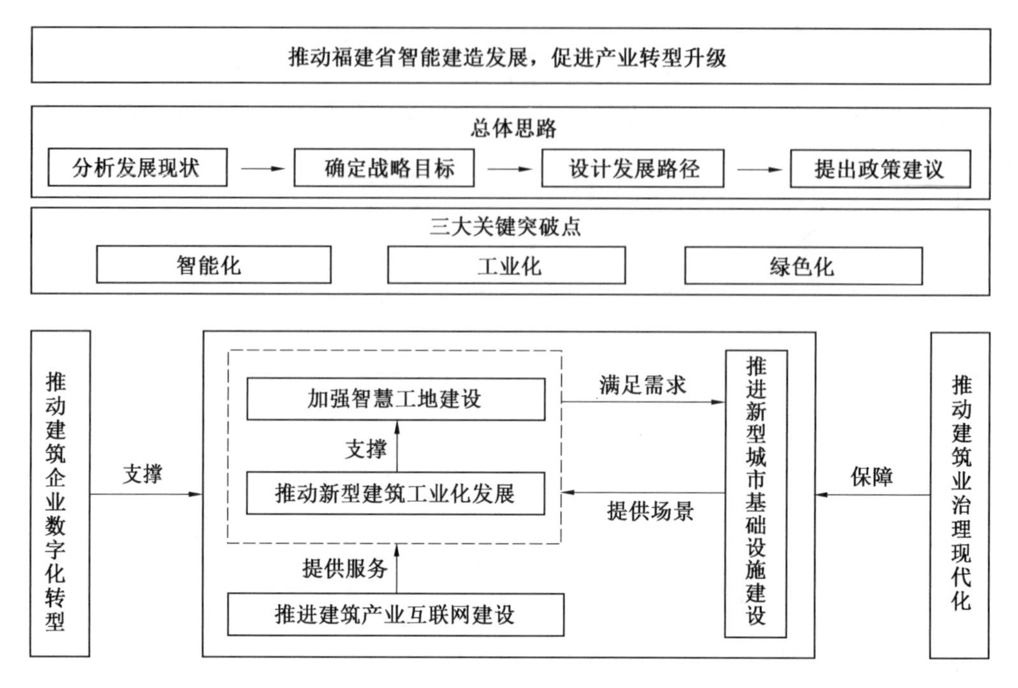

图 11　福建省智能建造发展框架图

3.2　智慧工地发展路径

基于福建省智能建造发展现状，可以将智慧工地的发展路径总结为以下 4 个方面。

(1) 加快建立完善标准规范体系。

编制智慧工地相关技术导则、评价标准和技术标准，全省统一功能模块标准、设备参数标准、数据格式标准、平台对接标准、数据看板标准。支持企业编制智慧工地应用标准、加强技术创新，促进智慧工地关键技术和成套技术研究成果转化为标准规范。

(2) 积极推动新一代信息技术的集成应用。

建立数字化智慧工地集成管理应用系统，通过 BIM 技术、5G、物联网、人工智能、区块链、云计算、大数据、移动互联等技术打造智慧工地，实现施工过程相关信息的全面感知、互联互通、智能处理和协同工作，提升施工现场的数字化、智能化水平以及工程安全、质量管控能力。[2]

(3) 分级开展智慧工地建设。

依据工程项目的建设面积和投资金额，确定智慧工地建设分级标准；对不同规模或能力的建设项目，实施不同等级的智慧工地建设要求，分级开展智慧工地建设。按阶段分级，一年打基础、两年求突破、三年上水平推进；按规模分级，2 万 m^2 以下和造价 2 000 万以下建设三级智慧工地，2 万 m^2 以上和造价 2 000 万以上建设二级智慧工地，鼓励建设一级智慧工地。

(4) 分阶段开展智慧工地试点。

沿着“打造试点—逐步推广—全面建设”的路径分阶段推进智慧工地建设。首先，在全省范围内分区域打造一批智慧工地试点项目，指导创建智慧工地示范片区，树立样板，发挥引领作用;其次,在试点过程中不断完善智慧工地标准体系和信息管理平台建设,在全省范围内逐步推广普及智慧工地应用模式;最后,全面建成符合福建省实际的智慧工地管理模式。

3.3　装配式建筑发展路径

基于福建省智能建造发展现状,可以将装配式建筑的发展路径总结为以下4个方面。

(1)加强系统化集成设计。

一是促进多专业协同。鼓励设计单位应用数字化设计手段,推进建筑、结构、设备管线、装修等多专业一体化集成设计,提高建筑整体性。装配式建筑设计文件应对结构类型、部品部件种类、结构构件连接方式、装配率及计算书等内容进行专篇说明并符合相关标准和规定,设计深度应符合工厂化生产和装配化施工要求,避免二次拆分设计,避免施工过程中的“错、漏、碰、缺”。装配式建筑项目率先采用BIM技术进行设计。二是推进标准化设计。完善设计选型标准,实施建筑平面、立面、部品部件、接口标准化设计,推广少规格、多组合设计方法,以学校、医院、办公楼、酒店、住宅等为重点,强化设计引领,推广装配式建筑体系。鼓励装配式住宅项目贯彻标准化、模块化设计理念,参照设计选型标准进行设计,推动设计与部品部件选用相结合,实现以标准化部品部件为核心的协同设计,提高标准化设计水平。

(2)优化构件和部品部件生产。

一是推动部品部件标准化。编制装配式住宅主要构件和住宅装配化装修主要部品部件标准图集,推进钢构件和预制混凝土墙板、叠合楼板、楼梯等预制混凝土构件工厂化生产,提高集成卫生间、集成厨房、整体门窗等建筑部品的产业配套能力,满足标准化设计选型要求,逐步形成标准化、系列化的部品部件供应体系。制定福建省工程建设《装配式建筑评价标准》,强化评价引领,扩大标准化部品部件使用规模。鼓励建筑业企业共同建立、维护基于BIM技术的标准化部品部件库,明确部品部件分类编码、无线射频识别(RFID)信息等规则,实现设计、采购、生产、建造、交付、运维等阶段的信息互联互通和协同共享。二是建立全过程质量溯源制度。建立预制构件质量追溯系统,利用RFID信息、二维码等物联网技术,实现预制构件全过程质量责任可追溯。建立工程全过程质量数字化记录制度,实现部品部件进场信息的智能管理、模拟装配和产品质量溯源。引导企业建立装配式项目管理平台,集成项目在生产、物流和施工现场的信息,提升项目管理水平。

(3)推广装配式建造方式。

一是大力发展钢结构建筑。新建公共建筑原则上应优先采用钢结构。鼓励有条件的市在保障性住房、人才公寓、装配式住宅建设和农村危房改造、易地扶贫搬迁中,明确一定比例的工程项目采用钢结构装配式建造方式。鼓励企业技术创新,研发适合福建省气候特点的各类钢结构建筑围护体系,推广新型防火防腐材料,加大热轧H型钢、耐候钢和耐火钢应用力度。鼓励省内钢铁企业向建筑领域延伸产业链,加强建筑用钢生产、加工、配送能力建设,打通钢铁生产和钢结构建筑应用堵点,带动相关产业发展。二是推广装配式混凝土建筑。加快完善适用于不同建筑类型的装配式混凝土建筑结构体系,按照“先水平后竖向”的原则,稳步推进装配式混凝土结构建筑发展。加大高性能混凝土、高强钢筋和消能减震、预应力技术的集成应用,积极推广应用预制内隔墙、预制楼梯板和预制楼板,逐步提高装配率。三是推进建筑全装修。加快全装修在装配式建筑、星级绿色建筑工程项目中的应用,积极发展成品住宅,倡导菜单式全装修,满足消费者个性化需求。建立完善内装部品体系,推进装配化全装修的应用,推广管线分离、一体化装修技术,以及集成化模块化建筑部品,提高装修品质,降低运行维护成本。四是优化施工工艺工法。推行装配化绿色施工方式,引导施工企业研发与精益化施工相适应的部品部件吊装、运输与堆放及部品部件连接等施工工艺工法,推广应用钢筋定位钢板等配套装备和机具,在材料搬运、钢筋加工、高空焊接等环节提升现场施工工业化水平。支持施工企业编制施工工法,加快技术工艺、技能队伍转变,提升专业技术水平,提高精益化施工能力。

(4)强化科技支撑。

一是培育科技创新基地。支持装配式建筑相关领域技术创新中心、重点实验室等创新基地建设,围绕关键核心技术开展科研攻关。[3]推动具备条件的建筑业企业建立以建筑信息模型(BIM)为基础的数字化中心(实验室),支持底层平台软件及应用层软件的研发,保障数字化技术应用的质量和安全。二是加大科技研发力度。推进装配式混凝土建筑核心技术研发,研发装配式混凝土结构灌浆质量检测和高效连接技术。围绕钢结构住宅围护体系、材料性能、连接工艺、检验检测等方面开展技术攻关。加强建筑机器人等智能建造技术产品研发。三是推动科技成果转化。支持新型建筑工业化重大科技成果转化应用,引进先进省市高水平科技成果,促进科技成果转化应用,推动建筑领域新技术、新材料、新产品、新工艺创新发展。鼓励装配式建筑相关企业申报高新技术企业,提升科技创新能力。

3.4 建筑产业互联网发展路径

基于福建省智能建造发展现状,可以将建筑产业互联网的发展路径总结为以下 5 个方面。

(1)制定建筑产业互联网平台建设指南。

以国家标准、行业标准为指导,研究制定建筑产业互联网建设指南,明确建筑产业互联网概念、内涵和主要建设内容,提出制定标准规范、建立生态体系和加强平台管理等方面的工作要求,保障建筑产业互联网建设运营标准统一,促进全产业链信息互通共享,为建设建筑产业互联网平台提供方向指引。[4]

(2)打造“工程云”工程大数据平台。

加快建立全省统一的“工程云”工程大数据平台,通过采用 BIM、互联网、大数据、云计算、物联网、人工智能等信息技术,打通建筑项目设计、生产、运输、施工、监管、运维全生命周期各环节的应用,实现全省建筑产业数据标准统一、信息数据集成、监督管理协同的数字化管理,推动全产业链高效共享各种要素资源。企业可以利用该平台进行 BIM 正向设计,通过链接标准部品部件库及生产和施工管理系统,初步实现标准化设计方案一键出图,设计数据一键导入工厂自动排产,施工进度与 BIM 设计模型动态关联,施工高危环节远程实时监管和动态预警。

(3)积极培育垂直细分领域行业级平台。

培育工程物资采购类平台,将传统线下询价、招投标、订单、合同、结算等业务转移到线上进行,改进传统建筑物资采购的交易流程与交易时间,降低企业采购的交易成本。建立工程机械在线租赁平台,通过创新的模式整合设备租赁行业资源,营造良好的租赁市场环境,同时进一步拓宽供需双方的信息渠道,实现租赁信息的高效对接。基于建筑工人实名制,建立完善福建省建筑市场用工信息服务平台,搭建供需双方信息桥梁,优化建筑市场人力资源配置,实现施工任务派发和工作量认定记录在线化、操作班组要约报价在线化、班组和工人管理在线化,降低了用工成本和管理成本。加强公共建筑能耗监测平台建设,扩大监管覆盖范围,规范能效测评工作流程与管理制度。

(4)鼓励大型企业完善升级企业级平台。

支持企业搭建多方协作智能建造平台,提升产业链企业协同效率,促进产业链向上下游延伸,推动形成以工程总承包企业为核心、相关企业深度参与的开放型产业体系。依托企业级智能建造平台贯通供应链、产业链、价值链,为大型企业管理所有在建工程项目提供控制中枢,涵盖设计、算量计价、招标采购、生产、施工以及运维环节,实现项目建造信息在建筑全生命周期的高效传递、交互和使用。

(5)培育建筑产业互联网生态。

充分借鉴工业互联网理念发展建筑产业互联网,探索建筑产业互联网智能化生产、网络化协同、规模化定制、服务化延伸四大应用模式,实现人、机、物的全面互联和全要素、全产业链的全面连接。以产业链为纽带,以产业大数据、产业链金融等为增值服务,推进互联网金融等其他产业向建筑业拓展,发展建筑业供应链金融和工程保险。延伸行业触角,做实做深战略合作,鼓励企业与第三方平台开展合作,推进合作共赢。由政府引导、企业协同,组建建筑产业互联网联盟,加强产业聚集,从顶层设计、技术研发、标准研制、产业实践等多方面提供指导意见,为政府决策、产业发展提供智力支持。依托建筑产业互联网平台建立“平台-生态-运营”的发展范式,与产业各方共同构建资源共享、共生发展、多方共赢的产业新生态。

3.5　新型城市基础设施建设发展路径

基于福建省智能建造发展现状,可以将新型城市基础设施建设的发展路径总结为以下 5 个方面。

(1)全面推进福建省的 CIM 基础平台建设。

制定城市级 CIM 基础平台总体设计方案,推动平台落地实施。依托 CIM 基础平台,统筹推进城市基础设施物联网建设,逐步推进“CIM+”在工程建设项目审批管理、城市体检、应急管理等重点领域的应用,加强对城市健康状态等信息的采集分析和综合应用,实现智慧社区、智能建造、智能城管等基础平台互联互通、数据共建共享,并按照“国家—市—区县”三级 CIM 基础平台体系架构要求,逐步将 CIM 基础平台延伸至各区县。

(2)实施智能化市政基础设施建设和改造。

深入开展对福建省各城市的市政基础设施建设的全面普查,掌握基本情况。联合高校及科技创新企业,投入研发新型智能化市政基础设施,发挥国有企业的引领作用,鼓励行业龙头企业带动中小企业特别是科技创新型企业以多种方式参与新城建。对供水、供热、供气等市政基础设施进行升级改造和智能管理,提高运行效率和安全性能,实施“智慧供水、智慧排水、智慧管网”建设。

(3)推进城市基础设施与智能网联汽车协同发展。

支持福州市、厦门市率先推进智慧城市基础设施与智能网联汽车协同发展技术创新,探索建设城市道路、建筑、公共设施融合感知体系,基于智能大数据技术,聚合智能网联汽车、智能道路、城市建筑等多类城市数据,打造智慧出行平台“车城网”。

(4)大力推动绿色建筑发展。

建立健全工程建设项目全生命周期绿色设计、绿色施工、绿色运营标准规范和评价体系。加大先进节能环保技术、材料、工艺和装备的研发力度,鼓励和加强建筑废弃物资源化再生利用的研究与应用,政府投资工程、公共建筑、申报绿色建筑、绿色生态居住小区等项目率先采用绿色建材。

(5)大力推进城市运行管理服务平台建设。

建立集感知、分析、服务、指挥、监察等于一体的城市运行管理服务平台,逐步形成省、市运行管理服务平台体系。加强对城市管理工作的统筹协调、指挥监督、综合治理,推动城市管理“一网统管”建设。

3.6 建筑行业治理现代化发展路径

基于福建省智能建造发展现状,可以将建筑行业治理现代化的发展路径总结为以下4个方面。

(1)优化建造行业营商环境。

一是提升政府监管能力。深化“放管服”改革,大力推行“互联网+”建设,推动城市管理手段、管理模式、管理理念创新,精准高效满足群众需求,实现行业精细化管理,提高监管效率。落实企业资质管理与个人执业资格管理,充分利用信息化手段加强资质审批后动态监管,全面推行注册执业证书电子证照。探索开展“主题式”“情景式”审批模式,实施项目审批精细化、差别化管理。全面提高政府监管水平,构建科学的监管绩效评价体系,加强监管机构、监管方式、监管监督机制和监管绩效评价等要素之间的耦合性。二是健全市场运行机制。加快完善工程总承包相关制度规定,推进全过程BIM技术应用与管理、设计与施工深度融合。加快发展全过程工程咨询,培养全国领先的全过程工程咨询企业和领军人才。在民用建筑工程项目中推行建筑师负责制。

(2)加快推进建筑市场信用体系建设。

完善建筑市场信用管理政策体系,构建以信用为基础的新型建筑市场监管机制。加快工程质量信用体系建设,进一步健全工程质量信用信息归集、公开制度。扩大招标人自主权,强化招标人首要责任。优化招标投标方法,推动省建筑市场实现“优质优价”和“优胜劣汰”。推动信用评价结果在招投标中的应用,完善建筑市场“优质优价”机制。健全建筑市场红黑名单制度名单认定、退出、奖惩解除和记录留存协同机制。健全工程质量保修和投诉处理机制,推动建立工程质量保险制度。加快推行投标担保、履约担保、工程质量保证担保和农民工工资支付担保,提升保函替代率。

(3)完善工程质量安全体系。

一是落实工程质量安全主体责任。进一步压实建设、勘察、设计、施工、监理等工程质量责任主体和质量检测等单位的质量责任。进一步强化工程质量终身责任制,严格执行工程质量终身责任书面承诺、永久性标牌、质量终身责任信息档案等制度。大力推动工程质量安全手册制度,进一步发挥优质工程示范引领作用,着力提升工程质量管理标准化水平。二是强化建筑施工安全监管。持续开展建筑施工安全生产专项整治工作,强化建设单位安全生产首要责任,推行安全生产承诺制度,保证合理工期和造价,保证建设资金到位和工程款支付,落实安全文明施工措施费。进一步加强危大工程方案编制、论证、交底、实施、验收等环节管控,推动将超危大工程纳入信息化动态监管。三是提升监管执法效能。严格规范房屋市政工程安全生产监管执法工作流程,保障监管工作质量。推行差异化监管,加大对重点企业、重点项目的监督检查频次。推行"互联网+监管"模式,依托智能建造、智慧工地等信息化应用平台,充分利用大数据,实施信息化管理,全面提升监管效能。

(4)加强人才队伍建设。

一是培育智能建造专业技术人才。积极引导设计、生产、施工企业的技术人才向建筑产业化转型,推动高校与企业共建专业学院、产业系(部、科)和企业工作室、实验室、创新基地、实践基地、实训基地等。引导建筑类高等院校和职业技术学院增设新型建筑工业化和智能建造相关专业,培养专业技术人才。开展建筑产业标准化体系、装配构件生产与安装等专业培训,为智能建造培养储备人才。二是加强建筑产业工人队伍建设。制定建筑工人职业技能标准和评价规范,推行建筑工人终身执业技能培训制度。规范装配施工等关键岗位工人技能培训和持证上岗工作,探索开展智能建造新兴职业(工种)建筑工人培养,鼓励有条件的企业建立首席技师制度、劳模和工匠人才(职工)创新工作室、技能大师工作室和高技能人才库。建立"互联网+建筑工人"服务平台,动态记录工人的个人信息、培训记录与考核评价、作业绩效与评价等信息,及时发布工程项目岗位需求、人工成本、职业培训等信息,促进工人有序流动。三是完善建筑产业工人权益保障体系。推动建立全社会统筹的建筑工人大病医疗保险制度,强制建筑劳务用工企业为建筑劳务人员办理工伤、医疗或综合保险等社会保险。为符合条件的建筑工人办理居住证、实施公租房保障等,用人企业应及时协助提供相关证明材料,保障建筑工人享有城市基本公共服务。

3.7　建筑业企业数字化转型发展路径

基于福建省智能建造发展现状,可以将建筑业企业数字化转型的发展路径总结为以下 3 个方面。

(1)强化企业数字化思维。

加强顶层设计,强化数字化理念和思维,推动企业数字化发展战略规划的制定。提升员工数字技能和数据管理能力,全面系统推动企业研发设计、生产加工、经营管理、销售服务等业务数字化转型。支持有条件的大型企业打造一体化数字平台,全面整合企业内部信息系统,强化全流程数据贯通,加快全价值链业务协同,形成数据驱动的智能决策能力,提升企业整体运行效率和产业链上下游协同效率。推行普惠性"上云用数赋智"服务,推动企业上云、上平台，降低技术和资金壁垒，加快企业数字化转型。

（2）培育智能建造龙头企业。

细分智能建造产业领域，包括数字设计、智能装备、装配式建筑、市政建设、路桥建设、房屋建设、水利水电、建筑材料、工程检测、智慧运维、固废处理等。研究制定龙头企业评选方法，综合考察企业在重点项目推进、技术能力、创新能力、管理能力、示范引领能力、品牌能力及社会责任等方面的水平，由各行业主管部门对职责范围内的细分领域龙头企业进行动态评选和扶持，每个细分领域重点扶持2～3家龙头企业。龙头企业发挥其骨干主导作用，先行先试，通过强强联合、强专联合、大小联合等模式，提高福建省智能建造产业综合竞争力和市场份额。

（3）引导中小建筑业企业发展。

实施中小建筑业企业数字化转型专项行动，支持中小建筑业企业从数字化转型需求迫切的环节入手，加快推进数字化办公、智能生产线等应用，由点及面向全业务全流程数字化转型发展。鼓励龙头企业将配套中小建筑业企业纳入共同的供应链管理、质量管理、标准管理、合作研发管理等，提升专业化协作和配套能力。支持龙头企业建立开放性研发平台向中小配套企业开放，推动协同制造和协同创新。积极引导中小建筑业企业与龙头企业开展多种形式的经济技术合作，建立稳定的供应、生产、销售等协作、配套关系，引导中小建筑业企业不断提升专业化能力，培育一批建筑领域“专精特新”中小企业。

4 政策建议

（1）加强资金支持。

建立支持智能建造发展的资金投入机制，在用好现有资金的基础上，研究创新资金投入方式，充分发挥财政资金的引导作用，调动社会资本参与的积极性，加强推动智能建造发展的资金支持。

（2）实施税费优惠。

围绕落实好研发费用加计扣除、固定资产加速折旧、高新技术企业低税率等税收优惠政策，扎实开展对智能建造企业的问题反馈收集，推进市级、区级各部门对相关政策的落实。通过“事前辅导、事中监控、事后管理”，确保智能建造企业优惠政策应享尽享。

（3）加强科技支持。

支持行业龙头企业、高校、科研院所独立或联合建设工程技术研究中心，鼓励建筑业企业不断加大研发投入，重点围绕低能耗装配式住宅、建筑材料、基础部件、施工工艺及机械装备等关键核心技术开展技术攻关。成立由智能建造龙头企业牵头，产业链上下游企业、相关领域优势高校、科研院所等联合参与的福建智能建造产业协作联盟。加强政策激励，对认定的智能建造国家高新技术企业进行奖励补助，对于实施新型建筑工业化项目并参与编制省级及以上新型建筑工业化技术标准的企业，鼓励其申报高新技术企业，支持其开展知识产权转化应用，享受相关科技创新扶持政策。

（4）加强人才培养。

建立智能建造人才培养和引进机制，将智能建造纳入学科专业建设，增设相关专业课程。支持企业与高校合作，加快培养急需的各类高端人才。鼓励龙头企业和科研单位依托重大科研项目和示范应用工程，培养领军人才、专业技术人才、经营管理人才和技能人才队伍。引导和支持本市职业院校、龙头企业产业工人培训学校、市住房和城乡建设科技促进中心建设智能建造实训基地。

（5）强化宣传推广。

建立政府、媒体、企业、行业协会与公众“五位一体”的联合宣传培训机制，通过示范项目现场会、展览会、专题报道、住户回访等形式，开展全面、深入、系统的宣传，营造全社会关注、支持智能建造发展的舆论氛围。定期开展智能建造领域的政策宣传、技术指导及成果推广，强化业内交流与合作，向社会推介优质、诚信、放心的技术、产品和企业。总结智能建造发展经验，及时向社会公开典型案例，营造智能建造健康发展的良好环境。积极开展智能建造项目示范试点，宣传推广示范试点成果，学习先进地区推动智能建造发展的成熟经验和典型做法。

参考文献

[1] 福建工程学院科协. 福建省建筑工程管理发展研究报告[J]. 海峡科学，2018(10)：137-144.

[2] 杜黎明，王燃. 物联网技术在智慧工地中的应用研究[J]. 核动力工程，2020，41(S1)：92-95.

[3] 李桃，严小丽. 智能建造与建筑工业化协同发展系统及作用机制[J]. 土木工程与管理学报，2022，39(1)：131-136，143.

[4] 彭波，王卫峰，胡继强，等. 建筑产业互联网发展现状与对策[J]. 建筑经济，2023，44(2)：14-20.

福建省数字化设计发展现状调研分析及发展对策研究

沈一慧[1]　韩金妍[2]　李宁静[2]　王楚茜[2]

1. 厦门市规划协会;2. 华中科技大学

摘　要:建筑业是福建省的重要支柱产业,在新一轮科技革命的推动下,数字化设计的发展将推动福建省建筑业转型升级,实现高质量发展。本文综合运用文献阅读、问卷调查等研究方法,从辨析数字化设计内涵入手,分析福建省数字化设计发展目标,多角度梳理福建省数字化设计发展现状,探讨数字化设计发展的特点、问题与挑战,并从可行性和可操作性的角度具体提出数字化设计发展对策,明确目标与产业、企业、工程等实际发展对象之间的关系。本文将为福建省数字化设计发展提供现状总结和政策建议。

关键词:建筑业;数字化设计;福建省;调研分析;对策

1　研究概述

1.1　研究背景

建筑业是一个关联产业多、带动能力强、就业容量大、贡献程度高的基础性产业。它是福建省的重要支柱产业,也是一个万亿元产业,在福建省的经济和社会发展中具有不可替代的作用。

随着新一轮科技革命朝向纵深发展,以人工智能、物联网、大数据、云计算为代表的新一代信息技术,引发了人类社会继农业革命、工业革命之后的新一轮科技革命——信息革命,正在与各产业深度融合,推动产业进行变革升级。[1]《2021 年国务院政府工作报告》明确要求"加快数字化发展,打造数字经济新优势,协同推进数字产业化和产业数字化转型"。"十四五"规划提出,加快数字化发展,建设数字中国,坚持创新驱动发展,完善科技创新体制机制,发展智能建造。我国建筑业的发展迫切需要通过数字化建设来打造"中国建造"升级版,提升企业核心竞争力,实现建筑业转型升级和高质量发展。因此,运用数字化科技创新来驱动建筑业高质量发展,成为我国建筑业面临的重要机遇和挑战 。

在当前国际形势和国内发展的大背景下,建筑业正处在一个重要的历史节点上。我国经济社会发展处于重要战略机遇期,贯彻新发展理念,构建新发展格局,推动创新转型和高质量发展成为主要挑战和任务。研究福建省数字化设计发展现状,确定福建省数字化设计发展战略目标与路径,对引领福建省建筑业健康持续发展具有重要的作用。

1.2　数字化设计的内涵

数字化设计基于计算机辅助设计（CAD）、建筑信息模型（BIM）、区块链、数字孪生等技术及其融合集成的科技创新成果，为建筑业实现智能建造提供了基本平台和关键功能，将推动建筑业的数字化转型升级。典型的工程数字化设计方法包括参数化设计、多主体交互式协同设计和生成式设计等。目前大力推行的主要是数字化协同设计，即在计算机支持下，各专业设计人员围绕同一个设计项目，在完成各自相应的专业设计任务基础上，实现高效率的交互与协同工作，解决传统设计面临的项目管理与设计之间、设计与设计之间、设计与生产之间的脱节问题，最终得到符合要求的综合设计成果。其内核是精益化、工业化、数字化在设计阶段的深度融合，以实现"平台+生态"为核心，将"集成""智能""协同"融为一体。[7]数字化设计内核框架图如图 1 所示。

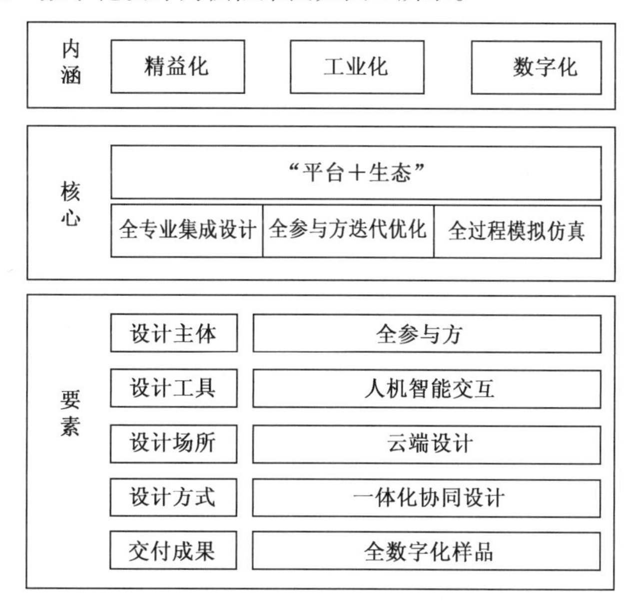

图 1　数字化设计内核框架图

从技术角度看，随着 CAD、计算机辅助工程（CAE）、计算机辅助工艺规划、计算机辅助生产等技术越来越多地在工程设计领域得到应用[8]，数字化设计技术也在不断发展，既包括数字化表现，如三维模型可视化、参数模型、虚拟现实、混合现实、虚拟仿真等，又包括数字化设计方法，如 BIM 技术、建筑性能分析与设计、算法设计等。

从技术与管理的集成角度看，利用建筑信息建模、多维信息集成、可视化虚拟仿真、信息驱动的协作及施工自动化等数字化技术，将工程建设项目中独立的、各业务部门的工作连接与集成起来，实现全专业集成设计、全参与方迭代优化、全过程模拟仿真，增强工程项目各参与主体间的沟通、交流与合作，协调处理项目交付过程中可能遇到的各类问题，实现项目的综合目标。[4]

总的来说，数字化设计是在新一轮科技革命大背景下，数字技术与建筑设计、工程建造系统融合形成的工程建造创新发展模式，是为建立数字化建筑和实现智能建筑提供数据来源和数据基础的重要手段，是后续数字化建造、数字化交付等新模式的基础。数字化设计带来的并不仅仅是设计技术的提升，更注重建筑的物质性。数字化设计致力于实现全生命周期一体化的数字化建造，并积极开展智能建造、绿色建造、精益建造、极端建造等工程设计与建造模式的创新。

1.3 研究内容

本文立足福建省数字化设计发展现状，分析福建省数字化设计发展目标，通过发放电子问卷的方式对福建省数字化设计行业的相关人员进行调研，基于调研报告中占比、水平评价、阻碍等内容，从绿色设计、数字化设计、BIM 设计、协同设计、工程总承包、全过程咨询、建筑师负责制等方面分析福建省数字化设计发展现状，通过现状与发展目标的比较分析，总结问题与优势。最终从可行性、可操作性的角度具体提出发展对策，明确目标与产业、企业、工程等实际发展对象之间的关系。

2 福建省数字化设计发展目标

2.1 福建省数字化设计发展目标设定的指导思想

自 2020 年 7 月住房和城乡建设部等 13 部门联合发布了《住房和城乡建设部等部门关于推动智能建造与建筑工业化协同发展的指导意见》以来，数字化设计相关政策陆续出台，数字化设计已成为发展智能建造的重点任务之一。国家住建部与福建省住建厅发布的数字化设计相关政策（表 1）是福建省数字化设计发展目标设定的指导思想。

表 1 数字化设计相关政策

<table>
<tr><th></th><th>发布时间</th><th>文件名</th><th>有关数字化设计的表述</th></tr>
<tr><td rowspan="3">国家住建部</td><td>2020 年 7 月</td><td>《住房和城乡建设部等部门关于推动智能建造与建筑工业化协同发展的指导意见》</td><td>推进数字化设计体系建设，统筹建筑结构、机电设备、部品部件、装配施工、装饰装修，推行一体化集成设计；积极应用自主可控的 BIM 技术，加快构建数字设计基础平台和集成系统，实现设计、工艺、制造协同</td></tr>
<tr><td>2022 年 1 月</td><td>《“十四五”建筑业发展规划》</td><td>推广数字化协同设计。鼓励大型设计企业建立数字化协同设计平台，推进建筑、结构、设备管线、装修等一体化集成设计，提高各专业协同设计能力；完善施工图设计文件编制深度要求，提升精细化设计水平，为后续精细化生产和施工提供基础</td></tr>
<tr><td>2022 年 3 月</td><td>《“十四五”住房和城乡建设科技发展规划》</td><td>智能建造与新型建筑工业化技术重点任务之一就是数字设计技术。基于 BIM 技术开展设计产品数据标准、构件库标准研究，构建设计资源知识库，研发多方协同设计平台及模型质量合规性检查软件</td></tr>
</table>

续表

	发布时间	文件名	有关数字化设计的表述
福建省住建厅	2019 年 5 月	《关于提升建筑工程施工图审查效率的若干意见》	强调数字化设计要求:通知中明确指出,施工图设计文件应当采用数字化设计,严格按照 BIM 技术要求进行设计。要求提交 BIM 模型:通知要求申报施工图设计文件时,应提交符合 BIM 技术标准的 BIM 模型,并对 BIM 模型进行质量检查。强化 BIM 技术应用:通知要求各级住房和城乡建设行政主管部门和建筑工程审批机构要加强 BIM 技术的推广和应用,提高 BIM 技术的应用水平。建立数字化设计文件审查制度:通知还要求各级住房和城乡建设行政主管部门和建筑工程审批机构建立数字化设计文件审查制度,加强对数字化设计文件的审查和监管
	2021 年 7 月	《厦门市建设局关于进一步加强装配式建筑项目实施有关工作的通知》	设计服务:在装配式建筑设计中应考虑技术前置、管理前移、协同设计。从方案阶段引入装配式建筑的设计理念,同时考虑各专业、构件制作和运输、施工安装等相关技术条件,通过数字化设计手段推进多专业一体化集成设计。积极做好 2021P02、2021P03 两个商品住宅项目装配式建筑设计阶段评价,需设计变更的项目,不得降低装配率。建设单位应在重新提交原图审机构审查通过后按变更后图纸计算装配率并提交装配率计算书,由原评审专家复核确认,报厦门市建设局备案后方可实施
	2022 年 4 月	《福建省做大做强做优数字经济行动计划(2022—2025 年)》	数字化转型促进中心建设工程。依托产业集群、园区、示范基地等建立若干公共数字化转型促进中心,开展数字化服务资源条件衔接集聚、示范推广、人才招聘及培养、测试试验、产业交流等公共服务。依托企业、产业联盟等建立若干开放型、专业化数字化转型促进中心,面向产业链上下游小微企业提供供需撮合、转型咨询、定制化系统解决方案开发等市场化服务,深入实施“数字化转型伙伴行动”,加快建立高校、龙头企业,产业联盟主体资源共享、分工协作的良性机制

续表

	发布时间	文件名	有关数字化设计的表述
福建省住建厅	2021 年 8 月	《福建省建筑业“十四五”发展规划》	绿色建筑全面发展:绿色建筑地方标准体系和管理机制不断健全。推广建筑信息模型(BIM)技术应用,实施 BIM 试点项目 699 个。装配式建筑初具规模:全省累计开工装配式建筑 4 145 万 m^2。产业现代化取得新突破:到 2025 年,全省城镇每年新开工装配式建筑占当年新建建筑的比例达到 35% 以上。建筑工业化与智能建造协同发展的产业体系基本建立,建筑工业化、数字化、智能化水平显著提高
	2021 年 10 月	《关于加快推动新型建筑工业化发展的实施意见》	发展目标:培育具有装配式建筑和智能建造解决方案能力的工程总承包企业不少于 20 家,智能化装配式建筑生产企业不少于 10 个,建筑工业化、数字化、智能化水平显著提高。加强系统化集成设计:推动全产业链协同发展,支持建设单位和工程总承包单位以提升建筑品质和综合效益为目标,推进产业链上下游资源共享、系统集成和联动发展。实施标准化设计:设计单位严格按照国家及我省装配式建筑有关规范标准和管理规定开展设计,实施建筑平面、立面、构件和部品部件、接口标准化设计,推广少规格、多组合设计方法

2.2 福建省数字化设计发展具体目标

(1)产业现代化得到突破,加大科技创新力度。

全面推进新技术应用,促进数字化、工业化和智能化协同发展,大力发展智能建造。引导各类要素有效聚集,加快建设建筑产业互联网,推动自动化施工机械、建筑机器人、3D 打印等的应用。推进部品部件生产数字化和智能化升级,到 2025 年,全省新建建筑中装配式建筑面积比例达到 35% 以上。以装配式建筑发展为重点,协同发展智能建造技术,培育不少于 20 家具有装配式建筑和智能建造解决方案能力的工程总承包企业及不少于 10 个智能化装配式建筑生产企业。建筑工业化、数字化和智能化水平显著提高,产业基础、技术装备、科技创新能力以及建筑安全质量水平全面提升。到 2035 年,福建省新型建筑工业化和智能建造发展取得显著进展,企业创新能力大幅提升,产业整体优势明显增强,实现建筑产业现代化。

(2)完善数字化设计标准体系,推动 BIM 与 CIM 平台联动。

优化模数协调和构件选型标准,建立基于 BIM 的标准化部件库。广泛使用自主可控 BIM 软件,引领 BIM 云服务平台建设。实施 BIM 报建审批试点,推进 BIM 与城市信息模型(CIM)平台的联通和协同发展。在公共建筑、装配式建筑、地铁、综合管廊等政府投资或采用工程总承包模式的项目中,要将 BIM 等智能建造技术要求作为评审内容。推进“新城建”与“新基建”对接,大力发展 CIM 平台,促进其在城市体检、城市安全、智慧市政、智慧社区和智能建造等领域的应用。同时,加强市政设施的智能化管理,提升建设品质。

(3)形成创新争优机制,打造精品工程。

激励产学研结合,制定完善的科技激励机制,促进科研、设计、生产加工、施工装配、运营等全产业链的融合,建立数字化全过程的成果交付和应用机制,提高勘察设计的数字化水平,稳步提高工程质量,形成争先创优的机制,鼓励企业争创优秀勘察设计项目和高质量工程,打造一批精品工程。

(4)产业规模迈上新台阶,培育龙头企业。

建立完善的产业生态系统,培育建筑施工、勘察设计等龙头企业,大力发展具有综合实力的工程总承包企业和全过程工程咨询企业,推进业务拓展,促进主营业务收入超过 500 亿元的企业数量达到 1 ~2 家,主营业务收入 100 亿元以上的企业数量达到 20 家,工程咨询业务收入超过 5 亿元的企业数量达到 2 ~3 家。同时,支持已取得工程设计综合资质、行业甲级资质、建筑工程专业甲级资质的设计企业直接申请相应类别的施工总承包甲级资质,并支持已取得施工综合资质、施工总承包甲级资质的企业直接申请相应类别的工程设计甲级资质。通过这些措施,促进设计与施工行业的深度融合,帮助专业承包企业提升设计和施工能力,同时打造更多的优秀勘察设计项目和优质工程,推动建筑业的健康发展。

(5)绿色建筑发展取得新成效,减少环境污染。

到 2025 年,城镇新建建筑中绿色建筑的占比应达到 98% 以上,同时新建建筑中绿色建材的应用比例也应达到 65% 以上。所有新建的装配式建筑应符合绿色建筑标准,并且在建造过程中,建筑垃圾应减少 20% 以上。同时,新建建筑施工现场建筑垃圾(不包括工程渣土和工程泥浆)的排放量每万平方米不应超过 300 t,装配式建筑施工现场建筑垃圾(不包括工程渣土和工程泥浆)的排放量每万平方米不应超过 200 t。

3　福建省数字化设计发展现状调研

3.1　福建省数字化设计发展现状调研情况

调查问卷采用网络电子问卷的形式发放,发放对象主要是福建省数字化设计行业的相关人员,受访者七成来自国企,三成来自私企。本次调研所选取的发放对象来自福建省建筑业,受访者所处单位、从业年限、专业技术职称各不相同,具有一定的代表性,为后续调研分析提供坚实基础。

福建省数字化设计发展现状的分析内容主要由数字化设计的应用情况及数字化设计中涉及的 BIM 技术、绿色建筑、数字化交付、全过程咨询、集成管理等模式的应用情况组成。

首先是根据收集数据对数字化设计的应用情况进行分析。当前采用数字化设计的项目偏少,大多数受访者表示参与的项目中仅有10%采用了数字化设计。建筑业整体数字化设计水平中等,一体化协同技术在建筑业从业者中接受度最高,知识图谱、人工智能等辅助设计技术的评价均不尽如人意,具有较大的进步空间。在实际应用方面,借助了多项数字化工具的各项数字化设计手段在实际工作中得到了中等偏上的评价,具有一定的作用,受访者对施工方案模拟论证(数字化工具为BIM5D、全过程仿真、5G)最为满意,部品部件设计(数字化工具为VR/AR、物联网)仍具有较大的改进空间。将数字化设计技术应用于实际项目后,其在各个方面均发挥了优化的作用,在建筑业从业人员心中,数字化设计有着较高的应用价值,尤其是在质量管理方面,从业人员对数字化技术在质量保障与维护中发挥的作用基本满意。其次是多项目高效管理、节省项目成本与加快和缩短工期,整体均得到了良好的评价,说明数字化设计确能对建筑业发展做出重要贡献。实施数字化设计有诸多好处,但现实项目中一些阻碍数字化设计的因素仍然存在,对此数字化设计发展应主要解决实施成本高和各方主体对数字化设计认知不统一的问题。其中八成受访者表示实施成本高是推动数字化设计正向发展的最大阻碍,紧随其后的是各方主体对数字化设计认知不统一,如图2所示。

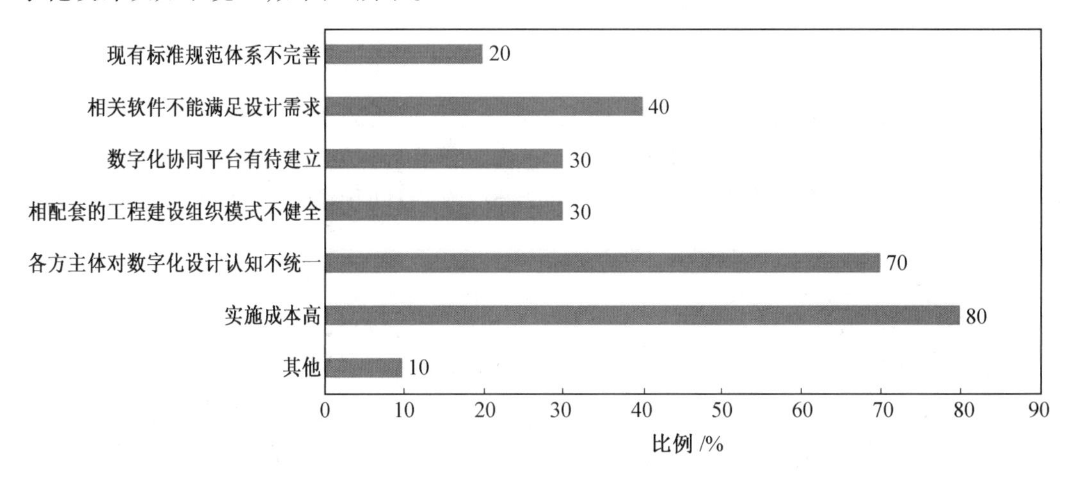

图2　受访者对在工作中推进数字化设计最大阻碍的回答情况

数字化设计的内核是精益化、工业化、数字化在设计阶段的深度融合,精益化通常表现为绿色建造,加强绿色建造也是福建省“十三五”规划后重要任务,可目前建筑业工程设计绿色低碳水平还需要进一步加强,多数受访者表示当前建筑业整体绿色低碳设计水平一般,剩余受访者均表示比较不成熟。受访者对绿色低碳设计最大阻碍的回答情况如图3所示。总结影响推动绿色低碳设计发展的因素,首先是绿色低碳设计技术不健全,其次是业主缺乏绿色低碳设计需求,现有标准规范体系不完善、绿色低碳设计成本过高、绿色发展理念未普及也是重要影响因素。

BIM技术的推广和应用为数字建筑提供了良好的应用载体,是进行数字化设计的重要基础。[2]目前,建筑业对BIM设计团队存在诸多要求,建筑业中的BIM设计团队普遍在软件使用能力方面表现良好,其次是设计专业能力与执行协调能力,而正向设计意识方面尚有较大的进步空间。将BIM技术应用于施工项目中,其在各个阶段均发挥了重要的作用,其中设计阶段BIM技术的应用水平评价最高,运维阶段稍显欠缺,由此可见BIM技术

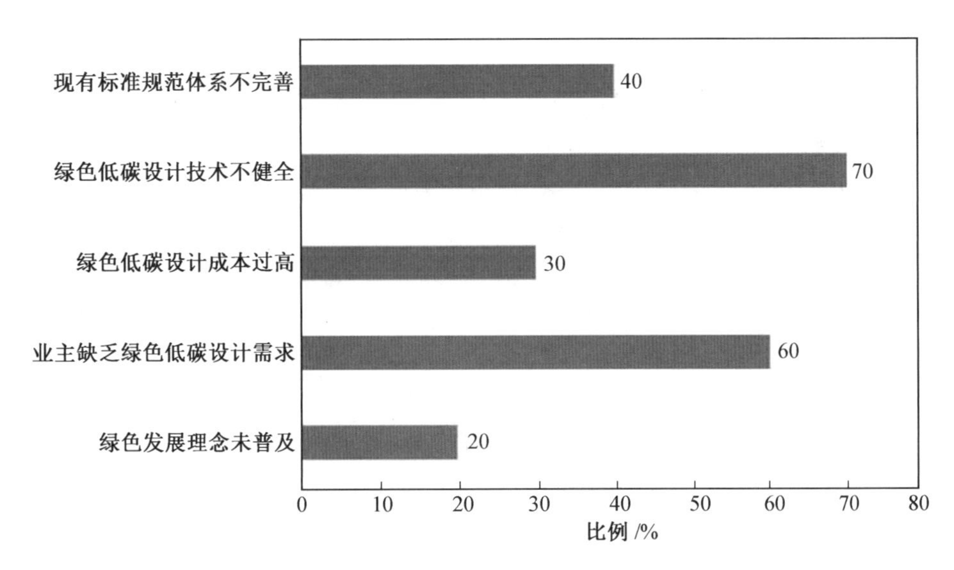

图3　受访者对在工作中推进绿色低碳设计最大阻碍的回答情况

在设计阶段的应用价值最大，应进一步利用 BIM 技术发挥设计引领的作用。

数字化设计以实现“平台+生态”为核心，要求将“集成”“智能”“协同”融为一体。协同设计、工程总承包模式、全过程咨询模式、建筑师负责制都是数字化设计发展情况下，推动建设信息集成，实现全专业集成设计、全参与方迭代优化、全过程模拟仿真的技术与方法。受访者对推进协同设计的最重要因素回答情况如图 4 所示，其中最为重要的是统一的专业标准，其次是协同设计的软件平台与各方主体的认知统一等，由此可见，需要进一步建立统一的专业标准，建设协同设计的软件平台，使各方主体的认知达到统一。在进行协同设计的工作中，设计单位的实际参与程度最深，达到了基本让人满意的水平，接下来是建设单位、施工单位与运维单位，仍需进一步加强发挥设计引领的作用。在推行工程总承包模式的过程中，目前最大的阻碍是传统施工总承包思维难以迅速转变，其次是工程总承包能力欠缺与工程咨询行业发展不匹配等，由此可见，工程总承包模式发展应主要解决思维转变、能力提升、行业匹配的问题。在推行全过程咨询模式的过程中，最大的阻碍是全过程工程咨询机构技术融合能力不足，委托的分散性与碎片化倾向、委托的前瞻性与主动性不足等问题同样影响全过程咨询模式的推行。由此可见，全过程咨询模式发展应主要解决咨询机构技术融合能力不足的问题。而在工作中推行建筑师负责制的因素的最大阻碍主要体现在建筑师权力关系不明确、高素质建筑师人才稀缺等方面，因此应主要解决建筑师人才培育与权力划分的问题。

数字化设计不仅局限于设计阶段，而是要求形成贯穿项目全生命周期、包含各参与方的信息集成平台。数字化交付是为建立数字化建筑和实现智能建筑提供数据来源和数据基础的重要手段[1]，目前采用数字化交付的项目偏少，较多受访者表示参与的项目没有采用数字化交付，部分受访者表示参与的项目有 5% 采用了数字化交付，较少受访者表示参与的项目较大比例采用了数字化交付，因此需要进一步加大数字化交付推广力度。如

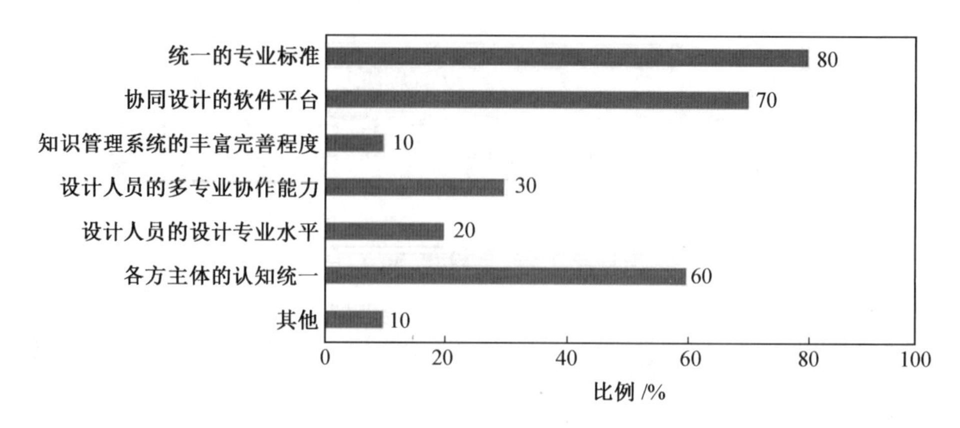

图4　受访者对推进协同设计的最重要因素的回答情况

图5所示，在影响数字化交付推广的因素中，各方主体对数字化交付的认知不统一、接收方对数字化交付成果的接受程度不高是主要因素，其次是实施成本高等，由此可见，数字化交付发展应主要解决各方主体对数字化交付的认知不统一和接收方对数字化交付成果的接受程度不高的问题。

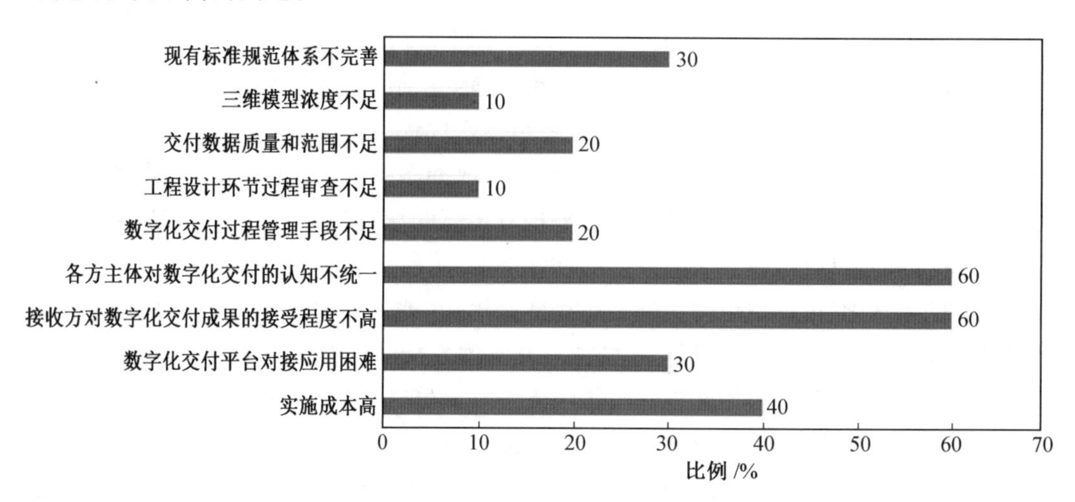

图5　受访者对在工作中推动数字化交付最大阻碍的回答情况

数字化设计的发展与应用离不开科技创新，行业科技创新水平反映了当前行业数字化设计水平。目前福建省建筑业整体科技创新水平仍需进一步提升，过半受访者表示当前建筑业科技创新水平一般，四成受访者表示比较不成熟，剩余受访者认为非常不成熟，由此可见，当前工程设计行业的整体科技创新水平并不能令人满意。在影响企业科技创新水平的因素方面，如图6所示，企业加强自身科技创新投入是最重要的因素，其次是科技创新的激励制度，即加强科技创新与资质、职称、评奖评优等的关联，政府完善相关评定标准与营造“争拼超越”的行业环境等同样是影响企业科技创新水平的重要因素。

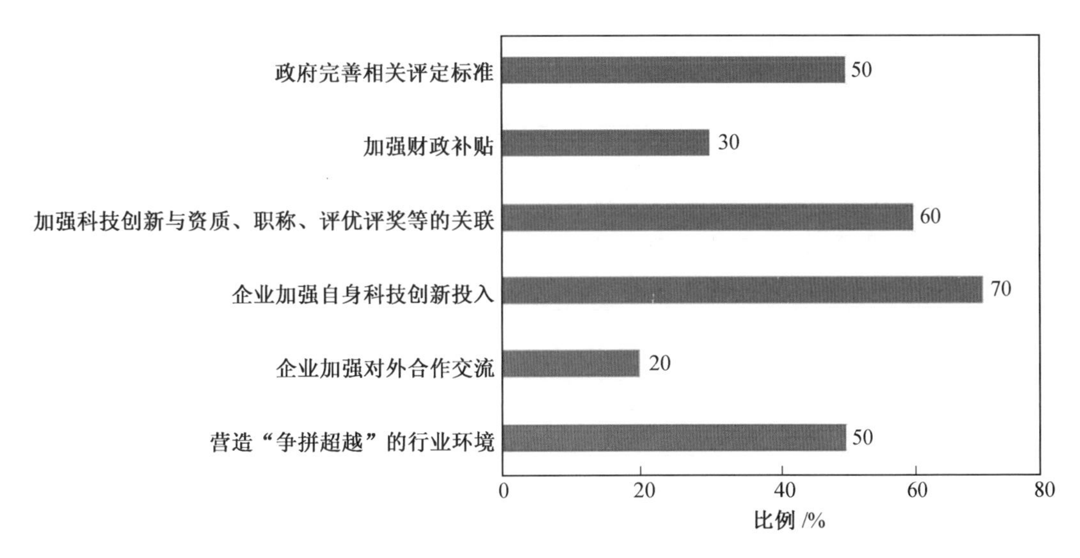

图6　受访者对进一步提升工程设计企业科技创新水平重要措施的回答情况

3.2　福建省数字化设计发展现状调研分析

(1)福建省数字化设计发展特点。

①建筑业企业数量众多，实力相对平均，市场竞争激烈。2021年，福建省建筑业企业数量达到7 758个，其中国有及国有控股企业单位185个，对建筑业总产值贡献为17.9%;地方民营企业数量众多，竞争较为激烈。中建海峡建设发展有限公司等6家施工总承包企业上榜“2021福建企业100强”，其中4家国有企业2020年营业收入均达到百亿级别。福建省闽南建筑工程有限公司等12家建筑业企业上榜“2021福建民营企业100强”，其中8家企业2020年营业收入均超50亿元。从地区分布来看，建筑业强势企业主要分布在福州、厦门和泉州。2022年5月，福建省住建厅公示了拟入选福建省建筑业龙头企业(施工总承包企业)，包括中建海峡建设发展有限公司、中建四局建设发展有限公司、福建建工集团有限责任公司等50家企业。

②绿色建筑和装配式建筑发展迅速。福建省持续加强绿色建筑标准化体系建设，发布实施《福建省绿色建筑设计标准》《福建省绿色建筑工程验收标准》《福建省公共建筑节能设计标准》《福建省居住建筑节能设计标准》等30余项绿色建筑相关标准。福建省住建厅发布的《关于2020年绿色建筑与建筑节能工作进展情况的通报》指出，“十三五”以来，福建省大力推广绿色建筑，累计建成绿色建筑面积1.78亿m^2，累计获得绿色建筑标识项目408个、标识面积5 321万m^2，65个建材产品获得绿色建材标识，实施绿色建筑、装配式建筑等BIM试点项目699个;公共建筑完成节能改造面积达871万m^2，每年可节约标准煤5.4万t、减少CO_2排放13.3万t。其中，2020年全省共执行绿色建筑标准项目2 907个、建筑面积11 900万m^2，城镇新建建筑执行节能强制性标准基本达到100%，竣工节能建筑面积7 018万m^2，其中绿色建筑面积占比达77.78%。

福建省住建厅印发《福建省装配式建筑评价管理办法(试行)》《关于装配式建筑招标投标活动有关事项的通知》《装配式混凝土结构工程施工及质量验收规程》，提升装配式建筑发展整体水平。福建省住建厅发布的《福建省建筑业“十四五”发展规划》指出，“十三五”期间，全省累计开工装配式建筑 4 145 万 m^2。建成投产 21 家预制混凝土构件生产基地，年设计生产能力达 328 万 m^3；建成 48 家钢结构生产基地，年设计生产能力达 298 万 t；14 家企业被住建部认定为装配式建筑示范产业基地。重点地区和企业在推广装配式建筑过程中发挥示范引领作用，福州市被住建部确定为全国第二批装配式建筑范例城市；中建海峡建设发展有限公司等 5 家企业评为第二批国家装配式建筑产业基地；泉州市开发应用装配式建筑信息管理平台，实现装配式建筑认定流程可视化、资料存储数字化、管理信息化；漳州市实行装配式建筑的建筑、结构、机电设备一体化设计并采用 BIM 技术。

③实现施工图设计文件全流程数字化。“十三五”发展阶段，福建省坚持“适用、经济、绿色、美观”的建筑方针，实现施工图设计文件全流程数字化办理和网上留痕，注重住宅工程设计品质，加强质量通病防治，优化高层住宅户梯配比，提高绿色宜居水平。完善建筑设计招投标体系，支持院士、大师参与大型公共建筑设计，200 多个项目采用直接委托和邀请招标方式由院士、大师领衔设计。加强勘察设计质量监管，全面实现施工图数字化审查。建成全国首个优秀建筑设计展示馆，2 次成功举办全国建筑设计创新创优大会。81 项工程获全国优秀工程勘察设计奖。

（2）福建省数字化设计问题与挑战。

①数字化设计应用环境尚不成熟。目前我国建筑业体制尚需完善，还没有建立起较完善的数字化设计标准体系，尤其是 BIM 标准合同体系的建立；此外，有关 BIM 的责任界限还不明确，导致数字化设计技术推广环境尚不成熟。从调研情况分析，有 80% 的受访者表示，缺少统一的专业标准影响协同化设计的推进，在数字化设计、数字化交付、绿色建筑发展等方面，缺乏统一的专业标准同样是影响这些模式发展的重要原因。在我国现有的建筑业生产的组织和业务方式下，传统设计方法的不足被产业和市场所容忍，加之与 BIM 等数字化设计技术相关的行业规程及法律责任界限不明，导致建筑业的大多数设计企业安于传统设计的现状。而对于数字化转型中的设计企业而言，数据标准方面，缺乏政府层面有关数字化设计的标准文件的规范和引领，同时大多设计院设计管理规范的标准化程度不高，尤其缺乏针对数字化设计成果交付的统一标准，成果交付大多以业主单位要求为准，难以建立企业标准；数据传输方面，各专业间设计软件或平台不一，设计成果在不同平台间的传输需要依赖应用层软件提供的各种数据接口，无法实现自动化流转和无损传输，进而阻碍了协同化设计，降低了设计成果的价值。

②设计师与业主思维方法及观念转变困难。受传统 2D 设计思维的束缚，不管是设计师还是业主，都存在固化思维。有 60% 的受访者表示，各方主体对数字化的认知不统一、业主缺乏绿色低碳设计需求、接收方对数字化交付成果的接受程度不高等原因均是阻碍数字化设计发展的重要原因。对于设计师而言，以 BIM 为代表的数字化设计技术的应用要求建筑设计师的设计思维从二维向三维转型，并学会使用 BIM 的建筑语言来描述建筑信息，而目前各专业的设计人员使用传统方法进行设计已经多年，原有的思维定式在短时间里不容易改变；此外，转型初期对建筑信息模型的片面观念、短暂的工作低效率、学习成本的增加、繁重的现有工作压力等因素都会导致设计师转型的源动力不足。对于业主

而言，在数字化设计技术未得到广泛应用之前，技术缺陷、业务不熟练及应用不完善等原因会导致实施数字化设计的项目投资回报率降低，工期的缩短及成本的降低等目标与期望值存在差距，从而使得业主犹豫不前，欠缺变革的魄力。

③数字化设计软件和技术的开发、集成与应用能效低。软件开发方面，虽然近些年有构力、中望、浩辰等软件企业提供的国产平台以及相关专业级软件应用，但总体行业内应用率较低，设计师对转换平台的应用也缺乏动力。有 70% 的受访者表示绿色低碳设计技术不健全是阻碍绿色建筑发展的最重要的原因，70% 的受访者将协同设计的软件平台作为影响协同设计发展的最重要的原因。软件协同集成方面，相关设计软件碎片化、零散化现象较为突出，软件综合度与集成度较为薄弱，部分设计软件间接口不畅通，数据传输有障碍，缺乏统一交互协议、标准与接口。软件选型方面，部分设计软件提供的设计深度、专业性程度不足，还停留在可视化展示阶段，无法有效支撑深化设计，以及满足建设施工乃至运维阶段全生命周期的需求，软件的二次开发需求难以得到有效响应；部分设计院在软件和平台选型方面没有经过长远考虑，平台反复更换，成效不佳。

④设计企业数字化转型初期投入成本高。设计企业使用数字化设计技术需要投入一定的时间和资金来建立全新的设计工作新流程，数字化转型的过程所需要的硬件投资、人员培训等实施费用将从经济效益层面对数字化设计的发展形成一定的阻力。根据调研情况分析，实施成本高成为阻碍数字化设计发展的最重要的因素，80% 的受访者表示实施成本高是实施数字化设计技术的最大阻碍。由于数字化设计需要多个软件同时运行，文件级的协同、数据级的协同对计算机的配置要求高。因此，很多中小型设计企业望而却步。同时，企业投入大量资金发展数字化设计后，实际上很难在短期内发现数字化设计技术能为公司带来的优势；而出于公司在生产活动流程中寻求利润的本能，很多设计企业都不希望因使用数字化设计技术而投入巨大的成本。

⑤数字化设计人才缺乏。当前相关数字化设计人才较少，现有进行数字化设计的人员水平参差不齐；设计院大多没有设立与数字化设计能力相适应的组织机构，数字化设计人员大多以建筑设计人员转型居多，具有工程设计与 IT 复合型能力的人才偏少，导致对于数字化设计平台/软件的二次开发能力欠缺，需求无法得到有效回应。在推动建筑师责任制发展的最大阻碍的调查中，高素质人才欠缺已成为最重要的原因之一，有 70% 的受访者将高素质建筑人才欠缺视为最大阻碍。在推进数字化设计、数字化交付等方面，数字化设计人才的缺乏同样是阻碍其发展的重要因素。以 BIM 技术为代表的数字化设计技术作为新一代信息技术，要求使用人员同时掌握多个软件，因此需要进行一定时间的培训和学习，由于设计师本身的设计任务比较繁重，往往表现为学习兴趣和积极性不足，另外数字化设计需要从相对独立的本专业设计到多个专业的协同设计，各个专业的软件掌握和应用程度参差不齐，影响了专业间的协调与合作。

⑥勘察设计领域缺乏龙头企业引领。目前福建省勘察设计与建筑施工等领域的民营企业与国企势均力敌，实力比较平均，且截至 2020 年，营收收入均未达到 400 亿元，行业内缺乏具有品牌效应的龙头企业吸引人才、引领行业数字化发展。不论是发展工程总承包模式，还是推行数字化设计、数字化交付，协同设计、全过程咨询模式、建筑师负责制等，均需要大量人才、资金投入，贯彻“营销—设计—采购—施工—运维”全生命周期。发展

建筑数字化设计与建造,离不开龙头企业带动产业链不断延伸。龙头企业利用其先进的产业能力实现各个业务环节的数字化,利用数字化设计平台强大的整合能力打通各业务环节,实现纵向的经营一体化,同时帮助产业链上的其他中小企业完成业务的数字化升级,最终形成建筑产业新格局、新动能、新生态。

4 福建省数字化设计发展对策

4.1 建立数字化设计标准体系

(1)政府层面。

数字化设计的提高可以帮助建筑业实现全过程数字化,从而推动建筑业高质量发展。为了适应建筑业的发展特点和趋势,我们需要制定符合建筑业发展现状及目标的行业标准和规范。[3] 在福建省,这意味着建立基于 BIM 技术的数字化设计标准体系和设计资源知识库。为此,福建省应该在国家标准的基础上加快建立相应的省级标准体系,并建立省级部品部件与构件资源库。此外,还需要完善设计选型标准与部品部件标准,编制集成化、模块化部品相关图集,实施建筑平面、立面、构件和部品部件、接口的标准化设计,以促进数字化建造和数字化交付的全面发展。

为促进数字化设计技术的发展,福建省在建立基于 BIM 技术的数字化设计标准体系的同时,还要明确以 BIM 技术为代表的数字化设计相关技术的实施范围和要求。包括湖南省、广东省、上海市、重庆市在内的 20 个省市已陆续发布了 BIM 计费标准,但福建省尚未出台相关标准文件,导致 BIM 技术的实施范围和工程费用计价参考依据不明确。因此,福建省需要出台相关文件,明确 BIM 技术的实施范围、阶段和内容,同时在工程招投标推进中增设 BIM 技术应用条款,加快出台相关计费标准,单独列项计取 BIM 技术应用费,以推广 BIM 技术的应用,提高数字化设计水平,促进建筑业高质量发展。

(2)企业层面。

在设计方面,应遵循结构主体标准化、辅体个性化的原则,对承重主体结构进行标准化设计,对于不承受主要荷载的辅体结构可以根据客户需求进行多样化和个性化设计。同时,应对结构零部件进行标准化设计,但可以根据需求进行个性化组合。在构件生产方面,需要将生产流程标准化,对每一个结构部件的生产流程进行标准化设置,并建立相应的数据库。在施工方面,需要将施工工序标准化,对建筑施工的每一个工序进行标准化和规范化设置,并建立相应的数据库。这些标准化措施将有助于提高建筑结构的质量和效率,提高建筑项目的整体竞争力。

4.2 推动设计过程中数字化设计技术的应用

(1)政府层面。

福建省着力推进以 BIM 技术为代表的数字化设计技术在设计阶段的应用,并形成了以设计阶段为引领的数字化设计全过程集成。考虑到数字技术研究应用初期所需成本较高,福建省政府适时提供税收优惠和财政补贴,发挥政府引领社会主体应用数字技术的导向作用,降低建筑业企业研发、应用数字化科技创新技术的成本与风险。同时,通过增加大型建设项目的数字化设计科技投入，助力建筑业企业突破数字化建设水平偏低的发展瓶颈，提高数字化科技创新技术应用水平。此外，还通过提供税收优惠和财政补贴措施，激励更多企业参与建筑业数字化设计技术的研发与应用，为推动设计过程的数字化技术应用提供外部动力。[3]

为了进一步推动数字化设计技术在建筑业中的应用，福建省政府制定相应政策，明确了数字化设计技术的应用情况并制定财政补贴激励制度。此外，深化了工程建设项目审批制度改革，全面推行施工图数字化审查，实施施工全过程电子档案管理，推进第五代移动通信（5G）、移动互联网、云计算、建筑机器人等在设计、施工、运维全过程的研发、集成与应用。总之，政府部门充分运用宏观调控手段，激发建筑业市场主体设计过程中数字化设计技术应用的活力。

（2）企业层面。

建筑业的数字化设计需要建筑设计和施工企业等参与机构积极采用数字化科技创新成果，提升核心竞争力，拓展业务能力，促进产业升级转型。为此，企业应积极响应国家及省政府的号召，建立数字化科技创新管理部门和组织体系，树立数字化科技创新发展观，提出以数字化科技创新为驱动的企业转型升级目标，并将数字化设计技术应用列入企业发展战略中。同时，加大与数字化设计技术应用发展有关的企业经费投入，形成数字化科技投入、技术创新、推广盈利的良性循环。企业应以系统工程和并行工程设计思想为指导，采用集成设计方法，积极应用以 BIM 技术为代表的数字化技术，在数字化设计的基础上实现数字化、智能化、工业化的智能建造。值得注意的是，数字化设计并不局限于设计阶段，而是贯穿项目全生命周期。在规划审批阶段，采用 BIM 技术进行规划审查和建筑设计方案审查；在施工图设计审查阶段，采用施工图 BIM 审查；在后续施工及竣工验收阶段，建立集成信息平台，实现三维数字化竣工验收备案；在运维阶段，通过 BIM 技术结合物联网技术实现建筑运维故障实时报警、实时响应，提高管理效率，降低使用成本，延长设备使用寿命。

4.3　推进一体化协同设计

（1）政府层面。

数字化设计的核心是建立“平台+生态”的一体化协同式数字化设计体系。因此，在推进数字化设计体系建设时，需要统筹建筑、结构、设备管线、部品部件、装配施工、装饰装修等方面，推行一体化协同设计，构建数字化设计体系。同时，应该支持具有自主知识产权的 BIM 技术的研发和应用，鼓励大型设计企业建立数字化协同设计平台，提高各专业协同设计能力和项目设计整体性，实现设计、生产和施工协同。此外，还需要完善施工图设计文件编制深度要求，提升精细化设计水平，为后续精细化生产和施工提供基础。同时，要推动“互联网+”在建筑业的融合发展，实现建筑业标准化、信息化、精细化管理“三化融合”，促进企业管理升级。

（2）企业层面。

在互联网信息化的新时代背景下，企业要推动数字化转型必须克服传统思维的固化问题，传统企业的质量管理体制和经营管控机制相对薄弱，存在协同标准化落地不足，基础数据不统一及缺乏知识传递等问题。为此,企业需要引入协同设计一体化平台,将数字化技术全面融入企业核心业务各个环节,使数字化真正成为企业融合创新发展的锐器。具体来说,企业要推进一体化协同设计,主要是通过设计建造一体化整合、面向市场、结合建筑师负责制和全过程咨询的项目实施新机制,积极联系上下游相关企业,建立数字化协同设计平台,实现全专业一体化协同设计,采用设计总承包方式,统筹场地规划、建筑结构、机电设备、装饰装修、景观环境和各类专项设计。同时,企业需要统筹策划、设计、生产、施工、交付建设全过程,实现设计与全产业链的生产加工、施工装配一体化协同,采用工程总承包模式,推动全过程一体化协同设计。协同设计一体化平台的应用可以实现数据共享与协同工作,统一数据标准、规范设计业务流程和标准,进行数字化设计及运营的多方协作,通过项目进度分析,把控项目脉络,疏通项目症结,实现项目全过程审核,保质保量完成项目生产。同时,平台的应用还可以打破项目各参与方的沟通障碍,提升设计效率,积累沉淀企业数据资产,为客户提供更高价值的企业服务。

4.4 加强数字化设计成果沉淀转化

(1)政府层面。

建筑业数字化设计技术的不断研发和应用可以加快我国建筑业转型升级,推动行业从粗放型发展模式转向精益化发展模式。数字化设计成果的沉淀转化需要政府部门的支持和努力。

为了实现数字设计成果的转化,需要进一步完善建筑业数字技术知识产权相关的法律法规体系,制定建筑业数字化科技创新人才政策,为建筑业数字化科技创新发展创造优良的制度环境。政府部门促进建筑业数字化科技成果及产品的研发、推广和应用,保护相关科技创新机构或研究者的合法权益和积极性,提升建筑业企业对数字化研发成果的应用动力,形成推动建筑业数字化科技创新发展的优良政策环境。

数字化设计成果同属数字化科技创新成果,建筑业数字化科技创新成果的评价体系尚未建立,制约着建筑业数字技术成果的推广与应用。政府部门牵头建立建筑业数字化科技创新成果和产品的评价体系,合理体现数字化科技创新成果或产品对工程项目成本、工期、质量、安全、环境保护等方面的影响,精准量化数字化科技创新成果或产品对建筑业高质量发展的实际贡献。构建建筑业数字化科技创新成果评价机制和评价体系,有助于提升有关数字化科技创新成果工程建设项目的招投标质量,切实带动建筑业的高质量发展。

(2)企业层面。

作为企业,在进行数字化设计成果转化时,应积极参与组建勘察设计联盟,加强科技支撑,并支持国产 BIM 软件的开发和应用。建议联合福建省建筑业勘察设计相关协会、学会,高校,科研院所及龙头企业,组建勘察设计联盟,实现产学研用一体化的发展。勘察设计联盟应充分发挥龙头企业的带头作用,通过与专业软件厂商合作、重点研发计划等项目形式支持数字化设计相关研究攻关,形成以建筑信息模型(BIM)为核心、面向全产业链一体化的工程软件体系。为此,建议勘察设计联盟创立工程软件学院、创新中心、工程数字公司等实体,形成“人才培养—科技创新—推广应用”的发展模式。鼓励企业积极参与联盟,联合全过程链的企业,优化结构,形成规模效益,实现利益最大化。考虑到数字化设计初期投入较大的问题,建议企业在联盟中分享资源和经验,实现资源共享,共同承担风险和成本,降低数字化设计成果转化的成本和风险。

4.5 完善配套工程建设组织模式

(1)政府层面。

发展数字化设计不仅仅包括数字化技术的应用,还包括持续完善工程总承包和全过程工程咨询政策、健全工程总承包模拟清单计量规则等一系列配套工程建设组织模式。为此,福建省加强培育设计、施工、采购为一体的工程总承包企业,大力发展具有综合实力的工程总承包企业和全过程工程咨询企业,拓展业务范围,提升综合服务能力,进一步延伸融资、运维服务。同时,使全过程工程咨询企业,通过引导设计、监理、造价、招标代理、项目管理、投资决策等企业采取联合经营、并购重组等方式发展全过程工程咨询,着力打造综合性咨询单位。在此基础上,推行"工程总承包+全过程工程咨询"组织方式,健全配套制度,逐步建立由建设方、总承包方、总咨询方组成的权责清晰的建设项目三方责任主体。鼓励福建省的大中型勘察设计企业与投资咨询、招标代理、监理、造价、项目管理等企业采取联合经营、并购重组等方式整合资源、融合发展,建立以全过程工程咨询和工程总承包为代表的一体化服务模式,发展成为综合性工程咨询公司或工程顾问公司,为建设工程提供全过程咨询服务。

(2)企业层面。

面对数字化时代,勘察设计企业应积极顺应时代的潮流,延长设计服务的价值链,发展全过程工程咨询业务,推动勘察设计服务向价值链高端延伸。同时,应充分发挥工程设计的先导作用和创新能力,依靠设计理念提升、技术引入和技术研发来推动设计行业产业生态的发展。在这个过程中,可以探索前端策划咨询的介入和后端运营管理的参与途径,促进设计行业的产业化发展。因此,勘察设计企业应积极探索新的业务模式和技术手段,以适应数字化时代的需求,并在此基础上不断创新,提高服务质量和水平,以更好地满足客户的需求和社会的发展需求。

参考文献

[1] 汪再军,周迎. 基于 BIM 的建设工程竣工数字化交付研究[J]. 土木建筑工程信息技术,2021,13(4):13-22.

[2] 李建成. 建筑信息模型与数字化建造[J]. 时代建筑,2012(5):64-67.

[3] 孙洁,龚晓南,张宏,等. 数字化驱动的建筑业高质量发展战略路径研究[J]. 中国工程科学,2021,23(4):56-63.

[4] 张驰. 数字化设计在乡村环境建设中的运用研究[J]. 美与时代(城市版),2021(7):21-22.

[5] 重庆市住房和城乡建设委员会. 推进数字化设计 助力高质量发展[J]. 建筑,2021(1):22-23.

[6] 张烨,刘嘉玲,许蓁. 性能导向的数字化设计与建造[J]. 世界建筑,2021(6):108-111,127.

[7] 广联达科技股份有限公司. 数字设计构建设计行业发展新动能[J]. 中国勘察设计,2021(12):51-58.

[8] 丁烈云. 数字建造的内涵及框架体系[J]. 施工企业管理,2022(2):86-89.

基于 PMC 模型的智能建造政策评价研究与福建对策

祁神军[1]　李思捷[2]　李炜钊[2]

1. 厦门市建设局;2. 华中科技大学

摘　要:本文旨在基于文本挖掘及 PMC 指数模型等方法,构建福建省智能建造政策评价指标体系,结合 PMC 指数与 PMC 曲面针对福建省智能建造相关政策进行评价研究,并提出优化路径建议。研究表明,福建省智能建造政策具有较高的科学性和有效性,能有效推动福建省建筑业的创新能力和竞争力的提高及其智能化、可持续发展。与此同时,福建省智能建造政策也存在一定的改善空间,如缺乏基于未来技术发展和市场变化的长期性规划、政策覆盖受众范围较为有限及与社会经济和政治环境缺乏融合等问题,本文针对上述问题提出了优化对策建议。

关键词:建筑业;智能建造;文本挖掘;PMC 指数模型;政策优化

1　引言

我国经济处于重要战略机遇期,贯彻新发展理念,构建新发展格局,推动创新转型和高质量发展成为主要挑战和任务。建筑业是在促进国民经济和社会发展方面具有重要地位的基础性产业,在当前国际大环境和国内政治经济市场环境影响下,中国建筑业发展形势已发生了巨大转变,数字化、智能化发展在政府规划中逐渐引起重视,有关政府部门制定了一系列政策,鼓励、支持推动智能建造与建筑工业化协同发展。福建省是中国对外开放规划布局中的重要省份,其工程建设行业规模近年来不断扩大,为国民经济健康发展做出了重大贡献,但依然存在科技水平不高、技术管理手段相对落后等短板。在此背景下,福建省政府将数字化、信息化、智能化技术与建筑业的深度融合视为建筑业发展的重要任务,出台了一系列智能建造政策文件,以期加快建筑业智能化转型,积极发展新基建和智能建造,助力行业高质量发展。

政策评价是指依据一定的标准和程序,运用科学的方法,对政策进行综合判断与评价的行为,从而为公共政策的延续、修正、终止和重新制定提供依据。政策建模一致性(Policy Modeling Consistency,PMC)指数模型通过多维的优劣势与内部一致性对比分析和评估政策对社会的影响,是当前政策评价比较前沿的研究方法。回顾以往智能建造相关领域的研究,往往着眼于智能建造宏观战略制定及智能化技术发展应用,在对智能建造政策的精准分析与评价方面仍相对缺乏,尚无文献对福建省智能建造相关政策质量、优劣势及内部一致性等进行量化评价研究,并基于研究分析提出措施建议。为此,本研究以政策量化评价为主旨,以以实证主义为主的复合型方法论为指导,采用文本挖掘方法,以福建省智能建造相关政策为数据来源，构建 PMC 指数模型进行量化分析，设计指标体系，针对处理结果探讨当前福建省智能建造政策制定的特点、存在的合理性与缺陷性，从而提出福建省智能建造政策的优化路径建议，以期为福建政府各部门制定、改进智能建造相关政策提供理论依据与具体可操作的决策参考。

2　文献回顾

2.1　智能建造研究

近年来，智能建造逐渐成为建筑行业的热点词汇，有关智能建造领域的研究日益增多。在此情况下，智能建造概念的阐述和理论体系的构建也成了首要的关注点和研究点。智能建造是典型的交叉学科，涉及土木工程、自动化、计算机科学等数十门学科。在学术界，许多学者都尝试建立能够被广泛检验、认可和采纳的智能建造理论体系。在智能建造理论研究方面，陈珂和丁烈云提出智能建造体系基于以"三化"（数字化、网络化、智能化）与三算（算力、算法、算据）为特征的新一代信息技术，发展面向全产业链一体化的工程软件、面向智能工地的工程物联网、面向人机共融的智能化工程机械、面向智能决策的工程大数据等领域技术，支持工程建造全过程全要素、全参与方协同和产业转型。[1] 樊启祥等人提出了智能建造的定义，并结合智能建造实践，构建了智能建造感知、分析、控制和持续优化闭环控制理论。[2]

与此同时，随着科技的进步，信息化、数字化的技术背景和制造业工业化的发展，使智能建造技术相关的研究也得以进一步深入和实现。智能建造技术贯穿了建筑工程全生命周期，主要包括智能规划与设计、智能装备与施工、智能设施与防灾和智能运维与服务 4 个模块。田管凤等人将大数据分析应用至盾构施工地面沉降预测，开辟了分析盾构施工引起的地面沉降的新方法。[3] 樊启祥等人基于乌东德和白鹤滩特高拱坝实际工程，对混凝土温控全过程实时控制、智能建造管理平台 iDam 深化研发等智能建造关键技术进行了研究探索和应用实践，极大提高了工程管理水平和项目建设效率。[4]

与智能建造理论和技术的研究发展相比，智能建造政策方面的研究热度和研究成果都十分有限，受到的关注相对较少。为数不多的政策相关研究也仍然是以定性研究为主。因此本文基于 PMC 指数模型，对我国智能建造相关政策进行量化研究分析与评价。

2.2　政策评价研究

政策评价是一个复杂的过程，衡量政策的优劣会受到众多主观和客观因素的影响，需要借助整套科学的标准、方法和程序，对政策的内容和实施效果进行合理地比较分析和解释说明，判断政策的价值和有效性。目前来说，智能建造政策评价可以参考公共政策评价的 2 个主要视角[5]。一种视角是根据评估标准的选取（包括实证主义和后实证主义两类），从政策本身的内容出发，对其可行性和合理性进行评价，一般会用到经济学方面的评价模型；另外一种视角则是着眼于政策实施的效果，通过观察政策实施全过程，以及实施后的实际效果对政策进行分析评价。一般来说，如果从第二种视角出发对政策的实施效果进行评价，所需付出的成本和代价较高，因此本文主要是从第一种视角出发进行研究。

目前用于政策评价研究的常用方法有很多,包括层次分析法、模糊综合评价法等。王显志等人以新能源汽车产业政策为对象,建立层次分析法模型进行分析评价。[6]易剑东和袁春梅为了对中国体育产业政策的执行效力进行评价,结合了专家咨询的指标体系建立意见,基于模糊综合评价法进行了分析评价。[7]选用这些方法都能得到相应的评价结果,但是由于方法存在不同程度的缺陷,而对评价结果影响最大的因素就包括了评价程序和评价标准,因此选择合适的评价模型对评价结果来说至关重要。

Estorada 等人基于"Omnia Mobilis"假说建立的 PMC 指数模型是一种定量政策文本分析评价方法,模型的构建主要包括变量分类与参数设置、建立多投入产出表、计算 PMC 指数和凹陷指数以及构建 PMC 立体曲面图 4 个步骤,广泛应用于多个领域的政策定量评价分析研究。[8]丰景春等人在政策工具的视角下,基于 PMC 指数模型对我国 BIM 政策进行量化分析,并提出了相应的优化建议和问题对策。[9]王黎萤等人以我国 2017—2022 年出台的 9 项工业互联网产业政策为对象,基于 PMC 指数模型方法对政策进行评价研究,并提出优化路径和问题解决措施。[10]张永安和耿喆对我国区域科技创新政策进行量化评价,以中关村国家自主创新示范区政策为对象,基于 PMC 指数模型进行量化分析与评价。[11]

截至目前,我国智能建造政策的评价方面的研究相对较少,具有广阔的研究空间和研究价值。因此本文检索收集我国智能建造相关的政策,基于 PMC 指数模型进行政策文本的量化分析与评价。

3 PMC 指数模型研究设计

PMC 指数模型是一种国际上比较先进的政策文本定量评价分析方法,由 Estrada 等人基于"Omnia Mobilis"假说于 2011 年提出。PMC 指数模型能够分析政策的内部一致性,从而量化反映政策的特征、优势与劣势,并能够通过绘制 PMC 曲面对政策内容进行单指标和多维度的评价,直观地对政策优劣进行衡量,目前已在多领域的政策评价分析研究中得到了广泛应用,本文在 PMC 原模型的基础上构建了福建省智能建造政策 PMC 指数模型,如图 1 所示。

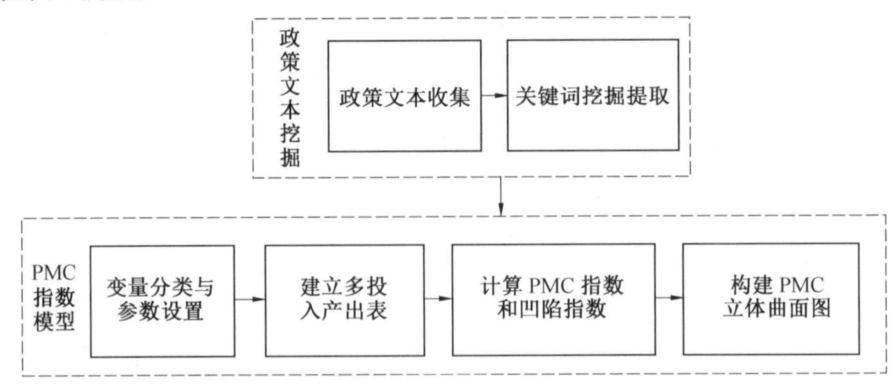

图 1 福建省智能建造政策 PMC 指数模型的构建

3.1　智能建造政策文本数据来源与处理

本文通过登录福建省人民政府、福建省住房和城乡建设厅等各政府门户网站，“北大法宝”，“法邦网”及中国知网的“政府文件”类目等数据库，搜索、查验相关政策文本，并通过百度等搜索引擎进行查找补充。研究基于权威性、时效性、关联性等原则，以2017年福建省人民政府办公厅发布的《福建省人民政府办公厅关于大力发展装配式建筑的实施意见》为起点，收集截至2022年12月的福建省政府在智能建造领域颁布的规划、通知、意见、方案等类型的政策文件。在初步广泛收集了智能建造及相关联的领域的文件后，基于以下原则对所收集到的文件进行整理筛选：①政策文件标题含有“智能建造”；②标题不含“智能建造”，但政策的制定是针对建筑业的进一步发展，并至少提及如BIM、装配式建筑、物联网和虚拟现实等新技术、建筑工业化等智能建造核心主题两个及以上的政策内容；③剔除部分交通运输等领域关联性不强的文件，以及部分函、批复稿等正式程度较低的文件。最终过滤出10份智能建造领域密切相关的政策文件，见表1。

表1　智能建造政策样本编码表

编号	政策名称	部门	发文字号	颁布时间
P1	《关于印发〈福建省房屋市政工程智慧工地建设导则（试行）〉的通知》	福建省住房和城乡建设厅	闽建建〔2022〕4号	2022年10月
P2	《福建省住房和城乡建设厅等6部门印发〈关于深入推动城乡建设绿色发展的实施方案〉的通知》	福建省住房和城乡建设厅	闽建科〔2022〕19号	2022年10月
P3	《关于开展智慧工地建设试点的通知》	福建省住房和城乡建设厅	闽建办建〔2022〕4号	2022年3月
P4	《福建省人民政府关于印发福建省“十四五”数字福建专项规划的通知》	福建省人民政府	闽政〔2021〕25号	2021年11月
P5	《福建省住房和城乡建设厅等9部门关于加快推动新型建筑工业化发展的实施意见》	福建省住房和城乡建设厅	闽建筑〔2021〕20号	2021年10月
P6	《关于印发〈福建省建筑业“十四五”发展规划〉的通知》	福建省住房和城乡建设厅	闽建筑〔2021〕13号	2021年8月
P7	《关于开展工程总承包延伸全产业链试点的通知》	福建省住房和城乡建设厅	闽建筑〔2021〕10号	2021年7月
P8	《关于印发〈福建省建筑信息模型（BIM）技术应用指南〉的通知》	福建省住房和城乡建设厅	闽建科〔2017〕53号	2017年12月
P9	《福建省人民政府办公厅关于促进建筑业持续健康发展的实施意见》	福建省人民政府办公厅	闽政办〔2017〕136号	2017年11月
P10	《福建省人民政府办公厅关于大力发展装配式建筑的实施意见》	福建省人民政府办公厅	闽政办〔2017〕59号	2017年5月

3.2 变量设置与指标选取

基于 PMC 指数模型的建模原则，本文利用文本挖掘软件 ROST CM6 对 10 份政策文件进行文本挖掘处理，为确定评价变量提供参考依据。在将文本导入软件通过分词处理、词频统计等步骤初步提取高频词后，过滤掉无明显意义的通用词和虚词，获得前 200 个有效词汇及其词频，节选前 60 个见表 2。

表 2 智能建造政策高频词及词频（节选前 60 个）

序号	词汇	词频	序号	词汇	词频
1	建筑	718	31	推动	143
2	模型	551	32	设施	140
3	管理	533	33	加强	133
4	工程	513	34	运营	133
5	建设	475	35	建立	132
6	施工	455	36	智慧	131
7	设计	392	37	构件	129
8	数据	383	38	标准	127
9	项目	373	39	体系	127
10	技术	346	40	位置	127
11	应用	327	41	创新	127
12	发展	304	42	结构	126
13	企业	269	43	完善	122
14	服务	264	44	协同	122
15	数字	232	45	能力	120
16	单位	230	46	尺寸	119
17	阶段	213	47	资源	106
18	推进	213	48	现场	100
19	维护	209	49	实际	99
20	安全	202	50	功能	99
21	平台	200	51	智能	97
22	质量	193	52	水平	97
23	基础	181	53	过程	96
24	装配式	181	54	成果	95
25	系统	179	55	数字化	95
26	分析	171	56	公共	94
27	实现	165	57	经济	93
28	提升	153	58	监管	93
29	方案	148	59	优化	91
30	绿色	144	60	政务	91

同时，本文利用 NetDraw 工具进行可视化呈现，绘制政策的共现高频词社会网络图谱，如图 2 所示，图中每个节点代表着一个高频词，并初步判断智能建造领域政策文件高频词网络结构特征。由表 2 和图 2 可以看出，在智能建造政策文件中，建筑、模型、管理、工程、建设、施工、设计、数据、项目和技术等词汇出现频率较高，且与其他高频词的连接最多，可以判断为智能建造领域政策文本的核心关键词，说明该领域内的政策文本主要围绕建设工程的设计、施工等各阶段建筑信息模型等新兴技术的应用，工程项目及其数据的管理等核心方面展开，其作为政府部门政策设计的基线及达成政策预期目标的关键因素。

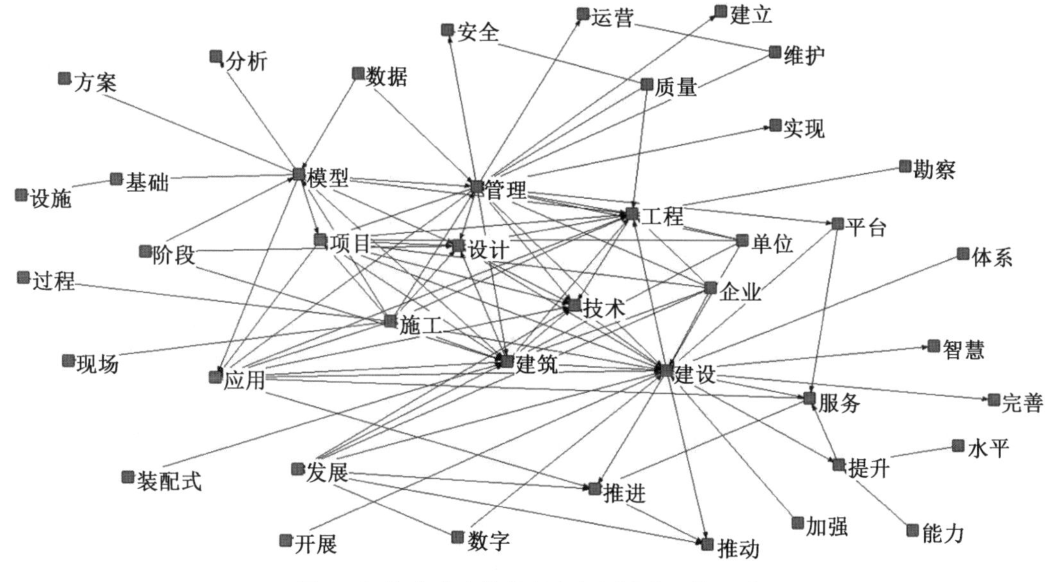

图 2　智能建造政策共现高频词社会网络图谱

本文遵循 PMC 指数模型的建模原则，参考张永安等学者的研究基础与设定，选取 10 个常用的指标作为一级变量；结合以上学者的研究设定和国内智能建造相关政策文本的主要内容和特点，在一级变量的基础之上进一步归类细分，设置了 40 个二级变量，智能建造政策量化评价变量设置见表 3。

表 3　智能建造政策量化评价变量设置

一级变量	编号	二级变量	编号
政策性质	X_1	预测	$X_{1:1}$
		监管	$X_{1:2}$
		建议	$X_{1:3}$
		描述	$X_{1:4}$
		引导	$X_{1:5}$
政策时效	X_2	长期	$X_{2:1}$
		中期	$X_{2:2}$
		短期	$X_{2:3}$

续表

一级变量	编号	二级变量	编号
政策领域	X_3	经济	$X_{3;1}$
		社会	$X_{3;2}$
		政治	$X_{3;3}$
		环境	$X_{3;4}$
		技术	$X_{3;5}$
政策受体	X_4	政府	$X_{4;1}$
		企业	$X_{4;2}$
		社会公众	$X_{4;3}$
政策评价	X_5	依据充分	$X_{5;1}$
		目标明确	$X_{5;2}$
		方案科学	$X_{5;3}$
政策视角	X_6	宏观	$X_{6;1}$
		中观	$X_{6;2}$
		微观	$X_{6;3}$
政策保障	X_7	人才激励	$X_{7;1}$
		法律法规	$X_{7;2}$
		税收、补贴激励	$X_{7;3}$
		市场环境	$X_{7;4}$
		财政、金融支持	$X_{7;5}$
		组织领导	$X_{7;6}$
		技术指导	$X_{7;7}$
政策重点	X_8	创新	$X_{8;1}$
		技术	$X_{8;2}$
		智能	$X_{8;3}$
		绿色	$X_{8;4}$
		安全	$X_{8;5}$
		质量	$X_{8;6}$
		信息化	$X_{8;7}$
政策功能	X_9	技术创新	$X_{9;1}$
		制度规范	$X_{9;2}$
		强化引导	$X_{9;3}$
		建立体系	$X_{9;4}$
政策公开	X_{10}	—	—

3.3　PMC 指数计算

根据 Estrada 的方法，PMC 指数模型的计算步骤为：①将两级变量代入多投入产出表中；②根据公式 1 和公式 2，计算二级变量的取值，即政策文本中涉及相关内容则赋值为 1，未涉及则赋值为 0；③结合上一步二级变量的赋值，根据公式 3 计算出一级变量的取值；④将待评价的智能建造政策各一级指标取值加总，按公式 4 计算政策的 PMC 值。

$$X \sim N[0,1] \qquad \text{（公式 1）}$$

$$X = \{XR:[0 \sim 1]\} \qquad \text{（公式 2）}$$

$$X_t = \sum_{j=1}^{n} \frac{X_{tj}}{T(X_{tj})} \quad t = 1,2,3,\cdots,\infty \qquad \text{（公式 3）}$$

式中，X_t 为第 t 个一级变量的取值；X_{tj} 为第 t 个一级变量下的第 j 个二级变量的取值；$T(X_{tj})$ 为该一级变量下二级变量的个数，j 为二级变量。

$$\text{PMC} = \begin{bmatrix} X_1\left(\sum_{i=1}^{5} \frac{X_{1j}}{5}\right) + X_2\left(\sum_{j=1}^{3} \frac{X_{2j}}{3}\right) + X_3\left(\sum_{T=1}^{5} \frac{X_{3j}}{5}\right) + \\ X_4\left(\sum_{T=1}^{3} \frac{X_{4j}}{3}\right) + X_5\left(\sum_{T=1}^{3} \frac{X_{5j}}{3}\right) + X_6\left(\sum_{T=1}^{3} \frac{X_{6j}}{3}\right) + \\ X_7\left(\sum_{T=1}^{7} \frac{X_{7j}}{7}\right) + X_8\left(\sum_{T=1}^{7} \frac{X_{8j}}{7}\right) + X_9\left(\sum_{T=1}^{4} \frac{X_{9j}}{4}\right) + \\ X_{10} \end{bmatrix} \qquad \text{（公式 4）}$$

式中，i 为一级变量，j 为二级变量。

根据上述步骤，在变量分类与参数识别的基础上构建多投入产出表，为福建省智能建造政策文件 PMC 指数模型构建过程提供数据分析框架，并依据文本挖掘法将具体数值依据公式计算代入表中。由于篇幅限制，以政策 P1、P2、P3 为例，各二级指标得分见表 4。

表 4　政策 P1、P2、P3 的多投入产出表

	X_1					X_2			X_3				
	$X_{1:1}$	$X_{1:2}$	$X_{1:3}$	$X_{1:4}$	$X_{1:5}$	$X_{2:1}$	$X_{2:2}$	$X_{2:3}$	$X_{3:1}$	$X_{3:2}$	$X_{3:3}$	$X_{3:4}$	$X_{3:5}$
P1	0	1	1	1	1	1	1	1	0	0	0	1	1
P2	1	1	1	0	1	0	0	1	0	1	1	1	1
P3	0	1	1	0	1	0	0	1	0	0	0	1	1

	X_4			X_5			X_6			X_7				
	$X_{4:1}$	$X_{4:2}$	$X_{4:3}$	$X_{5:1}$	$X_{5:2}$	$X_{5:3}$	$X_{6:1}$	$X_{6:2}$	$X_{6:3}$	$X_{7:1}$	$X_{7:2}$	$X_{7:3}$	$X_{7:4}$	$X_{7:5}$
P1	1	1	0	1	1	1	1	1	1	0	1	0	0	0
P2	1	0	0	1	1	1	1	1	1	1	1	1	1	1
P3	1	1	0	1	1	1	0	1	0	0	0	1	1	1

续表

	X_7		X_8							X_9			X_{10}	
	$X_{7:6}$	$X_{7:7}$	$X_{8:1}$	$X_{8:2}$	$X_{8:3}$	$X_{8:4}$	$X_{8:5}$	$X_{8:6}$	$X_{8:7}$	$X_{9:1}$	$X_{9:2}$	$X_{9:3}$	$X_{9:4}$	—
P1	0	1	1	1	1	1	1	1	1	1	1	1	1	1
P2	1	1	1	1	1	1	1	1	1	1	1	1	1	1
P3	1	1	1	1	1	1	1	1	1	1	0	0	1	1

在此基础上计算出待评价智能建造政策的 PMC 指数后，按照表 5 的 Estrada 的政策评分等级标准，将政策分为完美、优秀、可接受和不良 4 个等级。按照此步骤确定的每项智能建造政策 PMC 指数及其排名情况见表 6。

表 5　政策评分等级标准

得分	9～10	7～8.99	5～6.99	0～4.99
评价	完美	优秀	可接受	不良

表 6　福建省智能建造政策的 PMC 指数及排名

	P1	P2	P3	P4	P5	P6	P7	P8	P9	P10
X_1	0.8	0.8	0.6	1	0.8	1	0.4	0.6	0.8	0.8
X_2	1	0.33	0.33	0.67	1	0.67	0.67	1	0.67	0.67
X_3	0.4	0.8	0.4	1	0.6	0.8	0.2	0.4	0.6	0.4
X_4	0.67	0.33	0.67	0.33	0.67	0.33	0.67	0.33	0.67	0.67
X_5	1	1	1	1	1	1	1	1	1	1
X_6	1	1	0.33	1	1	1	0.33	1	1	1
X_7	0.43	1	0.71	0.86	0.86	0.86	1	0.57	1	1
X_8	1	1	1	1	1	1	0.57	0.86	0.86	1
X_9	1	1	0.5	1	1	1	0.75	0.75	1	1
X_{10}	1	1	1	1	1	1	1	1	1	1
PMC 指数	8.295	8.267	6.548	8.857	8.923	8.657	6.588	7.512	8.590	8.533
凹陷指数	1.705	1.733	3.452	1.143	1.076	1.343	3.412	2.488	1.410	1.467
排名	6	7	10	2	1	3	9	8	4	5
等级	优秀	优秀	可接受	优秀	优秀	优秀	可接受	优秀	优秀	优秀

3.4　PMC 曲面图绘制

PMC 曲面可将计算所得的 PMC 指数进行可视化处理，从而能够更加直观地呈现出政策的评价结果。图中突出的部分对应的 PMC 指数得分较高，凹陷的部分对应的分数较低。由于本文共设置了 10 个一级变量，故借鉴 Estrada 的研究方法，基于本文中所收集的智能建造政策文件都是通过公开渠道所获取，故将一级变量 X_{10} 政策公开去除，保留 X_1 至 X_9 。将这 9 个一级变量按公式 5 排列形成三阶方阵，在 MATLAB 中绘制 PMC 曲面图。

$$\text{PMC 曲面} = \begin{bmatrix} X_1 & X_2 & X_3 \\ X_4 & X_5 & X_6 \\ X_7 & X_8 & X_9 \end{bmatrix} \qquad \text{（公式 5）}$$

由于篇幅限制，本文仅选取 PMC 指数数值最高的 P5 与最低的 P3 两份政策文件构造 PMC 曲面图，如图 3 和图 4 所示。

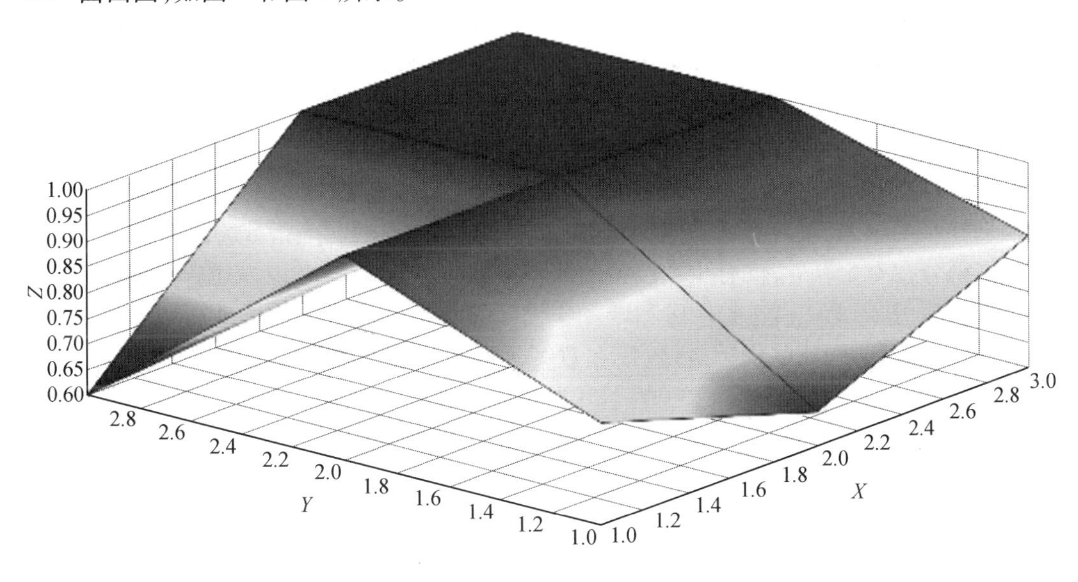

图 3　P5 的 PMC 曲面图

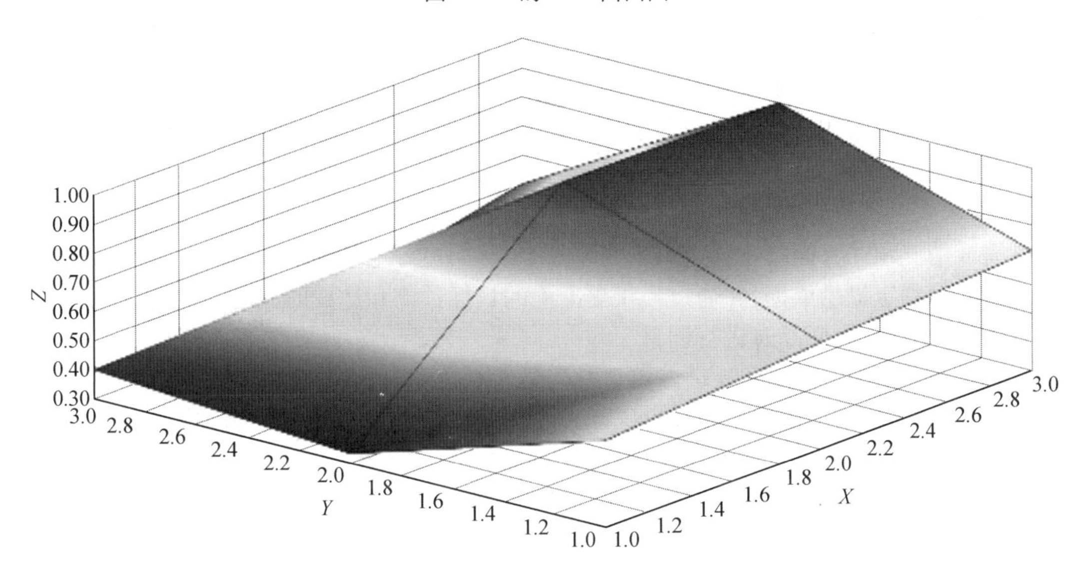

图 4　P3 的 PMC 曲面图

4 智能建造政策效果评价

4.1 政策整体特征分析

根据计算结果,10 项政策的 PMC 指数平均得分 8.077,且评分等级均为可接受及以上。这说明福建省智能建造政策整体上具有较好的水平,政策内容相对较为全面合理。通过观察政策 PMC 评分分布情况可以发现,前 5 名的政策 PMC 评分都在 8.5 分以上,说明这些政策在智能建造领域具有较高水平的合理性、完整性及有效性,是优秀的政策方案。而后两名的政策 PMC 评分则在 7 分以下,这些政策需要对其合理性与可行性进一步进行完善和优化。

凹陷指数是通过将待评价政策一级变量的数值与 PMC 指数模型中的"完美"政策进行比较,得出的两者之间的差值,从而反映政策的缺陷和不足。凹陷指数越小,表示政策的缺陷和不足越少,政策的优秀程度越高。10 份政策样本的凹陷指数均值为 1.922,且一半样本得分在 1.5 以下,仅有少数政策的凹陷指数超过 3,整体来说福建省智能建造政策的质量较高,其中 P5《福建省住房和城乡建设厅等 9 部门关于加快推动新型建筑工业化发展的实施意见》的凹陷指数最低,仅在政策领域和政策受体上略有欠缺,最接近于"完美"政策。而其他政策尤其是 P3《关于开展智慧工地建设试点的通知》仅在政策评价和政策重点上有较好评价,在其他指标上均存在不同程度的缺陷,需要进一步加强对各个方面的考虑和支持。

总体来说,福建省智能建造相关政策总体来说具有较高的可行性和实施价值,但是也存在着一定的局限性。

4.2 一级变量分析

为进一步从不同微观视角挖掘福建省智能建造政策在不同维度上呈现的特征,本文从各一级变量的平均得分情况及分别得分情况的角度,对 10 项政策进行对比和评价。

从政策性质(X_1)上看,10 项政策得分均值为 0.76,所有政策都具有建议和引导的内容,多数政策也都具有一定程度的监管功能。但现有政策仍需从对现状的描述方面及对目标完成情况预测方面的论述进一步完善加强,从而更好地基于现实情况的了解,为因地制宜的政策制定提供依据,并通过提供更准确的目标预测和达成时间的预测,更好地评估政策实施的效果,以便及时进行调整。

从政策时效(X_2)上看,10 项政策得分均值为 0.7,几乎所有政策都仅面向中、短期的政策部署,在长期性上均存在空缺。因此现有智能建造政策应该在注重对政策实施效果的监测和评估与及时进行调整和完善以适应不同阶段需求的基础上,更加充分地加强长期规划。

从政策领域(X_3)上看,10 项政策得分均值为 0.56,多数智能建造政策都是专注于智能建造技术的开发与推广应用,而较少将其融入更广泛的社会经济和政治环境中,仅 P2、P4 和 P6 三项政策在这方面覆盖较为全面。为了提高这些政策的综合效果和实际应用,未来的智能建造政策应该更加注重将技术和实践融入更广泛的社会经济和政治环境中。

从政策受体（X_4）上看，10 项政策得分均值为 0.53，说明其在政策受体上缺乏一定的多元化和广泛性。目前智能建造政策主要面向政府机构和各阶段建筑业企业，但对于社会公众和第三方机构如金融机构并未涉及。因此应该进一步考虑未来制定政策的包容性，以促进智能建造产业更全面地发展。

从政策评价（X_5）上看，10 项政策得分均值为 1，说明在政策的科学性上，10 项政策都具有非常高的水平。

从政策视角（X_6）上看，10 项政策得分均值为 0.87，说明绝大多数智能建造政策同时针对了设计、施工及运维阶段的智能化，仅极少政策缺乏对设计阶段和运维阶段的关注。未来的智能建造政策可以对缺乏关注的政策进行进一步的研究和改进，以确保全面考虑整个建造周期的智能化需求。

从政策保障（X_7）上看，10 项政策得分均值为 0.83，说明福建省智能建造政策在人才、法规和财政等各方面都提供了广泛的支持，为智能建造的发展提供了保障。仅有部分政策在对税收、补贴激励等方面覆盖不足，因此可以进一步完善政策，加强对智能建造产业的税收、补贴扶持，采取激励措施。

从政策重点（X_8）上看，10 项政策得分均值为 0.93，从政策功能（X_9）上看，10 项政策得分均值为 0.9，说明福建省智能建造政策政策重点明确，具有前瞻性和针对性，并在技术创新、制度规范、强化引导和建立体系等功能上都具有很高的全面性与完善性。

5　结论与优化对策建议

5.1　结论

本文以福建省人民政府和福建省住房和城乡建设厅发布的智能建造相关政策为研究对象，通过采用文本挖掘、内容分析和 PMC 指数模型等研究方法，设计指标体系，构建 PMC 指数模型，以进行定量分析，最终得出以下结论。

（1）福建省智能建造政策具有较强的科学性和有效性。

福建省大部分智能建造政策的 PMC 指数评分等级为优秀，这表明福建省政府在智能建造发展领域具备了较好的顶层设计和实施措施。这些政策针对不同层次和方面，为企业创新、技术研发、人才培养等提供了全面和系统的支持，能有效推动福建省建筑业的创新能力和竞争力的提高及其智能化、可持续发展。

（2）福建省的智能建造政策仍存在一定的改善空间。

大部分政策的有效期为中、短期，缺乏基于未来技术发展和市场变化的长期规划，这在一定程度上限制了产业政策的前瞻性功能，特别是对于智能建造这样的战略性新兴产业政策的发挥。目前智能建造政策主要面向政府机构和各阶段建筑业企业，但对于社会公众和第三方机构如金融机构并未涉及。多数智能建造政策都是专注于智能建造技术的开发与推广应用，而较少将其融入更广泛的社会经济和政治环境中。

5.2 优化对策建议

(1)加强政策规划的长期性和稳定性。

从政策时效的视角,目前多数我国智能建造宏观政策有效期较长,缺乏基于中短期技术发展和市场变化的规划与指导。政府应当针对当前及3年内的智能建造发展趋势和市场变化,考虑建立中期规划和指导机制,细化当前的长期规划与指导,及时跟踪技术和市场发展动态,随时对政策进行调整和完善,制定更加符合当前及近3年内的市场需求和技术趋势的政策。另外,政府可以建立促进智能建造发展的自反馈机制,如建立专门的智能建造发展部门,负责政策的宣传和推广、政策执行情况的监督和检查等工作,通过及时发现问题和调整政策时尽量减少政策调整的频率,确保政策的公平性和稳定性,为中长期政策的实施提供更加稳定的环境,确保其被持续有效执行。

(2)扩大政策覆盖受众范围。

针对目前政策受众范围较窄的问题,福建省未来政策的制定应该面向更广泛的受众,包括社会公众和第三方机构如金融机构等。应该进一步考虑未来政策制定的包容性,以促进智能建造产业更全面地发展。应加强公众参与的政策内容建设,通过采取对智能建造相关技术的普及和宣传等措施,提高公众对智能建造技术的认知度和接受度,也可以增加公众参与的内容,通过充分听取公众意见和建议,将公众的需求和期望纳入政策制定的考虑范围。对于第三方机构,政府在政策中提供更多的支持和激励,如采取税收优惠等政策手段吸引金融机构参与智能建造行业的投资和融资等。

(3)推动智能建造与社会经济和政治环境进一步融合。

对于政策中较少将推动智能建造发展融入更广泛的社会经济和政治环境的问题,政策制定可以进一步鼓励智能建造产业与其他产业合作、开展交叉创新与产业链协同发展,如在智慧城市、智慧校园、智慧医疗等更广泛的应用场景中推动城市数字化转型和社会服务智能化升级等,以推动智能建造产业更好地融入社会经济和政治环境中,服务于福建省甚至全国的社会与经济发展,以实现更大的社会效益。

参考文献

[1] 陈珂,丁烈云.我国智能建造关键领域技术发展的战略思考[J].中国工程科学,2021,23(4):64-70.

[2] 樊启祥,林鹏,魏鹏程,等.智能建造闭环控制理论[J].清华大学学报(自然科学版),2021,61(7):660-670.

[3] 田管凤,马宏伟,吴起星,等.盾构施工地面沉降预测的大数据技术应用研究[J].防灾减灾工程学报,2016,36(1):146-152.

[4] 樊启祥,张超然,陈文斌,等.乌东德及白鹤滩特高拱坝智能建造关键技术[J].水力发电学报,2019,38(2):22-35.

[5] 赵峰,张晓丰.科技政策评估的内涵与评估框架研究[J].北京化工大学学报(社会科学版),2011(1):25-31.

[6] 王显志,郭宏伟,王武宏.基于层次分析法的新能源汽车产业政策评价[J].道路交通与安全,2015,15(1):41-46.

[7] 易剑东,袁春梅.中国体育产业政策执行效力评价——基于模糊综合评价方法的分析[J].北京体育

大学学报,2013,36(12):6-10,29.

[8] ESTRADA M A R,YAP S F,NAGARAJ S. Beyond the ceteris paribus assumption: Modeling demand and supply assuming Omnia Mobilis[R]. Malaysia:Social Science Electronic Publishing,2010.

[9] 丰景春,李晟,罗豪,等. 政策工具视角下我国 BIM 政策评价研究[J]. 软科学,2020,34(3):70-74,110.

[10] 王黎萤,李胜楠,王举铎. 我国工业互联网产业政策量化评价——基于 PMC 指数模型[J]. 工业技术经济,2022,41(11):151-160.

[11] 张永安,耿喆. 我国区域科技创新政策的量化评价——基于 PMC 指数模型[J]. 科技管理研究,2015,35(14):26-31.

福建智能建造发展环境分析

王德成　陈珂　贾沁茹　黎彦平

华中科技大学

摘　要:在信息技术快速发展的背景下,建筑业作为国民经济支柱产业也在向数字化、智能化转型升级。智能建造作为新的建造形态得到国家和各省市的重视与大力推广。本文通过分析智能建造的内涵(包括建筑业转型升级的发展历程、智能建造的定义、智能建造的框架体系)梳理了我国智能建造发展现状(包括国家大力推进智能建造、各省市积极推进智能建造、各省市智能建造发展先进做法),梳理了福建省智能建造发展现状,得出了建筑业经济支柱地位显著但产业利润率和劳动生产率相对较低的结论。在此基础上,建立了福建省智能建造发展的SWOT模型,分析了福建省发展智能建造的战略选择,并结合各省发展经验提出发展建议:积极培育智能建造产业体系、大力发展新型建筑工业化、全面推进新型城市建设、持续推动建造行业治理现代化、加强专业人才队伍建设。

关键词:建筑业;智能建造;SWOT 分析;政策梳理

1　引言

建筑业是我国国民经济支柱产业,近年来持续以领先全球的态势进行增长。但整体来看,我国建筑业的发展依然存在着建造模式相对落后、行业信息化水平相对较低、资源消耗较大、现场作业环境相对较差、产业吸引就业能力较弱等挑战。[1]

智能建造不仅仅是工程建造技术的智能化升级,在智能建造向纵深发展的过程中,更是从产品形态、建造方式、经营理念、市场形态及行业管理等维度重塑了建筑业。建筑业产品形态正在从实物产品转为“实物+数字”产品;建造模式正在从传统的建筑施工迈向“制造-建造”新阶段;经营理念正在从产品建造转为服务建造;市场形态正在从产品交易过渡到平台经济;行业管理正逐步由“管控”转为“治理”。[2]当前,建筑机器人等智能化工程机械正在快速发展应用,BIM 等数字化技术正在全面普及,建筑工程物联网正在全面监管施工作业,建筑业产业平台正在逐步建立……智能建造正以欣欣向荣的态势,助推中国建筑业高质量发展。

“十四五”以来,我国加快推动建筑产业转型升级,智能建造已经成为建筑业转型升级和高质量发展的重要依托。江苏、浙江、广东等建筑产值大省均以“建筑业强省”为目标,大力推动建筑行业智能化、工业化、绿色化转型升级。福建省建筑产业实力雄厚,总产值排名全国第 7,积极推动智能建造发展,但目前仍存在生产效率有待提高等问题。

2 智能建造的内涵

2.1 建筑业转型升级的发展历程

建筑业的发展与历次工业革命有深刻联系。19世纪60年代后期,以电力的广泛应用为主要标志的第二次工业革命推动了半自动生产线的产生,在通用半自动生产流水线产生40年之后,第一条预制构件生产线的产生标志着建筑业迈出了工业化发展的第一步。20世纪50年代,以电子计算机的产生和应用为标志的第三次工业革命推动着计算机技术与建筑产业深度融合。1959年,计算机辅助设计(computer aided design,CAD)横空出世,首先改变了制造业设计、工艺规划和组织管理的方式,也成为建筑信息模型(building information modeling,BIM)技术的基础,1987年ArchiCAD发布,建筑设计和施工流程的数字化开始在建筑业推广普及。步入21世纪,随着人工智能、物联网、大数据等数字技术的发展及应用,第四次工业革命拉开序幕,各种数字化工具和BIM技术逐渐成熟,各个国家开始大力推动建筑业的数字化。2011年英国建筑业协会提出英国建筑业数字化创新(digital built britain,DBB)发展路线图,提出在建筑业深入部署人工智能技术;2015年日本提出《日本再兴战略》和"ICT土木工程",计划以新兴技术为支撑推动生产力革命;2015年德国发布《数字化设计与建造发展路线图》,构建了工程建造的数字变革架构;2016年美国国家建筑科学学会与BuildingSMART联盟合作发布了最新的第三版BIM实施标准,2017年美国白宫颁布《美国基础设施重建计划》。智能建造的概念逐渐成为各国建筑业高质量发展的研究热点和战略方向。

从20世纪70年代开始一些国家纷纷构建了工业化建造体系,建筑业逐步走向工业化、信息化的转型升级道路。进入数字化竞争时代,我国正牢牢抓住新一轮科技革命的历史性机遇,探索建筑业智能化、工业化、绿色化并行发展的创新之路。

2.2 智能建造的定义

智能建造,从构词来看是"智能+建造",即使用智能化设备或技术实现建造的生产模式。对于智能建造的定义,不同的专家和学者分别从不同的视角对智能建造进行了解读,一个重要的共识是:智能建造是一套系统的工程建造模式,它以人工智能、虚拟现实等数字技术和工业建造技术为基础,实现以面向建造工程全寿命周期的智能规划及策划、智能设计、智能决策及施工、智慧运维及服务的主体架构。

John Stokoe于2016年提出了智能建造(intelligent construction)的概念,认为智能建造是充分利用先进的数字技术,对建筑业进行全方位的变革创新。Fred Mils认为智能建造是使用数字工具来改善工程产品的整个交付和运维服务流程,使得建造过程全寿命周期的各个阶段都能更好地执行。

毛志兵指出,智慧建造是在设计和施工建造过程中,采用现代先进技术手段,通过人机交互、感知、决策、执行和反馈提高品质和效率的工程活动。[3]肖绪文院士指出,智能建造是面向工程产品全生命期,实现在泛在感知条件下建造生产水平提升和现场作业赋能的高级阶段;构建基于互联网的工程项目信息化管控平台,通过功能互补的机器人完成各种工艺操作,实现人工智能与建造要求深度融合的一种建造方式。[1]

国内受到普遍认可的是丁烈云院士提出的定义,他指出,智能建造作为新一代信息技术与工程建造融合形成的工程建造创新模式,在实现工程要素资源数字化的基础上,通过规范化建模、网络化交互、可视化认知、高性能计算及智能化决策支持,实现数据驱动下的立项策划、规划设计、施(加)工生产、运维服务一体化集成与高效协同,交付以人为本、智能化的绿色可持续工程产品与服务。[4]

2.3 智能建造的框架体系

智能建造有着丰富的内涵,涉及建造技术、建造方式、企业经营和产业转型等多个方面。智能建造框架体系如图 1 所示。人工智能、云计算等数字技术和工业化建造技术共同成为智能建造的底层技术支撑,就此衍生智能建造的关键技术,如面向全产业链一体化的工程设计软件、面向智能工地的工程物联网等,在此基础上,构建出智能建造面向建筑项目全过程业务协同的智能化实施路径,产出以人为本、智能化的绿色可持续工程产品和服务。当前,建筑业正在快速向数字化、工业化、绿色化转型升级,建筑业对于高品质建筑产品和高效率建造技术的需求越来越迫切,这是智能建造的现实依据;人工智能技术、数据挖掘技术和不断升级的建造技术成为智能建造的理论依据。

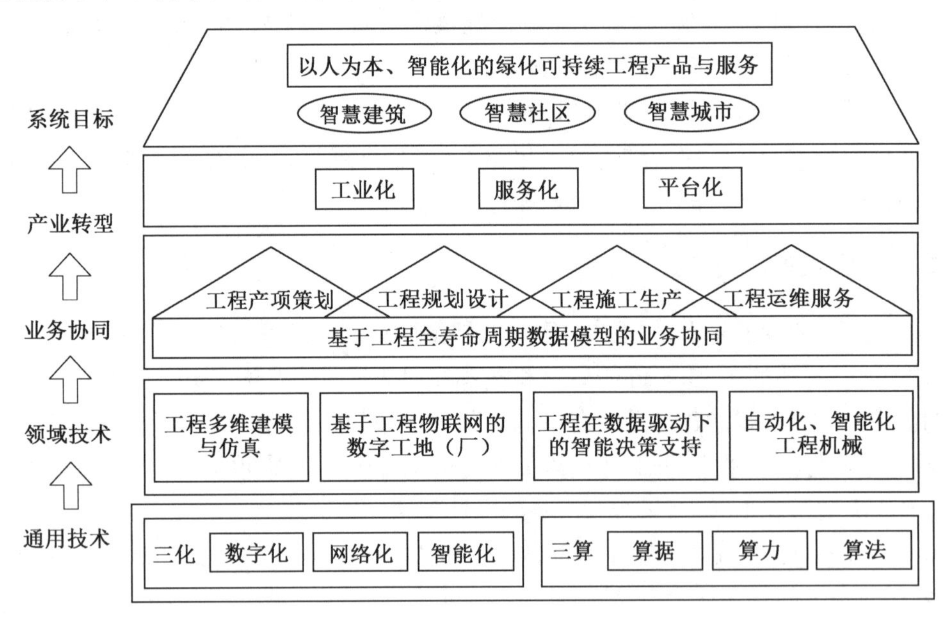

图 1　智能建造框架体系图

(1)智能建造的技术基础。

智能建造体系基于新一代信息技术与工业化建造方式相结合,衍生出面向全产业链一体化的工程设计软件、面向智能工地的工程物联网、面向人机共融的智能化工程设备、面向智能决策的工程大数据等关键技术[4,5]。

①面向全产业链一体化的工程设计软件。工程设计软件包括设计建模、施工分析、项目管理等类型的软件，在建筑项目的全寿命周期中发挥重要作用。面向智能建造，工程设计软件正在持续迭代更新，根据工程实践中的实际需求不断精益化，将更加精确、快速地赋能各类复杂的工程建造任务。

②面向智能工地的工程物联网。工程物联网是物联网技术在建筑业应用的产物，通过施工前期布设的各类传感器实现实时感知和监测工程要素状态信息的功能。工程物联网将在施工现场支持“人、机、环、物、管”等要素的相互连通，同时高效整合施工现场各类要素信息，实现建造工地的智能化建设，提高建设项目信息共享能力。

③面向人机共融的智能化工程设备。智能化工程设备将多信息感知、智能化识别、高精度定位等技术融合到传统工程机械的生产工作中，通过不断迭代学习来提高作业性能，从而解决传统工程设备效率较低、能耗较大、安全性较低等问题。

④面向智能决策的工程大数据。工程大数据通过收集和学习不同建造任务、建造项目的数据，筛选部分数据挖掘决策支持分析，一是在施工现场提供作业人员行为监测、危险因素识别等技术支持，二是在行业治理中提供可视化的决策信息呈现，帮助政府部门、项目管理人员及时根据行业、项目实施信息针对性开展决策。

(2)智能建造的业务协同。

①智能规划设计。BIM、人工智能等新技术推动了设计工具从 CAD 绘图软件到三维建模设计、虚拟建筑等的飞跃，如 BIM 技术可在设计工作中提供施工过程模拟，也支持建筑、结构、水暖电等多专业协同设计。

②智能施工生产。智能建造在施工阶段应用新的施工组织方式、流程和管理模式，如以人工智能深度学习技术为基础的智能化施工设备、以工程物联网技术为基础的施工监测平台、以 3D 打印技术为基础的现场自动建造等。

③智慧运维服务。智能运维主要是从建筑的点、线、面尺度进行智能化升级，如智能家居和智慧物业，智能家居系统将有关通信设备、生活电器等联合成为统一的整体，集中监视、控制、管理家庭事务；智慧物业将各个单位紧密连接起来，建立高效的联动机制，提供安防管理、能耗管理、应急疏散管理、建筑维护管理等智慧服务。

(3)智能建造的系统目标。

智能建造旨在产出以人为本、智能化的绿色可持续工程产品与服务，如智慧建筑、智慧社区、智慧城市等。在智能建造采用信息技术实施的过程中，新技术对建造过程赋能，推动工程建造活动的生产要素、生产力和生产关系升级，形成了智能建造数字化、网络化、智能化、工业化、绿色化、服务化、平台化的特征。

3 我国智能建造发展现状

3.1 国家大力推进智能建造

我国作为全球工程建造大国,近年来逐步加大对工程建造数字化、信息化转型的政策推进力度,持续发布相关政策文件。

(1)2014 年 7 月 1 日,住房和城建建设部发布《关于推进建筑业发展和改革的若干意见》,提出积极推动以节能环保为特征的绿色建造技术的应用;推进建筑信息模型(BIM)等信息技术在工程设计、施工和运行维护全过程的应用;等等。

(2)2016 年 12 月 2 日,住房和城乡建设部发布《建筑信息模型应用统一标准》,这是我国第一部建筑信息模型应用的工程建设标准,从 BIM 软件、模型创建、模型使用、组织实施等方面对于 BIM 技术应用做出规范。

(3)2020 年 7 月 3 日,住房和城建建设部等多部委共同发布《关于推动智能建造与建筑工业化协同发展的指导意见》,明确提出以大力发展建筑工业化为载体,以数字化、智能化升级为动力,创新突破相关核心技术,加大智能建造在工程建设各环节应用,形成涵盖科研、设计、生产加工、施工装配、运营等全产业链融合一体的智能建造产业体系。

(4)2022 年 1 月 19 日,住房和城乡建设部印发《"十四五"建筑业发展规划》,提出到 2035 年,建筑工业化、数字化、智能化水平大幅提升,建造方式绿色转型成效显著,加速建筑业由大向强转变,到 2035 年,迈入智能建造世界前国行列。明确指出要加快智能建造与新型建筑工业化协同发展。

3.2 各省(区、市)积极推进智能建造

根据《关于推动智能建造与建筑工业化协同发展的指导意见》,江苏省、浙江省、广东省等建筑产值大省陆续建立了智能建造和建筑工业化协同发展的体系框架,见表 1。

3.3 各省(区、市)智能建造发展先进做法

根据住房和城乡建设部印发的《智能建造与新型建筑工业化协同发展可复制经验做法清单(第一批)》,梳理整理各省(区、市)围绕智能建造发展的先进做法,见表 2。除表中内容之外,在加强智能建造发展统筹协作和政策支持方面,山西省建立了智能建造协同推进机制,通过联席会议制度,由省级住房和城乡建设部门牵头,发展改革、工业和信息化、财政等部门配合,定期组织召开会议,协同推进智能建造发展;山东、江西、重庆等省市将智能建造发展纳入升级重点研发计划项目予以财政支持,并提供金融和税收优惠。

表 1　江苏、浙江、广东省发展智能建造有关政策文件

省份	政策文件	总体思路与发展目标	主要任务
江苏省	《关于推进江苏省智能建造发展的实施方案(试行)》	以习近平新时代中国特色社会主义思想为指引,贯彻落实党的二十大精神,牢固树立创新、协调、绿色、开放、共享的发展理念,以发展新型建筑工业化为载体,以数字化、智能化升级为动力,创新突破智能建造核心技术,充分发挥智能建造的引领和支撑作用,加大智能建造技术在工程建设各环节应用,实现工程建设高效益、高质量、低消耗、低排放,增强建筑业可持续发展能力,塑造"江苏建造"新品牌	(一)建立健全智能建造标准体系 1. 构建智能建造标准体系框架。 2. 健全智能建造全产业标准体系。 (二)重点突破智能建造关键领域 1. 建立建筑产业互联网平台。 2. 普及"BIM+"数字一体化设计。 3. 加快发展应用建筑机器人及智能装备。 4. 推动部品部件智能化生产。 5. 推动智能施工管理。 (三)拓展智能建造应用场景 (四)构建智能建造绿色化应用体系 (五)打造智能建造领军企业 (六)加快推进建筑行业"智改数转"
浙江省	《关于印发 2023 年全省建筑工业化工作要点的通知》	2023 年,全省建筑工业化工作要坚持以习近平新时代中国特色社会主义思想为统领,全面贯彻党的二十大精神和省第十五次党代会部署,贯彻落实全省住房和城乡建设工作会议精神,突出高质量发展主题主线,坚持创新改革开放,着力提升装配式建造品质,推动智能建造与新型建筑工业化协同发展,在"绿色建造"低碳转型上实干担当,为全省住房城乡建设事业高质量发展作出新的更大贡献。全年实现新开工装配式建筑面积 1 亿平方米以上,新开工装配式建筑占新建建筑比例达到 34%,建筑工业化主要指标位居全国前列	(一)坚持"项目为王"。 (二)推进装配化装修。 (三)提升一体化设计能力。 (四)完善技术标准。 (五)推进智能建造试点。 (六)深化钢结构住宅建设。 (七)培育建筑产业工人。 (八)加强质量安全监管。 (九)深化"浙里建造"。 (十)加强评价示范。

续表

省份	政策文件	总体思路与发展目标	主要任务
广东省	《关于推动智能建造与建筑工业化协同发展的实施意见》	到 2023 年末，智能建造相关标准体系、评价体系初步建立，智能建造与建筑工业化协同发展的政策体系和产业体系基本形成。广州、深圳、佛山等智能建造试点城市建设初具规模，企业创新能力大幅提高，产业集群优势逐步显现。 到 2025 年末，智能建造相关标准体系与评价体系趋于完善，形成较为完整的智能建造与建筑工业化协同发展的政策体系和产业体系，建筑工业化、数字化、智能化水平显著提高，劳动生产率大幅提升，能源消耗及污染排放大幅下降，环境保护成效显著，实现经济效益与社会效益的双赢。广州、深圳、佛山等城市智能建造辐射带动作用不断增强，引领全省智能建造进入新阶段。 到 2030 年末，智能建造与建筑工业化协同发展居于国内领先地位，相关政策体系和产业体系全面建成，实现研发、生产、施工、监管、运营等全产业链协同发展，建筑业工业化、数字化、智能化水平显著提高，行业劳动生产率进一步提升，推进建造过程零污染排放，助力碳排放达到峰值。 到 2035 年末，培育一批在智能建造领域具有全球一流水平核心竞争力的龙头骨干企业，形成万亿级的产业集群	(一)发展数字设计 1. 推行工程建设全过程 BIM 技术应用。 2. 推进数字化设计体系建设。 (二)推广智能生产。 3. 建立基于 BIM 的标准化部品部件库。 4. 打造部品部件智能生产工厂。 5. 建立全过程质量溯源制度。 (三)推行智慧绿色施工。 6. 支持建筑机器人研发应用。 7. 推动智慧工地建设。 8. 实行绿色建造。 (四)发展建筑产业互联网。 9. 建设建筑产业互联网平台。 10. 培育智能建造产业生态。 (五)加强科技和人才支撑。 11. 强化科技引领。 12. 加快成果转化。 13. 积极培育人才。 (六)创新行业监管服务。 14. 完善标准体系。 15. 建立评定机制。 16. 创新监管模式。

表 2　各省市智能建造先进做法

建造阶段	先进做法	来源
智能规划及策划	1. 制定建筑产业互联网建设指南，提出制定标准规范，建立生态体系等工作要求。 2. 搭建政府公共服务平台，建立全省统一的装配式建筑全产业链智能建造平台，推动全产业链高效共享各种要素资源	四川省、湖南省
智能设计	1. 明确数字设计有关要求。政府投资项目、2 万 m^2 以上的单体公共建筑项目、装配式建筑工程项目、3 万 m^2 以上的房地产开发项目以及轨道交通工程、大型道路、桥梁、隧道和三层以上的立交工程项目，在设计、施工阶段采用建筑信息模型（BIM）技术。 2. 强化工程建设各阶段 BIM 应用。规划审批、施工图设计、竣工验收和运维阶段采用 BIM 阶段开展审批、审查、交付、监测等工作。 3. 采用人工智能技术辅助审查施工图。针对建筑、结构、给排水、暖通、电气 5 大专业的国家设计规范，实现批量自动审查，单张图纸审查时间平均约 6 min，准确率达到 90% 以上	上海市、湖南省、重庆市、广东省、山东省等
智能决策及施工	1. 建立基于 BIM 的标准化部品部件库。明确部品部件分类和编码规则、二维码赋码规则、无线射频识别（RFID）信息规则，赋予部品部件唯一身份信息，推动建立以标准化部品部件为基础的专业化、规模化、信息化生产体系。打造部品部件生产工厂。 2. 研发施工机器人和智能工程机械设备。推广应用智能塔吊、智能混凝土泵送设备、自升式智能施工平台、智能运输设备等智能化工程机械设备，提高施工质量和效率。 3. 制定统一的智慧工地标准。统一功能模块标准，确定智慧工地具备的主要功能；统一设备参数标准，确定智慧工地相关设备的基本要求；统一数据格式标准，确定智慧工地实施内容应包含的数据项；统一平台对接标准，确定与政府端平台对接的数据格式，实现项目端与政府监管端数据互联互通。 4. 推进基于 BIM 的智慧工地策划。研发应用基于 BIM 的智慧工地策划系统，自动采集项目相关数据信息，结合项目施工环境、节点工期、施工组织、施工工艺等因素，对项目施工场地布置、施工机械选型、施工计划、资源计划、施工方案等内容做出智能决策或提供辅助决策的数据	江苏省、四川省、上海市、广东省等
智慧运维及服务	推动智慧家居、智慧建筑、智慧城市发展。构建智能家居产业链。形成智能家居产业集群，发挥高新技术企业龙头引领效应。提出智慧建筑设计与评价标准，明确智慧建筑的定义、内涵和功能要求等	浙江省台州市、广东省广东市等

4 福建省智能建造发展分析

本小节中各图为笔者根据国家统计局官网年度统计数据和地区统计数据绘制而成。

4.1 福建省建筑业发展现状

(1)建筑业规模强劲上涨,经济支柱地位显著。

福建省建筑业规模长期处于全国较高水平,2018 年以来,福建省建筑业总产值均排名全国第 7,但显著低于相邻的浙江省和广东省,以 2021 年为例,浙江省建筑业总产值为 23 010.97 亿元,而广东省为 21 345.58 亿元,福建省仅为 15 810.43 亿元(图 2)。如图 2 所示,2017—2021 年,福建省建筑业总产值从约 1 万亿元增长至约 1.6 万亿元,平均每年增长速度为 13.184%。从建筑业总产值波动情况来看,福建省建筑业发展具有极强的韧性,2020 年福建省建筑业总产值依然保持正增长,随后增速快速回归,接近 12%。图 3 和图 4 展示了福建省建筑业增加值与地区生产总值的情况,福建省建筑业平均每年为地区贡献超过 10.00% 的生产总值,经济支柱地位十分显著。

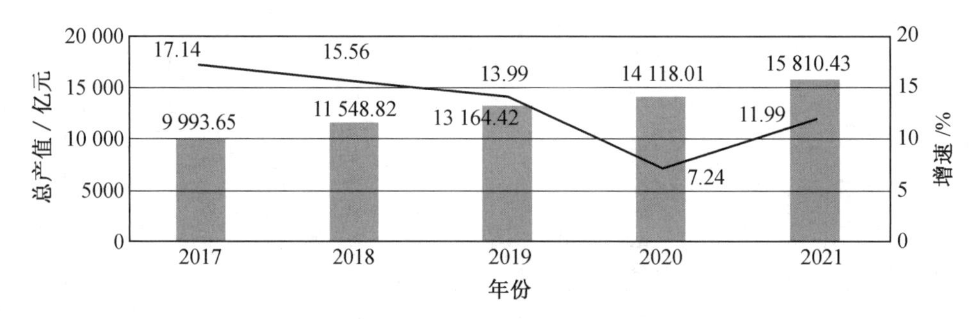

图 2 福建省建筑业总产值与增速情况

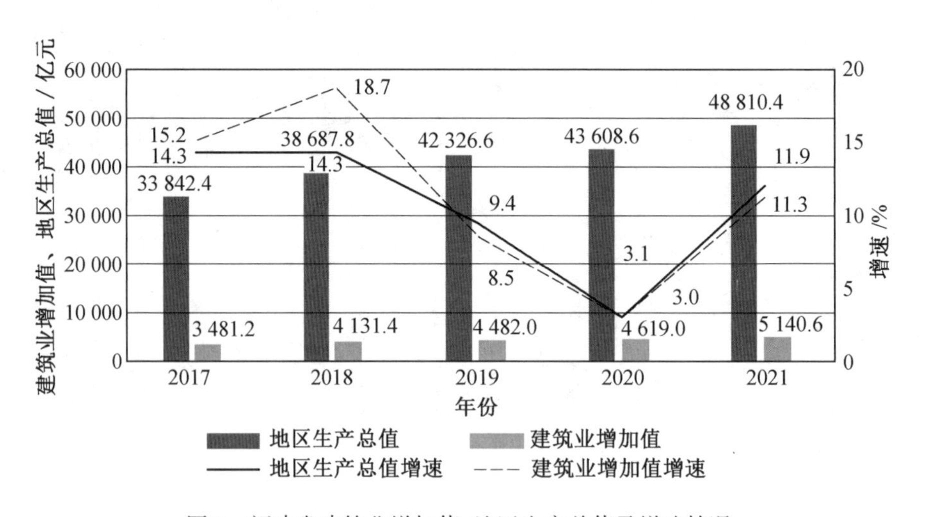

图 3 福建省建筑业增加值、地区生产总值及增速情况

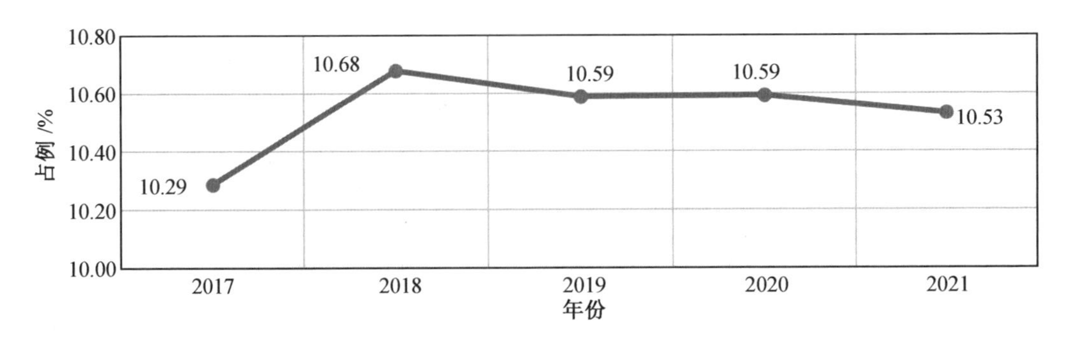

图 4　福建省建筑业增加值占地区生产总值比例情况

(2)利润率呈下降态势,且低于全国平均水平。

图 5 展示了福建省建筑业产值利润率与全国、江苏省、浙江省、广东省的对比情况。可见,自 2017 年以来,福建省建筑业产值利润率呈下降态势,虽高于浙江省,但持续低于全国平均水平。

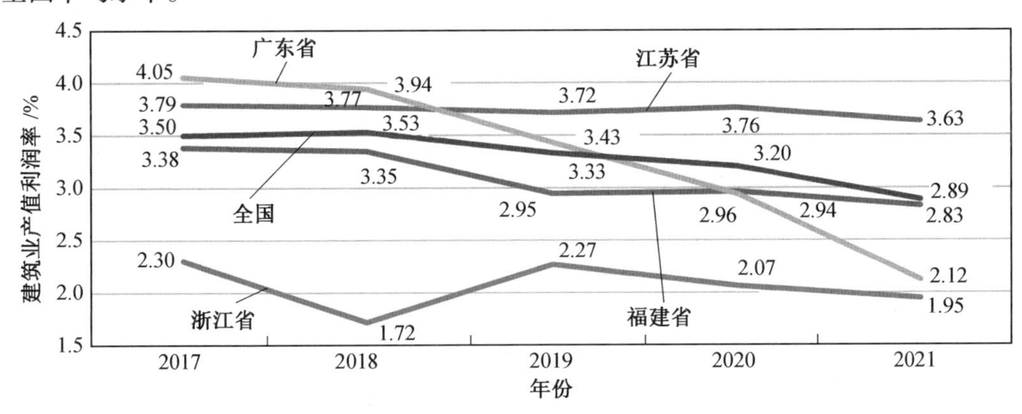

图 5　福建省建筑业产值利润率与全国及其他地区对比图

(3)劳动生产率逐步提升,对比全国相对较低。

图 6 展示了近年来福建省建筑业企业劳动生产率(按建筑业总产值计算)的情况。可见,自 2017 年以来,福建省建筑业企业劳动生产率在逐年稳步提升,但显著低于全国平均水平。

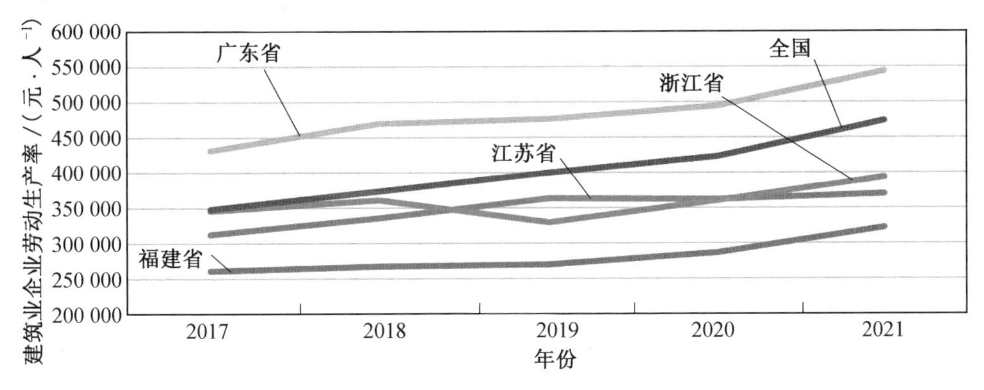

图 6　福建省建筑业企业劳动生产率(按建筑业总产值计算)与全国及其他地区对比图

（4）科创能力有待提高，数字技术应用有待加强。

随着数字化信息技术的高速发展，5D BIM、机器人、大数据、物联网、数字孪生等技术在建筑业具有广泛的应用前景。调研结果显示，当前的福建建筑业市场对于这些信息技术在项目设计、施工、运维的全寿命周期过程中的利用率还比较低。在受访者所经历的工程项目中，61.97%的项目是委托技术开发公司对智慧建造有关技术进行开发，18.31%的项目是有关单位购买技术后进行二次开发，14.08%的项目是由有关单位自行开发，也有受访者提到由业主进行统筹应用。总的来看，福建省智慧建造相关技术主要用于数据共享环节，全面感知和分析决策环节应用水平较低，智慧工地等相关技术的总体应用水平有待进一步提高。

4.2 福建省智能建造发展 SWOT 分析

（1）优势（strength）。

①建筑业产值规模大。福建省建筑业产值持续位居全国前列，建筑业行业发展势头强劲有韧性。建筑业企业数量持续上涨，数据显示，截至 2021 年福建省建筑业企业数量达到 7 758 个，且在逐年增加。

②智能建造得到政府高度重视。福建省积极推动智能建造发展，加强顶层谋划，持续发布《福建省建筑业“十四五”发展规划》《关于开展智慧工地建设试点的通知》等智能建造相关政策文件，组织开展 BIM 技能竞赛，打造装配式建筑生产基地等。现已试点建设福州市长乐区新村小学、岭兜安置房项目-C14 地块 C16 地块等 207 个智慧工地试点项目。[①]

（2）弱势（weakness）。

①建筑领先企业优势不够突出。福建省建筑业企业尚无营业收入破 500 亿的企业。福建省建筑领先企业优势不够突出，引领带动作用有待加强。

②建筑业企业生产效率亟待提高。2021 年，全国建筑业从业人数超过百万人的地区共 15 个。江苏从业人数位居首位，达到 880.09 万人。浙江、福建、四川、广东、河南、湖南、山东、湖北、重庆等 9 个省市地区从业人数均超过 200 万人。[②] 福建省建筑业从业人数排名全国第 3，但劳动生产率却排名全国倒数第 1。

③建造技术装备水平有待提升。2020 年，我国建筑业企业平均技术装备率为 9 781 元/人，动力装备率为 5.1 kW/人。如图 7 所示，福建省建筑业企业技术装备率为 4 359 元/人，明显低于全国平均水平，在各省市中排名倒数第 2；动力装备率为 2.7 kW/人，排名倒数第 7。[③]

（3）机会（opportunity）。

①国家大力推进智能建造。对于智能建造的实施，住房和城乡建设部等部委高位谋

---

① 福建省住房和城乡建设厅：《关于公布智慧工地建设试点名单（第一批）的通知》，https://zjt.fujian.gov.cn/xxgk/zfxxgkzl/xxgkml/dfxfgzfgzhgfxwj/gcjs_3791/202206/t20220617_5931824.htm.

② 中国建筑业协会：《2021 年建筑业发展统计分析》，https://www.fwxgx.com/articles/41485.

③ 国家统计局“查数”，https://data.stats.gov.cn/easyquery.htm? cn=EO103.

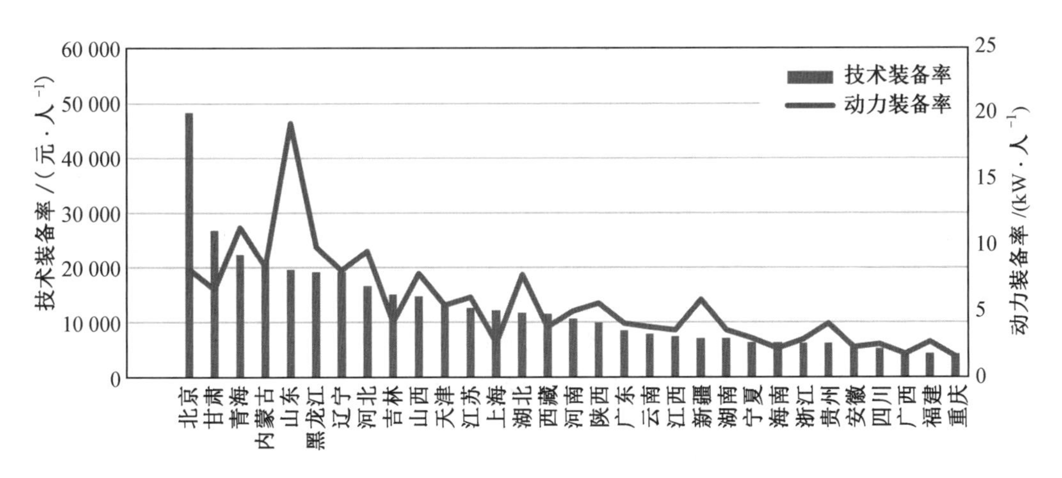

图7　2020年各地区建筑业企业技术装备率和动力装备率情况(不包括港澳台地区)

划,从加快建筑工业化升级、加强技术创新、提升信息化水平、培育产业体系、积极推行绿色建造、开放拓展应用场景、创新行业监管与服务模式等7个方面提出加强智能建造发展的明确方向。《建筑业"十四五"发展规划》将发展智能建造列为今后阶段的首要任务。

②智能建造相关技术发展迅猛。近年来,国家相继发布《建筑信息模型应用统一标准》《信息通信行业发展规划物联网分册(2016—2020年)》《增材制造(3D打印)产业发展行动计划(2017—2020年)》等政策文件,BIM技术、物联网技术、3D打印技术、人工智能技术、云计算和大数据技术等发展势头强劲,将有力支撑福建省智能建造发展。

③人民对于美好生活需要的现实机遇。建筑业的发展将影响人民生活的方方面面,出行、娱乐、住房等方面的需求相较先前有所提高,人民需要更绿色、更便捷、更智能的生活起居,迫切需要建筑行业持续产出智慧建筑、智慧社区、智慧城市的产品和服务。

(4)威胁(threat)。

内部威胁方面,一是福建省智能建造推进相对较晚,目前尚处于起步阶段;二是省内建筑业企业劳动生产率较低、竞争优势不明显。外部威胁主要是竞争激烈,与福建省相邻的广东省、浙江省均为经济强省和建造强省,智能建造发展相对更为成熟,建筑业产值排名均位列福建省之前,在建筑业"十四五"发展规划中均将企业"走出去"列为发展任务,可能进一步占据福建省建筑市场,但或许同时也会带来新技术、新理念及先进做法等。

4.3　福建省发展智能建造的战略选择

综合分析福建省智能建造发展的内外环境,得到福建省发展智能建造SWOT分析框架(表3)。其中,SO战略指发挥优势和利用机会的增长型战略,WO战略是利用机会克服弱势的扭转型战略,ST战略是利用优势回避威胁的防御性战略,WT战略是减少弱势回避威胁的抗争型战略。一般来说,SO战略是四大战略中成本最低、难度最小的。由于福建省智能建造行业起步相对较晚,且省内建筑业高质量发展的影响因素机遇远大于挑战。因此,在省政府高度关怀重视的背景下,本文认为福建省发展智能建造应同时兼顾SO战略和WT战略,充分利用智能建造发展机遇,重塑建筑业发展形态,打造人民生活幸福、具有福建特色的建筑强省。

表3　福建省发展智能建造 SWOT 分析框架

因素	优势(S)	弱势(W)
分析	1. 建筑业产值规模大; 2. 智能建造得到政府高度重视	1. 建筑领先企业优势不够突出; 2. 建筑业企业生产效率亟待提高; 3. 建造技术装备水平有待提升
机会(O)	SO 战略	WO 战略
1. 国家大力推进智能建造; 2. 智能建造相关技术发展迅猛; 3. 人民对于美好生活需要的现实机遇	1. 抓住国家政策支持,充分利用建筑业发展基础,推动智能建造向深发展; 2. 吸收科研力量,提高建筑业全产业链技术水平; 3. 发展福建特色文化,满足人民多样化需求	1. 推动建筑业企业发展和鼓励企业运用高新技术提高创新能力; 2. 打造省内建筑龙头企业,发挥示范引领作用; 3. 创新人才福利政策,加强建筑工人职业教育与技能培训
威胁(T)	ST 战略	WT 战略
1. 福建省智能建造推进相对较晚,省内建筑业企业劳动生产率较低、竞争优势不明显; 2. 外部竞争激烈	1. 统筹谋划建筑业高质量发展战略,加强全产业链能力建设; 2. 加强智能建造政策支持和优惠力度,激发建筑业企业积极性	1. 吸引高质量人才就业,提高建筑业管理、技术水平; 2. 制定智能建造相关标准规范,推动智能建造走深走实; 3. 搭建智能建造协同推进机制,建好建筑业协会等平台

5　福建省推动智能建造发展建议

结合智能建造发展框架与福建省发展智能建造 SWOT 分析,提出福建省推动智能建造发展建议:一是积极培育智能建造产业体系;二是大力发展新型建筑工业化;三是全面推进新型城市建设;四是持续推动建筑业治理现代化;五是加强专业人才队伍建设。

(1)积极培育智能建造产业体系。

积极培育智能建造产业体系,一是要推广以 BIM 技术为核心的数字化设计,推进工程建设各阶段 BIM 技术应用,推进一体化的集成式数字化设计体系建设等;二是要发展以智慧工地为载体的智能化施工,加快建立完善包括智慧工地建设、评价和认证的标准规范体系,沿着“打造试点—逐步推广—全面建设”的路径分阶段推进智慧工地建设等;三是要打造贯通全产业链的建筑产业互联网,打造“工程云”工程大数据平台等;四是要研发应用以智能化为特征的工程装备,积极探索智能装备应用场景,加快建立智能装备建造标准体系,积极开展智能装备建造示范试点等。

(2)大力发展新型建筑工业化。

大力发展新型建筑工业化:一是要加强系统化集成设计,鼓励设计单位应用数字化设计手段，推进建筑、结构、设备管线、装修等多专业一体化集成设计等；二是要优化构件和部品部件生产，推动部品部件标准化，推进部品部件质量认证工作等；三是要推广精益化施工，推广装配式混凝土建筑，大力发展钢结构建筑等；四是要发展智能生产，提升部品部件生产工厂智能化水平，实现部品部件进场信息的智能管理、模拟装配和产品质量溯源。

(3)全面推进新型城市建设。

全面推进新型城市建设，一是要加快建设新型城市基础设施，如实施智能化市政基础设施建设和改造，大力推进城市运行管理服务平台建设，推进公共信息模型基础平台建设等；二是要大力推动绿色建筑规模化发展，如推进健康住宅新产品设计，加强智能产品在住宅生活中的应用等；三是要着力发展具有福建特色的城市建设，加强规划、做好统筹，在乡镇、社区、城市基础建设中有机融入福建特色文化，提升福建人民生活满意度。

(4)持续推动建造业治理现代化。

持续推动建造业治理现代化，一是要提高市场监督管理能力，如落实企业资质管理与个人执业资格管理，全面推行注册执业证书电子证照，加快完善工程总承包相关制度规定，推进全过程 BIM 技术应用与管理、设计与施工深度融合等；二是要完善工程质量安全体系，利用信息化手段加强安全风险防控，强化建筑施工安全监管。

(5)加强专业人才队伍建设。

加强专业人才队伍建设，一是要培育技能型产业工人，深化建筑用工制度改革，促进学历证书与职业技能等级证书融通衔接，打通建筑工人职业化发展道路，鼓励行业、企业、院校、社会力量共同参与建筑工人职业教育培训体系建设；二是要加大后备人才培养，围绕新型建筑工业化推动相关企业、院校开展校企合作，鼓励企业与技工院校开展联合办学。

参考文献

[1] 肖绪文. 智能建造：是什么、为什么、做什么、怎么做[J]. 施工企业管理，2022(12)：29-31.

[2] 丁烈云. 智能建造推动建筑产业变革[J]. 低温建筑技术，2019，41(6)：83.

[3] 毛志兵. 智慧建造决定建筑业的未来[J]. 建筑，2019(16)：22-24.

[4] 陈珂，丁烈云. 我国智能建造关键领域技术发展的战略思考[J]. 中国工程科学，2021，23(4)：64-70.

[5] 毛超，彭窑胭. 智能建造的理论框架与核心逻辑构建[J]. 工程管理学报，2020，34(5)：1-6.

福建省建筑业智能建造发展现状分析与提升路径研究

蔡彬清　张杰辉　陈石玮

福建工程学院

摘　要：近年来，云计算、大数据、人工智能、物联网、区块链等技术日新月异，全方位融入经济社会发展，数字经济发展速度之快、辐射范围之广、影响程度之深前所未有。数字化转型已成为新时代我国各行各业发展的新命题。本文旨在分析福建省建筑业智能建造发展现状，识别福建省智能建造发展的困境，并针对困境提出措施建议与提升路径，为今后福建省政府制定智能建造相关政策提供参考和借鉴。

关键词：智能建造；现状分析；提升路径

1　建筑业智能建造发展的背景

在中央政治局第三十四次集体学习中，习近平总书记强调："发展数字经济是把握新一轮科技革命和产业变革新机遇的战略选择。"近年来，云计算、大数据、人工智能、物联网、区块链等技术日新月异，全方位融入经济社会发展，数字经济发展速度之快、辐射范围之广、影响程度之深前所未有。《中华人民共和国国民经济和社会发展第十四个五年规划和2035年远景目标纲要》强调加快数字化发展，以数字化转型整体驱动生产方式、生活方式和治理方式变革。可见，数字化转型已成为新时代我国各行各业发展的新命题。[1]

进入数字化时代，建筑业要实现高质量发展，打造"中国建造"品牌，就需要跟上时代的变化，加快提升智能建造水平。智能建造是以"三化"（数字化、网络化和智能化）和"三算"（算据、算力、算法）为特征的新一代数字化技术与工程建造有机融合形成的创新建造方式。[2]智能建造的实施能对工程生产体系与组织方式进行全方位赋能，打破工程不同主体和过程之间的信息壁垒，促进工程建造过程的互联互通与资源要素协同。智能建造不仅仅是工程建造技术的变革创新，更将从产品形态、生产方式、经营理念、市场形态以及行业管理等方面重塑建筑业。

（1）产品形态。

从实物产品到"实物+数字"产品。智能建造所交付的工程产品，不仅局限于实物工程产品，还伴随着一种新的产品形态——数字化（智能化）工程产品。借助"数字孪生"技术，实物工程产品与数字工程产品有机融合，形成"实物+数字"复合产品形态，通过与人、环境之间动态交互与自适应调整，实现以人为本、绿色可持续的目标。

(2)生产方式。

从工程施工到“制造-建造”。实现规模化生产与满足个性化需求相统一的大规模定制,是人类生产方式进化的方向。如果说智能制造是致力于推动制造业从规模化生产向大规模定制方向发展,那么智能建造则强调在发挥工程建造个性化生产优势的基础上,充分汲取制造业大规模生产的理论技术成果,推行“制造-建造”生产方式,走出一条与智能制造路径不同却又殊途同归的创新之路。

(3)经营理念。

从产品建造到服务建造。在经济服务化转型的大背景下,智能建造提供的集成与协同机制,一方面使得真正以用户个性化服务需求为驱动的工程建造成为可能;另一方面也会使得更多的技术、知识性服务价值链融合到工程建造过程中。技术、知识性服务将在工程建造活动中发挥越来越重要的价值,进而形成工程建造服务网络,推动工程建造向服务化方向转型。

(4)市场形态。

从产品交易到平台经济。当前,平台经济模式正在席卷全球。智能建造将不断拓展、丰富工程建造价值链,越来越多的工程建造参与主体将通过信息网络连接起来,在以“梅特卡夫定律”为特征的网络效应驱使下,工程建造价值链将得以不断重构、优化,催生出工程建造平台经济形态,大幅降低市场交易成本,改变工程建造市场资源配置方式,丰富工程建造的产业生态,实现工程建造的持续增值。

(5)行业管理。

从行政监督到数字化治理。加快推进社会治理现代化,是实现“两个一百年”奋斗目标和中华民族伟大复兴中国梦的战略考量。智能建造将以开放的工程大数据平台为核心,推动工程行业管理理念从“单向监管”向“共生治理”转变,管理体系从“封闭碎片化”向“开放整体性”发展,管理机制从“事件驱动”向“主动服务”升级,治理能力从以“经验决策”为主向以“数据驱动”为主提升。

2　福建省建筑业智能建造发展现状

2.1　建筑业智能建造投入现状

根据2017年12月麦肯锡全球研究院发布的报告绘制的我国各行业数字化技术投入情况如图1所示。由图1可以看出,我国数字化技术投入少,这反映出建筑业总体信息化程度不高,产业智能化发展动力不足。

福建省也存在这一问题,课题组经调研发现,大多数建筑业企业仅仅将不到1%的营业额(一般为一个项目20万~30万元)投入到智能建造方面,部分企业甚至并未有智能建造方面的投入。

课题组对于这一问题进行了进一步深入的调研,发现了导致福建省建筑业企业智能建造技术投入少的原因。

(1)企业未能充分认识到智能建造技术带来的收益。

根据企业反映,目前还未能够明显、直观地看到由于智能建造技术投入而带来的项目

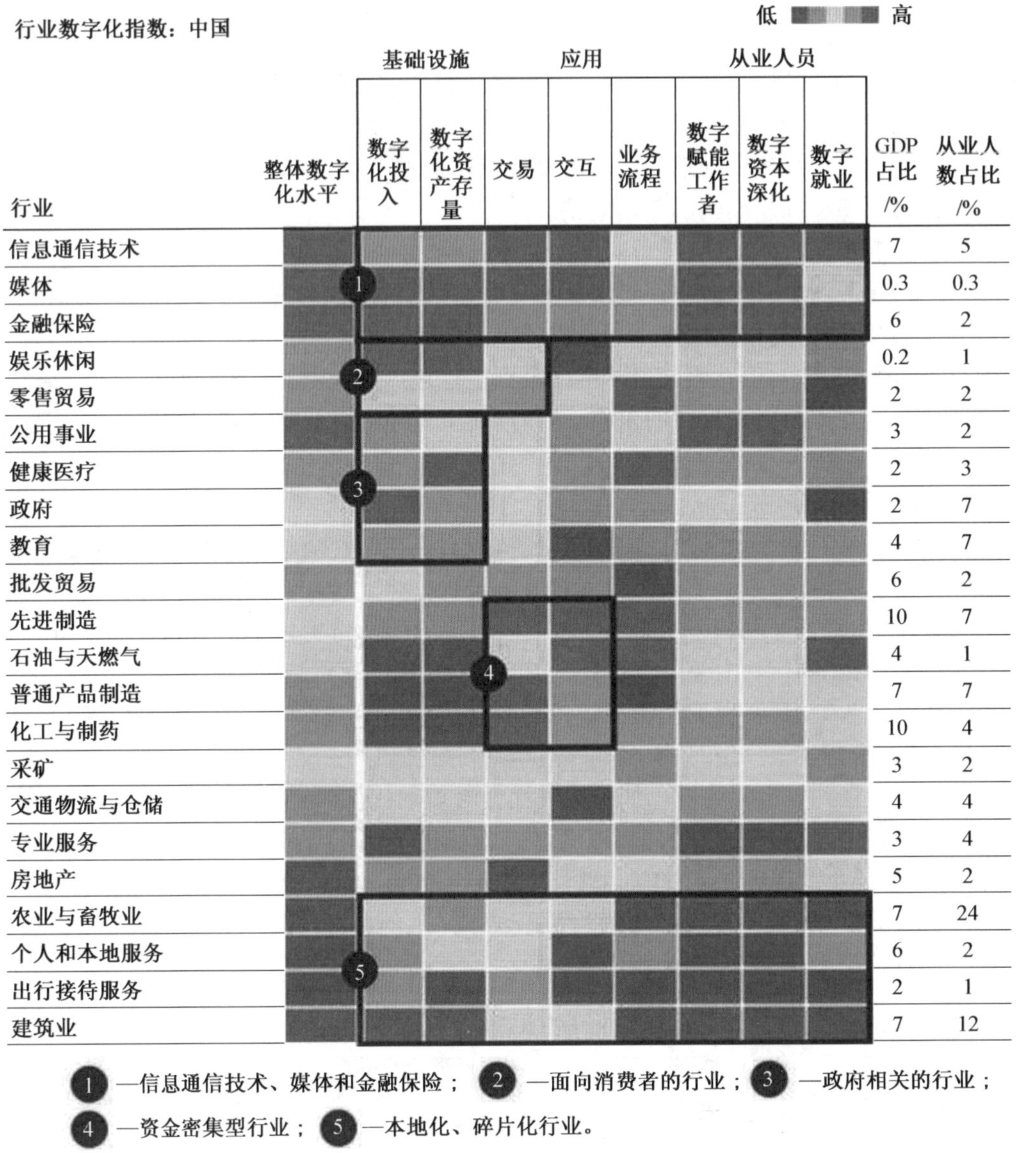

行业数字化指数：中国

低 高

基础设施 应用 从业人员

行业	整体数字化水平	数字化投入	数字化资产存量	交易	交互	业务流程	数字赋能工作者	数字资本深化	数字就业	GDP占比/%	从业人数占比/%
信息通信技术										7	5
媒体										0.3	0.3
金融保险										6	2
娱乐休闲										0.2	1
零售贸易										2	2
公用事业										3	2
健康医疗										2	3
政府										2	7
教育										4	7
批发贸易										6	2
先进制造										10	7
石油与天燃气										4	1
普通产品制造										7	7
化工与制药										10	4
采矿										3	2
交通物流与仓储										4	4
专业服务										3	4
房地产										5	2
农业与畜牧业										7	24
个人和本地服务										6	2
出行接待服务										2	1
建筑业										7	12

1—信息通信技术、媒体和金融保险； 2—面向消费者的行业； 3—政府相关的行业；
4—资金密集型行业； 5—本地化、碎片化行业。

图1 我国各行业数字化技术投入对比
（图片来源：《数字时代的中国：打造具有全球竞争力的新经济》）

收益，因此为了平衡投入和产出，在智能建造技术投入方面有所保留。对于能够申报智慧工地示范项目或能够直接发挥作用（如劳务实名制系统）的技术大部分企业会乐于投入，但更进一步的技术则较少有企业投入研发和应用。

（2）相关引导政策还存在空间。

目前对于智能建造方面，福建省和全国大部分省份一样，还未有特别具体、充分的奖励和补贴政策落地，引导政策还存在一定的空间。课题组的调研结果显示，如果智能建造技术的投入能够与信用分加分、招投标加分、报奖加分等进行挂钩，企业会更加愿意在智能建造技术上进行投入。

(3)缺乏工程项目样板。

课题组经调研发现,对于应当采用哪些智能建造技术和应当如何利用智能建造技术解决项目的痛点和难点问题,大部分企业没有很好的认知。究其原因主要是缺乏相关可参照的智能建造工程项目样板。

2.2　智能建造技术现状

根据丁烈云院士的相关研究,智能建造技术体系包括 4 个领域:面向全产业链一体化的工程软件、面向智能工地的工程物联网、面向人机共融的智能化工程机械、面向智能决策的工程大数据等。我国建筑业数字化技术体系如图 2 所示。

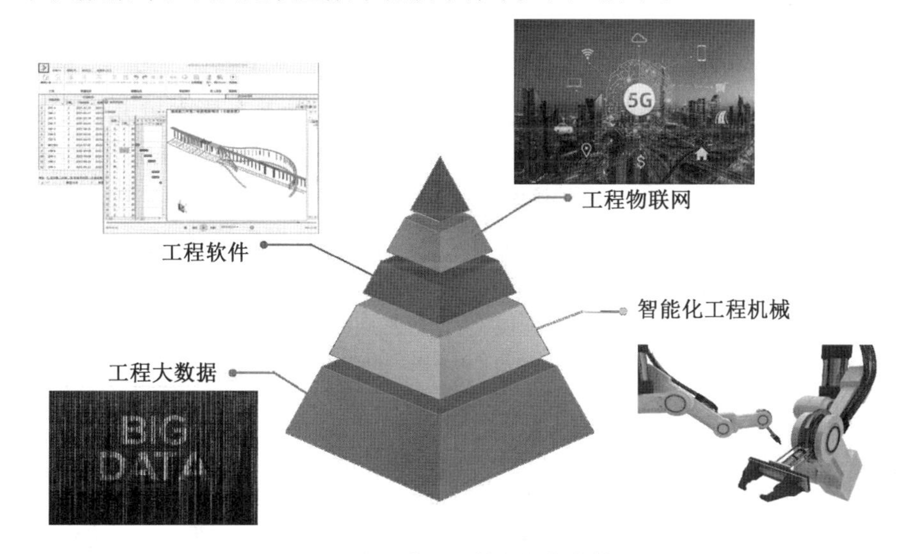

图 2　我国建筑业数字化技术体系

经项目组调研,我国这 4 个领域技术的发展现状如下。

(1)面向全产业链一体化的工程软件。

随着计算机技术的不断发展以及计算机使用方法的不断普及,工程建造领域逐渐形成了以建筑信息模型(BIM)为核心、面向全产业链一体化的工程软件体系。工程软件包括设计建模、工程分析、项目管理等类型软件。在设计建模软件方面,国产工程软件依然面临着与国外工程软件竞争的问题。面对以欧特克系列产品为代表的国外工程软件的冲击,国产设计建模软件很难在短时间内建立起竞争优势。在工程设计分析软件方面,对于复杂工程问题的分析,国产软件依然任重道远;在工程项目管理软件方面,得益于对国内规范、项目业务流程的高度支持,加之国内厂商的持续研发投入,国产软件已经形成了较完整的产品链。[3]

(2)面向智能工地的工程物联网。

工程物联网作为物联网技术在工程建造领域的拓展,通过各类传感器感知工程要素状态信息,依托统一定义的数据接口和中间件构建数据通道。除传感器外,我国的现场柔性组网、工程数字孪生模型迭代等技术均亟待发展。另外,我国工程物联网的应用主要关注建筑工人身份管理、施工机械运行状态监测、高危重大分部分项工程过程管控、现场环境指标监测等方面[4]，然而本研究调研结果显示，工程物联网的应用对超过88%的施工活动仅能产生中等程度的价值。在有限的资源下提高工程物联网的使用价值将是未来需要解决的重要问题。

(3)面向人机共融的智能化工程机械。

智能化工程机械是在传统工程机械基础上，融合了多信息感知、故障诊断、高精度定位导航等技术的新型施工机械。我国在工程机械智能化技术的研发应用上虽有一定突破，但在打造智能化工程机械所必要的元器件方面仍需加强。可编程逻辑控制器(PLC)、电子控制单元(ECU)、控制器局域网络(CAN)等技术发展相对较慢，阻碍了我国工程机械行业的发展，也制约了我国工程建造的整体竞争力。我国工程机械整体呈现出“大而不强，多而不精”的局面，发展提升空间广阔。

(4)面向智能决策的工程大数据。

工程大数据是工程全寿命周期各阶段、各层级所产生的各类数据以及相关技术与应用的总称。在流程方面，我国工程大数据应用流程未能打通，数字采集未实现信息化、自动化，数据存储和分析也缺少标准化流程；在技术方面，当前主流数据存储与处理产品大多为国外产品，如HBase、MongoDB、Oracle NoSQL等典型数据库产品以及Storm、Spark等流计算架构；在应用方面，我国工程大数据仅初步应用于劳务管理、物料采购管理、造价成本管理、机械设备管理等方面，在应用深度和广度上均有不足。[5]

以上全国现状为我国建筑业普遍现象，福建省也存在相应问题。

2.3 智能建造人才情况

根据国家统计局数据，2020年我国建筑业和制造业工人受教育水平如图3所示。[6]由图3可以看出，对比制造业，我国建筑业工人受教育平均水平更低，主要集中在初中水平，掌握新兴信息化技术的能力不足。此外，我国建筑业从业人员老龄化趋势突出，建筑工人年龄偏大，集中在44~57岁之间，进一步影响了建筑工人学习和接受智能建造相关新技术的能力。[7]因此，为发展智能建造，我国建筑业需要更新一批受过高等教育且能够熟练应用建筑业数字化技术的年轻人才。

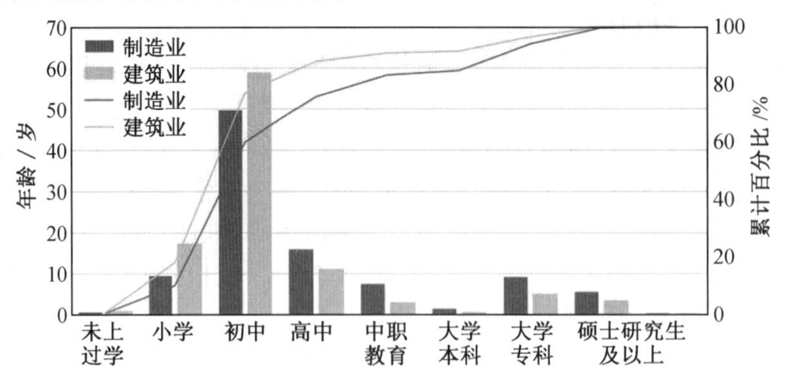

图3 我国建筑业和制造业工人受教育水平对比(2020年)

国家统计局相关统计数据显示,2019 年我国建筑业主要相关专业开设数和招生人数如图 4 和表 1 所示。由图 4 和表 1 可知,我国建筑业主要相关专业中,智能建造专业不论是开设数还是招生人数都远远低于其他专业,存在人才结构不均衡的问题。在我国大力推广智能建造的当下,如此少的智能建造人才供给远远无法满足行业需求。

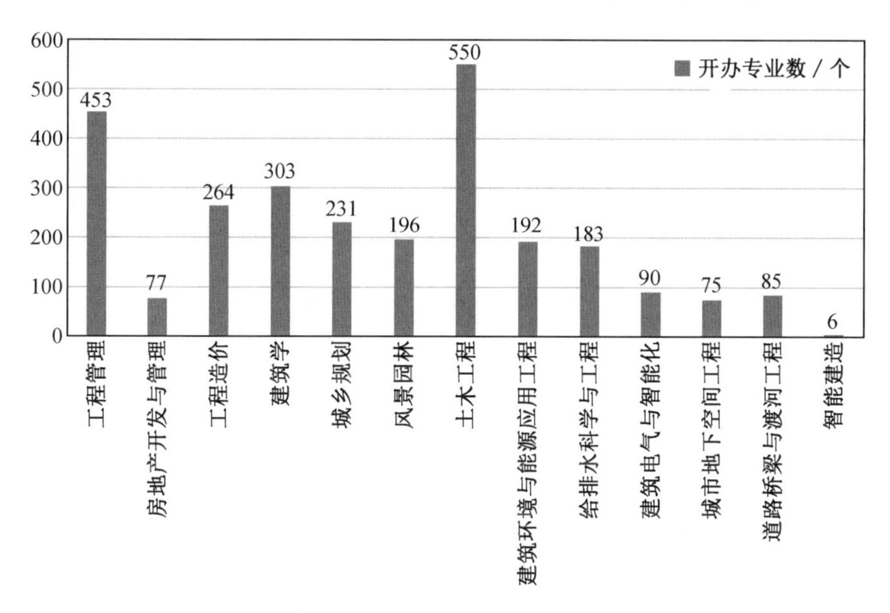

图 4　我国建筑业主要相关专业开设数(2019 年)

表 1　我国建筑业主要相关专业招生人数(2019 年)

专业	招生人数/个
工程管理	30 779
房地产开发与管理	2 444
工程造价	24 749
建筑学	15 252
城乡规划	8 416
风景园林	9 683
土木工程	73 443
建筑环境与能源应用工程	9 659
给排水科学与工程	9 213
建筑电气与智能化	4 485
城市地下空间工程	3 212
道路桥梁与渡河工程	4 517
智能建造	312

综合来看,我国建筑业对受过高等教育且能够熟练应用建筑业数字化技术的年轻人

才有急切需求,而目前智能建造专业的开设数和招生人数都远远无法满足相关需求,因此我国在智能建造方面存在人才缺口。智能建造人才短缺作为全国都存在的普遍性问题,福建省也难以避免,为推动建筑业智能建造的发展,福建省应当尽早着手解决智能建造人才问题,如可在本地各大高校设立相关专业和完善专业建设,为建筑业智能建造的发展提供后续源源不断的动力。

3 福建省智能建造发展的困境

与我国智能建造水平较高的省份和地区相比,福建省智能建造的发展水平不尽如人意,这主要是由于福建省智能建造的产业生态还存在一定的不足,具体体现在以下 3 个方面。

3.1 行业层级:政策支持不具体,市场环境不友好

虽然已有《关于推动智能建造与建筑工业化协同发展的指导意见》等国家政策大力推广智能建造,但是目前国家和福建省都尚未出台智能建造的具体支持政策,未能充分激励建筑业企业与技术开发企业应用和开发智能建造技术及产品。另外,由于国产智能建造产品,用户基数少,缺乏数据收集和市场反馈,导致推广困难,面临市场环境较为严峻。

3.2 企业层级:主体合作不充分,专业人才不充足

首先,福建省智能建造产学研主体的合作不够充分,未形成技术开发企业、高校和建筑业企业等产学研主体的深度融合,未达成建筑产业上下游间的智能建造综合布局,不利于发展智能建造技术和产品在不同主体间的一致性及上下游间的延续性。其次,由于智能建造对新一代信息技术的适应性和专业性要求较高,而我国建筑业从业人员普遍年龄较大且多为单一土建类人才,不熟悉且难以适应智能建造技术,不能满足智能建造对高端复合型人才的需求,因此亟须对智能建造专门人才的引进、培育和储备。

3.3 项目层级:核心技术不深入,数据标准不统一

首先,福建省工程项目中开发和应用的智能建造核心技术较为薄弱,主要依赖在外省已有成熟技术基础上的二次开发,且形成的多为低端技术,难以构成面向项目全寿命周期的智能化和集成化管控产品,甚至有些工程的智能建造技术的应用仅仅停留于形式,未解决实际工程问题。其次,福建省智能建造数据的标准体系有待健全,各家产品的数据标准不统一,缺乏数据接口,导致产品兼容性较差,不能形成“一点示范,遍地开花”的局面,不利于智能建造产品的推广。

4 福建省智能建造发展的提升路径

4.1 打造智能建造产业基地,引导企业数字化转型

大力培育和发展智能建造产业,加大引进和培育智能建造系统集成设计研发、物联网技术和产品开发、智能建造软件研发、智能化工程机械研发高新技术企业。以智能建造为

驱动，推动绿色建材、装配式建筑产业、智能家居转型升级。推动智能建造产业集聚发展，建设集科研开发、产品生产、应用展示、技能培训、物流运输等功能于一体的智能建造、绿色建筑产业园区。

设立智能建造相关的产学研合作项目、科研攻关项目和科研成果转化项目，引导建筑业企业、高校、科研机构等智能建造产学研主体间的深度融合。实施智能建造创新平台建设与培育工程，打造智能建造研究中心，通过产学研合作，尽快产出智能建造产品。

引导企业建设 BIM 技术应用中心，研究探索适应项目数字建造与工业化的生产施工管理模式，建立工程总承包项目多方协同智能建造管理平台，强化项目建造上下游协同，形成涵盖设计、生产、施工环节的数字化管理体系。优先引导地方龙头建筑业企业具备项目数字化建造能力，以作为建筑业企业数字化转型标杆。

4.2　建立智能建造评定标准，引导项目建设数字化

建立智能建造项目判定标准，从数字化设计、数字化生产施工水平、数字化档案管理、数字化产业工人管理等角度分等级评定采用了智能建造技术的项目。对于达到智能建造项目相应等级标准的，鼓励建设单位根据智能建造技术节约的投资额或取得的效益给予施工单位一定比例的奖励，同时给予相应的财政补贴，以鼓励建筑业企业加大智能建造技术的研发和应用投入。同时，对于达到智能建造项目相应等级标准的，对其承建企业予以信用考核加分，并在参与“闽江杯”等奖项评定时予以加分。

4.3　打造智能建造样板工程，推广数字化标准工地

在福建省选取项目开展智能建造试点，以提升工程质量、安全、效益、品质、可持续性为目标，打造一批可复制、能推广的示范样板工程。并且，在试点建设过程中总结可复制经验，梳理出一套能够针对不同工程问题的数字化解决方案，形成针对不同类型工程的典型数字化标准工地样板并进行推广，为之后智能建造项目的建设提供参考范例。

为引导企业积极参与智能建造试点项目建设，对参与智能建造试点并成为示范项目的，优先推荐各级、各类建筑工程评奖评优，并对其承建企业予以信用考核加分和招投标加分，在税收减免、资金扶持、企业融资等方面加大政策扶持力度。

4.4　推进智能建造专业建设，增加数字化人才储备

鼓励和引导地方高校开设智能建造相关专业，鼓励已建立智能建造相关专业的高校扩大专业招生，积极引导设计、生产、施工企业的技术人才向建筑产业化转型，推动高校与企业共建专业学院、产业系（部、科）和企业工作室、实验室、创新基地、实践基地、实训基地等。开展建筑产业标准化体系、装配构件生产与安装、国产 BIM 技术应用等专业培训，为智能建造培养储备人才，打造社会化专业化分工协作的建筑工人队伍，补充智能建造人才缺口。把智能建造作为高端人才集聚的重要领域，积极引进院士及其专业团队等领军人才，在人才引进方面给予优惠政策。鼓励引导建筑业企业与互联网、科技类企业强强联合，助力建筑业企业转型升级。

4.5 建设标准化工程大数据,提升数字化建设水平

鼓励行业协会联合智能建造技术先行企业,创新数据采集、储存和挖掘等关键共性技术,完善工程大数据标准规范,推进行业数据标准建设。加快建立数字设计环节的 BIM 部品部件标准、智能施工环节的数字标准、智能生产环节的数据标准,以及数据资源存储、应用、共享标准等。建立建设领域内数据资源目录,规范数据共享统一出口,促进内部数据的互联互通和国家、省、市级层面的数据资源共享,形成数据应用共享机制,增强大数据应用和服务能力,从而建立完整的工程大数据产业体系,为福建省智能建造的相关产业发展打好统一的框架。

4.6 提升智能建造产业水平,协同发展装配式建筑

大力发展装配式建筑,推动以部品部件预制化生产、装配式施工为生产方式的新型建筑工业化,实现设计标准化、生产工厂化、施工装配化、装修一体化、管理信息化。规模化推进混凝土和钢结构装配式建筑发展,促进新型建筑工业化升级,不断提高装配式建筑占比。

推动建立以标准部品部件为基础的专业化、规模化、信息化的生产体系。推广应用钢结构构件和预制混凝土构件智能生产线,实现部品部件生产的数字化、智能化。推动装配式生产企业向数字化、智能化工厂转型。结合智能建造技术创新,推动建立建筑业绿色供应链,推行循环生产方式,提高建筑垃圾的综合利用水平。加大先进节能环保技术、工艺和装备的研发力度,促进建筑业绿色改造升级,以建筑工业化和智能化推进建设领域的碳达峰、碳中和。

参考文献

[1] 陈珂,丁烈云. 我国智能建造关键领域技术发展的战略思考[J]. 中国工程科学,2021,23(4):64-70.

[2] 李晓军. 智能建造“三化”演进与建筑工业化协同发展[J]. 施工企业管理,2022(11):72-75.

[3] 智能建造新技术引领建筑业新发展[J]. 混凝土,2022(2):9.

[4] 钟正飞. 基于智能建造的建筑施工管理信息化创新[J]. 中国建设信息化,2024(9):68-71.

[5] 曾德伟. 智能建造技术的应用与发展[J]. 中国住宅设施,2024(4):4-6.

[6] 国家统计局. 中华人民共和国 2020 年国民经济和社会发展统计公报[EB/OL]. (2021-02-28)[2022-02-16]. https://www.gov.cn/xinwen/2021-02/28/content_5589283.htm.

[7] 廖龙辉,温宇航,甘翠萍,等. 智能建造背景下工程管理研究生培养模式创新[J]. 工程管理学报,2023,37(6):150-154.

探索智能建造推进路径

孙劲峰　魏琳

厦门市建设局总工办

摘　要:智能建造实质是对整个建筑业和全产业链的智能化升级,涉及全产业链生产要素、生产方式、生产关系的重构,涵括了技术转型和管理转型。现阶段在推动智能建造过程中多数存在难落地、难实操的情况,本文以交互为核心、装配为载体、集约为路径作为思路,梳理务实推进智能建造的路径,真正实现工程的“安、快、好、省、绿”,促进建筑业与工业化、信息化深度融合,培育新业态新动能。

关键词:智能建造;交互核心;装配载体;集约路径

1　引言

智能建造引发了建筑业的深刻变革,是建筑业实现高质量发展的必然选择。[1]世界经济论坛制定了建筑业转型框架,以促进建筑业借助新技术实现智能化转型升级。[2] 2020年8月,我国住房和城乡建设部等9部委联合印发《住房和城乡建设部等部门关于加快新型建筑工业化发展的若干意见》,指出新型建筑工业化是通过新一代信息技术驱动,以工程全寿命期系统化集成设计、精益化生产施工为主要手段,整合工程全产业链、价值链和创新链,实现工程建设高效益、高质量、低消耗、低排放的建筑工业化。建筑业的管理方式相对粗放,存在高能耗、高污染、高风险、生产率低等问题,过去40年来一直落后于其他行业,缺乏技术创新是导致这些问题的原因之一。据数据显示,建筑业的信息化程度较低,仅高于农业;在科研创新和新技术方面的投入不到总收入的1%。[3]第四次科技革命定义“工业4.0”,信息技术革新促进了制造业向智能制造的转型,但在建筑业的应用仍处于初级阶段。建筑业急需在新技术支撑下,向智能化方向快速转型。

近年来国内外关于智能建造的相关研究较为集中在具体场景的基础应用研究创新上。例如,杨静等[4]凝练了建筑与基础设施全寿命周期智能化的关键科学问题和主要研究内容;刘占省等[5]从技术角度归纳了BIM(建筑信息模型)、GIS(地理信息系统)、人工智能等多项技术在土木工程施工中的应用进展,这两篇文献较为全面地讨论了建筑行业智能化研究的现状。又如,鲍跃全等[6]、丁烈云等[7]、郑华海等[8]、包慧敏等[9]则分别对人工智能、3D打印、BIM、大数据各项技术在工程领域的应用做了较为深入的综述。相对而言,从组织管理层面对智能建造的研究文献较少,因此,本文从监管驱动的角度,以交互为核心、装配为载体、集约为路径作为思路,梳理务实推进智能建造路径,破解无从着力的智能建造难题。

2 交互核心

在中国知网和 Web of Science 检索，筛选其中较为相关的文章进行总结，梳理部分学者对智能建造的定义，见表 1。

表 1 智能建造的定义汇总

序号	作者	定义
1	Wang L. J. 等[10]	“智能建造”理念要求施工企业在施工过程节约资源、提高生产效率，用新技术代替传统的施工工艺和施工方法，以实现项目管理信息化，促进建筑业可持续发展
2	Dewit A.[11]	智能建造旨在通过机器人革命来改造建筑业，以削减项目成本，提高精度，减少浪费，提高弹性和可持续性
3	丁烈云[12]	智能建造，是新信息技术与工程建造融合形成的工程建造创新模式，通过规范化建模、网络化交互、可视化认知、高性能计算以及智能化决策支持，实现数字链驱动下的工程立项策划、规划设计、施工生产、运维服务一体化集成与高效率协同
4	毛志兵[13]	智能建造是在设计和施工建造过程中，采用现代先进技术手段，通过人机交互、感知、决策、执行和反馈，提高品质和效率的工程活动

在建筑业中，智能的本质是什么呢？就是人、物、环境系统之间的交互，人与机器的交互、人与环境的交互、人与人的交互。狭义的智能，利用数学逻辑作为底层思维，以数据的形式到达机器，进行环境感知分析，将人的价值效应加入计算机迭代的算法中，即形式化的事实计算，如现阶段出现的 BIM、GIS、人工智能等技术；广义的智能，倾向于人与人的交互，需要情感的注入，体现在共感、责任、监管、组织等方面，从理性到感性，以交互为核心，去完成全产业链生产要素、生产方式、生产关系的重构，具有利益共生、成长进化和共享协同的特征。

3 装配载体

装配为载体，即在装配式建造项目全价值链中充分利用新兴信息技术进行全过程智能建造。以装配式建造为代表的建筑工业化发展模式具有标准化设计、工厂化生产、装配化施工、一体化装修及信息化管理等特点，将其作为推动智能建造的载体具有天然优势，是一条开拓智能建造的捷径。

通过发展装配式建筑主要载体这一基本途径，智能建造目前已具备良好的基础，比如上海市引领了全国城市装配化的发展方向，新建建筑的装配建筑占比已超过 90%，全国有约一半的城市正在学习对标上海。上海经验概括 4 条：①倒逼机制；②奖励机制；③推广机制；④市长机制。

应坚定不移地走装配化这条路。

（1）充分发展产业链协同，优化项目前期技术策划方案，统筹规划设计、构件和部品部件生产运输、施工安装和运营维护管理。引导建设单位和工程总承包单位以建筑最终产品及综合效益为目标,推进产业链上下游资源共享、系统集成和联动发展。

(2)完善装配化评价体系,现阶段装配式评价标准体系还不完善,应突出国标、行标、地标以及团体标准的针对性,体系统一,相互协调,同时侧重建立指导施工现场操作的标准。

(3)加强全过程质量监管和预制构件质量管理,积极采用驻厂监造制度,实行全过程质量责任追溯,鼓励采用构件生产企业备案管理、构件质量飞行检查等手段,建立长效机制。

(4)拓展多样式装配化,将装配式建筑理念拓展至装修、装饰、家具、家电等,谋划“工业化建造+可选择硬装+全自主家居”,逐步实现购房者自主选配装修风格、家具家电等一站式服务,推进城乡建筑与居住环境的品质提升,更好地促进装配与智能建造协调发展。

在建筑产业转型升级与数字技术融合发展方面,我国已取得长足进步,可总结为“绝配坐3望4”:已实现装配式+BIM+EPC(设计、采购、施工一体化)+超低能耗,正发展“绝配4”(+智能建造),规模更大、链条更长,建筑业将与信息、金融、建材、环保等产业进一步融合。装配式项目是根源和基质,是载体,希望项目决策者加力、有序地释放国有、社会、财政投资的装配式工程总包项目。

4　集约路径

智能建造是新的集结号、动员令,是高质量发展的新名片、新赛道、新抓手。将定性的技术政策降维处理——战术化、具象化、序列化,智能建造如何务实推进?

推进智能建造、推广建筑装配,需要决策、策划、设计、施工等的建造全过程协同,呼唤“工程总承包+全过程工程咨询”的项目管理机制加速推进,数字设计是基础,招标引领是关键,总包计价是重点,评价指引是导向,走出一条内涵集约式高质量发展新路。

4.1　工程总承包

工程总承包的宗旨只有一个:效率,效率,还是效率,而且效率独尊;一个有效率的工程必定是质量好、工期短、成本低、安全高、环境优,简称“安、快、好、省、绿”,这就是真效率,否则就是假效率。结合当下发展背景,“效率”可翻译为“高质量发展”,而且只能有这一个核心。

高质量发展要求我们应当借助我国的市场优势,扎实推进,立足项目,务求实效,改变目前建造技术和组织管理碎片化的状态。立足工程组织机制变革,锻造工程项目总包机制。

(1)深化认识,抓住根本。

①融合协同铸灵魂。工程总承包中,设计与施工整合就是有机融合和协同创新,是关键、是灵魂:执行交互穿插,形成支持协作,达成有机融合,产生协同创新。施工图设计和施工的整合是一切的基础,既是机制的本质与核心,也是能力的根本与表征。融合协同,涌现系统新质、铸造创新灵魂。

②主体关键勿分包。工程总承包单位必须自行完成主体部分设计和主体结构施工,

非主体、非关键任务，经建设单位同意可以依法分包，将主体部分设计或主体结构施工分包既是违法的，也违反了设计与施工融合的本意。

（2）厘清要点，锻造机能。

①协调联合体利益。不必纠结于是由设计单位还是施工单位主导，具备条件的设计单位和施工单位可以搞共同体，结成“夫妻”；不具备条件的，可以搞联合体，结成“亲戚”。主导者就是项目经理领导的管理团队。管理团队内部各方的利益必须协调平衡好，优化设计应有利益支持和责任约束。

②狠抓自修复功能。项目管理系统性缺陷导致传统模式诸多问题，若要提升项目管理能力，就须解决系统根本问题：能够“自我修复”。工程总承包项目通常是边设计、边采购、边施工的“三边工程”，系统筹划是标配要求。因此，项目管理的本质并非如何执行，而是如何计划、监督和控制。因为只有通过这些过程，项目管理才能真正形成一个具有“自我修复”功能的系统。

4.2　全过程工程咨询

实施全过程工程咨询的原因是“五龙治水”的模式造成了工程资源的浪费，三国演义讲天下大势分久必合，合久必分，那么我们要从“五龙治水”的模式变成“合”的模式。

“全过程”的真正含义应解释为“集成”。集成咨询有多种组织形式，可以是全过程集成咨询，也可以是部分阶段集成咨询。集成的对象是技术、经济、管理、信息、法务等知识整合，本质是协同创新。也可以简称“设计+项目管理+工程法务”的集成，或者是碎片式项目管理集成，或者是“工程技术+工程管理+工程法律”的集成。

全过程工程咨询要树立以工程合同为核心的理念，技术、经济、管理、信息、法务只有整合为工程合同文件才能创造价值，不管设计文件、工程量清单、技术规格、招标文件、技术标准本质都是合同文件，不管质量管理、造价管理、进度管理本质上都是合同管理，离开了合同，全过程工程咨询就成了无源之水，无本之木。全过程工程咨询也无非是形成工程合同文件，并指导监督工程合同文件履行的整合交付过程。

现阶段的工程管理是碎片化管理，需要把碎片化管理的招标、监理、造价等集成整合为工程管理咨询。住建部招标管理、监理管理在建筑市场监管司，造价管理在标准定额司。工程管理的碎片化主要是因为管理体制造成的，所以要解决碎片化咨询，就必须要在体制上建立统一的工程管理咨询处，具体负责招标管理、造价管理、监理管理、项目管理、BIM 管理等管理业务。

工程代建是一种完全“甩手”给代建单位的工程管理模式，在该模式下，建设单位对项目的参与度低，对项目建设期间的掌控较弱，存在管控风险；同时当建设单位需要贯彻自己的想法、意图时可能存在渠道不畅或受限的情况。全过程工程咨询对此能起到一定的弥补作用，确保建设方既能对项目建设具有一定的参与度和必要的掌控、监督力度，又能充分利用咨询公司的技术力量，把工程建设绝大部分业务工作承担起来，极大地减少建设方的管理事务。

4.3　夯实步骤,发动引擎

智能建造需要集约化的管理模式来支撑,进而推动建筑产业方式转变和城市建设转型发展(市场模式与机制;绿色低碳化变革;数字化转型升级),而智能建造的推动,急需政府部门和项目各方一起夯实行动步骤,共同发动动力引擎。

(1)数字设计是基础。

国内实践中,BIM 主要用于设计碰撞检查、施工现场布置等方面,只是某个方面智能化,极少体现整合项目管理过程的价值。BIM 作为各方交流的平台、团队合作的工具,可在工程中发挥更有效的价值和作用。这也是建筑业数字化和数字产业化的基本要求和具体路径。可以考虑对特定区域、规定类别或规模以上项目,强制要求数字设计和监督检查。

(2)招标引领是关键。

推进 DB(设计、建造一体化)模式也要根据国情分几步走,不可一蹴而就或一哄而上。还是由业主先委托咨询公司做方案设计和满足招标要求的初步设计,承包商进行施工图设计和施工。这有利于指引企业把主要精力转换到用技术和管理赚取利润;总承包商才会有采用新技术、新工艺、新材料、新机制的原动力和持久力,从而自发自主地推进科技创新,丰富多彩地推动智能建造。

(3)总包计价是重点。

现行工程计量计价体系主要基于施工图,也未体现 BIM 技术的设计/施工使用。工程总承包项目只好采用模拟清单/费率下浮的方式进行招标发包,无法形成总价合同。不利:①控制项目总投资;②优化施工图设计;③缩短项目总工期;④推广数字化技术。可采用“包干+按实计价”集成:中标包干价即为结算价,按实计价则根据实际按投标清单的固定综合单价执行。

(4)评价指引是导向。

结合智能建造推进与装配“四大绝配”,引导骨干企业开展相关研究,鼓励企业标准和团体标准晋升为行业标准或地方标准。以住宅建筑等为重点,推动完善设计选型标准,倡导建筑平面、立面、构件和部品部件、接口标准化设计,推广少规格、多组合的设计方法。探索试点企业/试点项目的评价指标,结合应用示范场景进一步引领和推动智能建造。

5　结语

智能建造是新一代信息技术和工程建造的有机融合,是实现我国建筑业高质量发展的重要依托,应从需求侧和供给侧双向发力,推动工程总承包和全过程工程咨询等集约机制锻造,夯实装配步骤、发动智能引擎。

参考文献

[1] 丁烈云.智能建造创新型工程科技人才培养的思考[J].高等工程教育研究,2019(5):1-4,29.

[2] World Economic Forum. Shaping the future of construction: a breakthrough in mindset and technology [R]. Switzerland: WEF Cologny, 2016.

[3] AGARWAL R, CHANDRASEKARAN S, SRIDHAR M. Imagining construction´s digital future[R]. McKinsey & Company,2016.

[4] 杨静,李大鹏,岳清瑞,等.建筑与基础设施全寿命周期智能化的研究现状及关键科学问题[J].中国科学基金,2021,35(4):620-626.

[5] 刘占省,孙啸涛,史国梁.智能建造在土木工程施工中的应用综述[J].施工技术,2021,50(13):40-53.

[6] 鲍跃全,李惠.人工智能时代的土木工程[J].土木工程学报,2019,52(5):1-11.

[7] 丁烈云,徐捷,覃亚伟.建筑3D打印数字建造技术研究应用综述[J].土木工程与管理学报,2015,32(3):1-10.

[8] 郑华海,刘匀,李元齐.BIM技术研究与应用现状[J].结构工程师,2015,31(4):233-241.

[9] 包慧敏,孙剑.基于CiteSpace的大数据技术在工程管理领域研究综述[J].土木工程与管理学报,2020,37(4):131-137.

[10] WANG L J, HUANG X, ZHENG R Y. The application of BIM in intelligent construction,2012[C]. Switzerland:Trans Tech Publications Ltd.,2012.

[11] DEWIT A. Komatsu's smart construction and Japan's robot revolution[J]. The Asia-Pacific Journal, 2016,13(5):2.

[12] 丁烈云.智能建造推动建筑产业变革[J].低温建筑技术,2019,41(6):83.

[13] 毛志兵.智慧建造决定建筑业的未来[J].建筑,2019(16):22-24.

福建省新基建发展情况及省际比较

周红　周莉

厦门大学

摘　要：新基建是发力于科技端的基础设施建设，是支撑新业态、新产业、新服务发展的战略性基石。本文梳理了福建省新基建的发展成果，通过省际比较分析得出新基建竞争力指数评价，明确了福建省新基建的发展情况，确定了福建省未来新基建的对标省份为浙江省。这对于福建省认清自身新基建发展水平、制定新基建未来的发展目标具有重要意义。

关键词：新基建；福建省；发展情况；省际比较

1　引言

近年来，在拉动经济增长的“三驾马车”中，消费和出口都增长减缓。因此，选择投资基础设施建设成为政策的选择方向，这使得我国多个省市密集发布重点项目投资计划，发力新型基础设施建设。2020 年福建省人民政府办公厅印发《福建省新型基础设施建设三年行动计划（2020—2022 年）》，明确要求加快构建面向未来的新型基础设施体系，高起点建设国家数字经济创新发展试验区。

新基建服务于国家长远发展和“两个强国”建设需求，是以技术、产业驱动为特征，具备集约高效、经济适用、智能绿色、安全可靠特点的一系列现代化基础设施体系的总称，包括信息基础设施、融合基础设施、创新基础设施 3 个方面。我国发力新基建是提升我国信息化发展水平和数字经济时代竞争力的重要手段。以新基建为牵引，夯实经济社会高质量发展的“底座”“基石”，既能拉动相关投资催生巨大市场，促进实体经济高质量发展，助推传统产业转型升级，也将催生出各种新业态、新产业、新模式，实现福建省经济发展的整体性突破。未来新基建的逐步深入，将会把新的数字技术和设施带入到其他领域，如建筑业的发展与新基建结合，驱动建筑业产生变革，推动建筑业的智能化设计、智慧化施工、数字化运维、万物互联等新模式和新业态发展。

为了更好地认清福建省新基建的发展水平，为福建省制定新基建未来的发展目标提供依据，本文在梳理福建省新基建的发展成果的基础上，通过跨省跨区域的对比分析，得出福建省新基建竞争力指数评价，明确了福建省新基建的发展情况。

2 福建省新基建发展情况

2.1 福建省新基建发展总体成果

在福建省新基建总体规划目标的指引下，近年来福建省新基建发展取得不少进展。以下从信息基础设施建设、融合基础设施建设和创新基础设施建设3个方面展开详细说明。

(1)信息基础设施建设。

福建省已正式开通福建省人工智能公共服务平台、福建省智能视觉AI开放平台、福建省区块链主干网，多家企业入选国家级“人工智能创新示范点”。福建省通信管理局公布数据显示，2022年，福建省累计建成5G基站7.1万个，每万人5G基站数达17.1个，基站规模和人均基站数分居全国第12位和第8位；福建省5G基建投资较2021年增长25.1%，增幅居全国第4位，具备千兆网络服务能力的10G-PON端口达45.4万个。福州市持续推进“5G+宽带”双千兆网络，全力打造全国领先的双千兆示范城市和全国首个NB-IoT应用示范小区，建成国家级工业互联网标识解析二级节点。马尾建成全国第4个国家级物联网产业示范基地，集聚了200多家物联网企业。厦门建成全国首个鲲鹏生态基地及超算中心。福建省将持续依托东南大数据产业园、数字福建云计算中心等重大项目，不断夯实与升级大数据、人工智能等新兴信息技术的应用基础，在未来建设打造数字福建“151”卫星应用示范工程、海上丝绸之路时间中心等重大工程奠定基础。

(2)融合基础设施建设。

厦门市作为福建智慧港口的标杆，入选全国首批港口型国家物流枢纽，厦门远海码头在2020年落成，是国内首个5G全场景应用智慧港口，并入选国家发改委“2020年新型基础设施建设工程”，2022年1月厦门港海润集装箱码头试投产全国首个传统集装箱码头全流程智能化改造项目，大幅提升港区的作业效率和作业安全。福州海上风电已形成产业集群，正加速布局海上风电全产业链，让资源优势变成发展优势。泉州市贯彻创新驱动发展战略，作为福建省首个“中国制造2025”试点示范城市率先实施国家“数控一代”示范工程。龙岩市大力实施“互联网返乡工程”，与字节跳动、美团、微医等企业开展多项合作，推动多项数字产业项目落地龙岩。福州、漳州、厦门等多个城市开展建设“城市大脑”。三明市在全省率先开启智慧农业建设。南平市积极应用智能化大棚、物联网赋能农业。莆田市、宁德市、平潭县凭借其特有的产业基础，在智慧能源设施建设领域表现突出。

(3)创新基础设施建设。

《2022年福建省国民经济和社会发展统计公报》数据显示，截至2022年底，福建省已布局建设38家省级产业技术研究院和31家省级产业技术创新战略联盟。拥有国家重点实验室10个、省创新实验室6个、省重点实验室276个、国家级工程技术研究中心7个、省级工程技术研究中心527个、省级新型研发机构232家。拥有省级及以上工程研究中心(工程实验室)128 家,其中国家级工程研究中心(工程实验室)6 个、省级工程研究中心(工程实验室)91 个、国地共建工程研究中心(工程实验室)31 家。建设国家备案众创空间 81 家、国家专业化众创空间 4 家、省级众创空间 392 家、国家级科技企业孵化器 23 家、省级科技企业孵化器 60 家,在孵企业共计 6 614 家。现有国家高新技术企业 8 941 家。新认定国家技术创新示范企业 4 家、国家企业技术中心 8 家、省级企业技术中心 71 家。福建省正式启动信息技术应用创新适配检测中心、集成电路晶圆测试公共服务平台等创新基础设施,在未来也将继续布局支撑新型通信设备验证的区域性实验场地和面向高超声速飞机发动机、车联网、无人机等新技术新装备的专用试验场地。福建省内现有本科高校 39 所,厦门大学入选世界一流大学建设高校,立项省一流大学建设高校 5 所。拥有一系列与人工智能有关的省级技术研发平台,各科研院所与企业近 5 年来在相关领域授权专利数千项,成功申请多个国家级、省级、市级重点重大项目。

2.2　问卷调研及结果分析

为了解福建省新基建发展现状,本团队于 2022 年 3 月、2023 年 3 月在福州市与厦门市共组织开展了 3 次调研活动。调查的对象涵盖了开发商、设计单位、施工单位、预制构件生产单位、工程技术咨询单位、信息技术企业、软件企业等,其中大部分为建筑业企业,这些企业所涉及的新基建项目均具有一定代表性。调研还邀请了福建省政府机关、福建省科技领军企业、科研院所和福建省各高校相关领域专家。结合前期收集整理的各种资料与数据,问卷及调研结果从以下 4 个方面反馈了一些问题。

一是在企业对新基建产业的投入与发展方面,问卷结果表明福建省大部分企业还停留在计划阶段,制定了新基建发展规划(64.29%)及资金与人员投入计划(50%),少部分(低于 15%)企业已长期投入资金与人员到新基建产业发展中,只有不到 22% 的企业新基建产业发展已取得阶段性成果,由此可见福建省企业在新基建产业发展方面介于起步与加速发展阶段之间,如图 1 和图 2 所示。

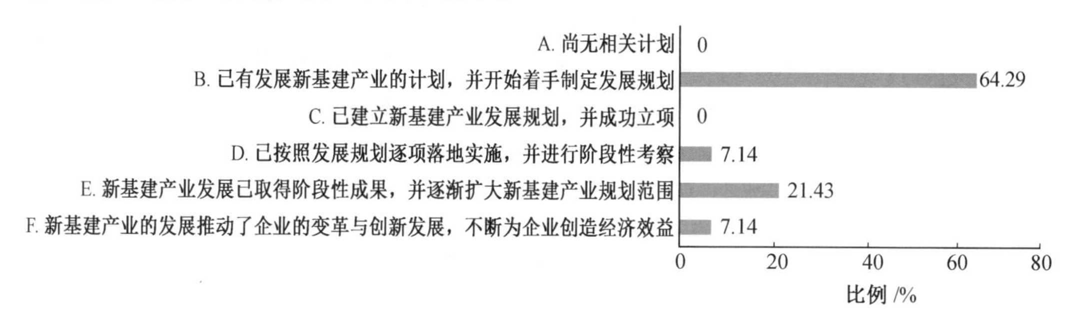

图 1　受访企业新基建产业发展阶段的回答情况(单选题)

二是在受访企业于新基建产业发展中取得的成果方面(图 3),超过半数的企业在新基建产业的发展上攻克了一些现实难题,研发出了更加进步的新技术(57.14%)、42.86% 的企业取得了很好的经济效益、42.86% 的企业培养了大量的相关技术人才。实地调研厦门金茂、厦门国际健康驿站与厦门新体育中心等项目的结果也很好地印证了这

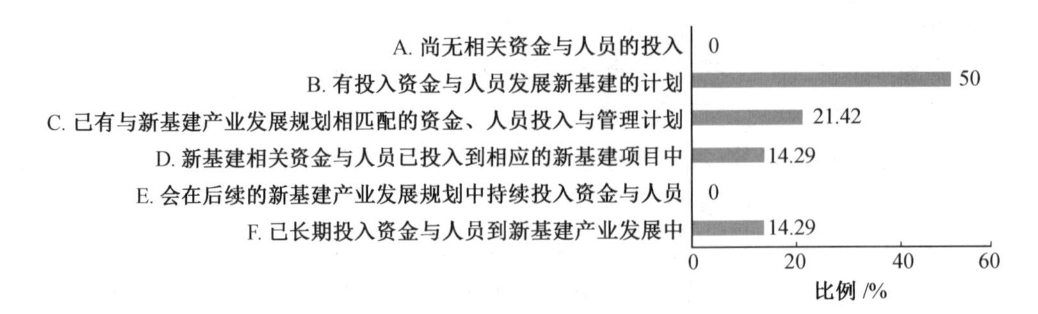

图2　受访企业新基建发展的资金与人员投入力度的回答情况(单选题)

些成果,基于5G、AI、人工智能、互联网和大数据等新一代信息技术的智能建造技术在很多工程项目上已经有了具体应用,由此可见福建省企业在新基建产业方面取得了一定的进展,也拥有着较为良好的产业基础及产业创新能力。

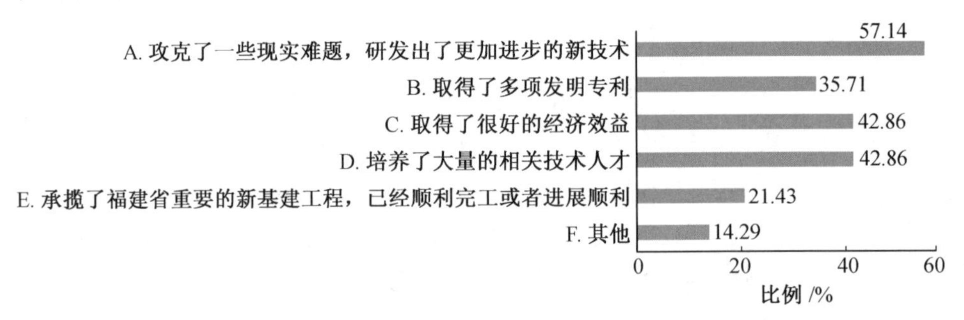

图3　受访企业于新基建产业发展中取得的成果的回答情况(多选题)

通过以上分析可以发现,福建省大部分企业,尤其是建筑业企业,对新基建的了解程度不高,对新基建的认知停留在表面,对于企业如何发展新基建产业、如何从新基建中获得企业转型升级的动力没有充分的准备和计划。

三是在关于福建省建筑业相关企业提出的阻碍企业发展新基建产业的因素问题上(图4),调研数据显示结果为:缺少相关政策支持或政策支持不到位(22.58%);相关人才队伍缺乏(25.81%);缺乏良好的科研平台,在技术研发上遇到了困难(22.58%);市场行情不好,新基建产业带来的效益较低(12.90%);缺少投入资金(12.90%)。

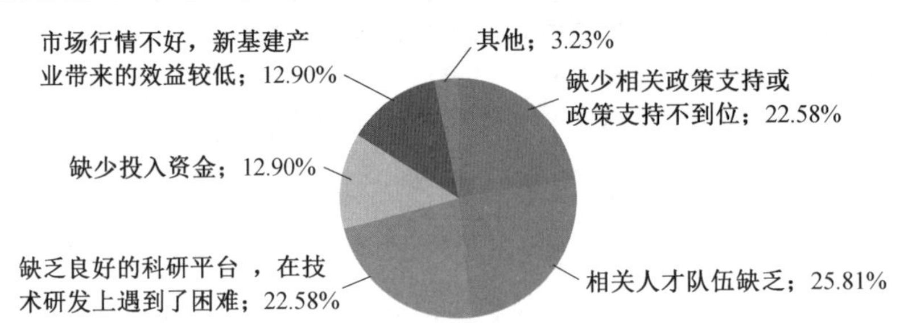

图4　受访企业在新基建发展中遇到的阻碍的回答情况

四是在关于福建省发展新基建产业时遇到的阻碍这一调研问题上,结果反映了以下五大问题与劣势:①新基建相关人才储备不足,人才引进建设不到位,缺乏专业指导;②促进新基建高质量发展的核心技术产品缺失;③福建省新基建相关政策激励作用不明显,政策不完善;④福建省新基建项目应用场景不足,项目盈利模式和投资回报周期不确定;⑤福建省不同地区、行业及大中小企业发展新基建的基础条件参差不齐,新基建项目应用推广难度大。

在对这五大问题进行更加详细的调查后,本团队针对每一条问题做了更加详细的分析,剖析了每个劣势背后更深层次的原因,总结如下。

(1)新基建相关人才储备不足,人才引进建设不到位,缺乏专业指导。

新基建产业涉及工业、信息、通信、建筑业等多个领域,需要大量具备工业、信息、通信、建筑业等多领域知识的复合型人才以及新型技术工人,目前全国范围内新基建产业对此类人才的需求巨大,福建省也不例外。我国新基建核心技术人才缺口长期存在,据统计2020 年底缺口达 417 万人。[1]分行业和职业来看,新职业、新基建人才缺口仍然较大。[1]福建人社厅发布的政策文件显示,福建省也亟须引进工业、电子信息等多个新基建涉及的领域的人才,人才供需比例失衡,人才短板较明显。[3]

福建省内现有 89 所高校,而获评“985 工程”和“211 工程”的只有厦门大学和福州大学两所。截至 2022 年 12 月底,省内只有 23 所高校开设物联网工程课程,25 所高校开设数据科学与大数据技术专业,23 所高校开设通信工程专业,17 所高校开设人工智能专业,1 所高校开设区块链工程专业,相较于北京、上海、江苏、湖北等教育强省(市),福建高校数量不足,高层次、有影响力的高校更是少之又少,新基建核心产业学科力量薄弱,数字产业化相关人才的专业培养相对较弱,产业人才供给数量不足。

(2)促进新基建高质量发展的核心技术产品缺失。

目前福建省在软件、信息、通信技术等核心技术上的自主研发较少,创新能力不足。通过三轮的调研,访谈了福建省高校专家以及信息通信业、建筑业等领域近 30 家代表性企业,本团队发现近七成企业指出了企业在涉足新基建产业时经常会遇到“核心技术受制于人、创新不足”等问题,这表明福建省各企业在核心芯片、基础软件、工控系统等领域长期受制于人。高端装备、传感器等产品对外依赖度高,面临“卡脖子”风险。从上述情况来看,可以得知福建省在软件、信息、通信等核心技术上存在着整体实力弱、核心技术缺失、对外部技术与产品依赖性强、自主研发创新实力不足、研发难度高等问题。

(3)福建省新基建相关政策激励作用不明显,政策不完善。

福建省新基建相关政策激励机制还不够健全,激励作用不明显,企业缺乏政策引导、激励与监督。同时福建省新基建相关的政策还有待完善,政策支持精准度也不够。目前出台的许多新基建相关的中央政策缺乏对应的地方政策,福建省大部分城市的地方政府并未及时出台针对性的地方新基建政策文件。不同政府部门和机构设立的新基建相关的政策支持统筹性还不强,出台的政策与财政、税收、人事等多项制度衔接不顺畅。鉴于企业受政策的影响较大,想要推进福建省新基建高质量发展,需要更完善、更强有力的政策扶持与引导。

(4)福建省新基建项目应用场景不足,项目盈利模式和投资回报周期不确定。

新基建项目应用场景与新一代信息通信技术紧密相关。但是研究发现,大部分福建省企业对新基建的了解程度不高,社会公众对新基建及其相关产业的市场前景没有全面的认识和了解,对新基建的认知停留在表面,对于如何发展新基建产业、如何从新基建中获得企业转型升级的动力没有充分的准备和计划,且新一代信息通信行业在技术层面仍缺乏突破性进展,这导致了在福建省新基建项目的应用场景不明确,项目盈利模式和投资回报周期不确定。例如,在福建省,5G 网络的应用场景较少,与 5G 适配的物联网、虚拟现实、人工智能、无人驾驶等相关应用也较少,5G 网络的市场潜能未被充分挖掘,缺乏宽广的应用场景与技术的突破和商业模式的验证,没有确定的项目盈利模式和投资回报周期,5G 项目无法持续平稳运行落地。

(5)福建省不同地区、行业及大中小企业发展新基建的基础条件参差不齐,新基建项目应用推广难度大。

新基建与信息通信技术关系紧密,新基建"新"在对新一代信息通信技术的运用上,这也是新基建的基础性技术。福建省不同地区、行业以及大中小企业发展新基建的基础条件差异显著,福州、厦门、泉州等市的信息通信技术水平与信息化、自动化、智能化水平优于其他地区,地区内均有不少代表性的新基建应用成果与成功进行智能化转型的企业。与上述地区相比,福建省其他地区很多中小企业仍处于信息化转型阶段,差距较明显。与此同时,福建省不同行业对于信息通信技术的应用程度差异巨大,在高端设备、电子信息等先进行业信息通信技术应用程度较高,而在建筑等传统基建行业的应用程度则较为低下,这无疑增加了新基建项目应用推广的艰巨性和复杂性。

3 新基建竞争力指数评价指标体系

为了进一步把握福建省新基建发展现状,全面综合评价全国各个省市的新基建发展水平非常有必要。因此,本文引用清华大学互联网产业研究院与福建省经济信息中心联合发布的《中国新基建竞争力指数白皮书(2020)》,同时借鉴《中国新型基础设施竞争力指数报告(2021)》,从信息基础设施、融合基础设施和创新基础设施 3 个方面构建了我国新型基础设施竞争力指数评价指标体系。

3.1 构建指标体系

2022 年清华大学互联网产业研究院发布的最新版中国新型基础设施竞争力指数指标体系见表 1。

表1　新型基础设施竞争力指数指标体系

评价目标	一级指标	二级指标
新型基础设施竞争力指数	信息基础设施	通信网络基础设施(N11)
		新技术基础设施(N12)
		算力基础设施(N13)
	融合基础设施	工业互联网(N21)
		智慧能源基础设施（N22)
		智慧交通基础设施（N23)
		智慧医疗基础设施（N24)
		智慧教育基础设施(N25)
		智慧农业基础设施(N26)
	创新基础设施	重大科技基础设施(N31)
		科教基础设施(N32)
		产业技术创新基础设施(N33)

本文选取评价数据时,遵循合理性、科学性和权威性的基本原则。数据的主要来源包括:①我国官方统计数据,如国家统计局官网、国家年度统计公报、国家各类统计年鉴等的公开数据;②国家政府职能部门发布的统计数据、报告、通知等,如工信部、科学技术部等部委公布的各类政策、通知、公报等;③各省政府定时公布的年度统计公报、年度数据和官方新闻发布会的数据;④具有较高公信力的、在某些专业领域具有权威性研究的社会机构发布的统计数据、研究报告等。在确定指标权重的问题上,本文采用了主观赋权和客观赋权相结合的方法来确定各级指标权重。首先通过层次分析法求得各二级指数对一级指数的权重,以及各一级指数对上层目标指数的权重;其次利用变异系数法求得三级指标对上层二级指标的权重;最后,形成各具体指标对总指标的组合权重。

3.2　评价结果分析

2022 年全国各地新基建竞争力综合评价结果如图 5 所示。其中,新基建竞争力指数排名前五的省市分别为:北京、广东、江苏、浙江、上海,因此,本文将福建省与该 5 个标杆省市的新基建竞争力进行对比分析。

此外,本文总结了 2022 年新基建竞争力指数排名前五的省份和福建省的各项指数,见表 2。

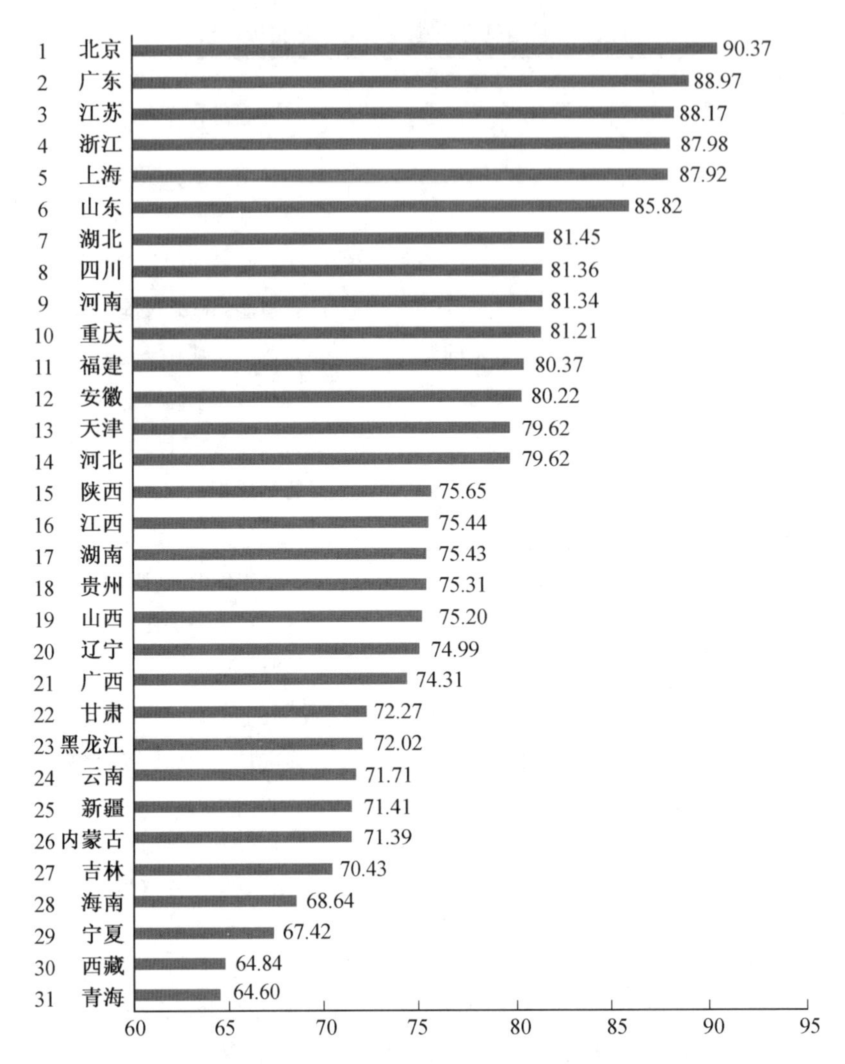

图 5 2022 年全国各地新基建竞争力指数(不包含港澳台地区)
[数据来源:《中国新型基础设施竞争力指数报告(2022)》]

表 2 2022 年六省市新基建竞争力指数

地区	信息基础设施	融合基础设施	创新基础设施	新型基础设施竞争力指数
北京	91.38	86.61	94.37	90.37
广东	89.30	90.29	86.89	88.97
江苏	89.31	87.31	88.18	88.17
浙江	87.76	90.86	84.36	87.98
上海	91.71	85.24	87.70	87.92
福建	79.33	83.97	76.61	80.37

注:表中数据来源于《中国新型基础设施竞争力指数报告(2022)》。

从上表可以看出,信息基础设施指数从高到低排序依次为上海、北京、江苏、广东、浙江、福建；融合基础设施指数从高到低排序依次为浙江、广东、江苏、北京、上海、福建；创新基础设施指数从高到低排序依次为北京、江苏、上海、广东、浙江、福建。将上表 3 个维度的数据绘制在同一中心点的出发轴上，得到六省市在信息基础设施水平、融合基础设施水平和创新基础设施水平维度的对比得分，如图 6 所示。

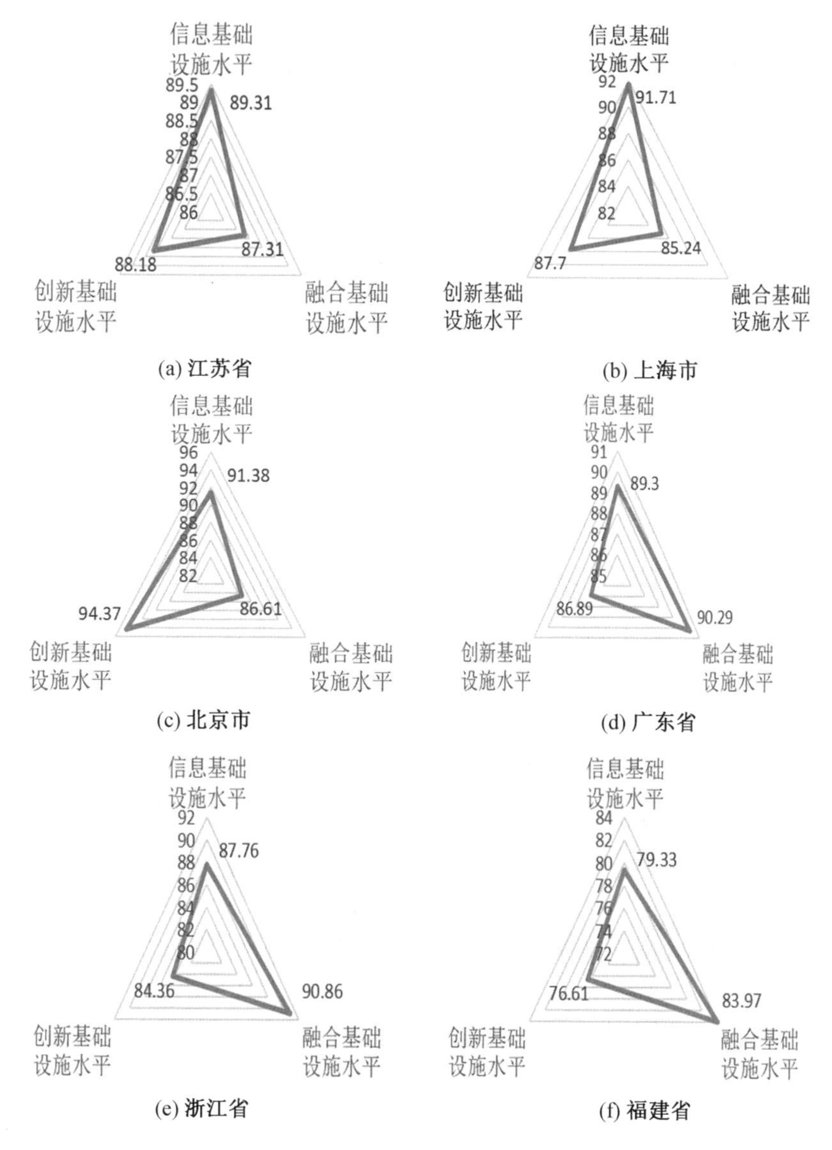

图 6　2022 年六省市新型基础设施竞争力指数雷达图

［数据来源：《中国新型基础设施竞争力指数报告（2022）》］

从雷达图的形状来看，江苏、上海和北京这 3 个省市的形状相近，均为信息基础设施与创新基础设施水平相对较为突出、融合基础设施发展水平相对较弱；广东、浙江和福建三省的形状相近，均为融合基础设施水平相对较为突出，信息基础设施水平较弱，创新基础设施水平最弱，且广东前两项指标的数值均高于浙江与福建。从雷达图三项指标的具体数值来看，福建的信息、创新基础设施指数与浙江最为接近，融合基础设施指数与上海最为接近。总体来说，福建新基建竞争力指数雷达图的形状与浙江最为相似，这表明福建新基建发展状况与浙江最类似。未来福建可以参考浙江与广东的发展方向与做法，在融合基础设施建设上树立优势；在强化信息基础设施的建设、补足创新基础设施建设的短板方面，福建可以参考北京、上海、江苏的先进经验做法，将浙江定为追赶目标，逐渐进步。

将六省市的数值放在一张图中（图7），可以更加清楚地看到：从所围成的三角形面积来看，福建省新型基础设施竞争力距离这些领先省份相去甚远，在融合基础设施维度上差距较小，但是在信息基础和创新基础设施维度差距尤其显著。

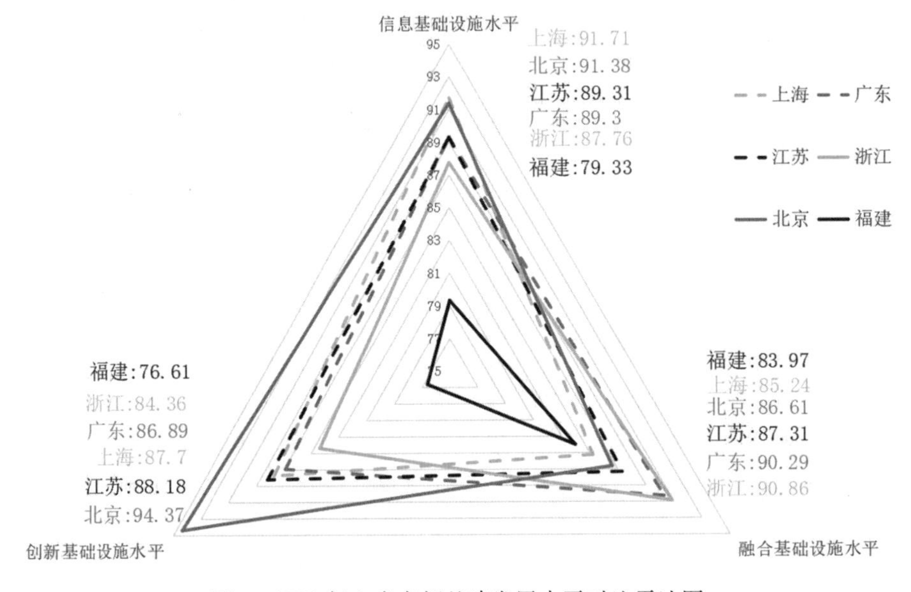

图7　2022年六省市新基建发展水平对比雷达图

从2020—2022年六省市新基建竞争力指数排名来看（图8），北京、广东、江苏、浙江、上海五省市处于全国领先地位，福建虽然总体上位居全国前列，但近年来的排名却一直在下降，且下降幅度较大。2020—2022年福建省新基建竞争力指数分别位居全国第5、第9和第11位，存在起点高、基础好，但总体发展速度相对缓慢的特点，在仅仅两年间，福建省

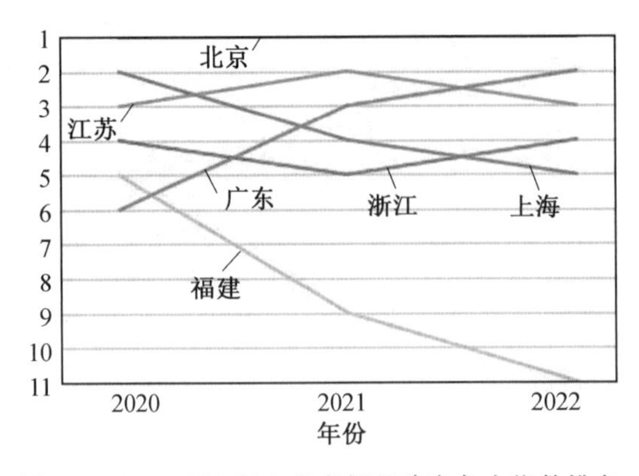

图8　2020—2022年六省市新基建竞争力指数排名

就比前四名落后了很多。究其原因在于福建省近年来在新基建建设方面的发力速度、发展加速度不足，导致其在全国建设新基建的竞争中节节落后。面对新一轮的新基建竞争，全国多个省市不断出台针对性政策，加大在新基建方面的投入，提高建设速度，而福建省出现了“不进则退”的情境，发展优势不突出且短板明显，发展潜力没有得到充分发挥，因此福建省需要加把劲赶上新一轮的技术革命，加大对新基建的投入，在融合基础设施建设上树立优势，在强化信息基础设施建设的同时，补足创新基础设施建设的短板。

4　新基建发展情况省际比较分析

通过比较分析可知，广东、江苏等地新基建竞争力一直处于全国领先地位。究其原因在于广东、江苏既是经济大省也是人口大省，GDP 规模常年位居全国前五，财政收入指标较好且腹地广阔，具备良好的新基建发展基础与产业支撑能力，拥有庞大的新基建需求与市场潜力。在创新实力和能力上也拥有较强的表现，因而具备了良好的发展后劲。北京、上海等直辖市虽然受制于区域面积、人口总量等，在新基建需求总量与市场潜力方面没有占据优势，但这 2 个城市的高校与科研院所众多，政府在创新资金与人员方面也投入较大，创新实力强劲。依靠创新能力、政策环境等优势，北京、上海通过集约集聚发展实现了“小而精”式的发展模式。相比而言，福建省的财政收入、人口体量虽然也不差，但相比广东、江苏等地还是有些差距，加之全省创新能力欠缺、政策支持力度不大，也未能实现北京、上海式的“小而精”式的发展模式。从信息、融合、创新基础设施 3 个方面来看，2021 年福建省信息基础设施指数、融合基础设施指数、创新基础设施指数分别为 76.33、82.65、76.50，居全国第 17、第 7 与第 16 位，2022 年福建省信息基础设施指数、融合基础设施指数、创新基础设施指数分别为 79.33、83.97、76.61，居全国第 11、第 9 与第 16 位。总的来说，福建省在信息基础设施与创新基础设施领域竞争力较弱，并且近年来其在创新基础设施领域未见变化，只是在信息基础设施领域有所进步。

事实上，自从福建省在“十四五”规划中明确提出要打造“六四五”产业新体系以来，电子信息和数字产业被列为福建省六大主导产业就得到了较多的政策引导，资源与投入也在向着主导产业倾斜，信息基础设施作为电子信息和数字产业的一部分也随之发展，取得了不少成果，但目前排名在东部省市中仍较为落后，有不小的进步空间。而创新基础设施没有明显进步的原因在于福建省当地的高校与科研院所数量偏少、实力不够强劲。此外，福建省对培育科技创新能力的重视也不够，在这方面的资源投入偏少。从 2021 年福建省科学研究与试验发展经费投入（R&D 经费投入）来看，其强度低于全国平均水平，各类研发投入的资金与人员也都与标杆省市有明显差距，这些均是导致福建省创新基础设施竞争力不强、排名停滞不前的重要原因。在融合基础设施领域，福建省新基建竞争力指数排名尽管缓慢但依旧有所退步。若是信息基础设施与创新基础设施无法取得足够的进展，那新基建与各行各业的融合也必将受阻。

5　结论

通过与新基建标杆省市的对比分析可知，福建省新基建起点高、基础好，但面对新一轮的新基建竞争，出现了“不进则退”的情境，发展优势不突出且短板明显，发展潜力没有得到充分发挥,创新能力欠缺、政策支持力度不大,导致新基建总体发展速度缓慢、后劲不足,竞争力下滑,且与领先省市差距较大,在融合基础设施维度上差距较小,但是在信息基础设施与创新基础设施维度差距尤其显著,近年来在创新基础设施领域排名未见变化,只有在信息基础设施领域有所进步。

福建省新基建竞争力下滑的主要原因在于信息基础设施与创新基础设施竞争力较弱、创新基础设施的排名停滞不前,若是信息基础设施与创新基础设施无法取得足够的进展,那新基建与各行各业的融合也必将受阻。福建省本地的高校与科研院所数量偏少、实力不够强劲,且对培育科技创新能力的重视不够,资源投入偏少也是导致福建省创新基础设施竞争力不强、排名停滞不前的重要原因。

通过省际比较,分析得出福建新基建发展状况与浙江最类似。未来福建需要加把劲赶上新一轮的技术革命,加大对新基建的投入,可以参考浙江与广东的发展方向与做法,在融合基础设施建设上树立优势;在强化信息基础设施的建设、补足创新基础设施建设的短板方面,福建可以参考北京、上海、江苏的先进经验做法,将浙江定为追赶目标,逐渐进步。

参考文献

[1] 韩秉志. 新基建迎来风口 新人才仍有缺口[EB/OL]. (2020-08-31)[2022-07-23]. http://paper.ce.cn/jjrb/html/2020-08/31/content_427007.htm.

[2] 中国就业研究所. 2022 年第一季度《中国就业市场景气报告》[EB/OL]. (2022-05-07)[2022-07-23]. http://cier.org.cn/UploadFile/news/file/20211026/20211026102514791492.pdf.

[3] 福建省人力资源和社会保障厅. 福建省人力资源和社会保障厅关于印发《福建省 2021—2022 年度紧缺急需人才引进指导目录》的通知[EB/OL]. (2021-02-24)[2022-7-23]. http://rst.fujian.gov.cn/zw/zxwj/bbmwj/202102/t20210224_5538598.htm.

下篇　智能建造实践探索

基于低碳目标下的福州市长乐区新村小学装配式绿色建造研究

王耀　罗先德　张峰　戴宏业

中建海峡建设发展有限公司

摘　要:在国家及省政府的积极呼吁下,装配式建筑在新建建筑中的比例必将不断提高。目前,装配式建筑在标准化发展中仍然存在一些瓶颈,中建海峡建设发展有限公司依托福州滨海新城“新城建”试点项目,积极开展全装配式混凝土结构体系创新,全程应用BIM技术并打造项目智慧工地数字化应用平台,建设屋面光伏发电试点,采用光伏低碳发电技术,通过一系列创新实践,使该项目实现91% 的装配率,为全省之最,为行业全方位的技术提升提供了支持,对带动类似项目创新发展、推动住房和城乡建设领域科技进步起到重要作用。

关键词:装配式建造;模块化;绿色化;混凝土结构

1　工程概况

福州市长乐区新村小学项目,位于福州市滨海新城漳江路东侧,湖文路南侧。本项目结构类型为装配式框架结构,用地面积 35 472 m^2,总投资约 2.35 亿,总建筑面积 29 573 m^2。由长乐区教育局作为建设单位,福州新区开发投资集团作为代建单位负责建设,福建省机电沿海建筑设计研究院有限公司作为监理单位,中建海峡建设发展有限公司作为工程总承包单位。开工日期为 2021 年 7 月 15 日,竣工日期为 2023 年 12 月 31 日。

本项目包括教学楼、综合行政楼、多功能厅及体育馆、运动场、环形跑道、停车场、人防工程以及相关的室外附属配套设施等工程。建设规模为 48 个班,机动车停车位 60 个。其中教学楼结构类型为装配式框架结构,建筑高度 18.15 ~ 19.65 m,单体建筑面积 13 744 m^2。按省标评价办法装配率达到 91% ,是福建省在建装配式项目之最。标准层预制构件包括预制柱、预制叠合梁、预制三 T 板、预制叠合板、预制楼梯、预制外挂墙板等。

基于项目特点,目前已申报住建部装配式建筑科技示范工程、中施企协 2022 年工程建设项目绿色建造施工水平评价项目、福建省建设科技示范工程、福建省优质工程“闽江杯”、福建省智慧工地建设试点项目、福建省住房和城乡建设厅推广建筑信息模型(BIM)技术应用项目、福州市城乡建设领域绿色低碳试点项目等奖项或项目试点。

福州市长乐区新村小学项目确立为福州滨海新城“新城建”试点项目,开展新型装配体系和施工技术研究,目标为打造“工程总承包向上下游产业链延伸示范”“智能制造与装配式协同发展示范”“智慧工地管理平台应用示范”“绿色节能碳中和示范”的四项示范项目。

该项目在2022年9月成功举办的福州市“质量月”活动启动会暨装配式建筑质量管控交流会上，受到省住建厅、省质安站、省造价站、省建科院及市、区相关部门领导等各方关注，人民网、新浪网、海峡都市报等多家媒体进行了报道，获得了良好的社会效益。

2　科技创新

2.1　全装配式混凝土结构体系创新

本项目采用新型全装配式混凝土结构体系，预制构件种类包括预制柱、预制外挂墙板、预制三T板、预制楼梯、预制叠合梁、预制叠合板等。创新采用预制三T板+免撑免模体系，形成了“模块化设计+智能生产管理+快速装配建造”的预制混凝土结构全装配施工体系。

通过设计和应用该装配施工体系，项目装配率按省标评价高达91%，达到省内领先水平。有效解决了国内传统预制装配结构体系存在的现浇与预制混用的问题，实现了全预制施工，免撑免模，其中采用的预制三T板构件为国内首创，技术水平和难度达到国内先进水平。

2.2　数字化应用与智能建造创新

本项目于建筑全生命周期应用BIM技术，实现了协同设计，采用BIM软件(Revit)进行正向设计，包含预制板、预制梁、预制看台板等多类预制构件，均采用Revit直接出图，无须再进行二维设计二次加工。另外，创新地提出了基于建筑全生命周期的构件编码体系，从设计端即开始对构件的信息进行集成和编码，构件与建筑信息模型深度绑定，工厂可直接从模型中获取构件编码，实现构件设计信息的提取和生产信息、质保信息的维护，项目可以通过智慧平台跟踪每个构件的生产、运输情况，并将施工情况和相应检查验收情况更新至模型，为项目后期运维打好数据基础。

在智能建造与管理上，打造项目智慧工地应用平台。平台涵盖工程信息管理、人员信息管理、材料质量管理、机械设备管理、安全文明施工、工程质量管理、安全隐患管理和BIM技术应用8个子系统[1]。在各应用板块内，将中建海峡建设发展有限公司已有的“中建海峡综合项目管理系统”等各项数字化管理系统与平台子系统进行匹配补充，数字赋能。推进设计、施工、生产信息共享，并利用智慧工地平台对构件实施设计、生产、运输、安装等进行全过程跟踪，实现数字化应用和智能建造创新。

2.3　绿色低碳建筑创新

本项目采用屋面建设光伏低碳发电技术，解决了项目为实现绿色建造、后期绿色运维管理打造零碳小学，需要引进低碳技术的问题。本项目通过工程总承包、装配式建造技术、BIM应用及绿色建造技术综合性运用，为行业全方位的技术提升提供了支持，将对推动住房和城乡建设领域科技进步起到重要作用。

3　新技术应用

3.1　预制三 T 板+免撑免模体系

项目应用公司创新研发的预制三 T 板构件(图 1),提高了整体预制装配率进而提高了施工质量。结合教室开间对预制三 T 板进行深化设计,每间教室采用相同规格的数块预制三 T 板,通过减小梁高尺寸,增大室内净空和吊顶安装空间,实现标准化装配和场地整洁。在施工过程中,预制三 T 板采用预埋在预制叠合梁上的 U 型钢牛腿支撑,免除支模体系搭拆等工序,实现免撑免模施工,标准化组合,绿色施工,快速建造。[2]

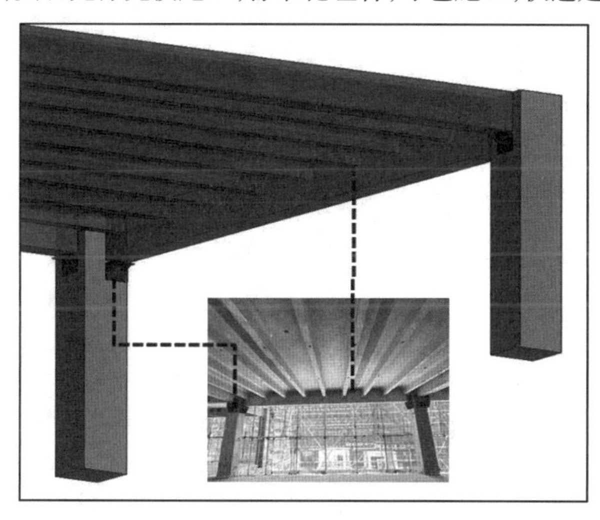

图 1　预制三 T 板构件

配套吊装技术研究方面,项目针对构件质量大、吊装过程平衡性要求高等特点,研发新型平衡吊架作为预制三 T 板的专用吊具,如图 2 所示,预制三 T 板构件上预留 9 个吊点,吊具下设置 9 个吊钩位置,对应的钢丝绳在上部汇集,同时设置滑轮组使钢丝绳整体平衡,确保吊装过程各吊点受力均匀,整体吊装平稳。

图 2　预制三 T 板的专用吊具

构件安装过程中，项目创新研发免撑免模钢牛腿（图3），预制三T板采用设置于预制叠合梁上的U型钢牛腿支撑。预制叠合梁在预制柱上采用设置于柱顶部的钢牛腿进行支撑，免除大面积模板支撑架搭设和拆除施工，减少材料投入量，建筑垃圾少。

图3　免撑免模钢牛腿

3.2　预制柱安装及套筒灌浆施工技术

为达成水平构件整体免撑工艺，项目采用预制柱，创新应用梁柱钢筋大直径、大间距、少根数设计技术[2]，提高建造效率，节约材料。预制柱钢筋定位由单层钢板优化为双层钢板，提高预留钢筋垂直度，确保预制柱安装精度和质量，提高效率，如图4所示。

图4　预制柱钢筋定位安装细节图

预制柱底部封浆质量影响套筒灌浆施工一次合格率，进而影响整体施工进度。项目创新采用增设倒角、增大接触面积的做法，同时在封浆部位内衬钢丝网进行加强，确保后续灌浆施工一次合格率，如图5所示。针对预制柱灌浆密实度，采用新型监测器，确保灌浆密实度，灌浆施工中，监测器方便观察且有补浆功能，起到回灌补充作用，进一步确保灌浆密实度。

图5　预制柱底部封浆

3.3　单元式预制混凝土外挂墙板施工技术

项目创新采用整体单元式预制混凝土外挂墙板,预制混凝土外挂墙板构件集成了窗户附框、悬挑板、滴水线等一体化生产工艺,如图6所示。通过工厂化生产、标准化施工有效地控制产品质量,现场模块化安装,免外架免内撑,一次安装成型,进而减少现场工序,节约资源,实现绿色施工。

图6　整体单元式预制混凝土外挂墙板

3.4 干布式无机磨石干法作业地面一体化施工技术

项目创新采用省内首创干布式无机磨石工艺，现浇层采用55厚CF25钢纤维混凝土找平，在混凝土初凝时撒布6厚无机磨石骨料及精选骨料，一体化施工成型。后期进行多次干式打磨抛光，干法作业，避免装修阶段地面磨石湿作业，有效减少污水及固体垃圾排放，降低施工粉尘及噪声污染，绿色施工，有利于环境保护，缩短工期约30 d[3]。

3.5 屋面建设光伏低碳发电技术

项目建设层面光伏发电试点，创新应用光伏建筑一体化的先进技术，在教学楼(3#、4#、5#)屋顶上安装太阳能光伏组件，总安装面积约2 754 m^2，年发电量255 200 kW · h。实现绿色运维，践行"碳中和"绿色施工理念。同时本项目推广应用了2017版"建筑业10项新技术"中10大项40子项技术。

4 数字化应用

4.1 智慧工地数字化管理平台

项目构建了智慧工地数字化管理平台，深度集成公司全产业链优势，整合设计、生产、施工、运维一体化管理技术，探索数字化、智慧化理念的融合实践，如图7所示。平台集成了信息化生产管理系统、预制构件自动流水线控制系统、绿色搅拌站管理系统、起重设备智能管理系统、三维智能追日光热式预制构件养护系统等5个主干部分，还包括智慧安全帽、构件跟踪、技术管理和智慧党建等4个特色部分。该数字化管理平台可实现预制构件生产信息传递、数据共享，智能化核心生产设备分散控制、集中管理，创新能源供给，基本达到工厂生产全过程智能控制，实现质量全生命周期、全生产要素的把控，可有效控制成本、提升生产效率、保障工期。

图7　智慧工地数字化管理平台

在此基础上，平台接入中建海峡建设发展有限公司的海峡筑安劳务实名制管理系统、海峡科技研发管理平台、海峡 BIM 运维综合管理平台、海峡 PC 智慧工厂管理平台、海峡工程项目在线质量安全监督平台、海峡建筑起重机械智能监管系统、海峡科技质量信息化管理系统、海峡绿色建筑节能与环境监控平台、海峡塔式起重机安全 AI 智能检测平台等 N 个成熟项系统模块，形成“8+4+N”模式的智慧工地建设标准化系统。

项目智慧工地数字化管理平台，利用 BIM、大数据、AI 等核心技术，实时采集现场数据、自动进行风险识别，为管理者提出科学的解决方案提供辅助决策，为项目提供生产提效、成本节约、风险可控的智能化解决方案，通过智能化系统管理实现对工地人、机、料、法、环等对象，以及策划、进度、成本、质量、安全、信息等方面的有效管理，让项目效益、效率双提升，让工地管理更高效，实现智能建造。

项目通过会议室大屏、项目沙盘、观摩展示等方式，将智慧工地建设融入施工全过程，助力项目建造综合信息化管理，在此基础上，项目成功申报首批“福建省智慧工地试点项目”，并获政府试点补贴 50 万元。

4.2 装配式建筑各专业协同设计数字平台

项目构建装配式建筑各专业协同设计数字平台，实现各个专业的协同设计和方案集成。设计方案采用标准统一的模块化设计方法，以可持续发展为核心，实现全生命周期设计。形成基于面积标准和空间适应性的标准化教室模块，每个标准模块由 3 块外墙板、3 块三 T 板、4 个柱子、4 根梁标准构件组成。

5 经济效益分析

项目通过工程总承包管理模式的运行，将新型装配式构件和免支撑体系的研究应用、BIM 技术的协同、智慧建造平台、绿色建造等进行集成，相对于传统预制装配结构体系，减少了竖向支撑和模板安装工作量，降低了成本，减少了工程投资，且工序相对简单，缩短了工序搭接时相互影响的施工周期，有显著的工期效益。经过测算，通过该装配体系施工单层结构工期可缩短 2 d，整体工期缩短约 20%，总体造价节约 5%，废水等污染物排放减少约 12%，既提高经济性又节能降耗，同时将带来更多的社会与环保效益。

本项目科学组织、精心施工，通过新型三 T 板体系装配技术实现精益建造，大力倡导绿色施工，为推动经济社会可持续发展，提高综合效益，拓展和承接装配式公共设施的建设和改造业务起到积极作用。项目多次迎接省、市、区领导参观调研，受到社会各界的广泛关注和好评，提升了公司的知名度和影响力。

6 获奖情况

项目在建设过程中设立多项科技目标，并申报多项省部级以上示范试点，如住建部装配式建筑科技示范工程、中施企协 2022 年工程建设项目绿色建造施工水平评价项目、福建省建设科技示范工程、福建省智慧工地建设试点项目、福建省住房和城乡建设厅推广建筑信息模型（BIM）技术应用项目、中建七局科技示范工程、中建七局绿色施工标杆项目等。

在应用新型施工技术的过程中,针对预制三 T 板及装配式免撑免模技术等应用难点进行攻坚。截至目前,项目 QC(质量控制)成果获得:福建省省级 QC 奖项 5 项,包括中建集团优秀质量管理小组活动一等奖、中建七局优秀质量管理小组活动一等奖、中建海峡优秀质量管理小组活动一等奖等。项目将预制三 T 板免撑免模施工技术总结形成《预制装配式免模免支撑施工技术》短视频,获得第二届"建优杯"工程建设短视频大赛二等奖。

项目总结入选《福建省装配式建筑典型工程案例(第一批)》,将预制三 T 板装配式施工体系相关创新成果总结推广。项目绿色建造水平经过中施企协中期评审,达到绿色建造二星级项目标准。

7 结论与展望

7.1 项目创新总结

项目为工程总承包管理模式,采用创新预制三 T 板结构体系,预制率达 91%,实现标准化模块化设计,现场达到免撑免模施工。水平构件采用预制叠合三 T 板及叠合梁组合结构设计,上下柱采用钢筋套筒灌浆连接,形成了以"水平构件免撑免模+预制内、外墙+一体化装修"为核心的快速施工体系。

项目达到绿色建造二星级项目标准,实现了绿色节能减排示范,集成应用绿色建筑和超低能耗建筑等绿色低碳技术。研发建设屋面光伏发电试点,创新应用光伏建筑一体化的先进技术;运用干布式无机磨石干法作业地面一体化施工技术,践行"碳中和"绿色施工理念。

项目于建筑全生命周期应用 BIM 技术,发挥工业化生产优势,项目全专业 BIM 应用,打造出串联建造各环节的智慧工地数字化管理平台,推进设计、施工、生产信息共享,并利用智慧工地数字化管理平台对构件实施设计、生产、运输、安装等进行全过程跟踪,实现智慧建造。

7.2 项目示范意义及推广价值

近年来,我国积极探索发展装配式建筑。2017 年 5 月,福建省人民政府办公厅印发《关于大力发展装配式建筑的实施意见》,积极响应国家号召,全面推进装配式建筑发展。随着国家和地方政策支持的不断深入,推动建造方式创新,大力发展装配式建筑,可以预见,在今后一段时期,我国的装配式建筑将会飞速发展,装配式建筑在新建建筑中的比例将不断提高。

本项目围绕突破制约工业化建筑规模化发展标准化瓶颈的总体目标,作为福建省装配率最高的项目(装配率 91%)、福州市装配式建筑推进的试点示范项目,为全行业推进建筑工业化、发展装配式建筑及加快建筑业产业升级提供重要技术支撑。另外以工程总承包为管理模式指引,结合 BIM、智慧建造、绿色建造等技术,实现超低能耗绿色低碳环保,综合运用后将起到对全行业装配式及绿色建造的科技示范作用,具有广泛的推广价值及推广意义。

参考文献

[1] 赵鲁强. 数字化交付技术在 LNG 智能化气源站建设中的应用[J]. 中国建设信息化,2022(10):28-31.

[2] 罗先德. 新型预制三 T 板构件在装配式建筑中的免模免撑施工关键技术[J]. 工程建设与设计,2023(15):194-196.

[3] 张衡,聂博仪. 装配整体式框架结构创新技术综合应用[J]. 建筑施工,2021,43(4):665-667.

福建设计在智能建造上的探索与实践

曾志攀　张开莹

福建省建筑设计研究院有限公司

摘　要:智能建造是行业转型升级实现高质量发展的必然要求。本文从设计企业视角出发,依据多年来的设计实践经验,总结福建设计在智能建造上的探索与实践。福建设计在建筑工程设计中积极推广应用 BIM 技术,探索工程 BIM 正向设计,开发项目管理平台,但是这与勘察设计行业的数字化转型及智能建造的要求还相差甚远。为此,我们将继续努力在福建省全面推行 BIM 正向设计和 BIM 设计成果交付,推进企业建立数字化协同设计体系,实现设计、生产和施工协同工作,一个建筑信息模型贯穿智能建造及运维全过程。

关键词:智能建造;福建设计;案例实践

1　企业概述

福建省建筑设计研究院有限公司(简称“福建设计”)成立于 1953 年,是一家技术力量雄厚、专业资质齐全的综合性勘察设计单位,被评为福建省建筑业龙头企业,也是国家高新技术企业。站在行业“从规模扩张转向结构升级、从要素驱动转向创新驱动”的变革窗口期,秉承着“抢抓机遇,自我超越”的工作思路,福建设计近年来在智能建造方面不断进行着探索与实践。

2　智能建造及其源起

党的十八大以来,党中央、国务院相继出台一系列政策措施助力数字经济发展。在数字经济发展的浪潮中,建筑业也迎来了高质量发展的机遇与挑战,建筑工业化、数字化、智能化水平逐步提升,智能建造是行业转型升级实现高质量发展的必然要求。

智能建造是指在建造过程中充分利用智能技术和相关技术,提高建造过程的智能化水平,减少对人的依赖,达到安全建造的目的,提高建筑的性价比和可靠性;或以建筑信息模型、物联网等先进技术为手段,以满足工程项目的功能性需求和不同使用者的个性需求为目的,构建项目建设和运行的智慧环境,通过技术创新和管理创新对工程项目全寿命期的所有过程实施有效改进和管理的一种管理理念和模式。

总之,智能建造是以人工智能为核心的新一代信息技术(5G、AI、物联网、云计算)与工程建造相融合而成的一种工程管理模式与建造技术。

2021 年 3 月,十三届全国人大四次会议通过了《中华人民共和国国民经济和社会发展第十四个五年规划和2035年远景目标纲要》，指出要“发展智能建造，推广绿色建材、装配式建筑和钢结构住宅，建设低碳城市”[1]。

2022年1月，住建部印发《“十四五”建筑业发展规划》，明确远景目标“到2035年……迈入智能建造世界强国行列”[2]。为实现这一目标，住建部提出的首个任务就是：加快智能建造与建筑工业化协同发展。在具体措施里和设计企业密切相关的几点有：推广数字设计、智能生产与智能施工，培育涵盖科研、设计、生产加工、施工装配、运营等全产业链融合一体的智能建造产业体系；加快推进建筑信息模型（BIM）技术在工程全寿命期集成应用，健全数据交互和安全标准，强化设计、生产、施工各环节的数字化协同与成果交付；推广数字化协同设计，推进建筑、结构、设备管线、装修等一体化集成设计与协同；大力发展装配式建筑，推动生产和施工智能化升级。

2023年2月，中共中央、国务院印发《质量强国建设纲要》，提出“打造中国建造升级版”，加大先进建造技术前瞻性研究力度和研发投入，加快建筑信息模型等数字化技术研发和集成应用，推广先进建造设备和智能建造方式，提升建设工程的质量和安全性能。

一系列政策按下了智能建造的加速键，智能建造由点到面进入深度应用阶段。

3　智能建造与设计企业的数字化转型

数字化一直在推动设计行业发展，从早年的计算机辅助设计替代图板，再到三维建筑信息模型替代二维图纸，数字化是提高效率的工具，也是一种设计产品。现在，我们要用数字化赋能产业转型。

智能建造包括智能设计、智能生产、智能施工、智能运维，设计企业主要涉及前端的智能设计。住建部发布的《“十四五”工程勘察设计行业发展规划》进一步明确，在工程建设链条中，设计要发挥前端的引领作用，提出“推动行业数字转型，提升发展效能”，并明确了4项基本工作任务：推进勘察设计企业管理信息系统升级迭代、推进BIM全过程应用、推广工程项目数字化交付和积极推进智能化标准化集成化设计。这实际上已经为设计企业明确了在智能建造产业链条上的位置，工程建设的标准化集成化设计、成果数字化交付，是后续智能建造产业链的数据基础。

对于设计企业，推行BIM正向设计是实现智能设计的关键突破点，也是在建筑全寿命期实施智能建造的前提条件。基于BIM技术，建筑、结构、设备等各专业协同设计，实现一个模型里包含建筑、结构、设备等全专业设计信息。充分利用社会资源建立的标准化部品部件库，在设计源头的BIM里加入可以采购的工业化部品部件的详细信息，包含尺寸、功能、材料、接口，甚至部品部件的供货、运输、安装时间等管理信息和售后、运维信息，从而实现设计、采购、生产、施工与建造、交付、运维等阶段的信息互联互通。在政府报建、审批和施工图审查中也采用设计端的BIM，实现建筑全寿命期从项目立项、设计、报批到施工、运维，一个模型通关。

4 福建设计的智能建造发展状况与问题

4.1 BIM 技术发展状况

福建设计以 BIM 应用中心为引领,开展了大量的 BIM 技术研发、设计、咨询等工作,编制了福建省 BIM 技术应用的标准、制度等文件,积累了一定的工程经验,并培养了一批 BIM 技术开发、应用人才。

企业在 2021 年福建省第三届建筑信息模型(BIM)技术应用大赛中揽获了包括最佳应用企业奖在内的 5 个奖项,其中“福州长乐机场二期扩建工程——空管小区 BIM 正向设计”位列设计组一等奖第 1 名,该项目探索设计全过程模型和三维数据信息的正向传递,提高数据的时效性,实现流线型外观参数化的设计优化及表达,同时结合 BIM 算量软件实现工程量快速计算及造价管控;在 2020 年开诊运营的福建省儿童医院项目中运用了全过程 BIM 技术,从设计到施工阶段,通过实施专业间及参建单位间的协同与数据共享,确保模型的精细度满足要求,辅助设计和施工成果落地,是践行智能建造理念的探索实践;2021 年中标的福建省重点项目厦门太古翔安新机场维修基地 BIM 全过程管理项目,基地建成后将成为国内最大的飞机维修基地,这一大型 BIM 全过程管理项目体现了福建设计在 BIM 技术方面雄厚的综合实力。

近年来,装配式建筑的发展也助推 BIM 技术的普及,在装配式建筑评价标准的推动下,福建设计的装配式建筑项目全部建立了三维建筑信息模型,模型精度为 LOD300 或 LOD400。BIM 技术已成为一线设计人员普遍掌握的基本技能,福建设计具备了全面推广 BIM 正向设计的基础人力配置。

4.2 智能设计存在的问题

福建省目前正式的设计施工图成果交付仍是传统的二维图纸形式,因此基于 BIM 正向设计的工程案例不多。除了少数试点项目,大部分建筑信息模型仍是二维图纸的翻模,这些模型数据往往由设计人员人工输入,工作量大、效率低,应用仍主要局限在三维表象的初级层面,仅起到辅助演示设计成果和设计碰撞检查的作用。BIM 应用标准特别是 BIM 取费标准不完善,市场规范度较低,也是造成工程 BIM 应用水平参差不齐的一个因素,即使在交付设计成果时,同时交付二维图纸和三维模型,也常常出现图模不一致的情况。

而且,设计、生产、施工、运维等各方的 BIM 数据未能协同使用,往往是各方各自建模、重复建模,设计模型、施工模型、算量模型和运维模型之间缺少数据共享利用和有序传递,工程实际应用 BIM 的经济效益、社会效益未得到显著提升。福建设计也自主开发了智慧工地管理平台、EPC(设计、采购、施工一体化)项目管理平台等,在实际工程中试点应用,但却没有达成“一个模型干到底,一个模型管到底”的目标。

更为困难的是,BIM 软件的问题。首先设计人员现在使用软件主要是国外软件,大量汉化的国内软件都是二次开发的,功能不完善。其次,建筑、结构、机电设备、工程算量等各专业都使用着特有的专业 BIM 软件,还没有出现一个打通全专业的设计软件。以结构专业为例，设计采用的计算分析模型与建筑专业的建筑信息模型的数据无法交互，往往是设计计算后的结构模型，再转换为建筑专业的建筑信息模型，俗称“设计好了翻模”。装配式建筑还涉及许多专业的深化设计软件，仅结构专业在计算、设计成果、深化设计阶段就用了3种软件，部分数据可以在软件间转换传递，但信息不完整，也不是实时同步。因此，目前设计阶段的成果还不是真正的同一个模型，只能算是多个模型的集合，各个模型间的错误、矛盾并没有实时得到检测和校对。缺少成熟统一的BIM软件是阻碍建筑设计数字化转型的一个重要问题，进而影响了智能建造与建筑业的转型升级。

5　智能建造在工程中的应用实践

5.1　应用BIM技术的装配式建筑——文献小学新校区建设工程

智能建造体系以装配式建筑为载体，下面以文献小学新校区建设工程（图1）为例，介绍典型的装配式建筑案例及设计特点。

（1）项目简介。

项目位于福建省莆田市城厢区，总建筑面积约3.1万m^2，其中2#方案和4#方案教学楼采用装配式建造方案。上部结构形式为装配式混凝土框架结构，装配方案为预制叠合板+预制空调板+预制内墙板，单体装配率54%。这种水平构件预制、竖向构件现浇、内墙板预制、外墙砌筑的混凝土结构是目前福建省应用最普遍的装配式建造方案，预制产品和现场装配技术都比较成熟，造价略高于现浇混凝土结构，但工程质量及施工效率有明显提升。

图1　文献小学新校区建筑工程效果图

（2）基于BIM技术的协同设计。

设计阶段的建筑信息模型是整个智能建造过程的信息源头，为建筑搭建起可靠的数字模型，才能延伸出整个建造过程的数据链条。

本项目施工图设计阶段应用BIM技术进行全专业协同设计，使用Revit软件分专业、分楼层建模（图2～5），模型精度达到LOD300，通过各专业模型链接协同，形成整体模型，进行叠合比对、碰撞检查、净高分析，提前发现专业间设计矛盾、不满净高要求或不满足美观需求的部位，避免后期设计变更，达到优化建筑内部空间和整体效果的目标。

预制构件的拆分及深化设计同样在 BIM 软件中完成，预制构件的模型精度达到 LOD400，模型对预制构件的钢筋和机电点位精准定位，有效避免管线、线盒、止水节等预埋件位置偏差或者施工吊装时出现钢筋碰撞问题，实现预施工、预安装的效果，既可以控制施工成本，还可直接提取模型数据进行预制构件清单统计。

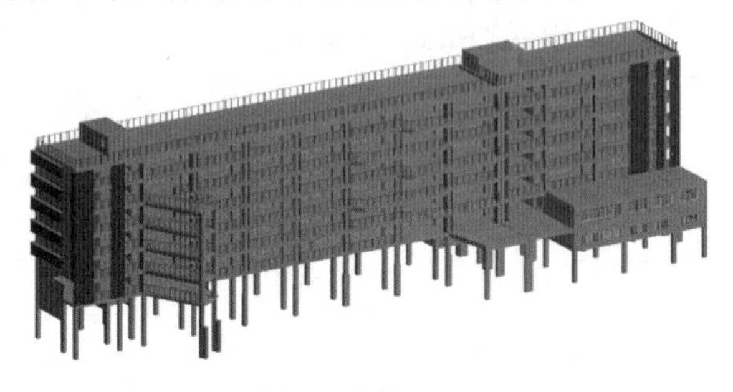

图 2　建筑 BIM

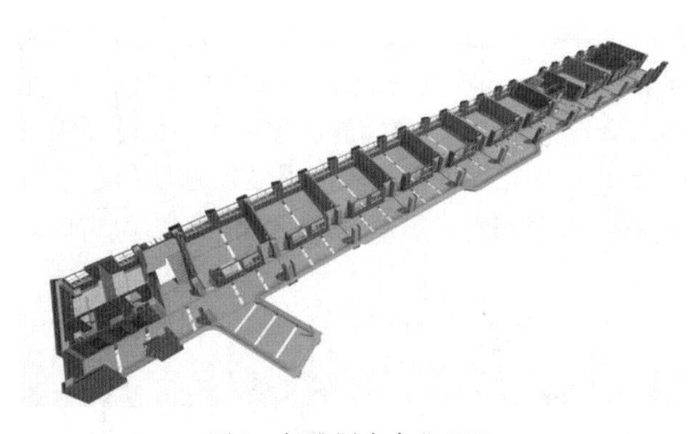

图 3　标准层全专业 BIM

图 4　教室全专业 BIM

图5　走廊全专业 BIM

5.2　设计连接智能制造——恒申集团总部大楼

对比混凝土结构，钢结构生产加工的标准化和自动化水平更高，因此装配式钢结构建筑在智能建造的发展道路上走得更快。下面以恒申集团总部大楼项目（图6）为例，介绍装配式钢结构建筑从设计到制造、施工的智能化流程。

图6　恒申集团总部大楼项目效果图

（1）项目设计。

本项目位于福建省福州市长乐区，总建筑面积约 4.3 万 m^2，结构形式为钢板剪力墙+钢框架结构，以体块堆叠的独特造型提高了识别度，打造了地标建筑。地上主体钢结构由 4 个方块组成，剪力墙为双钢板剪力墙，外框柱主要为箱形截面，钢梁主要为箱形和工字形截面，主要材质为 Q355B、Q460C 钢板，最大板厚 60 mm，钢结构总量约 7 000 t。

结构的三维计算模型通过犀牛（GH）软件导入深化 Tekla 模型（图7），就可以将设计的数字模型直接传递到深化设计阶段。在 Tekla 模型中，设计人员根据现场工况分析及运输要求，对钢构件进行分段，再根据设计图的节点大样进行节点深化设计。针对复杂节点，从结构受力、节点焊缝、焊接工艺、吊装运输等方面进行综合分析优化。还可根据施工方案模拟现场施工安装，进行预起拱值调整、施工顺序优化等，以便选取最优的施工方案，保证施工过程安全可靠。

深化设计的Tekla数字模型继续传递给钢结构工厂的生产管理平台和工地的施工管理平台,进入智能制造和智慧工地施工阶段,实现了设计的数字模型传递—工厂制造—部件运输—施工管理,全流程的有效应用。

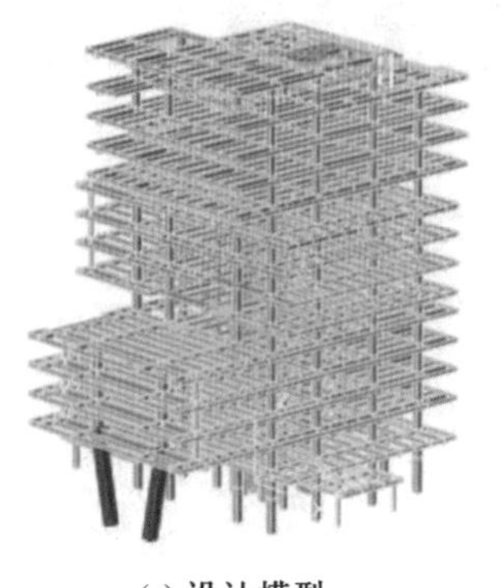

(a) 设计模型

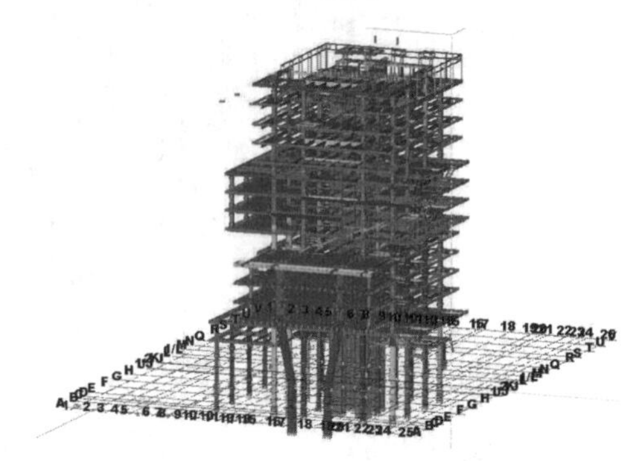

(b) 深化Tekla模型

图7 设计模型转化为深化Tekla模型

(2)智能制造和智慧施工。

Tekla模型生成的数据和物料清单上传到钢结构管理平台,进行材料采购、入库,并做自动排版,排版结果直接发送至数据机床、焊接机器人及其他数控加工设备。本项目的承建单位为中建钢构工程有限公司,其拥有全国首条建筑钢结构智能制造生产线(图8),对板材进行智能下料、切割、铣磨、组装、焊接、校正和喷涂,全程"无人化"作业,加工精度高、安全性好、可靠性强、生产效率高。构件加工完成时在构件醒目位置均喷涂构件编号和二维码,方便构件运输、安装与验收。

工厂智能制造生产线的制造和运输信息,合并到Tekla模型后,再传递给工地的施工管理平台,现场安装完成的构件使用扫描枪扫描编码,实时更新构件施工状态。

图8 钢结构智能制造生产线

5.3 全过程数智化项目管理——福州烟草区域物流配送中心

智能建造的全产业链协同发展还离不开全过程数智化项目管理,福建设计参与投资创立的福建省星宇建筑大数据运营有限公司,以建筑大数据运营为核心,专注多维度建筑数据平台的建设和运营,已研发出一系列产品进行应用与实践。

(1)全过程数智化协同管理平台。

全过程数智化协同管理平台,旨在探索BIM+PM(项目管理)+IoT(物联网)技术在工程建设管理领域的融合应用(图9)。管理平台以建筑信息模型为载体,集成所有管理流程和数据,建立工程项目全过程咨询总控管理机制,实现项目管理的统一入口,组织引导设计、招采、施工、监理、咨询、运维等各方在同一平台协同 BIM 应用,解决项目全寿命期各阶段和各专业间信息断层的问题,全面提高从策划、设计、施工、技术到管理的信息化服务水平和应用效果,实现对工程项目的全过程精细化管理。

图9　福州烟草区域物流配送中心项目管理平台数据大屏

(2)应用介绍。

福州烟草区域物流配送中心建设项目位于福州市晋安区,总建筑面积约 3.3 万 m^2,包括联合工房、生产管理及辅助用房等建筑,采用了先进的物流理念和设备系统,着力打造“绿色环保、科技智慧、集约高效、行业先进”的区域配送中心。福建设计中标该项目的全过程工程咨询服务,为业主提供贯穿项目全周期的全方位的管理服务。

在全过程数智化协同管理平台上,该项目的业主、全过程工程咨询、EPC、监理、跟审、技术咨询等各参建单位搭建了组织架构体系,并通过完善的权限管控机制给予不同单位的不同人员特定的权限。平台应用主要包含模型管理、图纸管理、文档管理、会议日程管理、对外协调、设计协作、设计管理、进度管理、质量管理、安全管理等,具有过程资料存储、可视化应用、智能监控和大数据分析及应用等特点,通过 WEB 端和移动端结合的方式进行访问,实现多参建单位参与的项目管理流程定制化,为项目建设提供数据支撑,实现数字化、精细化、智能化管理,如图 10 和图 11 所示。

图 10　管理平台的功能模块

图 11　管理平台的移动端访问界面

6　总结与展望

福建设计在建筑工程设计中积极推广应用 BIM 技术,探索着工程 BIM 正向设计,开发项目管理平台,但是这与勘察设计行业的数字化转型及智能建造的要求还相差甚远。为此,我们将继续努力在福建省全面推行 BIM 正向设计和 BIM 设计成果交付,推进企业建立数字化协同设计体系,实现设计、生产和施工协同工作,一个建筑信息模型贯穿智能建造及运维全过程。

智能建造是大势所趋,是建筑业转型升级、增强核心竞争力、实现高质量发展的关键,福建设计不能错失机遇,要融入并发展壮大。我们相信,“路虽远行则将至,事虽难做则必成”。

参考文献

[1] 中华人民共和国住房和城乡建设部,等.住房和城乡建设部等部门关于推动智能建造与建筑工业化协同发展的指导意见[EB/OL].(2020-07-03)[2022-02-03]. https://www.gov.cn/zhengce/zhengceku/2020-07/28/content_5530762.htm.

[2] 中华人民共和国住房和城乡建设部.“十四五”建筑业发展规划[EB/OL].(2022-01-19)[2022-02-03]. https://www.gov.cn/zhengce/zhengceku/2022-01/27/5670687/files/12d50c613b344165afb21bc596a190fc.pdf.

面向智能建造的市政路桥设计探索——以福州为例

高学珑　黄积勇　林志滔　魏锋　郑彧　傅大宝　许乃星

福州市规划设计研究院集团有限公司

摘　要:改革开放40多年来,我国基础设施建设取得巨大发展,然而我国基础设施建设仍属于劳动密集型产业,生产效率相对低下、产业现代化程度不高,加之近年来建筑工人逐渐老龄化、劳动力价格不断攀升,生态环境要求也越来越严,建筑业智能化转型升级迫在眉睫。设计对于智能建造的引领至关重要,尤其是装配化建造。本文在分析福州市规划设计研究院集团有限公司在福州市政路桥智能建造的代表性实践项目的基础上,进一步讨论市政路桥智能建造存在的问题,并提出了3个方面的建议:持续推进市政路桥预制构件标准化、模数化;完善新材料、新结构、新工艺;全面推进BIM的设计施工一体化应用。本文的成果为行业发展提供了借鉴和参考。

关键词:智能建造;市政路桥;设计;装配式;BIM

1　概述

改革开放40多年来,我国基础设施建设取得巨大发展,建成了全球最大的高速铁路网、高速公路网以及青藏铁路、港珠澳大桥等世界级重大工程,成为制造业第一大国,为国民经济发展和人民生活水平的提高提供了坚实基础。然而,我国基础设施建设仍属于劳动密集型产业,生产效率相对低下、产业现代化程度不高,加之近年来建筑工人逐渐老龄化、劳动力价格不断攀升,生态环境要求也越来越严,建筑业转型升级迫在眉睫。[1]

物联网、人工智能、云计算等新一代信息化技术的出现,为建筑业转型升级提供了契机。一些国家相继发布了建筑业发展战略,如德国 Industrie 4.0(工业4.0)、英国 Construction 2025(建造2025)、日本 i-Construction。我国在《国务院办公厅关于促进建筑业持续健康发展的意见》(国办发〔2017〕19号)、《住房和城乡建设部等部门关于推动智能建造与建筑工业化协同发展的指导意见》(建市〔2020〕60号)等文件中,对建筑业发展与智能建造提出具体举措。尤其在2023年,中共中央、国务院印发《质量强国建设纲要》,提出推广智能建造方式。可见,发展智能建造已成为推进建筑业工业化转型升级,提升我国建筑业国际竞争力的重要抓手。

市政路桥工程涵盖了道路、桥梁、排水、管线等,是建筑业的重要组成部分,其智能建造价值巨大。据交通运输部统计,截至2021年,我国城市道路里程达到53万km,城市桥梁达到8.4万座。根据《"十四五"全国城市基础设施建设规划》,"十四五"期间我国将新建和改造道路里程 11.75 万 km，新增和改造城市桥梁 1.45 万座。可见，我国市政基础设施的建设仍有较大的发展空间。

设计对于智能建造的引领至关重要，尤其是装配化建造。因此，近年来福建省陆续印发《关于全面推行市政工程建设标准化管理的实施意见》（闽建综〔2015〕10 号）、《关于推进市政工程标准化设计要求的指导意见》（闽建设〔2015〕24 号）、《关于大力发展装配式建筑的实施意见》（闽政办〔2017〕59 号）等文件，推广市政预制构件应用。[2] 福州市规划设计研究院集团有限公司积极落实政策精神，大力探索实践面向智能建造的市政路桥装配化方法，为市政路桥智能建造理论与技术体系提供案例借鉴与技术支撑。

本文在分析福州市规划设计研究院集团有限公司在福州市政路桥智能建造的代表性实践项目的基础上，进一步讨论市政路桥智能建造存在的问题，提出相应的对策建议，为行业发展提供借鉴和参考。

2　福州市政路桥智能建造实践

从 2013 年开始，福州市规划设计研究院集团有限公司已开展市政路桥智能建造的相关探索与实践，主要集中在装配化领域，包括市政道路高架桥、人行景观桥、市政构件标准化、综合管廊等等[3]。本文主要以福道（全国首条全钢结构镂空设计的森林步道）、福州新店外环路西段（福州新店外环路高架桥是福建省首个采用全预制装配式技术的城市高架桥梁）、福州滨海新城为例进行重点介绍。

2.1　预制拼装景观栈桥——福道

（1）工程概况。

福道（图 1）东起左海公园，沿金牛山山脊向西，西至闽江公园（国光段），横贯象山、后县山、梅峰山、金牛山等山体，衔接区域内 5 个公园，总长 19 km，其中钢结构栈桥 8.2 km。

图 1　福道

福道栈桥既是全国首条全钢结构镂空设计的森林步道，也是亚洲最长的空中森林步道，荣获人类城市设计奖、国际建筑奖、中国土木工程詹天佑奖等众多奖项，2017 年被联合国粮食及农业组织发布的专刊《森林与可持续城市——来自世界各地鼓舞人心的故事》作为封面用图并入选全球 15 大城市森林建设典型案例,被人民日报、新华网等权威媒体多次专题报道。

(2)关键技术与创新探索。

福道栈桥坐落在密林山地,悬崖陡峭,施工环境极为复杂,同时在建造过程中要求做到 6 个“不”(不能建设便道;不砍伐;不移除现状树木、植被;不破坏现状地形地貌;不能引发森林火灾;不能引起水土流失),建造难度极大。为解决福道栈桥工程的建造难点,项目组结合智能建造开展技术创新,主要创新如下。

①密林山地超长镂空人行栈桥设计创新。一方面,为了使栈桥结构设计在保护生态环境的同时满足人性化需求,设计中创新提出了高空树梢的超长桁架镂空构造结合格栅钢板的预制装配化结构。栈桥上部桁架主体结构采用成品结构用圆钢管,下部采用标准 Y 形钢结构墩柱。利用桁架镂空构造的用钢量大幅低于常规钢箱梁桥,同时构造连接便于拼装,各标准构件的重量得以控制,满足了栈桥“微创”施工的要求。

另一方面,为了使栈桥下方空间的植被仍可接受阳光和雨露,保证桥梁通体结构透光透水,在设计预制栈桥结构时以钢桁架镂空构造结合钢格栅踏面作为创新点,如图 2 所示。

图 2　福道镂空钢构实景图

②构件标准化模块化与无障碍设计的多元组合设计创新。在构件模块化设计的同时,结合考虑无障碍标准要求(即轮椅坡道最大高度与水平长度的有关规定)是福道建设的又一重要创新。

结合后的模块创新设计,类型少、标准化程度高,不但满足了无障碍设计要求,也符合景观美学。福道栈桥支撑模块设置了直线(L1)、曲线(L2)、回头弯(L3)等 3 种类型,连接模块设置了直线段(R1)、曲线段(R2)2 种类型,具体如图 3 所示。模块之间采用法兰盘螺栓连接,实现了工厂化装配。

③BIM 技术精细化预制拼装创新。为了实现预制拼装栈桥设计施工的高精度、高效化、生态化,同时也为了确保曲线径向连接的现代感极强的栈道造型与自然环境高度协调融合,采用 BIM 技术协同设计(图 4)。利用 BIM 的协调性、模拟性、可视性、优化性的优势,实现了项目造型尺度的把握、衔接和精细化模块设计,极大地提高了图纸及钢结构加工过程中实施效果的预判和调整能力,实现了对工程质量的把控。如为了满足“全龄友

好”无障碍通行需求，将坡度设计为 1∶16，运用 BIM 技术进行高精度设计，使得预制模块拼装的连接段长度达到 14.4 m。

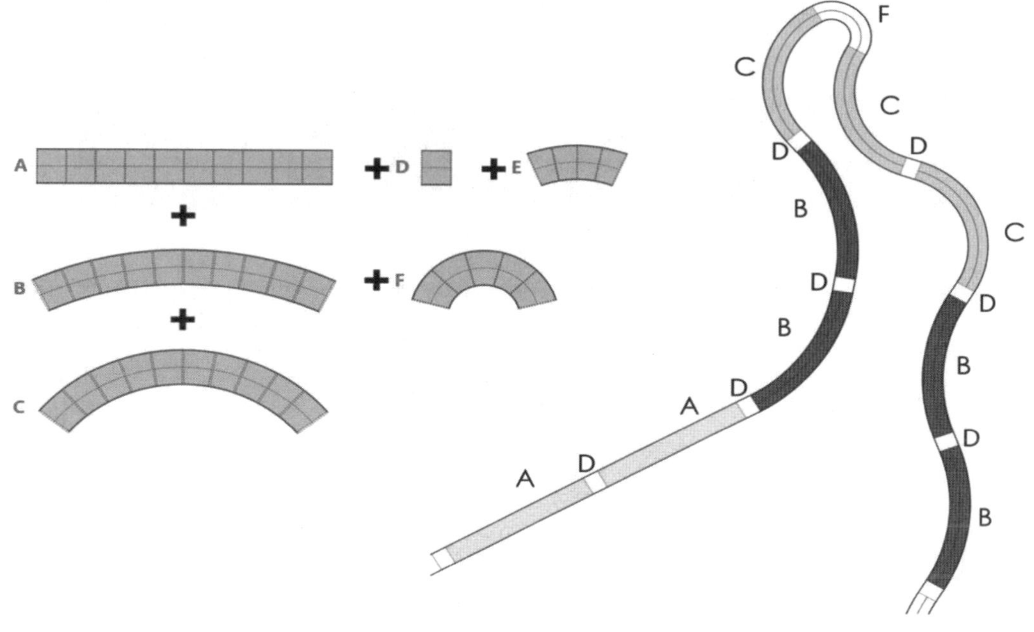

图 3　福道栈桥平台模块

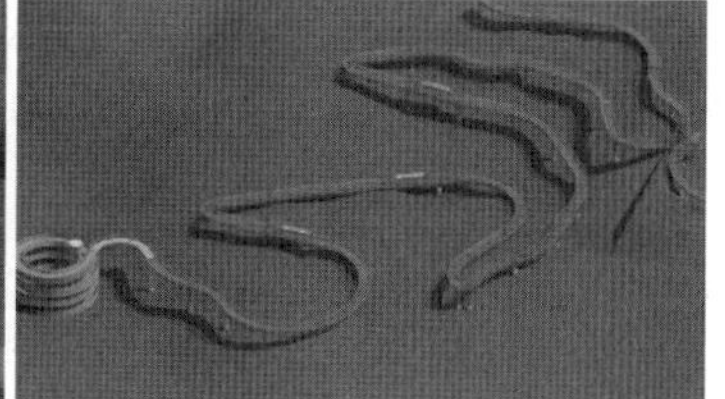

图 4　福道栈桥 BIM 设计图

④多功能全装配式栈道铺设机与渐进式施工创新。在钢结构施工装配方面，结合山势地形陡峭、施工面窄长且弯曲的施工条件，集团设计项目组与施工单位创新研发了多功能全装配式栈道铺装机（图 5），包含起重设备及运输车两部分，利用已成形的桥段作为预制构件的运输平台，其上铺设横、纵向梁轨道，起重设备在轨道上开行并完成吊装作业，运输车则作为钢构件运输设备，能够实现多方向、渐进式安装钢结构栈道。

该套装置可做到无便道运输，是对塔吊设备、架桥机、缆索系统等桥梁吊装施工装置的补充，实现了以钢结构为主的预制结构桥梁或栈道的规范化和标准化作业。

（3）案例小结。

本项工程是福建省生态建设的重要实践和重点民生工程，福州市政府及建设单位的生态建设标准极高，要求施工要保护原始地形和植被，做到无便道，“微创”施工，而全线实现无障碍、游览线路、轻巧结构样式相结合，需克服许多技术难点，且密林山地环境下栈道建设的森林防火、植被保护、地形保护、防尘防水土流失等都是设计施工的重大难题。为了解决上述难点、焦点问题，本项目进行了密林山地超长镂空人行栈桥设计创新、构件

图 5　多功能全装配式栈桥铺装机

标准化模块化多元组合设计创新与无障碍设计、BIM 技术精细化预制拼装创新、多功能全装配式栈道铺设机与渐进式施工创新，积累了智能建造的全钢结构桥的施工经验。

2.2　全预制装配式高架桥——福州新店外环路西段

(1)工程概况。

新店外环路西段位于福州晋安区新店片区，其中高架桥西起秀峰路，东接新店互通，全桥总长 1 502.2 m，为城市主干路，设计车速 60 km/h，共 45 跨 13 联，标准跨径 35 m，桥面宽度 25.5 m。该桥采用“钢-混凝土组合梁+预制盖梁+预制墩柱”的全预制装配施工形式(图 6)，其中，5 联采用连续钢箱梁，下部结构主桥采用柱式墩；8 联采用钢-混凝土组合梁，下部结构主桥采用双柱式框架墩，双柱之间设置综合管廊。

新店外环路西段高架桥的墩柱、盖梁和组合梁均采用预制拼装，为福建省首次在城市高架桥上采用上、下部全段面预制拼装结构的工程。该高架桥已于 2022 年 1 月建成通车，如图 7 所示。

图 6　新店外环路西段高架桥全预制装配施工

图 7　新店外环路西段高架桥竣工航拍图

(2)关键技术与创新探索。

①钢-混凝土组合梁预制拼装创新。桥梁上部结构创新采用多主梁式的预制梁型。标准横断面由 11 片工字梁组合。与其他双主梁或单主梁桥相比,多主梁桥梁单个质量轻,易于吊装,施工灵活,更适合城市桥梁。主梁断面形式为“工”字形,梁高 1.9 m,梁宽 400 mm,主梁横向间距 2.35 m,主梁间设置钢横隔板,钢横隔板纵桥向间距 6 m。

桥梁桥面板采用分层施工工艺。底层混凝土采用分块预制,作为顶层混凝土的模板。预制板横桥向长度为 2 050 mm,纵桥向分块长度为 2.85 ~ 5.9 m,厚度 100 mm。主梁结构分为两大部分,首先在每片“工”字形钢梁上翼缘焊接剪力钉,然后与底层预制混凝土板组合形成小组合梁,最后在底层混凝土板上现浇上层混凝土板,形成最终的主梁结构。上层混凝土板与底层混凝土板,通过锚固钢筋及剪力钉进行连接,形成多层组合梁结构(组合梁标准断面如图 8 所示)。

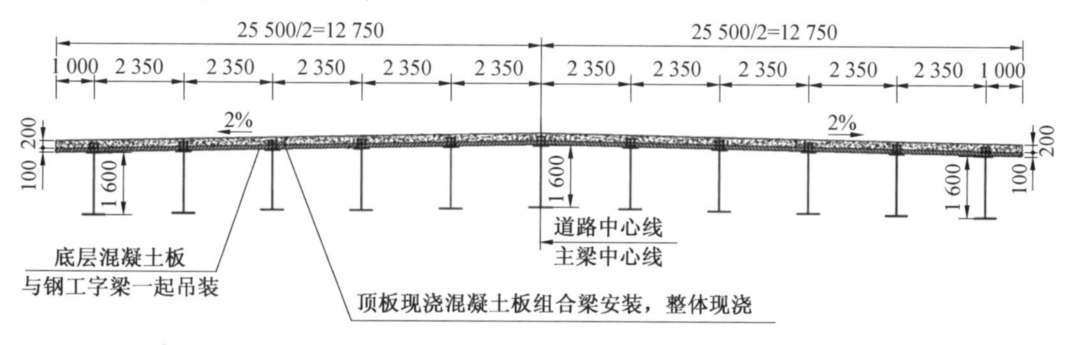

图 8　新店外环路西段高架桥的钢-混凝土组合梁标准断面图(单位:mm)

底层桥面板横纵向均按钢筋混凝土板构件设计,横纵向均布置一层钢筋;顶层混凝土板按钢筋混凝土板构件设计,横纵向均布置两层钢筋,板钢筋与底层板之间通过预埋锚固钢筋连接。

在采用多梁式钢板组合梁时,集团设计项目组重点攻关了群钉剪力连接件的构造设计、滑移性能及对组合截面变形应力的影响、预制桥面板的横向连接性能、钢板梁腹板的屈曲稳定、群钉下钢-混凝土组合梁的预制桥面板安装后的收缩徐变效应及影响等难题。

②预制墩柱及盖梁预制拼装创新。桥梁下部结构的双柱式框架墩和盖梁均采用预制拼装。其中,预制墩柱截面尺寸为1.6 m×1.6 m,高度在5.7～9.3 m之间,平均高度约7 m,整体预制、运输、安装,最大重量达62 t,共计60个。预制墩柱与现浇承台、预制盖梁之间通过灌浆套筒进行连接,灌浆套筒设置在墩柱底面和盖梁底面,如图9所示。预制盖梁整体重217 t。当运输和吊装条件受限时,盖梁分段预制,现场预留湿接缝现浇拼接,预制部分吊重控制在160 t以内。

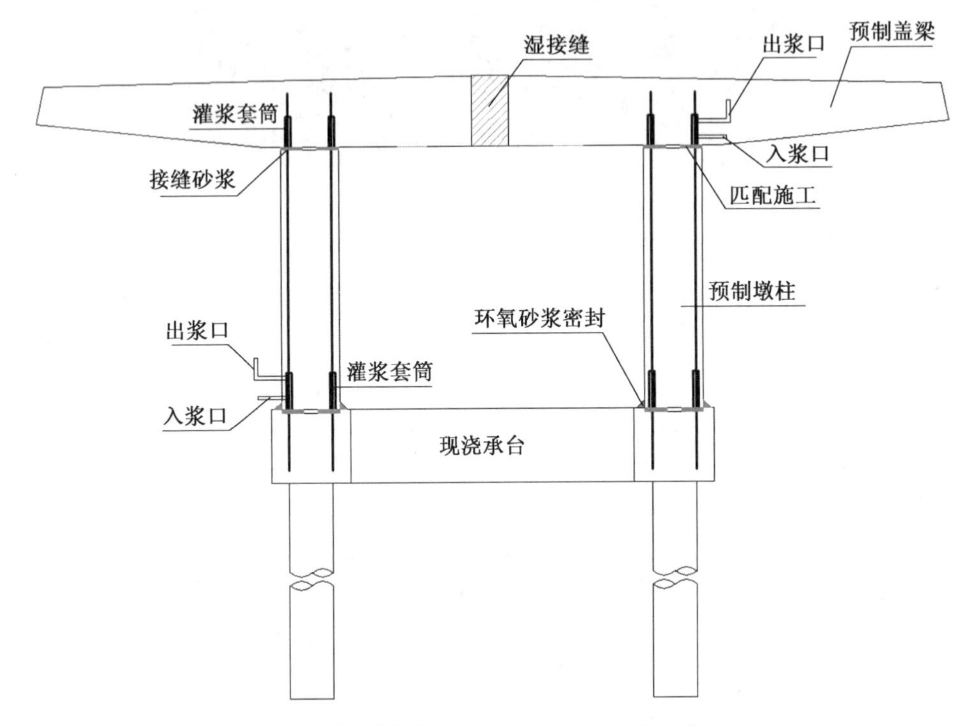

图9　预制墩柱与盖梁、现浇承台连接示意图

承台与墩柱连接时,在承台顶及墩柱顶设置连接插筋,如图10所示。现场吊装拼接时,在拼接面铺设2 cm厚的高强无收缩砂浆,其28 d抗压强度应不小于60 MPa。灌浆套筒使用高强无收缩砂浆,灌浆完成后在接缝处采用环氧砂浆进行密封处理。在采用多梁式钢板组合梁时,集团设计项目组重点攻关了预制墩柱套筒拼接性能及抗震性能、快速施工桥梁预制加工的成套技术装备和施工方法等技术难题。

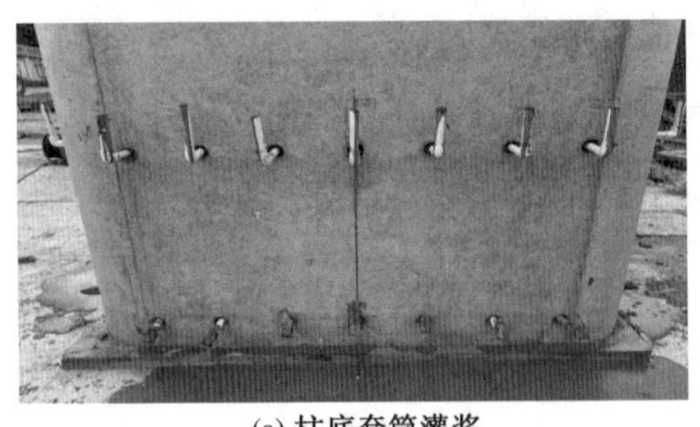

(a) 柱底套筒灌浆

(b) 预制盖梁

图10　预制墩柱与盖梁、现浇承台项目实景图

③BIM 技术统筹全预制装配式结构创新。集团设计项目组使用 EXPRESS 语言建立基于数据交换(IFC)标准的全预制装配式城市桥梁信息模型的图像表达,进行了本地族库构件的二次开发,通过扩展定义桥梁实体类用于表达全预制桥梁结构,生成标准化预制桥梁、预制分仓管廊等族库管理模式,提高了 BIM 技术在市政工程中的应用效率。BIM 技术统筹设计施工一体化如图 11 所示。

应用 BIM 技术进行装配式桥梁快速建模、分段预制管廊方案的快速生成与技术比选,并在确定方案后进行多专业多维度技术协同设计,借助 BIM 技术生成三维标准化图纸,极大地提高了出图效率。利用虚拟现实模拟技术对施工单位进行三维技术交底等信息传递等工作,形成了一套市政 BIM 应用技术标准。

项目曾获得福建省第三届建筑信息模型(BIM)技术应用大赛一等奖、中国勘察设计协会举办的第十二届“创新杯”建筑信息模型(BIM)应用大赛三等奖、中国市政工程协会举办的第一届“市政杯”BIM 应用技能大赛单项组二等奖等奖项。

(a) 设计检查示意

(b) 预制盖梁可视化施工模拟

图 11 BIM 技术统筹设计施工一体化

(3)案例小结。

高架桥梁原位现浇施工存在城市交通影响大、环境污染严重、工地脏乱差等问题,推广预制装配化桥梁建造能够最大限度降低施工对道路交通和市民生活的干扰,提升文明施工程度,减少粉尘、噪声等环境污染,缩短施工工期。福州新店外环路西段高架桥提供了福建省首个全预制装配式城市高架桥梁的案例与经验,可充分发挥钢结构抗拉、混凝土抗压的性能,使结构设计、施工和维护更趋合理并具有全寿命经济性。

目前,国内全预制装配式桥梁的规范体系尚未完善,还未有集上部结构、下部结构、附属设施于一体的桥梁全要素装配规范。已有的上部结构节段预制拼装的规范虽然针对节段的划分、拼接缝的处理、横向连接做了优化,但尚缺少比较全面的整理;下部结构预制的规范只涵盖了灌浆套筒、灌浆金属波纹管连接两种连接方式;此外,现有规范均未包含承台预制、附属设施预制、钢-混凝土组合梁标准图集构造设计等内容。为填补这些方面的空白,福州市规划设计研究院集团有限公司目前正在牵头编制福建省工程建设地方标准《全预制装配式城市桥梁技术规程》,以规范省内装配式桥梁设计建设工艺,提高预制装配式桥梁建设水平。

2.3 初步探索 BIM 设计施工一体化——福州滨海新城

(1)实施情况。

福州滨海新城是国家级新区,也是福州新区的核心区,于 2015 年获国务院批准设立,于 2017 年正式开发建设,其定位是现代化国际城市重要窗口。为确保市政工程质量能有效展示新城新貌,主要开展以下两方面工作。

①按照宜预制则预制的原则,开展市政预制部品标准化设计。为推进市政预制装配化,福州市规划设计研究院集团有限公司按照“成熟一批、试点一批、探索一批”的总体原则,先后开展了两批市政预制部品标准化研究,编制形成《福州滨海新城市政预制装配构件标准图集》。现正制定第三批市政预制部品。第一批市政预制部品包括预制排水检查井、预制桥梁空心板、预制桥梁栏杆立柱、预制路缘石等。第二批市政预制部品包括预制雨水口、预制路灯手孔井、预制路灯线槽。第三批市政预制部品包括预制电力检查井、预制通信检查井。目前,福州滨海新城所有市政道路都采用市政预制部品,如图 12 和图 13 所示。

(a) 预制排水检查井

(b) 预制桥梁空心板

(c) 预制桥梁栏杆立柱

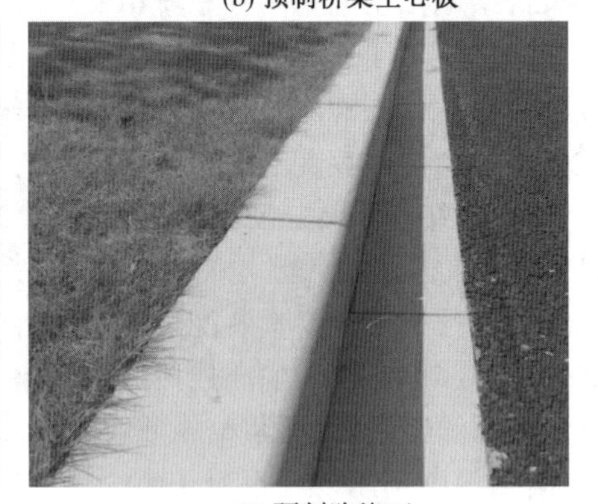

(d) 预制路缘石

图 12 滨海新城第一批市政预制部品

②全域实行工程建设项目 BIM 交付。为加强建设项目的建造质量控制,福州滨海新城工程项目均采用 BIM 设计、BIM 交付,实现所有在建项目建造过程的实时监控,为福州滨海新城规建管一体化平台的全面使用提供了强有力的基础,为城市高标准建设、高水平

(a) 预制雨水入口

(b) 预制路灯手孔井

(c) 预制路灯线槽

图 13　滨海新城第二批市政预制部品

管理提供坚实保障。

(2)关键技术与创新探索。

①设计标准化、模数化。为便于市政预制构件的推广应用,预制部品应尽可能标准化、模数化,减少预制部品的规格,这就要求市政道路的设计方案应尽可能标准化。例如,弧形路缘石,以往材质多为花岗岩石材,现场切割容易缺棱掉角,产品质量参差不齐,而且粉尘污染严重。因此,推广弧形路缘石预制部品对提升道路工程质量具有一定的现实意义。而由于道路横断面影响导致弧形路缘石规格繁多,加之不同道路的路缘石半径、弧长、截面尺寸均不同,限制了弧形路缘石的推广。因此,在道路设计阶段,要求对福州滨海新城所有的道路按照等级进行标准化设计,特别是道路平面和横断面的布置。经优化,弧形路缘石尺寸由原来的 15 种减少至 5 种,大幅度提高了生产效率,降低了成本。

②注重 BIM 设计施工一体化的节能环保。为提高 BIM 设计施工一体化过程中的节能环保技术应用程度,该工程项目积极开展建筑垃圾在预制产品中的资源化利用,专设课题开展建筑垃圾再生混凝土骨料、碱矿渣水泥的应用可行性研究,形成一批包括环保型路缘石、人行道砖在内的绿色产品。福州市在滨海新城探索与实践的基础上,制定了《福州市建筑垃圾资源化利用及再生产品推广应用实施细则(试行)》,确定了建筑垃圾适宜使用的市政道路预制部品,明确市政工程在可使用建筑垃圾资源化利用再生产品部位应使用再生产品且使用比例不低于 15%。

③研发吊装机具,提升施工效率。为提高预制装配结构的施工效率,该工程项目联合福州大学开展了预制构件吊装机具的研发,按照“从轻到重、从小型到大型、从简单到复杂”的研究思路,先研发路缘石、路灯线槽等重量较轻构件的吊装机具,再逐步拓展延伸至其他大型构件的吊装机具。

预制构件相关吊装机具的研发,既可大幅度提升现场施工效率,降低现场人工成本,还可减少因人工搬运产生的构件破损。研发大型构件的吊装机具,打破了预制构件研发的壁垒,显著提高了施工现场的智能建造水平。

④确定了市政工程 BIM 交付标准。为确保 BIM 项目接入福州滨海新城规建管一体化平台数据格式的统一,福州滨海新城开发建设指挥部专门组织编制了《福州滨海新城

城市信息模型交付通用标准(试行)》及配套的《市政工程类建筑信息模型实施指南》,确定了项目的 BIM 交付标准。

2.4 小结

10 多年来,从一开始的每年 2—3 项尝试到现在的基本铺开应用,福州市规划设计研究院集团有限公司开展的智能建造相关项目已经有上百个。结合智能建造探索与实践,福州市规划设计研究院集团有限公司认为现阶段智能建造可分为 3 个版本,即智能建造 1.0 版、2.0 版和 3.0 版。其中,智能建造 1.0 版是以预制装配化为重点,通过将工程拆解成若干预制构件,进行工厂化生产,来减少现场施工作业;智能建造 2.0 版是以 BIM 设计应用为主,提高设计效率和精细化水平;智能建造 3.0 版是 BIM 设计施工一体化为主,打通建造数据和协同管理,开展智慧工地、智慧工厂建造。

福州市规划设计研究院集团有限公司已经大力开展智能建造 1.0 版和 2.0 版的实践,如前述福道、福州新店外环路西段高架桥均应用了预制装配式和 BIM 设计。同时,也探索了一些智能建造 3.0 版本的工作,如福州新店外环路西段高架桥和福州滨海新城工程项目均完成了 BIM 交付,将 BIM 设计数据传递给施工建造阶段,利用虚拟现实模拟技术对施工单位进行了三维技术交底等信息传递。未来,福州市规划设计研究院集团有限公司将持续推进智能建造 3.0 版本工作。

3 面向智能建造的市政路桥设计展望

基于前期的探索实践,福州市规划设计研究院集团有限公司认为未来智能建造 1.0 版和 2.0 版需持续推进市政路桥预制构件标准化、模数化,同时注重完善新材料、新结构、新工艺;智能建造 3.0 版应重点解决 BIM 的设计施工一体化应用问题[4]。

3.1 持续推进市政路桥预制构件标准化、模数化

(1)存在的问题。

目前,市政工程预制构件种类丰富,个性化突出,导致其标准化、模数化较困难,主要表现在如下两方面。

①预制构件种类丰富。目前,福州滨海新城虽然已经推广应用了大量的预制构件,包括桥梁空心板、路缘石、检查井、线缆沟、人行道砖、挡土墙砌块等,但市政预制构件种类丰富,仍存在许多需要进一步研究预制的构件。例如,目前桥梁上部结构的预制构件主要推广应用 20 m 跨径以下的预应力空心板,而对其他上部结构(如小箱梁、钢-混凝土组合梁、宽腹 T 梁等)及下部预制桥梁、盖梁等仍需进一步研究其标准化问题。

②预制构件个性化突出。不同于工业产品,市政预制构件受边界条件、性能目标、建造要求等的影响,自身具有独特个性,标准化、模数化较困难。例如,市政中小跨径桥梁,由于桥梁是道路工程跨越障碍物的特殊部位,其跨径、宽度、斜交角等重要参数必须服从道路整体,因此福州滨海新城桥梁预制空心板仍需根据施工图进行模板定制、构件预制,难以做到菜单式下单。特别是在平面交叉口、立交等位置的变宽度桥无法预制,仍采用现场现浇的方式。再如,市政道路检查井,检查口的开孔数量、位置、尺寸等受到接入管线数

量、标高、孔径的影响，检查井井型类型丰富，因此福州滨海新城项目检查井预制需根据施工图定制模板，采用整体预制的形式。

此外，随着人们对景观、人文风貌要求的不断提升，个性化需求越来越多样，传统以模板加工成型的生产模式面临很大挑战。例如，路缘石需要根据周围历史文化、景观环境的要求，制作成具有地方特色的样式。

（2）对策建议。

标准化、模数化、通用化是实现工程设施预制装配化的基础。因此，开展预制部品标准化、模数化研究是市政路桥智能建造未来的研究方向。建议如下。

①建立市政预制部品标准。围绕市政道路、桥梁、综合管廊、排水工程等，开展标准部品部件研究，形成标准化的预制产品，制定产品标准和通用图集，提高产品的标准化程度。鼓励采用新技术、新工艺发展绿色产品。

②提升预制装备水平。在推进工业化部品部件品种规格系列化的基础上，大力发展自动化制造装备，高效率运输、吊装设备及部品安装设备等先进装备，提高部品的质量和生产及施工效率。

3.2　完善新材料、新结构、新工艺

（1）存在的问题。

在新材料方面，面向智能建造的新材料正逐步向轻型化、绿色化、高性能化、智慧化方向发展，这就要求加快对新材料的研发。例如，在市政装配式桥梁中，亟须开展高性能混凝土的应用以减轻预制构件的重量。

在新结构方面，智能建造的发展促使新型结构的出现。例如，预制装配式桥梁，一些地区已经开展钢-混凝土组合梁、节段拼装式预应力桥等多种预制上部结构。目前福州仅开展钢-混凝土组合梁的实践应用，仍需进一步开展其他梁型的实践应用。此外，福道采用的全钢结构桁架桥，目前缺少规范依据，亟待进一步研究制定。

在新工艺方面，智能建造与传统建造的关注点不同。例如，预制装配桥梁主要关注构件连接技术。市政桥梁的灌浆套筒、预应力钢绞线、法兰盘等的连接技术已经得到一定程度的发展，但仍需开发更多连接技术，完善连接设计方法。此外，市政桥梁的建造要求快速施工，全预制桥虽然能够提高地面以上部分桥梁的施工进度，但桥梁基础施工仍是制约施工进度的关键因素。

（2）对策建议。

智能建造对新材料、新结构、新技术的研发提出了新的要求，对策建议如下。

①加快新型混凝土在预制装配式结构应用中材料性能、施工工艺及质量控制的研究，如高性能混凝土、环保型混凝土、建筑垃圾资源化利用等。

②推广适合于市政路桥工程的新结构，进一步探索建造速度快、环境影响小的预制市政桥梁结构，形成新型结构的设计方法，制定相应技术标准。

③健全市政路桥工程中的新工艺，如在连接设计技术中已经存在灌浆金属波纹管连接、灌浆套筒连接、预应力钢绞线连接、高强钢棒连接、法兰盘连接、锚栓连接、湿接连接等连接形式。这些连接形式看似全面但各自有其适用边界，因此仍需对新的连接形式进行

积极摸索和研发,以使其适应各种形式的结构。

3.3 全面推进 BIM 的设计施工一体化应用

(1)存在的问题。

BIM 技术是智能建造的基础和关键,该技术的应用有利于预制构件的标准化生产、进场调配检验、安装质量控制等,进而优化施工组织方案,提高施工效率,保证施工质量,控制施工成本。目前,BIM 的设计施工一体化应用主要存在以下问题。

①BIM 的体制机制尚未完善。目前,除福州滨海新城严格执行市政工程 BIM 交付标准外,省内其他地区尚未或未能有效执行相应交付标准,这是导致 BIM 设计推广较慢的根本原因。与二维计算机辅助设计(CAD)相比,BIM 包含了建筑的全部信息,不仅提供形象可观的二维和三维图样,而且提供工程量清单、施工管理、虚拟建造、造价估算等工程信息。但这也导致 BIM 设计比 CAD 需要耗费更多时间,如果交付标准还是依据 CAD 出图制定,那势必无法有效推广 BIM 技术。

②BIM 设计施工协同机制尚未成熟。BIM 涉及设计、生产、施工、装备等多行业、多阶段共同使用。各个专业对 BIM 的使用功能要求不一致。例如,BIM 在设计阶段主要用于碰撞检查,在生产阶段主要用于构件下料,在施工阶段主要用于组织方案优化等。因此,需建立设计施工协同工作机制。

(2)对策建议。

①健全 BIM 应用的机制体制。完善 BIM 技术应用标准体系建设,制定分类、编码、存储、交付、评价等地方标准;在相关工程建设标准、工程计价标准制(修)订中增加 BIM 技术应用的要求。建设单位应主导推动工程建设项目 BIM 技术应用,实现建设各阶段信息传递和共享,推进参建各方基于 BIM 的建设管理平台的协同应用。

②构建集设计、生产、施工、装备等多行业、多专业的协同机制,推行 BIM 与工程总承包制的深度融合,让项目各方参与主体在同一个 BIM 上协同工作,保证 BIM 在建筑全生命周期的传导使用。

参考文献

[1] 张昊,马羚,田士川,等.智能化施工平台关键作业场景、要素及发展路径[J].清华大学学报(自然科学版),2022,62(2):215-220.

[2] 鲍跃全,李惠.人工智能时代的土木工程[J].土木工程学报,2019,52(5):1-11.

[3] 王波,陈家任,廖方伟,等.智能建造背景下建筑业绿色低碳转型的路径与政策[J].科技导报,2023,41(5):60-68.

[4] 夏昊,范晨阳.市政装配化桥梁墩梁一体化架设施工关键技术[J].公路,2021,66(4):85-89.

设计引领智能建造，为文化插上科技的翅膀

郭振城　罗烈庆　朱雪萍

方特设计院(厦门)有限公司

摘　要:近年来,随着信息技术的不断发展和应用,智能建造作为一种新型建造方式正逐渐走进人们的视野。智能建造通过引入数字化技术和先进的管理方法,提高了建造效率、降低了建造成本、优化了建造质量,成为建筑业转型升级的重要方向之一。然而,智能建造的发展仍面临着诸多挑战和困难,需要在理论和实践方面不断探索和创新。本文将结合我公司的实践经验,分析智能建造的发展背景、现状和趋势,为设计企业发展智能建造提供一些思路参考。

关键词:智能建造;智能化设计;游乐园智能化设计

1　智能建造的概念内涵

智能建造的定义,尚没有一个统一的诠释。凭借多年来的经验,本文总结出以下几项关键要素。

(1)以工业化建造为基础。

(2)以数字化、智能化为动力。

(3)结合信息技术和建造技术。

(4)贯穿项目全生命周期。

(5)实现工程活动的低能耗高质量高效率进行。

李久林教授认为,智慧建造以建筑信息模型(BIM)、地理信息系统(GIS)、物联网、云计算等信息技术为基础形成工程信息化建造平台,融合了信息技术和传统建造技术,其应用包括工程设计、工程仿真、工厂加工、精密测控、安装的自动化、动态监测、管理的信息化等方面。[2]

王要武教授认为,智能建造是一种新的管理理念和模式,其手段为BIM、物联网等先进技术,其目的在于满足工程项目的功能性需求和使用者的个性化需求,通过构建智能化的项目建造和运行环境,以技术和管理的创新对工程项目全生命周期的所有过程进行有效改进和管理。[3]

可以看出智能建造由最开始的新兴概念到现在已经迅速发展成为一个热门领域,和BIM之间有着密切的关系。在智能建造的概念被提出时,BIM已经历了十几年的发展,而智能建造在BIM发展遇到瓶颈期时为其提供了一个新的发展机遇。智能建造可以基于

BIM 提供的数据进行自动化操作和做出决策，比如自动化生产构件、自动化拼装构件等，从而实现更加高效的建造过程，而 BIM 技术也被认为是建筑设计领域中智能建造设计的集中体现，因此，BIM 和智能建造是互相促进、相互依存的关系。

2 智能建造的发展背景

2.1 政策支持

随着超级计算机和 5G 时代的开启，智能化、数字化技术的不断发展及快速应用，各行各业都面临着强劲的技术冲击，而作为传统行业的建筑业也面对着严峻局面，这引起了相关部门的重视。2022 年住建部发布的《“十四五”建筑业发展规划》中指出了建筑业的主要任务“加快智能建造与新型建筑工业化的协同发展”，再次强调了智能建造在加强中国建筑业发展中的重要作用。可见，智能建造是加速建筑业转型、实现高质量发展的重要发展机遇和必然因素，是提升我国建筑业国际竞争力的重要保证。

2.2 经济影响

建筑业作为我国国民经济的重要支柱产业之一，与整个国家的经济发展息息相关。2022 年全国建筑业总产值达 31.2 万亿元，同比增长 6.5%[1]。而这一年里福建省建筑业企业建筑工程完成产值为 1.71 万亿元，同比增长 8.3%，在全国 31 个省区市中排名第 7，对支撑国民经济的健康发展起到了举足轻重的作用。新的经济形势下，信息化和智能化是实现福建省建筑业高质量发展的必然要求，而智能建造有利于实现中国建筑业的快速转型和高质量发展，因此推动智能建造已是必然趋势。

2.3 发展环境成熟

近年来，BIM、大数据、人工智能、物联网、GIS、三维扫描等信息技术的快速发展，不仅为智能建造的发展奠定了坚实的数字技术基础，也为智能建造的深入研究提供了理论基础，智能建造理念随之提出；数字技术的快速进步也为智能建造在设计过程和土木工程施工过程中的应用带来了无限的可能，有了这些技术的加持，工程项目全生命周期的信息化水平随之提高，很大程度上趋于智能化发展，为项目的智能化高效落地做出了一定的贡献。其中，BIM 技术起到了强有力的促进作用。

2.4 市场需求

现代化社会，大众对建筑的功能、环境等方面的要求不再局限于简单、美观，从市场需求来看，他们更偏好低碳、安全、智能且高效的居住体验。如今，科学技术水平正保持迅猛发展势头，促使现代化建筑在设计过程中不得不加入更创新的设计理念，发挥设计引领作用，这在一定程度上推动了智能化建筑建造和建筑工业化的融合发展，引领了智能建造的潮流。

3　智能建造的发展现状

3.1　数字化设计

数字化设计是智能建造的基础，BIM 技术在当前已被广泛使用，其以三维模型为载体，来实现建筑设计过程中的信息共享和优化，将完整的建筑设计信息共享于设计、施工、管理、运维等不同阶段，而虚拟现实技术也可将数字模型转化为虚拟空间，完美呈现真实的设计体验，方便了设计师、建造人员、业主等之间的沟通和交流，提高了建筑设计的效率、质量和可持续性。

3.2　智能施工

智能建造已经成为施工行业的一个重要趋势，部分工程施工中已通过传感器、自动控制等技术实现自主控制、智能化生产和高效率作业。这些技术可以帮助施工方更精准地进行施工进度、资源和质量等方面的管理。而 BIM 技术在国内施工行业的应用也越来越广泛，其可以实现施工过程中的信息共享、施工质量的检测等。许多新的数字技术正在不断地应用到建筑施工中，提高了效率、降低了成本、增加了安全性，在一定程度上也推动着建筑业的产业化升级。

3.3　智慧运维

随着智能建造的不断创新和应用，运维阶段也逐渐采用机器替代人工的方式，可使用设备实现自动巡检，对建筑物进行实时监测与分析，实现故障排查与智能化控制，加强对建筑物能源的管理，一方面提高了运维效率和精准度，另一方面也降低了运维成本和风险。相信未来智能建造在运维阶段的发展会更加广阔。

4　智能建造的发展趋势

4.1　技术层面

当前，我国的建筑业仍处于探索智能建造技术的发展初级阶段。有云计算技术、人工智能技术、物联网技术、3D 打印技术、区块链技术等先进信息技术为智能建造提供强大的支持，企业应更多地去寻求这些关键技术的突破和各技术之间的融合发展，朝着打造符合适应国家发展的智慧建造技术体系方向前进，这是一个需要时间和不断改进的过程，直至实践阶段，智能建造才能越来越普及和成熟。

4.2　数据层面

“数据驱动”是智能建造的核心，智能建造的发展方向主要是基于数据技术和人工智能技术的深度融合，通过对建筑过程和建筑设施的数据进行分析和挖掘，实现建筑的智能化、高效化、节能化、环保化。从加强设计阶段的 BIM 技术的应用到施工阶段的人工智能技术、物联网技术的应用，再到运维阶段的云计算技术和大数据技术的应用，必须打通各个环节的数据流动，做好标准化、模块化应用才能形成企业数据驱动新模式，从而推动智能建造的发展。

4.3 平台层面

建筑业智能建造的实现离不开建筑工程行业平台的赋能和技术支撑，而 BIM 平台集成了项目全生命周期的所有数据，通过将数据进行整合并共享，以及通过对设计和流程进行模拟和优化，实现智能化设计和施工，帮助设计方和施工方更好地进行工作。只有打通建筑业全产业链各个环节的数字化和信息化，才能有助于实现提质、增效、降本、风控，从而真正实现建筑工业化和智能建造。

5 智能建造的竞争市场

智能建造目前还处于起步阶段，但是作为一种快速发展的技术和行业，智能建造的市场潜力巨大。未来几年，智能建造市场的规模将会不断扩大。当前市场上，传统建筑业企业的优势在于对建筑业有着深入的了解和积累了丰富的经验，而智能建造企业则拥有先进的数字化技术和智能化技术，如 BIM、计算机辅助设计（CAD）、人工智能、大数据等，同时在技术创新和创新思维方面的竞争中也占据优势地位。

综上所述，当前建筑市场竞争激烈，竞争对手多元化，智能化技术和设计创新能力是智能建造企业的核心竞争力，智能建造企业需要具备技术领先、成本控制、品牌影响力、服务能力和创新能力等方面的竞争优势，才能在市场中获得更好的发展。

6 智能建造在设计方向的应用场景

建造的过程贯穿了项目的全生命周期，其中，智能建造在设计方向的应用非常广泛。

6.1 应用途径

（1）标准化设计。

通过分析建筑产品，智能化生成标准化空间、形成标准化户型、进行标准化装修设计等，同时根据材料的性能、规格和使用情况分析设计方案，发现其中的问题并提出优化建议，从而使建筑设计及流程更加高效和优质。

（2）参数化设计。

参数化设计指通过定义和控制参数来描述模型的各种特性，如尺寸、形状、材料等，可以更加精准地控制模型的各种属性，从而获得满足要求的设计结果。在建筑领域，参数化设计已经得到广泛应用，可以帮助建筑设计团队更快速、更高效地完成复杂的建筑设计任务。其在国家体育场（鸟巢）、北京大兴国际机场、广州塔等重大项目中均有应用。在医院设计中也可以通过参数化设计生成不同的病房布局方案，以适应不同的医疗需求。[4]

（3）性能化设计。

建立性能化设计所需要的 BIM 环境分析模型，参考性能化指标，对环境进行量化仿真分析（包括能源分析、舒适度分析、资源分析、碳排放分析和可持续性评估等），分析比较后综合各种影响因素确定深化设计模型，完成项目最终的设计方案。BIM 性能化设计分析可以帮助设计团队优化建筑设计方案,使建筑物更加可持续、节能、舒适和环保。

(4)BIM 数字化审图。

基于 BIM 技术,可以通过智能化系统,自动识别、分析和对比模型中的设计信息、设计图纸、国家标准及部分刚性指标,同时也可以检查各个构件之间是否存在冲突和干涉,如管道与墙体、柱子等的冲突和干涉等,快速发现其中潜在的问题和错误,并给出改进建议和解决方案,提高审图效率。目前,湖南、广州、南京等地的数字化审图工作体系逐步建设完成,BIM 数字化审图已逐步得到应用。

6.2　应用实例

以游乐园设计为例,智能建造在游乐园设计方向形成了一些应用热点,主要涉及以下几个方面。

(1)游乐园设计。

智能建造技术可以通过虚拟现实技术和数据分析,辅助优化游乐园的景观设计,实现对园区设施的三维建模和实时交互式设计,提高游客的游玩体验。同时游乐园中需要集成大量的机械设备、灯光、声音等各种元素,智能建造技术可以帮助游乐园设计师更好地进行系统集成,实现自动化的设备控制和维护管理。

(2)游客服务体验。

利用人工智能和大数据技术,通过各种渠道收集游客的数据,如游客购票记录、游客定位数据、游客反馈等,对游客需求和喜好的特征及模式进行分析与预测,进而提高游客的服务体验和满意度。

(3)游乐设施维护管理。

通过物联网和传感器技术,采集游乐设施的数据,识别设施的工作状态和异常情况,实现对游乐设施的实时监控和维护管理,保证游乐设施安全、可靠。通过对游乐设施进行自动化管理,从而降低人工管理成本。

综上所述,智能建造技术在游乐园设计中的应用可以大幅提高游乐园的设计、运营和管理效率,提高了游乐园的舒适性和服务质量。

7　智能建造的发展困境和建议

7.1　发展困境

目前,BIM、人工智能、物联网等技术已逐步应用于项目建造过程中,然而,我国的智能建造尚处于发展的初级阶段,在其落地过程中一些困境也逐渐浮现出来。

(1)行业标准不完善。

目前,智能建造涉及多种技术领域,但行业中存在着标准不统一、标准落后、标准难以执行以及标准重复和冲突等问题,不同平台、不同软件间普遍存在数据壁垒,厂商和产品之间互不兼容,造成项目全生命周期中大量数据信息的互通性差,从而形成“数据孤岛”,造成大量的数据资源浪费。

(2)技术复杂度高。

智能建造涉及的技术领域包括物联网、大数据、人工智能、机器人等,需要大量的技术投入和研发,其中也包括平台和软件的开发投入及维护成本,而当前国内智能建造技术成熟度不高,很难吸引到投资者的关注。同时智能建造所需要的高精度、高可靠性的硬件设备价格昂贵,也增加了技术投入的难度,这些方面也制约了智能建造的推广进程。

(3)人才缺乏。

智能建造需要各个环节的紧密协作和高度信息化,需要在设计、建造、运营等各个环节进行信息共享和协同作业,同时智能建造也涉及了多个专业领域,如建筑、机电、信息技术等,此环境下就需要具备技术水平高且经验丰富、拥有团队协作能力的人才在各个环节将这些技术进行整合和协调,因此,发展智能建造需要具备掌握多种专业技能的专业人才,目前尚缺乏这部分领域的人才。

7.2 发展建议

上述问题均限制了智能建造的发展和应用,针对上文中指出的智能建造发展过程中面临的现实困境,本文提出以下几点建议。

(1)加强政策引导作用。

建立智能建造的相关技术标准体系,包括技术标准、质量标准、安全标准等,以确保智能建造在各个方面达到规范化和标准化。政府同时加大对智能建造产业的支持,出台有力的配套激励政策和资金支持,如提供财政补贴、优惠税收政策等,推进智能化建造的示范工程和科技创新,带动整个建筑业的智能化转型,为企业提供良好的创新环境和发展空间。

(2)加大技术投入力度。

政府和企业加大对智能建造研发和应用的投入,有以下几个方向:发展人工智能技术、推广BIM技术、研究机器人技术、推广虚拟现实(VR)和增强现实(AR)技术、研究新型材料和工艺、推广云计算和物联网技术,并且企业应该积极组织建立高水平的研发团队,以推动技术创新和发展。

(3)注重复合型人才培养。

根据智能建造的发展需要,一方面,政府和企业注重培养一批具备智能建造专业知识和技能的复合型高素质人才,鼓励在高等院校、职业学校等教育机构中开设智能建造相关课程,培养大批合格的智能建造人才,同时建立人才引进计划,为智能化人才提供创业支持和政策扶持,吸引更多的优秀人才加入智能建造领域;另一方面,可通过建立智能建造人才储备库,及时跟进行业发展趋势,加强人才需求与供给的协调,实现人才储备和灵活调配,为智能建造产业提供坚实的人才保障。

8 智能建造企业经验分享

8.1 方特设计院介绍

方特设计院作为一家综合性、专业化的设计院,为了推进建造引领工作,一直秉承方特集团“文化+科技”的发展战略和“打造最具活力的文化科技企业”愿景,在过去的 5 年时间,不断地投入到智能建造领域的研究中,经历了组织架构调整、工具开发、流程再造,探索出了一条适合方特设计院的协同设计发展之路,实现了三维正向设计常态化,确定了明确的数字化建设发展战略。在积极探索“人+景+技+艺”的项目管理新方向上,结合文化典故主题表达、魔幻现实场景塑造,实行“建筑模拟+声像设计+场景烘托”,打造设计标准化流程,形成技术策划、定制研发、设计实施等特色和亮点,推动技术创新,促进建造方式转型升级,实现集成服务和规模升级。以下将重点介绍方特集团项目的产品策划、技术研发、设计实施等具体情况,分享文旅项目的 BIM 设计与应用创新。

8.2　项目技术策划

方特设计院为表达文化典故主题、塑造魔幻现实场景,运用“建筑模拟+声像设计+场景烘托”等方式,开展全流程项目策划设计,展开项目/场景的具体设计工作。

(1) 项目综合策划。

运用“基于 BIM 的正向设计+声像设计+场景模拟”等一揽子综合技术,进行包括方案策划、形象设计和主题塑造等的项目整体、系统、集成的综合策划,融合链接技术策划、建设管控和场景展现等,探索实践为文化插上科技翅膀的途径和支撑。方特设计院项目中漂流河动线模拟如图 1 所示。

(2)项目单项策划。

通过热力分析、交通模拟、动线分析等前期技术策划,为后续各专业设计提供基础数据,以更具象、更全面、更理性的产品设计解决人的交互体验感问题。

(a) 平流段:结合特技特效、场景包装

(b) 激浪段:速度最快,不做过多包装

(c) 推流段:速度较快,可做场景包装

(d) 特技特效:喷水特技、水雾特技、水帘特技

(e) 协作:过山车与河道结合

(f) 协作:河道与园内观景结合

图 1　漂流河动线模拟

8.3　定制化研发

方特设计院通过研发管理平台和设计工具,提速、降本、增效,加强效用分析,开创数字资产。

(1)企业定制化知识库开发,形成系列化产品。

收集项目中复用性高的产品构件及节点,形成企业自有知识库,累计构件资产超3 000项,极大程度丰富了后续设计的素材,提高了参数化设计的使用性,奠基高效常态化BIM 设计,夯实产品化设计质量。

(2)企业定制化平台开发,维护标准执行。

为支持企业项目管理工作,结合企业工作流程开发了企业定制化平台,对相关的流程、工具和知识库维护及整个标准的贯彻执行起到重要支撑作用;同时部分专业利用模型沉淀数据后结合平台与成本数据库自动比对及匹配,高效完成设计概算工作,其中园林专业概算准确率达98%。

(3)企业定制化工具开发,提高生产工效。

通过自主研发的插件工具,解决设计过程中重复烦琐的工作,实现部分工作自动化,让设计师回归设计,如材质管理、图像识别、工艺匹配等,提高生产工效达250%。

8.4 建筑设计实施

建筑方案设计立足多专业有效配合,基于技术策划、数据分析、主题塑造及气氛烘托等需要,开展方案数字化设计,规避建设风险、控制项目成本、增创游乐价值。

(1)参数化设计。

借助可视化编程工具,进行复杂钢结构、异型表皮、照明亮化等参数化设计,保证预留的参数与专业软件联动,计算机自动表达结果,实现异形方案参数化设计。

(2)可视联合评审。

通过各专业三维协同设计,由评审组统一进行方案评审,对设计效果、专业碰撞、建模标准等进行可视化、自动化、综合性评审,提前规避各类问题。

(3)多专业集成出图。

勾连机电、装饰、艺术、亮化、设备等诸多专业,运用三维节点图、轴测图、爆炸图、真彩色平立面图,实现版本统一、成果完整、识图便利。

(4)便捷性交付指导施工。

使用 AR 漫游视频、轻量化、App 等方式进行全专业 BIM 交付,施工方实时真实场景定位,通过手机客户端进行效果预览、模型查看、在线评论等,便利沟通,打破各方“信息孤岛”,满足施工深化使用要求。全景方特 App 交付如图 2 所示。

图2　全景方特 App 交付

8.5　方特设计院 BIM 颇具特色

结合以上的 BIM 探索经验分享,总结了以下几点方特设计院发展智能建造的优势。

(1)企业优势+独特业务。

方特设计院作为设计方亦是业主方,同时受益于主题娱乐项目造型复杂的特点,在推广 BIM 的道路上更具得天独厚的优势,作为需求导向型设计院,已成功发展成为数字化设计院。

(2)构建数字资产,助力 BIM 设计标准化。

规范底层数据架构,拥有一整套完整的设计应用标准,并且从管理流程落实到平台运维,建立与运用自营数据库,通过知识重用和复用,为设计赋能、增值和提效。

(3)创新建筑设计,实现 BIM 设计常态化。

多专业异地协同设计,开发设计工具,让设计简单化、智能化。装饰、景观图纸打破二维传统,创新三维节点图、彩色大样图。

(4)源于大众,归于大众。

方特设计院不仅限于基于数字化解决传统建造问题,更多地会注重客户的园区游玩体验感及呈现出来的效果。

(5)两栖型人才策动创新。

大量培养具备“编程+设计”能力的两栖型人才,策动设计创新加速,构建发展数字生产力,生成数字转型的根基。

9　智能建造企业发展建议

厦门市被列为首批国家智能建造试点城市,厦门市统计局统计数据显示,近 5 年来,厦门市建筑业产值平均年增长 20%,每年完成建安投资约 1 500 亿元,市场潜力巨大。现有 20 多家央企和世界 500 强企业在厦门市设立具有独立法人资格的建筑业企业,技术力量雄厚;同时,厦门市被工信部授予"中国软件特色名城"称号,规上软件企业 300 多家,其中 3 家中国软件百强、5 家中国互联网百强,信息产业优势明显。[5]

同时得力于厦门市近年来扎实推进智能建造应用,开展以"人机结合、智能辅助、系统调度、智慧管理"为目标的智慧工地建设试点工作,建设全省首个装配式装修试点项目,现有住建部认定的国家级装配式建筑产业基地 3 家。BIM 技术深入应用,建立多个 BIM 技术应用、交付、存储、分类编码标准体系,建设了全市统一的城市信息平台(CIM),加快新型建筑工业化与高端制造业深度融合。

结合方特设计院在积极探索智能建造道路上遇到的困难和收获的经验,为厦门市在设计方向发展智能建造提供以下几点建议。

(1)推进数字化转型。

设计企业需要积极推进数字化转型,实现从传统手工制图到数字化设计的转变。引入数字化技术(包括 BIM 软件、CAD 软件等智能化技术)进行建筑结构优化、能源消耗预测、材料选型等,以便大幅提高团队之间的沟通和协作效率,以及建筑设计和精度,为智能建造提供更好的基础。

(2)推进规范标准化。

设计企业可以结合先进的智能建造技术,制定适合自己的工程标准和规范,这些标准和规范需要考虑设计、施工、运营等各个环节,并且需要与行业标准和国家标准相衔接,以确保智能建造的各个环节的协同和衔接。同时,设计企业也可以通过参与标准制定工作、参加行业会议等方式,积极参与行业标准的制定和推广,为智能建造的发展和应用做出贡献。

(3)建设企业产品、工具库。

设计企业应建立企业产品库,将所有产品信息集中起来,便于设计师和工程师进行快速查找和选择适合的产品,这样可以避免不同人员对同一产品信息的理解不一致,导致重复设计和研发,从而保证设计和施工的准确性与一致性,并且可以实现对产品信息的全面管理,包括产品的研发、生产、销售、维护等环节。这样可以更好地掌握产品的整个生命周期,优化管理流程,提高企业的竞争力和市场占有率。同时也需要建设自己的设计工具库,统筹内部工具应用,用统一工具的方式提升工作标准化程度,解决流程上的标准不一造成的沟通效率低下、沟通障碍导致的工作壁垒等问题。这样能够产生协同效益,综合提高工作效率,最大限度地发挥智慧建造技术对建筑业转型升级的作用,推进建筑业整体的技术升级。

(4)搭建企业一体化平台。

设计企业可以在工程设计领域凭借其积累的设计经验,发挥自身优势,借助数字技术搭建一体化平台,促进设计模块之间的联动合作,打通横纵向沟通屏障,优化设计流程,把控设计进度,提升工作效率和工作质量;也可以提高 BIM 技术的应用程度,促进设计的可视化、信息传导的高效化、资源配置的合理化等;还可以通过一体化平台提升企业协作效率与准确性,支持智慧建造。

(5)加强与其他行业的合作。

智能建造是一个涉及多个行业的综合性技术,设计企业需要加强与建筑施工、软件、设备供应等行业的紧密合作,共同推动智能建造的发展和应用。可以通过与建筑业企业、施工方等进行深入沟通,了解他们的需求和痛点,从而设计出更加适合实际应用的智能建造方案,为智能建造的发展和应用创造更好的条件与环境。

目前,设计企业的技术转型仍处于早期阶段,随着生产要素逐渐向资本和技术聚拢,企业转型的节奏将逐渐加快。设计企业要发展智能建造,需要紧跟时代的步伐,积极推进数字化转型,引进和应用智能化技术,加强标准化建设,同时加强与其他方的合作。只有全面发展智能建造,才能实现建筑业的高效、智能和可持续发展。

参考文献

[1] 国家统计局固定资产投资统计司. 中国建筑业统计年鉴:2022 [M]. 北京:中国统计出版社,2022.

[2] 刘占省,孙佳佳,杜修力,等. 智慧建造内涵与发展趋势及关键应用研究[J]. 施工技术,2019,48(24):1-7,15.

[3] 王要武,吴宇迪. 智慧建设理论与关键技术问题研究[J]. 科技进步与对策,2012,29(18):13-16.

[4] 马智亮. 智能建造应用热点及发展趋势[J]. 建筑技术,2022,53(9):1250-1254.

[5] 福建省工业和信息化厅. 厦门被授予"中国软件特色名城"称号[EB/OL]. (2019-03-25)[2022-11-21]. https://gxt.fujian.gov.cn/zwgk/xw/dslb/201903/t20190325_4837132.htm.

智能设计经验做法与典型案例

沈一慧　曾佳鹏　张福敦　胡志华　赵庆福

建盟设计集团有限公司

摘　要：智能设计综合运用人工智能、大数据、云计算、物联网等技术，使建筑物具备自主感知、智能决策、智能优化等特性，提高建筑物的功能性、舒适度和能效，并致力于实现建筑物的高效运营和可持续发展，旨在提高建筑物的资源利用率和环境适应性，降低建筑物对环境的影响。建盟设计集团聚集业内优秀的工程咨询、策划、旅游、规划、市政、建筑、园林、古建、室内等专业设计团队，在全过程工程咨询、装配式建筑、BIM、设施运维等建筑现代化领域进行了深入的实践，并形成“全程化综合设计”的服务模式，为政府和开发商提供完整的项目解决方案。本文总结了建盟设计集团智能设计的经验做法与典型案例，以期为相关技术的发展提供借鉴。

关键词：智能设计；BIM；典型案例

1　概述

智能设计综合运用人工智能、大数据、云计算、物联网等技术，使建筑物具备自主感知、智能决策、智能优化等特性，提高建筑物的功能性、舒适度和能效，并致力于实现建筑物的高效运营和可持续发展，旨在提高建筑物的资源利用率和环境适应性，降低建筑物对环境的影响。建筑智能设计需要在建筑物规划设计、建设施工、建筑物运维等各个阶段进行全面考虑，需要建筑师、工程师、科学家、技术供应商和设备制造商等多方合作，共同推进。其应用范围广泛，包括商业、住宅、医疗、教育、体育、娱乐等各个建筑类型，可以为各个领域提供更加智能化和个性化的建筑解决方案。

建筑信息模型（BIM）是智能设计应用中的基础载体和驱动引擎。BIM 是一种数字建模方法，它用于在设计和建造过程中创建三维数字模型，包括建筑物的物理和功能属性。BIM 的应用使得建筑设计可以更加高效和准确。在建筑设计的早期阶段，BIM 可以帮助设计师快速地测试不同的设计方案，以便确定最优方案。在建筑物的实际建造过程中，BIM 可以支持建筑物的协调和构造计划制定，并确保工作进度及时。BIM 还可以提高建筑物的可持续性。通过 BIM，建筑师可以比以往更容易地分析建筑物的能源消耗，以及如何在整个设计和建造过程中最大化建筑物的能效。总之，BIM 在建筑设计中的广泛应用，有助于提高设计和建造过程的效率与准确性及建筑物的可持续性，以及建立更好的项目管理和团队协作。

BIM 在全球范围内得到了广泛的政策支持。许多国家和地区都已经制定了相关政策和标准，以推广和规范 BIM 技术的应用。在美国，BIM 技术已经成为政府项目的必备技术。2014 年，奥巴马政府发布了《建筑信息模型（BIM）标准国家执行计划》（*National BIM Standard-United States*），明确了 BIM 在政府项目中的应用规范和标准。欧盟也推出了相关政策，其中包括 BIM 应用在公共建设项目中的促进措施。我国 2015 年发布了《关于推进建筑信息模型应用的指导意见》，提出到 2022 年，建筑行业中要达到一定比例的 BIM 技术应用，同时加快推动建筑行业数字化转型。2020 年 7 月，住房和城乡建设部、发展改革委、科技部等 13 部委联合印发了《住房和城乡建设部等部门关于推动智能建造与建筑工业化协同发展的指导意见》，指出要"以大力发展建筑工业化为载体，以数字化、智能化升级为动力，创新突破相关核心技术，加大智能建造在工程建设各环节应用，形成涵盖科研、设计、生产加工、施工装配、运营等全产业链融合一体的智能建造产业体系"。《住房和城乡建设部等部门关于推动智能建造与建筑工业化协同发展的指导意见》明确提出："加快推动新一代信息技术与建筑工业化技术协同发展，在建造全过程加大建筑信息模型（BIM）、互联网、物联网、大数据、云计算、移动通信、人工智能、区块链等新技术的集成与创新应用。"可以说，政策方面的支持为 BIM 技术的普及提供了强有力的后盾，有助于更好地发挥 BIM 在建筑设计和建造过程中的优势。

建盟设计集团聚集业内优秀的工程咨询、策划、旅游、规划、市政、建筑、园林、古建、室内等专业设计团队，在全过程工程咨询、装配式建筑、BIM、设施运维等建筑现代化领域进行了深入的实践，并形成"全程化综合设计"的服务模式，为政府和开发商提供完整的项目解决方案。

2　经验做法与典型案例

2.1　湖里国投——产业办公 2# 楼土建及二次机电设计

（1）项目概况。

湖里国投商务中心工程（图 1）位于湖里区园山南路以南、联发电子商城西侧，由厦门市湖里区国有资产投资集团有限公司建设。该项目总建筑面积 89 761.42 m^2，其中，地上建筑面积 61 121.95 m^2，地下建筑面积 28 639.47 m^2，建筑占地面积 5 811.77 m^2。1～3# 楼地上 18 层，框剪结构；4# 楼 6 层，框架结构。结构安全等级为二级，抗震设防烈度为 7 度。本工程为改造项目。

图 1　湖里国投商务中心效果图

(2)应用内容。

①点云的应用。房屋改造项目中测量一直是个难题。难点在于:现状与原始设计图纸中的内容不一致,以至于图纸无法提供现状建筑的设计基础信息;面积与场地受限,大空间建筑是无法完成实际手工测量的;测量仪器精度不准确,以至于测量数据起不到参照作用。点云技术可以打破技术壁垒,解决改造项目的测量难题。

三维激光扫描技术是利用激光测距仪的原理,通过记录被测物表面大量密集的点坐标、反射率、纹理和全景图等信息,经计算机辅助计算,形成的三维空间点云模型。三维坐标通过色彩及反射强度等信息对空间信息进行表达,而且点云具有空间不可代替的特性。

点云通过形成3D彩色点云数据库与原模型叠加,对现场施工的设备布置与改造设计图纸进行比对,检查现场施工与改造设计图纸的差别,并尽量减少返工的状况,优化管道排布,同时也为后续的维护、翻新、修复、存档提供精确的数据支持,如图2所示。

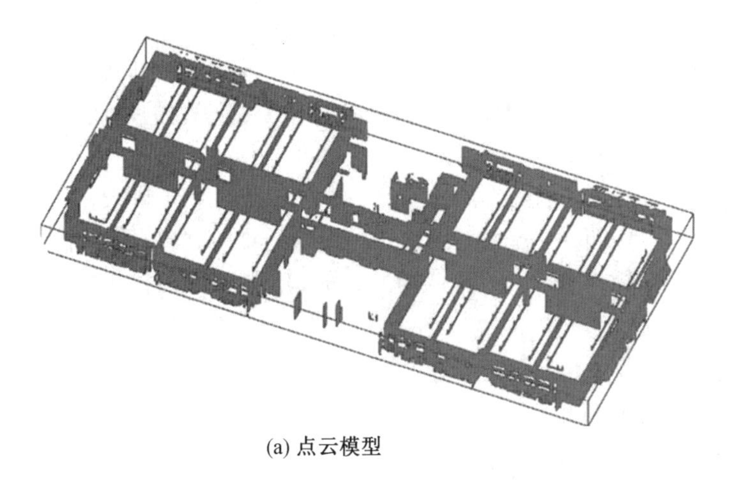

(a) 点云模型

(b) 现场情况

图2　湖里国投点云模型文件

②净高分析。由于此项目的结构形式是框剪结构,框架梁相对比较高,梁高均不小于800 mm高,对于3 600 mm的层高而言,再加上设备管线的敷设,使净高问题显得突出。设计团队先通过全专业BIM建模将其CAD平面导出,初步对净高进行分析,在净高不满足的位置,进行原因分析,并提出合理化的建议。通过模型的展示,让甲方直观地看到优化前后的对比,从而将BIM技术切实应用到项目中,如图3所示。

③三维漫游。建筑从施工图纸、效果图到动画漫游,从二维演示到三维漫游,展示效果越来越逼真形象。在三维漫游应用中,BIM工程师可以利用三维软件制作虚拟的环境,以动态交互的方式对未来的建筑物进行观察。经过三维点云模型分析及净高分析,完成走廊的机电调整,并通过漫游模式对改造设计成果——三维模型进行检验,如图4所示。

(3)应用成果与效益。

随着我国建筑节能理念、建筑节能技术和相关研究的发展,既有建筑的改造有了长足的发展,然而我国既有建筑的总量巨大,且随着社会的发展,其能耗和数量仍在增加。既有建筑的改造受到诸多条件影响。

BIM技术在项目规划、设计、施工及运维阶段的应用越来越成熟,基于BIM技术的既

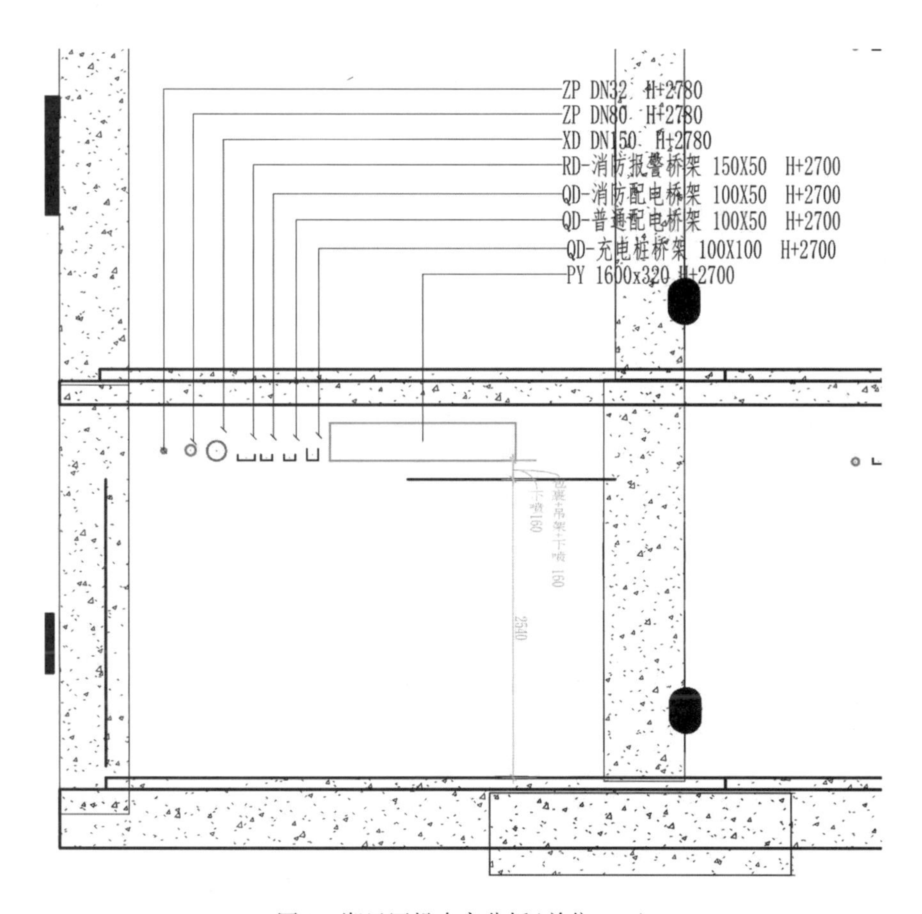

图 3　湖里国投净高分析(单位:mm)

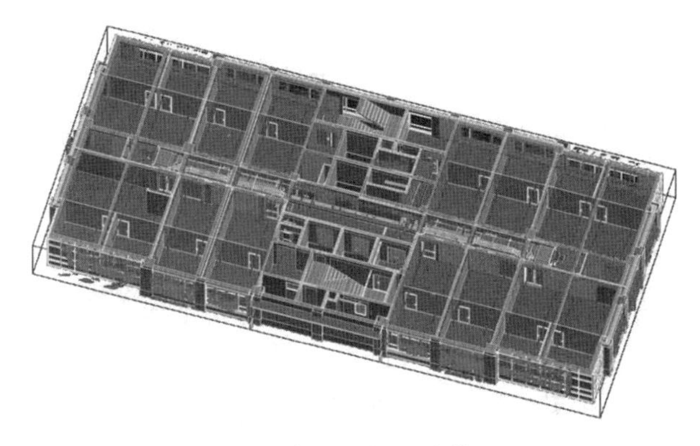

图 4　湖里国投三维模型

有建筑改造为我国既有建筑改造工程提供了新的思路。在既有建筑改造中 BIM 技术逐步发挥其可视化、模拟化等特点,有效提高工作效率、节省资源、降低成本,以实现既有建筑改造工程的可持续发展。

在项目的投资规划与决策阶段,根据建筑物的建筑信息模型所呈现的数据,可以利用与拟改造项目存在相似特点的工程的相关造价数据,运用模型输出已完类似工程的单方造价信息等，再通过建筑信息模型技术可以高效准确地对拟改造项目的总投资额进行规划，为项目的投资决策提供有效的依据。

而点云技术应用于涵盖房建领域的设计、施工和改造等过程中，既可以减少人力、节省时间、避免后续现场变更带来的成本浪费，又可以与建筑信息模型同步，具有完美的三维呈现等优势。新技术的应用依赖于市场的接受程度，会经历新旧技术交替的过程，在智能建造及装配式等信息技术大浪潮的推动下，点云技术已经应用到了旧房改造项目、新建项目竣工模型比对及古建筑修复等多个领域。

2.2 风之翼艺术馆、地质博物馆建筑

(1)项目概况。

本项目位于平潭68小镇限山岛，该岛与台湾隔海相望仅相距68海里，是大陆距离台湾岛最近的地方。小岛四面环海，拥有较好的观海面。航拍鸟瞰全岛，岛上多为礁石沙地，植被覆盖率极低，仅有一条便道与大陆连接，是漂浮于大海上的礁石海岛，遗世独立。岛屿北侧风大，海浪拍打礁石泛起迷人的白色浪花环绕岛屿北侧。岛屿南侧风浪较小，海面较为平静。限山岛上有3座较大的鲍鱼厂，占地面积3 000 ~6 000 m^2，蓄水池占地面积约为833 m^2。本次改造的鲍鱼厂和蓄水池为离进岛通道最近的鲍鱼厂和蓄水池。鲍鱼厂由几栋石砌结构小建筑和石砌围墙与遮阳篷围合的鲍鱼池组成为，占地面积约5 600 m^2。建筑外观较为灰暗，而鲍鱼厂在遮阳篷遮挡下的内部空间却很开阔，可以发挥的空间较大。而且，遮阳篷是农民生产活动的一个智慧亮点，在遮阳篷下实地勘察发现，内部空间既保证了光线充足，又遮挡了大部分的海风，非常的休闲惬意。与鲍鱼厂一路之隔的蓄水池为石砌结构，位于场地高处，与旁边道路有5米多的高差，蓄水池刚好嵌于高差台地内。从蓄水池平台环顾四周一望无垠，极致海景尽收眼底。蓄水池轮廓占地约800 m^2。

风之翼艺术馆、地质博物馆，是由限山岛上的蓄水池改造而成，建筑占地面积4 069.6 m^2，总建筑面积4 081.92 m^2。

(2)应用内容。

①可视化沟通。基于BIM技术的高度可视化、协同性和参数化的特性，建筑师在概念设计阶段可实现在设计思维上快速精确表达的同时与各领域工程师进行无障碍信息交流与传递，从而实现了设计初期的质量、信息管理的可视化和协同化。在业主提出要求或设计思路改变时，基于参数化操作可快速实现设计成果的更改，从而加快了方案的设计进度。BIM技术在概念设计中应用主要体现在空间形式思考、饰面装饰及材料运用、室内装饰色彩选择等方面。

在方案阶段，结合场地的地理环境及人文精神，以创造海岸线的感觉为概念，方案的空间流线以采用曲线、弧线、波浪线的形式为主，导致该建筑空间造型复杂。利用BIM技术的参数化设计可实现空间形体基于变量的生成和调整，从而避免传统概念设计中的工作重复、设计表达不直观等问题。艺术馆的屋面造型可以在BIM里面进行反复推敲，完善建筑模型，并配合结构建模进行核查设计。应用BIM软件构建建筑模型，对平面、立面、剖面进行一致性检查，将修正后的模型进行剖切，生成平面、立面、剖面及节点大样图，

形成初步设计阶段的建筑。风之翼艺术馆、地质博物馆三维空间如图5所示。

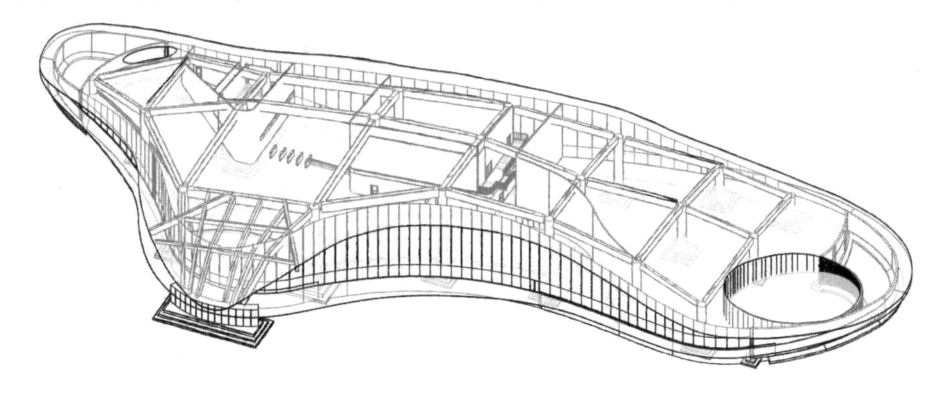

图5　风之翼艺术馆、地质博物馆三维空间

②三维协同。以建筑信息模型作为提资条件，开展专业间、专业内的协同工作，可以提高沟通效率、提升设计质量。项目所涉及的专业均落实到三维空间，实现各专业在设计过程中的高度协调，减少专业间协调次数，提高专业间设计会签效率，更加高效地把控项目设计的进度和质量。项目从方案阶段就采用三维软件进行设计，全专业直接在协同平台建模及修改，实现各专业在设计过程中的高度协作，加快项目设计的进度，提高质量，并为后续的数字技术集成应用提供有效数据信息，如图6所示。

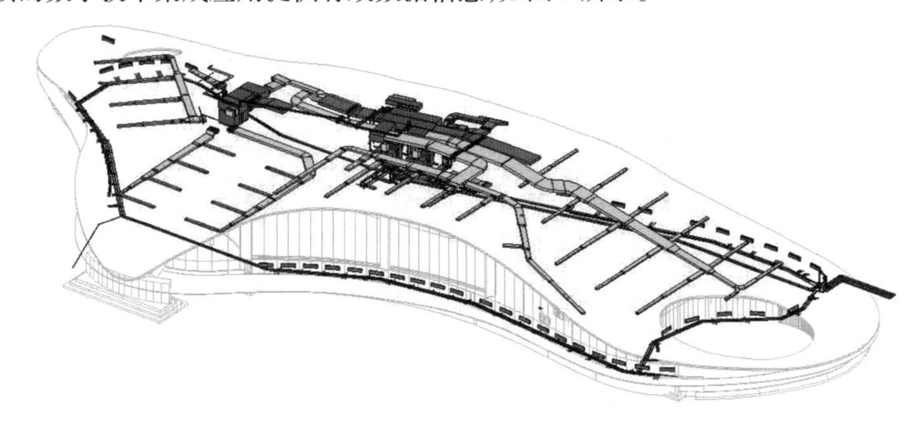

图6　风之翼艺术馆、地质博物馆全专业模型

③设计优化。通过建筑信息模型开展全专业设计核查与各阶段分析模拟，可以帮助设计师在项目的不同阶段检查和解决冲突和错误，如管道和电气线路的冲突、构建部分的不一致性等问题。BIM 碰撞检查可以帮助设计团队快速识别潜在的冲突，并提供解决问题的建议，以便在现实世界中减少项目错误发生概率，降低成本。通过梳理并修正设计的错、漏、碰、缺问题，对可能存在的净空、净高问题进行优化，如图7所示。

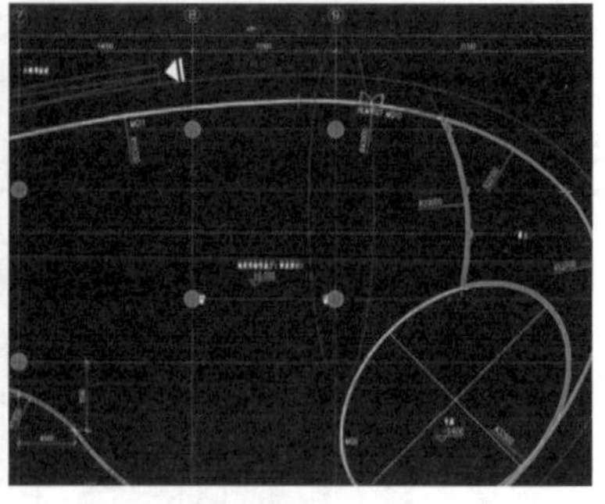

图7　风之翼艺术馆、地质博物馆空间净空、净高复核

④可出图性。由于艺术馆屋面造型是由多组复杂的曲线组成,本项目基于 BIM 三维模型,可以实现自动化“剖切”达到施工图深度要求,完成建筑专业平、立、剖面设计出图工作,提高出图效率。

(3)应用成果与效益。

目前传统设计师的创造力和生产力由于传统二维设计工具及手段的制约而受到约束。设计师本该投入到优化设计和创造空间的大量精力流失在了图纸绘制与校对修改上。而通过采用 BIM 设计模式将花费在图纸与表达上的多余精力转移到建筑设计本身,设计师进而实现对企业整体创造力与生产力的解放并提高设计效率。在设计成果的展示与沟通中,相较于传统抽象的二维图纸,业主可直接通过 BIM 三维模型进行及时沟通并切实提高沟通效率,降低沟通成本。利用建筑信息模型取代传统二维平面设计手段,使项目与 BIM 真正结合起来。三维模型的直观性能有效提高设计人员的理解和表达力,从而保证设计成果的质量。风之翼艺术馆、地质博物馆效果图如图 8 所示。

图8　风之翼艺术馆、地质博物馆效果图

参考文献

[1] 中华人民共和国住房和城乡建设部. 建筑信息模型应用统一标准:GB/T 51212—2016[S]. 北京:中国建筑工业出版社,2016.

[2] 中华人民共和国住房和城乡建设部. 建筑工程施工信息模型应用标准:GB/T 51235—2017[S]. 北京:中国建筑工业出版社,2017.

[3] 中华人民共和国住房和城乡建设部. 建筑信息模型设计交付标准:GB/T 51301—2018[S]. 北京:中

国建筑工业出版社,2018.
[4] 福建省住房和城乡建设厅. 关于印发《福建省建筑信息模型(BIM)技术应用指南》的通知[EB/OL]. (2017-12-29)[2022-02-18]. https://zjt.fj.gov.cn/xxgk/zfxxgkzl/xxgkml/dfxfgzfgzhgfxwj/jskj_3794/201801/t20180108_2925117.htm.

智能建造与数字技术

洪东晖　尚建筑

(厦门)建筑科技有限公司

摘　要:数字技术是智能建造的重要组成部分,而数字技术涉及的方向及方法很广,难度有深有浅。本文通过对数字产业、行业数字技术进行介绍,对行业软件二次开发的应用实例及数字技术的应用梳理,阐明在应用数字技术时,适合自行研发的方向、适合购买的专业产品或专业服务的方向,以及相应的关注点。

关键词:数字产业;软件;二次开发

1　数字产业

把数字产业的公司及产品分 4 个大类。

(1)数字平台公司。

例如,微软、谷歌和苹果公司等,他们掌握数字技术的底层工具:操作系统、开发语言、开发工具,如微软有 Windows 操作系统、开发语言 C#、开发工具 Visual Studio;谷歌公司有安卓(Android)移动端操作系统、开发语言科特林(Kotlin),开发工具 Android Studio,苹果公司有 IOS 操作系统及专用开发语言 Swift、开发工具 Xcode:等等。

(2)产品公司。

产品公司应用数字平台公司的工具开发软件产品,如腾讯、网易、奇虎 360、金山办公。他们开发某一个领域的专用产品,如腾讯有微信、QQ、腾讯会议等,网易有网易云音乐等,奇虎 360 有 360 安全卫士,金山办公有 WPS Office。

(3)开源软件、开源社区、开源网站。

最著名的就是开源操作系统 Linux。国外有 Apache 软件基金会,该基金会旗下的著名软件有 Tomcat(开源的 Web 应用服务器),POI 类库(Java Web 对 Office Excel、Word、PowerPoint 等文件的读写),Maven(最主流的软件项目管理工具之一)等,价值超过 200 亿美元的开源软件和项目免费提供给开发者使用,并且完全开源,使得全世界数十亿的用户受益;有 GitHub 面向开源及私有软件项目的托管平台。国内有 Gitee(开源中国的代码托管平台)。这些平台都有大量的开源软件,开源代码。各互联网巨头如腾讯、阿里巴巴,既使用开源软件,也奉献代码到开源组织。

(4)各种软件服务公司。

各种软件服务公司利用数字平台公司和开源软件、开源社区、开源网站的数字技术进行专属定制开发。

2　行业数字技术

对应建筑领域，也把数字技术应用的公司及产品做如下分类。

（1）行业平台公司。例如，欧特克（Autodesk）、浩辰软件、中望软件、天宝导航公司等，他们的产品主要服务于建筑行业，他们有行业专用软件，支持二次开发，Autodesk 有 AutoCAD、Revit、Navisworks、3d Max 等，浩辰软件有浩辰 CAD，中望有中望 CAD，天宝导航公司有天宝草图大师（SketchUp）、天宝 Tekla 等。

（2）行业产品公司，他们在行业平台公司软件产品上进行二次开发，如天正公司开发天正建筑、天正结构、天正建筑水暖电，北京橄榄山软件有限公司开发橄榄山快模，上海红瓦信息科技有限公司开发建模大师等。

（3）行业开源软件，为免费软件，目前行业中较少少。

（4）利用行业平台公司和行业产品公司的产品进行服务、生产。

在建筑领域，国内各类公司进行数字技术应用的建议如下。

针对建筑领域，国内行业平台公司相关软件的研发应该对标国际公司，同时开发的软件都要支持二次开发，要有详尽的二次开发文档。国产行业平台软件的目标是掌握行业软件的核心技术，做好国产软件。比如在 CAD 方面，浩辰 CAD 和中望 CAD 对标 AutoCAD，目前就软件功能来说，在建筑领域这两家的 CAD 产品已经完全可以替代 AutoCAD 了，同时这两家的 CAD 产品已经行销到国外去了，但是两家 CAD 的二次开发文档较少，都要研究 AutoCAD 的二次开发文档资料才能做二次开发。国产操作系统银河麒麟、统信 UOS，也是参照 Windows 的界面逻辑开发的，有着非常接近的使用体验。国产操作系统统信 UOS 上，WPS Office、QQ、微信、腾讯会议等常用软件也都相应移植了。未来国产操作系统替代空间可期。办公软件 WPS Office 也是参照微软的 Office 开发的，目前大有超过 Microsoft Office 之势。建筑领域使用的 SketchUp、犀牛（Rhino）、Revit 等软件，还没有国产软件可以替代，因此建筑领域是非常需要国产替代软件的。目前国内有公司参照 Revit 的界面及功能进行软件开发，但是操作习惯和发展方向有很大的区别，也没有重视二次开发，方向没选好，未来令人担忧。这类行业平台软件应该按照成熟软件（成熟软件可以流行，肯定有独到之处，Autodesk 公司也买了很多专业软件，当中的一部分也并不流行）的操作习惯进行研发。国内行业平台公司前期可以立足国内市场，但是要有全球视野，要有未来可与国际厂商同台竞技的布局。

国内行业产品公司，针对行业平台公司的产品，进行二次开发，软件更接近最终特定客户使用的版本。这类公司在拥有了足够的资源后，应该努力向行业平台公司进发。比如现在的天正建筑、天正建筑水暖电，使用率占据领先的位置，但是仅有二次开发的插件产品，没有研发 CAD 的基础软件。如今浩辰公司既开发浩辰 CAD 也有了浩辰建筑、浩辰水暖电，中望公司也是先开发中望 CAD，再开发中望建筑、中望水暖电，使用体验很接近。在国产操作系统、国产 CAD 软件的不断发展下，天正软件如果仅能在 Windows 操作系统和 AutoCAD 下使用是不够的（虽然天正建筑等也有在浩辰 CAD 下的插件版本，但是跟浩辰建筑从功能上很难有大的区别，因此从采购角度买家肯定更倾向购买同一家的系列产品），未来发展需要突破，去研发基础 CAD 软件。浩辰 CAD 和中望 CAD 都已经有了在国产操作系统统信 UOS 系统下运行的版本。

针对行业开源软件，虽然是免费软件，但行业内的协会或者大学也应该努力推动这类软件或资源的开发，以丰富行业应用。比如目前的 Revit 族库、橄榄山、红瓦、构件坞都有族库插件，但是插件自带各种各样的族，良莠不齐，很难满足行业应用要求。如果每个公司自行建族解决，又费时费力，重复劳动多，浪费资源。行业产品公司也没有动力深入解决应用问题，同时这类应用也不应成为行业产品公司努力的方向，他们更应该努力的方向是开发插件，解决某一具体需求。因此，需要有行业内的协会或组织来协调统一，减少重复工作。未来行业平台软件国产替换时，这些库还能为国产软件助力，加快国产替代。还有些个人做的研发插件，如果不是要成立行业产品公司，不妨开源插件代码，或者做成免费软件。现在广泛使用的关系型数据库管理系统 MySQL，跨平台的图形界面开发框架 Qt 也是从两三个人开始做起来的。笔者 20 多年前曾写过建筑给排水计算的免费软件“水之窗辅助计算 WWCal”，至今还有很多同行使用该软件进行设计计算，现在在百度上搜“水辅助计算”，依然能排在搜索页面的靠前位置，也算为行业贡献了自己小小的价值。

建筑行业的建设单位、设计企业、施工单位等，都需要进行产业数字化升级，这是数字技术赋能的重点、难点。利用当前成熟的数字技术，至少在以下 3 个方面可以进行提升。

(1)利用行业软件支持二次开发功能，编写插件，提高作图、建模、浏览的效率。

(2)利用局域网或广域网技术加强企业内部管理。

(3)利用云技术，采用互联网思维，加强内部与外部的工作联系。

3 软件研发

3.1 行业软件的二次开发

建筑业的创作应用软件：CAD 类的现在最流行的是 AutoCAD，但是随着 AutoCAD 改用年费授权方式，永久授权的国产软件浩辰 CAD 和中望 CAD 更具推广优势；BIM 类最流行的软件是 Revit；3D 异形建模软件最流行的是 Rhino；Tekla Structures 在钢构建筑的建模和拆分中有广泛的应用。这些制图或建模的创作软件都支持二次开发，下面介绍这几个软件二次开发解决问题的实际案例。

(1)AutoCAD、浩辰 CAD、中望 CAD 的二次开发。

CAD 的开发语言主要有语言服务器协议(LSP)、C++、C#。AutoCAD 可以用 C++ 语言开发插件，链接库 ObjectARX，集成开发环境是 Visual Studio，编译后生成 arx。这些源码稍加修改，再次编译，链接浩辰的 CAD 库，或者中望的 CAD 库，就可以在浩辰 CAD 和中望 CAD 下运行。C++ 开发的程序运行很快，适合需要大量计算或者要求速度的应用场景。C++ 二次开发的插件有个很大的缺点，如果程序没处理好，很容易造成 CAD 的崩溃。C++ 的开发难度大约比 C# 要大一倍，当插件速度影响不大的时候，优先选用 C# 进行开发。

使用 CAD 软件中如有烦琐的操作，就要考虑利用操作系统及 CAD 提供的调用接口来解决问题。举个应用 CAD 二次开发的例子，如我们在打开别人发来的图纸时，经常会弹出如下对话框(图 1)，要求手动确定缺失的字体。有时候缺失的字体很多，就会一次次的弹窗,不胜其烦。如何用编程解决这个问题?先要在 CAD 的插件代码中创建编辑反应器对象(基类 AcEditorReactor),acedEditor->addReactor(该对象),反应器对象里重新定义函数 beginDwgOpen,再开启一个线程 CreateThread(不影响主程序 CAD 的运行),利用操作系统提供的窗体查找接口 EnumWindows、EnumChildWindows 这 2 个函数,找到窗口“指定字体给样式”,再发消息 SendMessage 给大字体 ListBox,让这个 ListBox 找个替代的 SHX,然后发消息给“确定”,循环这一系列动作。这个线程每当发现弹出了“指定字体给样式”的窗口,就会进行自动字体替换了。重定义函数 endDwgOpen,把这个线程关闭,一个完整替代缺省字体的动作就完成了,这样就可以实现自动确认缺省字体。如果打开 CAD 文件时弹出其他要求确认的窗口也可以参照处理。技术栈要求掌握 CAD 二次开发的技术,掌握操作系统的消息驱动机制。AutoCAD 二次开发可以参考《Autodesk Revite 二次开发基础教程》[1] 以及 Windows 的开发书籍。

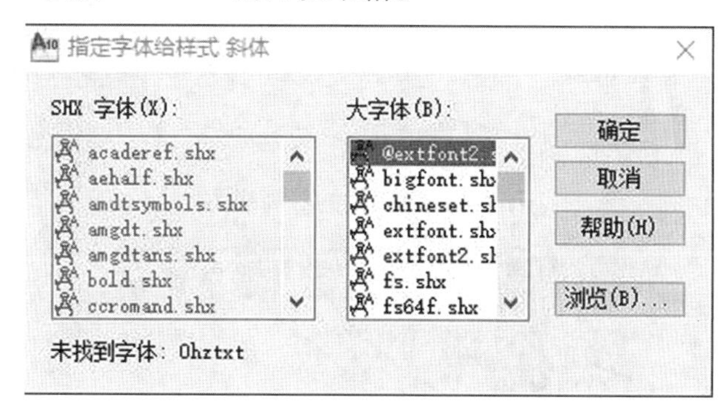

图 1　对话框

(2)Revit 的二次开发。

Revit 的开发语言是 C#,集成开发环境也是微软的 Visual Studio,主要引用 RevitAPI.dll 和 RevitAPIUI.dll 这 2 个库。利用二次开发,可以直接用程序来生成墙、柱子、管道、风管、桥架等等,也可以进行专业的计算,开发符合自身特殊需求的应用。

举个 Revit 二次开发的例子。我们经常要把 CAD 的等高线转换为 Revit 的地形,收到的原始资料,等高线的表达方式各式各样。需要有个统一的方法,方便而且快速地解决这个问题。图 2 为地勘提供的等高线图,图中等高线是用 Polyline 或 Line 绘制的,Polyline 或 Line 的类都是以 AcDbCurve 为基类,利用 AcDbCurve 类提供的函数 getPointAtDist,每隔一段距离获取线上的点,在这个点的位置添加标高文字(图 3),当然也可以直接用 Copy 命令复制文字。把这些文字的平面位置及文字内容作为点的高程,写入中间文件。在 Revit 中读取中间文件,组成 Point 链表,再调用地形类 TopographySurface 就可以生成地形(图 4)。Rhino 采用 Brep.CreatePatch 也可以创建类似的曲面。同理,Civil 3D 也可以采用类似方法来生成曲面。这样 3 个不同软件都可以采用同一种方式处理地形,降低了操作的烦琐程度和多个软件的学习成本。Revit 二次开发可参考《API 开发指南——Autodesk Revit》[2] 和《深入浅出 AutoCAD.NET 二次开发》[3] 等。

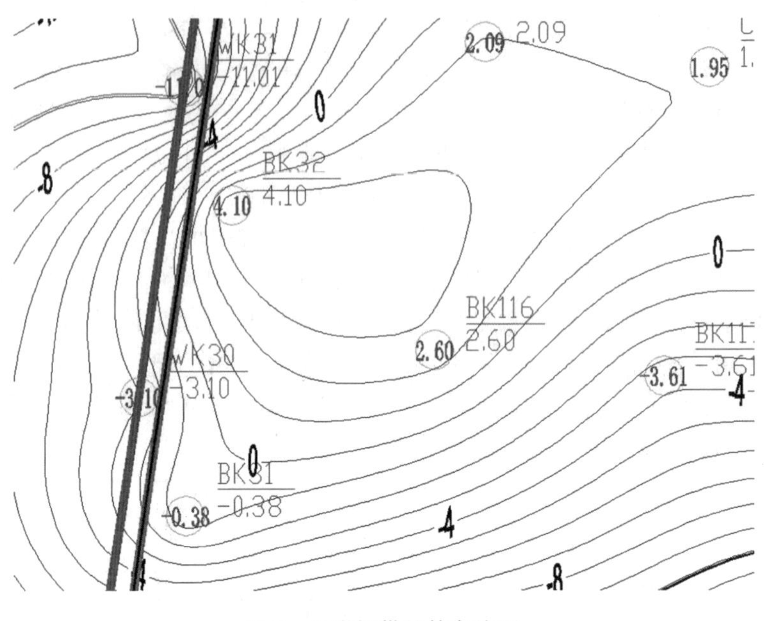

图 2　地堪提供的等高线图

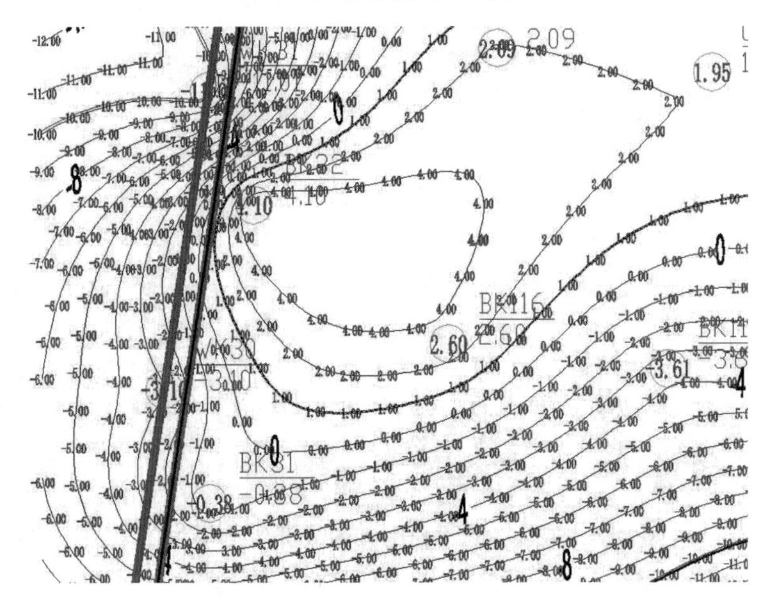

图 3　添加标高文字

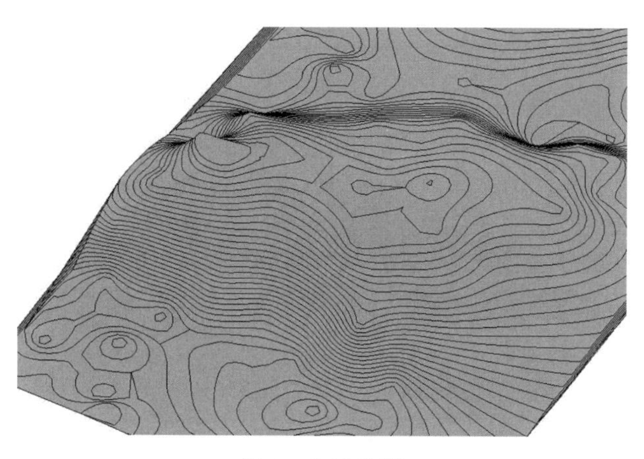

图 4　生成地形

（3）Rhino 的二次开发。

Rhino 的开发语言也是 C#，开发环境同样是 Visual Studio，引用的是 rhinocommon. dll 这个动态库。曾有个工程需要设计人员根据地勘探孔数据构建土层模型，每个勘探孔有五六个不同土质层，勘探孔有几百个，同时要求把这些数据导入 Rhino（如图 5），再根据图 3 的点和线生成各个土层模型。勘探孔模型及某一土层（中风化凝灰熔岩）的模型，如图 6 所示。如果依靠手工输入，工作量是难以想象的，但是如果二次开发相应程序，很快就可以完成了。

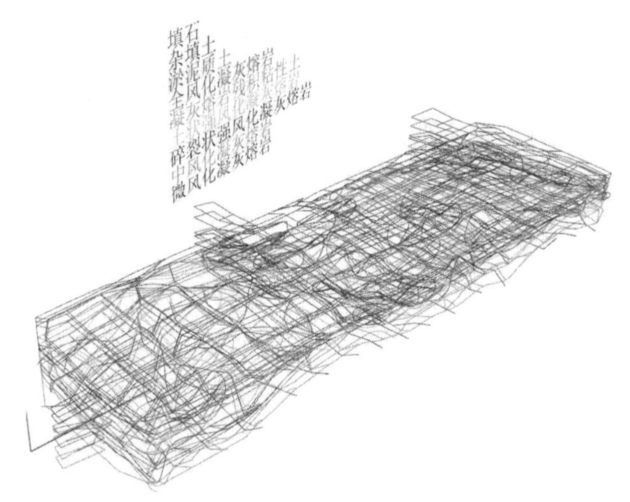

图 5　数据导入 Rhino

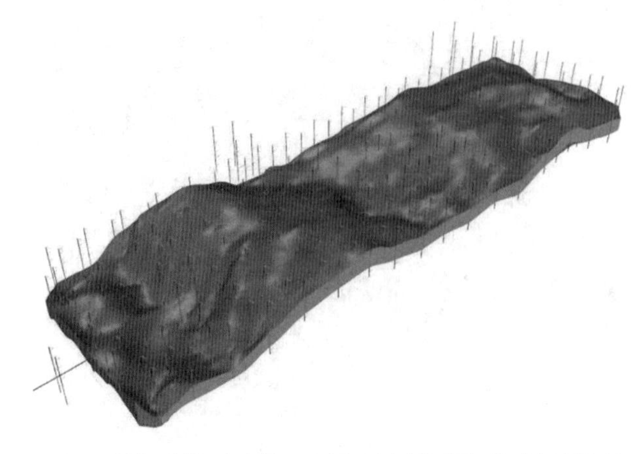

图6　勘探孔模型及某一土层(中风化凝灰熔岩)的模型

(4)Tekla 的二次开发。

Tekla 的开发语言也是 C#,开发环境依然为 Visual Studio,主要引用 Tekla. Structures. dll、Tekla. Structures. Model. dll、Tekla. Structures. Geometry3d. Compatibility. dll 这 3 个动态库。开发的插件可以创建梁、柱,放置和修改节点等。比如我们有 CAD 的钢构图纸,有柱图(图 7)及图中的柱子规格要求。先把柱表规格输入到 Excel 中,利用开源库 SourceGrid. dll 创建二次开发插件界面的表格(图 8),用开源的 NPOI 库读取 Excel 表格(开源的 NPOI 库就是前面提到的 POI 开源软件的 C# 语言动态链接库)。读取 CAD 的柱图获取柱子的平面位置,Excel 表格获取对应的柱子规格,调用 Tekla 的 Beam 类就可以创建柱子和梁(图 9),再调用类 Connection 进行节点连接。根据空间关系计算出主次梁,再根据主次梁的高度,选用自己指定的连接节点,就可以让 Tekla 批量生成定义好的节点(图 10)。Tekla 的节点设计可参考《参数化之“道”——Grasshopper&C# 的逻辑世界》[4],二次开发参考 SDK 的帮助。

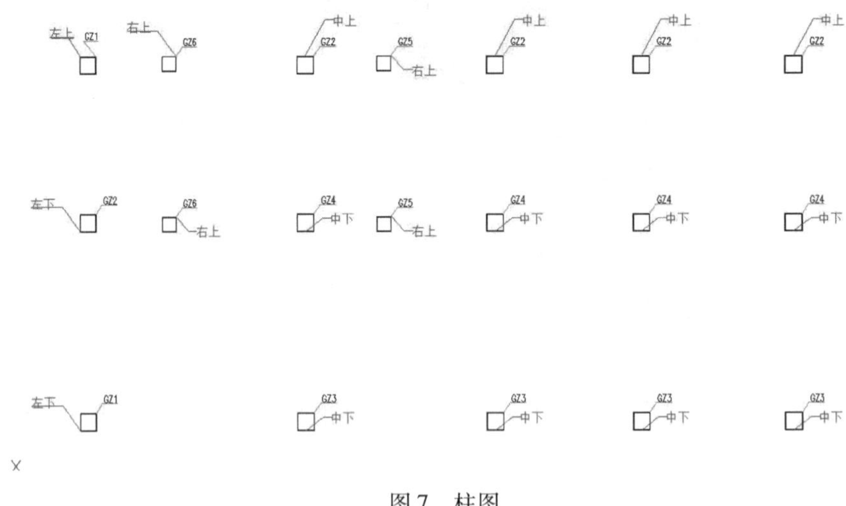

图7　柱图

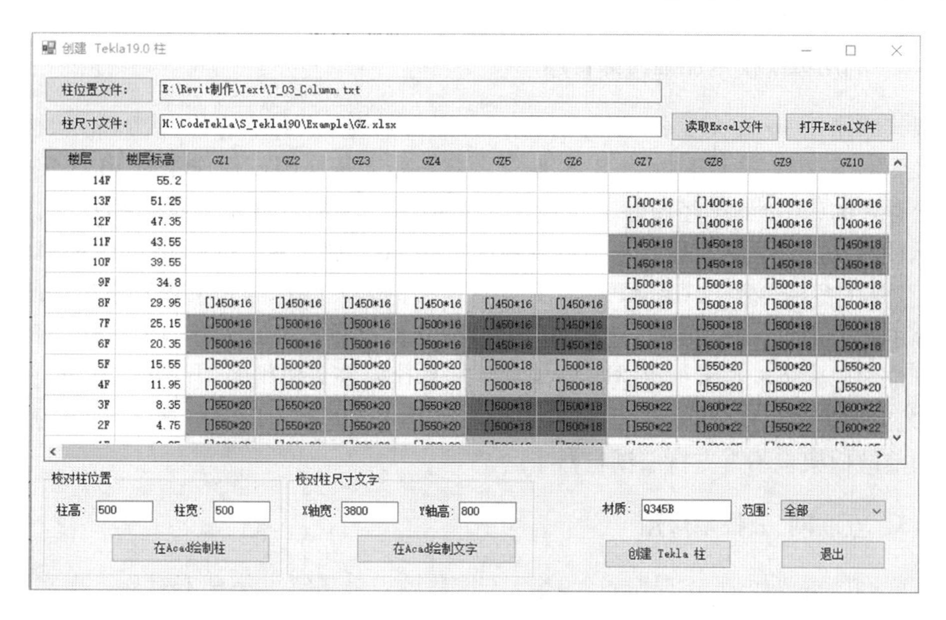

楼层	楼层标高	GZ1	GZ2	GZ3	GZ4	GZ5	GZ6	GZ7	GZ8	GZ9	GZ10
14F	55.2										
13F	51.25							[]400*16	[]400*16	[]400*16	[]400*16
12F	47.35							[]400*16	[]400*16	[]400*16	[]400*16
11F	43.55							[]450*18	[]450*18	[]450*18	[]450*18
10F	39.55							[]450*18	[]450*18	[]450*18	[]450*18
9F	34.8							[]500*18	[]500*18	[]500*18	[]500*18
8F	29.95	[]450*16	[]450*16	[]450*16	[]450*16	[]450*16	[]450*16	[]500*18	[]500*18	[]500*18	[]500*18
7F	25.15	[]500*16	[]500*16	[]500*16	[]500*16	[]450*16	[]450*16	[]500*18	[]500*18	[]500*18	[]500*18
6F	20.35	[]500*16	[]500*16	[]500*16	[]500*16	[]450*16	[]450*16	[]500*18	[]500*18	[]500*18	[]500*18
5F	15.55	[]500*20	[]500*20	[]500*20	[]500*20	[]500*18	[]500*18	[]500*20	[]550*20	[]500*20	[]550*20
4F	11.95	[]500*20	[]500*20	[]500*20	[]500*20	[]500*18	[]500*18	[]500*20	[]550*20	[]500*20	[]550*20
3F	8.35	[]550*20	[]550*20	[]550*20	[]550*20	[]500*18	[]500*18	[]550*22	[]600*22	[]550*22	[]600*22
2F	4.75	[]550*20	[]550*20	[]550*20	[]550*20	[]500*18	[]500*18	[]550*22	[]600*22	[]550*22	[]600*22

图8 二次开发插件界面的表格

图9 创建柱子和梁

图10 批量生成定义好的节点

工作中有太多的地方可以编写插件提高效率,以上只是举几个小例子。开发插件可以完全贴合自身的特定业务需求,大幅度提高绘制图纸和建模的效率。这是行业平台公司和行业产品公司很难做到的。

在工作中,如果希望深入研究和提升,也要尽量采用支持二次开发的软件产品。比如建筑业用于展示的软件有 Lumion、Enscape、Fuzor、3d Max 还有游戏引擎。Lumion 和 Enscape、Fuzor 都不支持二次开发,用户仅能使用软件提供的功能,但是 3d Max 是支持二次开发的,可以根据自身需要添加插件(Vray 就是其插件的翘楚),游戏引擎的自由度那就更高了。在展示方面想要突出效果和使用体验,那就要选择可定制的、自由度高的软件平台,当然投入研究的成本也较高。

3.2 利用数字技术加强内部管理

架构要采用 B/S(浏览器/服务器)架构,不要采用 C/S(客户端/服务器)架构,如果原有采用 C/S 架构,也要替换为 B/S 架构。未来如果替换国产操作系统,B/S 架构是无须更换程序的(浏览器已经做好了转换工作),而客户端的软件是要重新编程的,这个开销就比较大了。开发语言最好选用主流的语言如 Java 或者 JavaScript,php 以前有段时间很流行,现在逐渐式微了,C#、APS. NET 也有在用的。广联达的轻量图形引擎 BIMFACE 就是使用 Java 和 JavaScript 的,另有一个轻量引擎葛兰岱尔却是使用 C#和 ASP. NET 的要根据单位内部熟练的技术栈来选择使用哪种轻量化引擎。使用的浏览器也要跟上时代要求,要抛弃旧的浏览器,尽量使用新的浏览器,因为很多新技术旧浏览器已经不支持了,很多新的前端框架也不再支持旧浏览器了。

3.3 互联网、云技术应用

互联网的重要作用,主要两点,一个是连接,另一个是解决信息不对称。现在流行的大屏动态展示数据和模型,底层支持就是云技术、网页 WebGL 等的具体应用。

软件研发有一点要注意,不要走入研发误区,如主营是做建筑设计或施工的公司,却研发一类的行业软件。我曾见过有家大型家装公司,自主开发基于 H5 网页的精装软件。这个就没有考虑软件研发的特点。软件研发,开发人力成本很高,复制成本几乎为零,同时研发是个长期行为,运动式研发是不行的。自主研发的精装软件,其他精装公司出于竞争关系,不可能采用这家公司的产品。自主开发行业软件,没有考虑二次开发,也不能充分利用免费资源,试错技术发展方向,很难持续投入,一旦放弃,前期全部投入化为无用的代码。现在连强如微软、华为,都在“拥抱”开源组织,充分利用各种开源的资源,否则研发费用将是天文数字,应用生态也是问题。正确的方式是购买行业平台软件及行业产品软件,同时进行二次开发,满足自身业务的特殊需要,如有可能,也可以资助行业开源组织、开源平台,充分利用社会资源进行发展。

前面讲的是应用开发,还有用于展示的应用。例如,基于 WebGL 的三维引擎 Three. js,很多国内的数据中台软件就是基于这个引擎进行的再开发,用于网页端的模型展示;又如,Cesium,一款使用 WebGL(Web 图形库)的 GIS(地理信息系统)地图引擎。用于展示也可以采用游戏引擎,目前最流行的有 2 个,一个是 Unity3D,简称 U3D;另一个是 Unreal Engine(虚幻引擎)。

4 研发投入

数字技术研发方向很多,那么预算多少合适,大约可以按使用人年产值的 1% 进行布局。可以按投入资金的不同,选择购买通用软件、定制软件,购买 IT 服务,组建团队,逐步提高对数字技术应用的程度。同时不断评估数字技术应用的效果。特别是数字技术内部管理方向,是管理层喜欢做的,但是到了基层员工,却是个“少收益、多工作量”的事,所以这部分是要下很多苦功夫细功夫来尽量减少基层员工的工作量,但这又是应用数字技术很容易忽略的地方,这就容易带来很多的阻力。好的数字技术应用,应该是要尽量提高全部效率的,真的要把技术应用到理想状态(这也要求实施者拥有够宽够深的数字技术基础和实战经验),否则为了开发而开发,就失去了应用数字技术的初衷。

在使用开源代码时,要注意有些是有要求的,比如对私使用是免费的,但是商业使用是要付费的;要注意使用的场景,以免陷入版权纠纷,例如,Web 前端库 ElementUI 是免费的(可惜版本停在了 Vue2 时代),EasyUI 就是对私免费、对公收费的。此外,开源代码会频繁迭代,有些版本有 LTS 版本和普通版本之分,LTS 是长效支持版本,尽量选用 LTS 版本,如 Linux 就有 LTS 版之分、Qt 也有 LTS 版之分。又如,游戏引擎 Unity3D 和虚幻引擎,对软件使用授权是不同的,Unity3D 是要付费使用的,但是商业应用是无须再付费的,虚幻引擎是可以免费使用的,但是商业应用超过一定收入后是要分成收费的。可以根据自身使用的特点,选用不同的软件,降低费用。

5　总结

数字技术可以运用到建筑领域的,前面谈到的有三大不同的技术栈。一个是桌面开发技术,研究的是各个建模软件的二次开发技术、操作系统的调用、消息驱动等,使用的开发语言是 C++ 、C#,开发工具是 Visual Studio,版本有 2008、2012、2015、2017、2019、2022 等,每个 CAD 和 Revit 版本都会对应不同的开发工具版本,各个版本因为升级的修改,开发语句、调用应用程序的接口也常会略有修改,需要跟进修改适配。一个是网页开发技术,又分为网页前端开发(如 Vue、ElementUI 等),后端开发框架(如 SpringMVC 或者 SpringBoot、Node. js 等),研究的是登录认证、自动部署、Docker(应用容器引擎)容器、Java 日志(Log4j)、数据库分库分表、自动扩缩容等,开发语言主要是 Java、JavaScript,开发工具是 Eclipse、IDEA、VSCode 等;还有一个是图形展示,研究的是图形技术、材质、纹理贴图、灯光、摄像头等,涉及 OpenGL(开放图形库)、WebGL、Vulkan 这些应用程序接口。

数字技术本身还在飞速发展,前面说的数字技术应用,主要是关于软件开发及提高效率和管理的。现在还有大数据,人工智能等数字技术。大数据技术应用有很多方向,如通过算法推送你喜欢的视频、文章等。人工智能,软件是一方面,重要的是“训练好”数据,这些又是数字技术的另一应用发展。最近很火的 ChatGPT,也正说明了数字技术还在蓬勃发展。把产业与数字技术深度融合,有太多的应用可以做,现在也才刚刚开始。当然要进行产业数字升级,面临的困难是很大的。因为数字技术在建筑领域的应用有很多方面,每个方面的人才费用很高,硬件投入也不低,但是实际使用的人数又有限(相对于微信这类有近 13 亿用户的通用软件来说),很难平摊研发成本,这是产业数字应用的难点。唯有难,才有高门槛,跨过去也就有了很深的“护城河”。

数字技术的应用不但宽,而且深。深入研究某一领域,研发相关应用产品,就可以上市了。上市公司如“金山办公”,主要研发办公产品 WPS Office,现在市值 1 000 多亿;“中望软件”,主要研发 CAD 产品中望 CAD、中望 3D,现在市值 100 多亿;“福昕软件”,主要进行 PDF 相关研发,现在市值近百亿。同时,这些软件产品都有对应的开源软件,Office 方向对应的有 LibreOffice;CAD 方向对应的有 QCAD、LibreCAD、FreeCAD 等;PDF 方向对应的有 MuPDF、SumatraPDF 等。数字技术的应用就是如此美妙的存在。数字技术正在深刻影响和重塑各行各业,建筑业也不例外。

参考文献

[1] Autodesk Asia Pte Ltd. Autodesk Revit 二次开发基础教程[M]. 上海:同济大学出版社,2015.
[2] 宦国胜. API 开发指南——Autodesk Revit [M]. 北京:中国水利水电出版社,2016.
[3] 李冠亿. 深入浅出 AutoCAD. NET 二次开发[M]. 北京:中国建筑工业出版社,2012.
[4] 张东升,尹武先,张峥,等. 参数化之“道”——Grasshopper & C#的逻辑世界[M]. 北京:中国建筑工业出版社,2021.
[5] 安娜,华均. Tekla Structures 20.0 钢结构建模实例教程[M]. 北京:化学工业出版社,2017.

基于 BIM+装配式的智能设计经验做法
——以国贸珑上项目为例

沈一慧　曾佳鹏　张福敦　赵庆福　胡志华

建盟设计集团有限公司

摘　要:现代科学技术的飞速发展及 BIM 技术的出现,基于装配式建筑的特点,促进了建筑设计向数字化、自动化和智能化的转变。BIM 是一种数字建模方法,它用于在设计和建造过程中创建三维数字模型,包括建筑物的物理和功能属性。BIM 的应用使得建筑设计可以更加高效和准确。本文总结了建盟设计集团在 BIM+装配式的智能设计工程中的经验做法与典型案例,为今后相关工程实践和技术发展提供了借鉴。

关键词:智能设计;BIM+装配式;案例实践

1　概述

现代科学技术的飞速发展及 BIM 技术的出现,基于装配式建筑的特点,促进了建筑设计向数字化、自动化和智能化的转变。建筑信息模型(BIM)是一种数字建模方法,它用于在设计和建造过程中创建三维数字模型,包括建筑物的物理和功能属性。BIM 的应用使得建筑设计可以更加高效和准确。在建筑设计的早期阶段,BIM 可以帮助设计师快速地测试不同的设计方案,以便确定最优方案。在建筑物的实际建造过程中,BIM 可以支持建筑物的协调和构造计划制订,并确保工作进度及时。BIM 还可以提高建筑物的可持续性。通过建筑信息模型,设计师和建筑师可以比以往更容易地分析建筑物的能源消耗,以及如何在整个设计和建造过程中最大化建筑物的能效。总之,BIM 在建筑设计中的广泛应用,有助于提高设计和建造过程的效率与准确性,提高建筑物的可持续性,以及建立更好的项目管理和团队协作。

与其他建筑方式相比,装配式建筑具有极大的优势,可以规范设计生产模式、实现标准化设计,同时能达到管理信息化及装修一体化的目标。装配式建筑中的部品部件在工厂生产、在现场组装,受气候变化影响较小。另外,装配式建筑可以极大地减少一线工人的数量,节约了劳动力,提高了劳动质量,缩短了施工周期。装配式建筑施工过程可分为 3 个阶段:装配式建筑构件制造阶段、运输机械运输阶段及装配式建筑构件的现场安装阶段。装配式建筑主要通过对 3 个阶段的控制来控制整个工程的质量、进度、成本和安全性。

装配式建筑和传统的建筑模式之间最大的区别就在于装配式建筑在开始施工之前需要准备好相应的结构构件,而且要对结构构件进行生产,最终在施工阶段组装。这种施工模式效率更高,但是前期需要做的准备工作比较多,不仅要做好建筑的设计工作,还要把握好构件的生产。而 BIM 技术在装配式建筑设计中的运用可以有效提升建筑设计效率,帮助建筑设计方案不断优化。在实际的运用过程中,BIM 技术在装配式建筑的规划、施工及运行维护中都能发挥至关重要的作用。在装配式建筑设计中运用 BIM 技术,其完整性特征能够有效地帮助建筑设计人员减少人工核算及信息处理的时间、在较短的时间周期内设计出相对可行的设计方案,并且能够实时分析设计方案中存在的问题,降低了人工核算所带来的误差风险,有效地提升了建筑设计效率。

建盟设计集团聚集业内优秀的工程咨询、策划、旅游、规划、市政、建筑、园林、室内等专业设计团队。在全过程工程咨询、装配式建筑、BIM、设施运维等建筑现代化领域进行了深入的实践,并形成"全程化综合设计"的服务模式,为政府和开发商提供完整的项目解决方案。

2 BIM+装配式典型案例:国贸珑上项目

2.1 项目概况

国贸珑上项目(图 1)位于漳州市芗城区,共 9 栋楼,总建筑面积 54 487.47 m^2,地上总建筑面积 42 841.47 m^2,地下室建筑面积 11 646 m^2,建筑占地面积 6 278 m^2,计容建筑面积 41 868.45 m^2,其中 5# 楼(计容面积 5 712.72 m^2)、6# 楼(计容面积 5 740.86 m^2)为装配式建筑,结构体系均为剪力墙结构,合计计容面积 11 453.58 m^2,装配式建筑的计容面积占比为 11 453.58/42 841.47=26.73%,占比大于 25%,满足土地出让合同要求的装配式建筑面积不低于计容建筑面积的 25%。

图 1 国贸珑上项目效果图

本项目 5# 楼、6# 楼为装配式建筑,其中 5# 楼地下 1 层、地上 12 层,建筑高度为 36.20 m,结构体系为剪力墙结构;6# 楼地下 1 层、地上 12 层,建筑高度为 36.60 m,结构体系为剪力墙结构。5# 楼、6# 楼主体结构合理使用年限为 50 年,建筑结构的安全等级为二级;所在地区的抗震设防烈度为 7 度,设计基本地震加速度为 0.15 g,设计地震分组为第二组,场地类别为Ⅱ类,特征周期为 0.40 s;50 年一遇的基本风压为 0.60 kN/m^2,地面粗糙度为 C 类。上部结构体系及抗震等级:5# 楼、6# 楼均为剪力墙结构,抗震措施的抗震等级均为剪力墙三级，抗震构造措施的抗震等级均为三级。

2.2　装配式建筑应用内容

本项目5# 楼、6# 楼二层到屋顶层楼板采用预制叠合板，预置叠合板拼缝处采用宽缝连接，预置叠合板基本采用“60 mm 预制+70 mm 现浇”“60 mm 预制+90 mm 现浇”“60 mm预制+100 mm 现浇”；“60 mm 预制+100 mm 现浇”预置叠合板仅用于楼面层预埋管线密集部位，屋面层采用“60 mm 预制+100 mm 现浇”预置叠合板，其余部分叠合板采用“60 mm 预制+70 mm现浇”或“60 mm 预制+90 mm 现浇”。

（1）标准化设计。

在方案阶段装配式设计团队摒弃传统的现浇结构进行方案设计，选择模数化、标准化的户型，在建筑信息模型中进行组装，避免预制构件拆分时出现预制构件型号过多、标准化程度低的情况，控制构件生产成本。装配式设计团队在建筑方案阶段介入，调整模数，为预制构件的拆分（图2）提供基础条件，尽量减少预制构件的型号数量，有效控制成本。

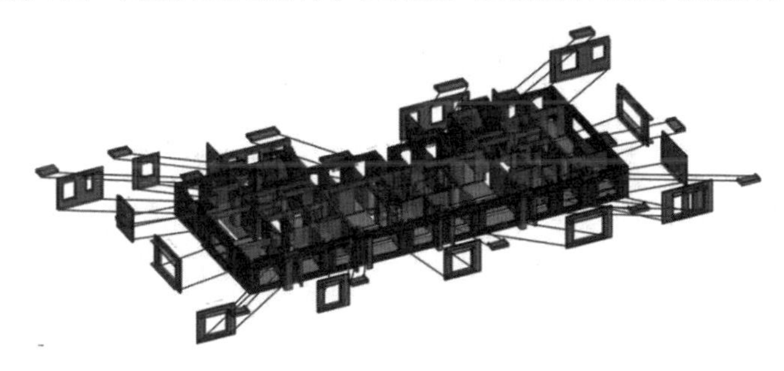

图2　标准层爆炸图

（2）构件拆分。

应用BIM 技术，可以通过建立建筑、结构、预制构件、设备、线管、管道、预埋件、预埋洞口等模型，做到机电设备一体化精细化设计，机电管线预埋线槽、点位排布的三维协同设计，同时实现预制构件钢筋的3D 生成，减少计算机辅助设计（CAD）深化及专业间协同问题，避免后期返工，节约成本，在提高精确度的同时，有效缩短设计周期，标准层局部钢筋与点位关系如图3 所示。并且能够准确统计各构件尺寸、体积及重量等参数，能够校核预制装配率的准确性，同时为工程量统计提供极大的便利（图3）。

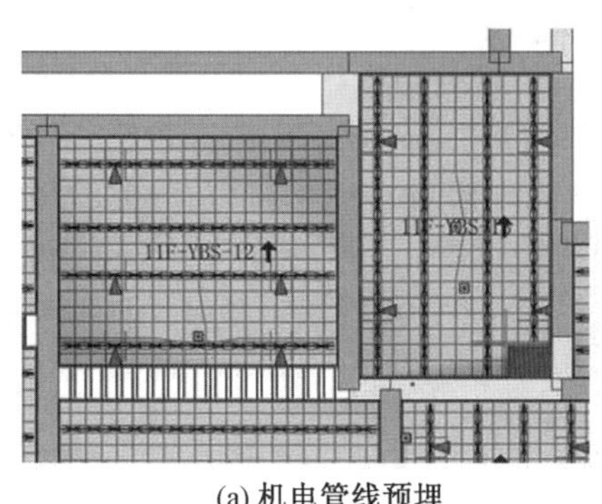

(a) 机电管线预埋

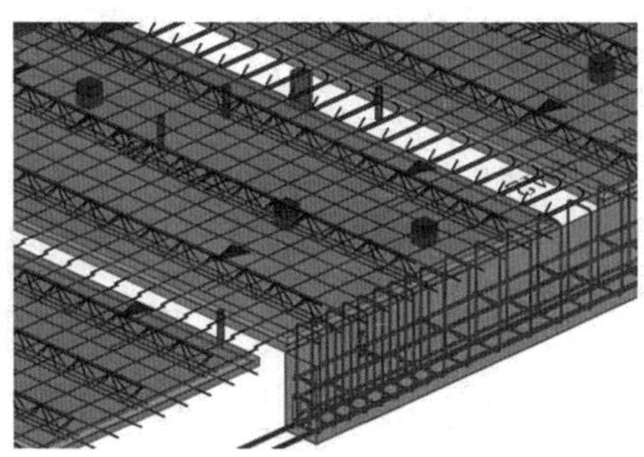

(b) 钢筋三维模型

图3　标准层局部钢筋与点位关系

(3)批量生成详图。

预制构件深化设计时，应根据各类设备管线施工图、建筑图及精装图，同时结合结构要求，对水暖、烟风道、灯具、开关插座等的设置位置进行避让干涉、复核、比对与优化，确定其符合相应预制构件预留预埋要求。在模型上添加预留预埋，可直观呈现预埋件与钢筋等的碰撞情况，从而合理做出避让干涉。通过 BIM 精细化建模后可以一键生成 CAD 详图，大大增加了设计师的绘图的效率(图 4)。

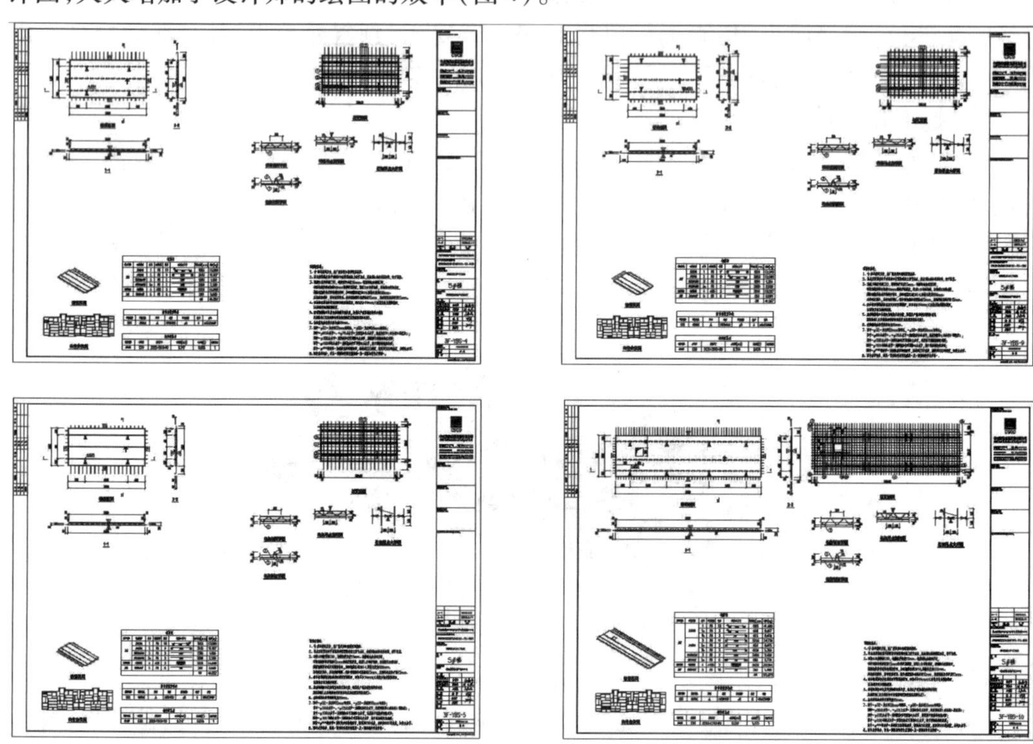

图 4　预制构件批量出图

(4)构件清单与工厂生产系统对接。

建筑信息模型采用了材料清单表和模型对接功能，一键导出物料清单(BOM)，材料清单表和模型对接功能不仅能便于构件厂进行下料生产，同时也能为装配式构件的造价计算提供材料用量数据，在项目造价上实现了更精确的计算。

可将设计模型信息直接转入工厂生产系统，打通设计与生产之间数据不统一、需人工二次录入的壁垒，并将生产管理与 BIM 技术有机结合在一起。工厂生产系统直接对接设计的数据，将其导入云端数据库中，通过生产数据管理模块，将数据自动分配给生产模块与物资模块。在物资模块中，系统将构件数据拆分成混凝土、钢筋、预埋件等物资信息，自动匹配到材料分类与信息表、混凝土搅拌站模块、钢筋笼管理模块。预制构件材料清单表如图 5 所示。

(5)预制构件施工阶段吊装方案。

本项目高层单体建筑水平构件从首层顶板开始预制，塔吊设置各自的构件堆放区，尽量避开地库范围，充分利用建筑红线外的区域设置施工加工场地及构件堆放场地。预制构件堆放区设置位置尽量靠近楼体，且在塔吊回转半径之内，便于构件的吊装。利用建筑信息模型布置塔吊，可以模拟施工吊装覆盖范围、可吊构件的重量，以及对预制构件进行吊装顺序指定。同时还应考虑塔吊的附墙杆件及使用后的拆除和运输。塔吊布置情况如图 6 所示。

钢筋用量统计表

楼层	钢筋型号	叠合板	合计
1F	A80	1150.146	1150.146
	HRB400 φ10	10.155	10.155
	HRB400 φ8	2455.657	2455.657
2F	A80	1238.143	1238.143
	HRB400 φ10	30.806	30.806
	HRB400 φ8	2511.159	2511.159
3F	A80	1224.205	1224.205
	HRB400 φ10	22.814	22.814
	HRB400 φ8	2551.765	2551.765
4F	A80	1163.231	1163.231
	HRB400 φ8	2470.077	2470.077
8F	A70	13.540	13.540
	A80	981.197	981.197
	HRB400 φ10	20.436	20.436
	HRB400 φ8	2016.335	2016.335

材料统计清单（项目：[illegible]--20220712）

[illegible]		[illegible]	[illegible]	[illegible]	[illegible]		[illegible]
11F-YBS-1		[illegible]	C30	0.16	403.38		
[illegible]	[illegible]	[illegible]	[illegible]	[illegible]	[illegible]	[illegible]	
[illegible]_1	HRB400 φ8	1253	21	11.362		12.33	435.71
[illegible]_2	HRB400 φ8	3500	5	6.905			
[illegible]_3	HRB400 φ8	1290	2	1.460			
[illegible]_4	A100	1220	2	11.722			
[illegible]_5	HRB400 φ8	280	8	0.880			
[illegible]	[illegible]	[illegible]	[illegible]	[illegible]	[illegible]		[illegible]
1		-			1		
DD1	[illegible]	-	HRB400	φ8	4		[illegible]
[illegible]	1		[illegible]	435.71	[illegible]		-
[illegible]		[illegible]	[illegible]	[illegible]	[illegible]		[illegible]
12F-YBS-1		[illegible]	C30	0.30	743.28		
[illegible]	[illegible]	[illegible]	[illegible]	[illegible]	[illegible]	[illegible]	
[illegible]_1	HRB400 φ8	1703	10	14.610		50.56	793.84
[illegible]_2	HRB400 φ8	1700	21	14.091			
[illegible]_3	HRB400 φ8	1230	2	2.550			
[illegible]_3a	HRB400 φ8	1490	2	1.176			
[illegible]_4	A100	3160	3	17.255			
[illegible]_5	HRB400 φ8	280	8	0.880			
[illegible]	[illegible]	[illegible]	[illegible]	[illegible]	[illegible]		[illegible]
1		-			1		
DD1	[illegible]	-	HRB400	φ8	4		[illegible]
[illegible]	1		[illegible]	793.84	[illegible]		-
[illegible]		[illegible]	[illegible]	[illegible]	[illegible]		[illegible]
2F-YBS-1		[illegible]	C30	0.16	403.38		
[illegible]	[illegible]	[illegible]	[illegible]	[illegible]	[illegible]	[illegible]	
[illegible]_1	HRB400 φ8	1253	21	10.374		32.72	436.10
[illegible]_2	HRB400 φ8	3500	5	6.905			
[illegible]_3	HRB400 φ8	780	2	0.616			
[illegible]_3a	HRB400 φ8	1260	2	2.586			
[illegible]_4	A80	3220	2	11.347			
[illegible]_5	HRB400 φ8	280	8	0.880			
[illegible]	[illegible]	[illegible]	[illegible]	[illegible]	[illegible]		[illegible]

图 5　预制构件材料清单表

图 6　塔吊布置情况

2.3　地下室应用内容

传统的地库做法理念中，车道净高确保≥2.4 m，车位净高≥2.2 m，没有将管线优先布置在车位上，管线过车道没有进行翻弯，遇到管线碰撞，就地进行翻越，不管是否美观。可见提升地库整体观感，提升管线净高，展示地库管线美学，是一门综合学问，需要做好地库整体策划：BIM 设计前置，专业设计协同，部门横向拉通，上下齐心合力，如图 7 所示。

（1）可视化沟通。

人物三维漫游，可以模拟人物在模型中行走，体验空间感受，在设计前期，可用于与甲方商讨设备管线综合排布方案，节省时间，提高效率。同时后期也可指导施工人员理解设计图纸。

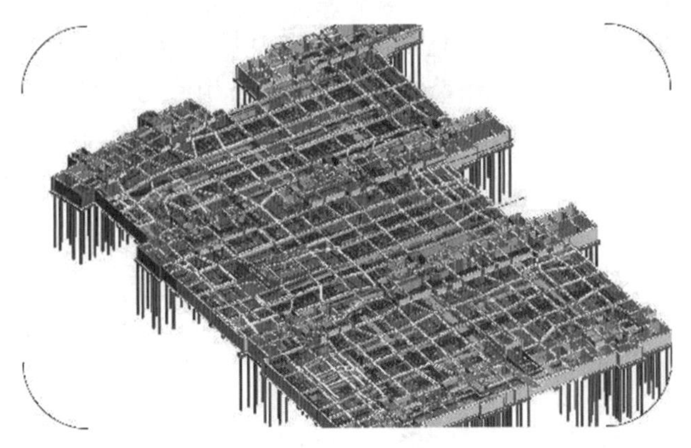

图 7　地下室全专业模型

空间净高检测优化可与机电管线综合检测优化同步进行，主要是基于施工阶段各专业建筑信息模型，对建筑物内部竖向空间进行检测分析，在满足建筑使用功能和规范要求的前提下，进一步优化净高。地下室局部三维视角如图 8 所示。

(a) 入口车道

(b) 主楼车道

图 8　地下室局部三维视角

(2)三维协同。

协同设计是 BIM 技术应用的最突出特点。各专业设计人员利用统一的中心文件，分别创建各自专业的信息模型(图 9)，录入和充分利用本专业建筑信息，极大地提高了信息传递的效率和质量，减少了专业间的设计冲突，使专业协同变得简单快捷。

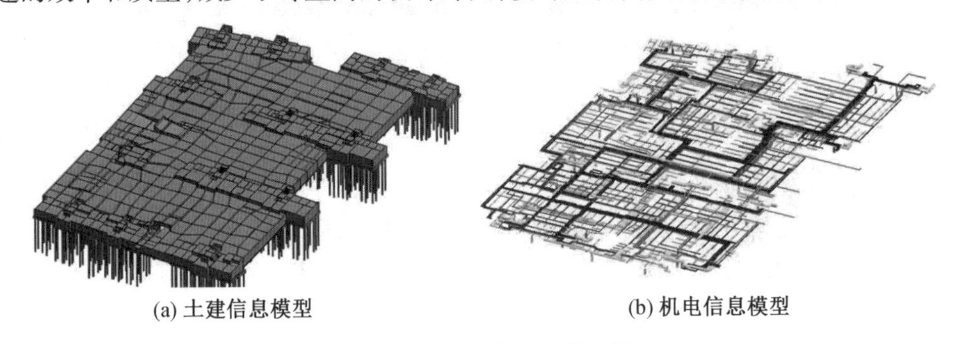

(a) 土建信息模型　　(b) 机电信息模型

图 9　地下室土建与机电信息模型

(3)设计优化。

BIM 技术自带管线碰撞检测功能，能够将管线综合排布中出现的管线碰撞情况有效地检测出来，更好地保障管线综合排布的质量，极大地避免了返工和材料浪费。同时，通过碰撞检测和自身的施工经验，工程师找到模型中不利于施工的区域，及时给设计方反馈，提出整改意见和建议。

且利用高度仿真的建筑模型，能够提高设备专业设计团队之间及其与其他专业团队之间的沟通交流协作能力，通过可视化优势，加强对设备管线的合理布置，减少高昂的二次返工费用，提高建设单位满意度。同时，三维管线综合模型可与其他软件的建筑结构模型展开无缝协作，在模型任一处进行变更，三维制图软件就能在整个设计和文档集中自动更新所有内容，实现各专业各阶段同步设计（图 10）。

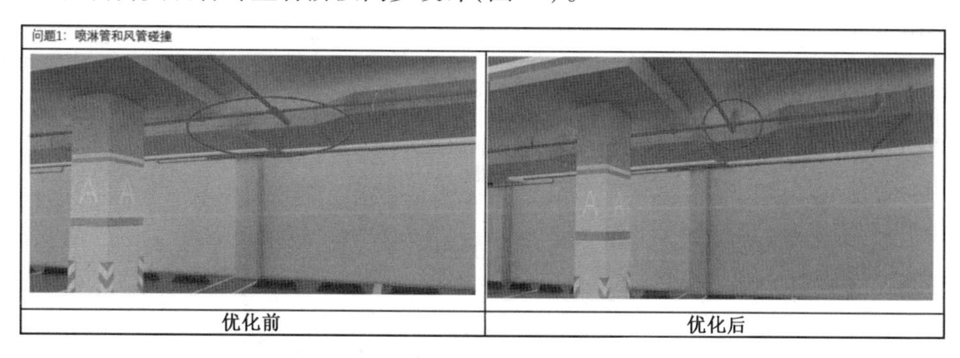

图 10 地下室问题报告

（4）成本控制。

BIM 技术具有参数化的特点，可将各类相关联的数据有序地存储在以 BIM 为基础的模型的载体中。BIM 技术将成本与设计完美耦合，进行成本精确测算，提供了目标成本确定时的限额设计和方案比选优化，并在建造过程中实现动态成本的监控，为决策者提供了有效的数据支撑。通过建筑信息模型，进行工程量计算和清单提取，快速实现基于建筑信息模型的工程量统计，按照装配式建筑的特点，通过分类统计进行快速的工程量分析，可实现对成本的初步控制（图 11）。

〈电缆桥架明细表〉

A	B	C
族与类型	桥架分类	尺寸
带配件的电缆桥架：RD-UPS桥架		300x100
带配件的电缆桥架：RD-智能化桥架		300x100
带配件的电缆桥架：RD-弱电综合桥架		300x100
带配件的电缆桥架：RD-消防报警桥架		300x100
带配件的电缆桥架：RD-消防电话桥架		300x100
带配件的电缆桥架：RD-消防广播桥架		300x100
带配件的电缆桥架：RD-对讲桥架		300x100
带配件的电缆桥架：RD-三网桥架		300x100
带配件的电缆桥架：RD-电视桥架		300x100
带配件的电缆桥架：RD-人防通讯桥架		300x100
带配件的电缆桥架：QD-人防强电桥架		300x100
带配件的电缆桥架：QD-发电机桥架		300x100
带配件的电缆桥架：QD-供电局桥架		300x100
带配件的电缆桥架：QD-密集型母线槽		300x100
带配件的电缆桥架：RD-车位引导桥架		300x100
带配件的电缆桥架：QD-照明桥架		300x100
带配件的电缆桥架：QD-应急照明桥架		300x100

〈风管明细表〉

A	B	C
族与类型	系统类型	尺寸
矩形风管：镀锌钢	排烟	1200x250
矩形风管：镀锌钢	排烟	1000x250
矩形风管：镀锌钢	排烟	800x250
矩形风管：镀锌钢	排烟	1200x250
矩形风管：镀锌钢	排烟	1400x400
矩形风管：镀锌钢	排烟	1200x320
矩形风管：镀锌钢	排烟	1000x250
矩形风管：镀锌钢	排烟	1200x250
矩形风管：镀锌钢	排烟	1200x250
矩形风管：镀锌钢	排烟	1200x320
矩形风管：镀锌钢	排烟	1000x250
矩形风管：镀锌钢	排烟	1000x250
矩形风管：镀锌钢	排烟	1400x400
矩形风管：镀锌钢	排烟	1200x320
矩形风管：镀锌钢	排烟	1000x250
矩形风管：镀锌钢	排烟	1000x320
矩形风管：镀锌钢	排烟	800x250

图 11 地下室各专业工程量清单明细

(5)指导现场施工。

项目施工的过程中,土建的浇筑通常比机电的安装要早很多。因此在土建浇筑的过程中有一件事情非常重要——预留预埋。一旦土建浇筑成型,管线孔洞后期很难进行调整,尤其对于人防区域,返工的成本较高。此外,管线的墙板暗敷也是在浇筑的时候进行的,外墙位置进来的管线及桥架位置的接地扁铁预埋通常也会遗漏。所以前期确定桥架的位置也非常重要。一旦后期调整较大,将会造成较大的返工成本。并且人防区域是不允许进行二次开洞的。因此在 BIM 的实施过程中需要将地下室的预留预埋作为专项进行核查(图 12)。在保证设计图纸完整性的基础上,通过 BIM 进行预留预埋定位出图,指导现场施工。

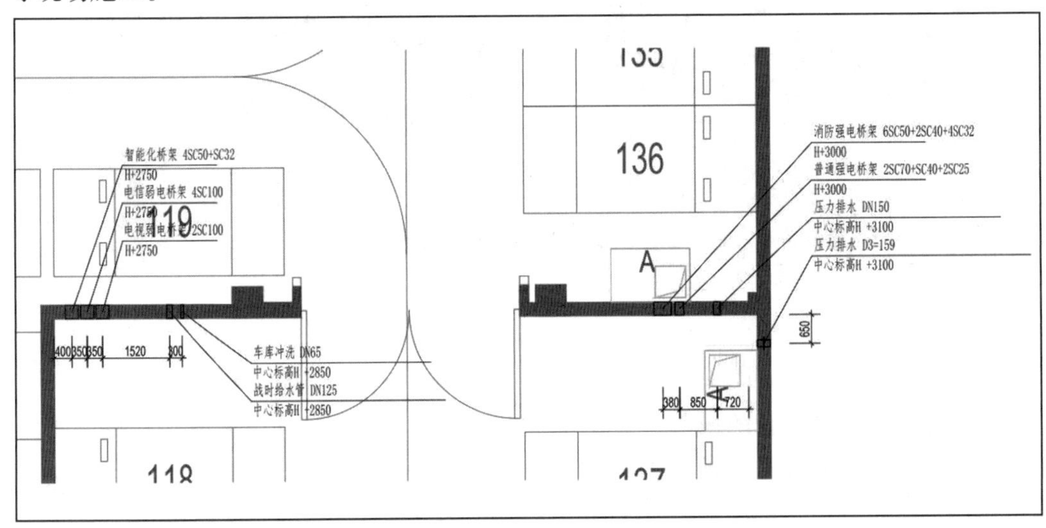

图 12　地下室预埋套管核查图纸局部示意图

2.4　应用成果及效益

“碳达峰、碳中和”是我国当前重要的实现目标。装配式 BIM 建筑为其中重要的一环,建造装配式建筑是实现建筑领域绿色环保的最主要途径。由于装配式建筑工厂化生产的方式极大程度地减少了现场施工所带来的污染,提高了建筑施工的环境友好性,成为建筑业变革的主要方向。

装配式建筑混凝土预制件钢筋含量高、模台周转率低、工业化生产机械摊销成本高、运输及安装难度大等因素,均导致其成本要远远高于传统现浇混凝土构件。基于此原因,通过 BIM 技术,可节省人工成本、减少施工时间,达到合理控制装配率,提高项目的综合经济效益。

根据地下室建筑与其管线的复杂性,传统设计有很多不可避免的碰撞与净高不满足的问题通过 BIM 的应用能大大避免,可以进行质量控制,协调设计错漏,通过虚拟实验提前发现质量问题。BIM 通过漫游模拟,提前解决设计落地后可能会产生的问题,可以清晰地把握施工安装时间节点和安装工序,减少返工现象,有效提高施工效率和施工方案的安全性。

参考文献

[1] 中华人民共和国住房和城乡建设部,中华人民共和国国家质量监督检验检疫总局. 建筑信息模型应用统一标准:GB/T 51212—2016[S]. 北京:中国建筑工业出版社,2016.

[2] 中华人民共和国住房和城乡建设部,中华人民共和国国家质量监督检验检疫总局. 建筑信息模型施工应用标准:GB/T 51235—2017[S]. 北京:中国建筑工业出版社,2017.

[3] 中华人民共和国住房和城乡建设部. 装配式混凝土结构技术规程:JGJ 1—2014[S]. 北京:中国建筑工业出版社,2014.

[4] 福建省住房和城乡建设厅. 福建省预制装配式混凝土结构工程检验技术规程[EB/OL]. (2017-02-22)[2022-01-13]https://zjt.fujian.gov.cn/hygl/kxjs/jsbz/201702/P020180613454096691491.pdf.

住宅工程项目智能建造发展探索与策划

赖木火

中建四局建设发展有限公司

摘　要：随着科技的不断发展，工程项目的建造也在不断地数字化、工业化、智能化。数字化建造是指将传统的纸质图纸、设计方案等转化为数字化信息，通过计算机和网络技术进行管理和交流，提高建造效率和质量。工业化建造是指将建造过程中的多个环节进行标准化、模块化，实现工厂化生产，降低成本，节省时间。智能化建造是指利用人工智能、物联网等技术，对建造过程进行监测和控制，实现自动化和智能化管理。

在数字化建造方面，采用 BIM 技术可以实现建造过程的全过程管理和协作，从而提高建造效率和质量。在工业化建造方面，采用预制构件和装配式建造可以大幅度降低建造成本和时间。在智能化建造方面，采用传感器、云计算等技术可以实现对建造过程的实时监测和控制，从而保证建造质量和安全。

数字化、工业化、智能化建造是未来工程项目高质量发展的趋势，也是提高工程项目效率和质量的重要途径。未来的建造将会更加注重技术创新和信息化应用，以实现更高效、更智能的建造方式。

关键词：数字化；工业化；智能化；高质量发展

1　引言

在“碳达峰”与“碳中和”的目标下，建筑模式从高能耗向低能耗转型升级，达到数字化、工业化、智能化的目标，将是未来建筑业发展的新趋势。

特别是在“双碳”目标下，高能耗的建筑模式如何降低能耗，达到智能化、绿色化的目标，将是今后行业发展的重点。具体工程项目发展智能建造，也是助力绿色低碳转型升级、服务健康美好生活的重要举措。

中建四局为更好地探索工程项目如何落地智能建造，以某个住宅项目作为智能建造试点。该项目总建筑面积 20 余万 m^2，主体结构为装配式剪力墙结构，包含高层公寓楼和多层公共建筑，是集居住、教育、游乐、购物为一体的标杆项目。中建四局以“点带面”为路径，为工程项目智能建造不断地进行探索与策划，打造智能建造新高地，擦亮智能建造新品牌。

2　住宅工程项目智能建造探索

2.1　住宅工程项目智能建造实施意义

随着科技的不断发展,智能建造已经成为工程项目领域的热门话题。智能建造是指利用先进的技术手段和管理模式,对建筑工程进行智能化设计、制造和施工的一种新型建造方式。它可以大幅提高工程项目的质量、效率和安全性,为社会经济发展注入了新的动力。

智能建造可以提高工程项目的质量。由于人为因素和工艺限制,传统的建筑施工过程中常常存在着质量不稳定的问题。而智能建造则可以通过数字化设计、虚拟仿真等手段,避免误差和漏洞的产生,从而大幅提高工程项目的质量水平。

智能建造可以提高工程项目的效率。智能化设计和制造可以大幅缩短施工周期,减少人力和物力的浪费,提高生产效率和资源利用率。同时,智能化管理模式也可以有效降低项目管理成本,提高管理效率。

智能建造可以提高工程项目的安全性。通过数字化设计和虚拟仿真,可以在施工前就发现并解决潜在的安全隐患,降低施工中发生安全事故的风险。同时,智能化设备与工具也可以降低和减少人员在施工现场的风险和危险。

智能建造对于工程项目来说具有重要的实施意义。它可以提高工程项目的质量、效率和安全性,为社会经济发展注入新的活力。未来,随着科技的不断进步,智能建造将会在更多领域得到广泛应用,为人们带来更多便利和福利。

2.2　住宅工程项目数字化建造

数字化建造是现代工程项目中不可或缺的一部分。它将传统的建造方式转化为数字化的过程,通过使用先进的技术和工具,实现了工程项目的高效管理和协调。数字化建造可以帮助工程项目实现全生命周期管理,从规划、设计、施工到维护,都可以通过数字化技术来实现。数字化建造可以提高工程项目的质量和效率,减少浪费和成本,同时也可以提高安全性和可持续性。数字化建造还可以帮助工程项目实现信息共享和协同工作,促进团队合作和沟通。总之,数字化建造是现代工程项目中必不可少的一部分,它可以帮助工程项目实现更高效、安全、可持续的建设。

(1)智慧建造平台。

基于数字化管控平台(图1),将建筑信息模型(BIM)技术融入整个生产全过程,实现自动化的数据流转和统计分析,结合智能生产线、智能机器人,打造全智能生产加工一体化管理模式,实现工程建造自动化、数字化、智能化的目标[1]。

通过搭建数字化管控平台,实现公司级和项目级的数据联动,加强项目管理的科学性、合理性,全方面提高沟通效率和执行力度,保障项目优质履约,以现场带动市场,形成强有力的品牌效应。

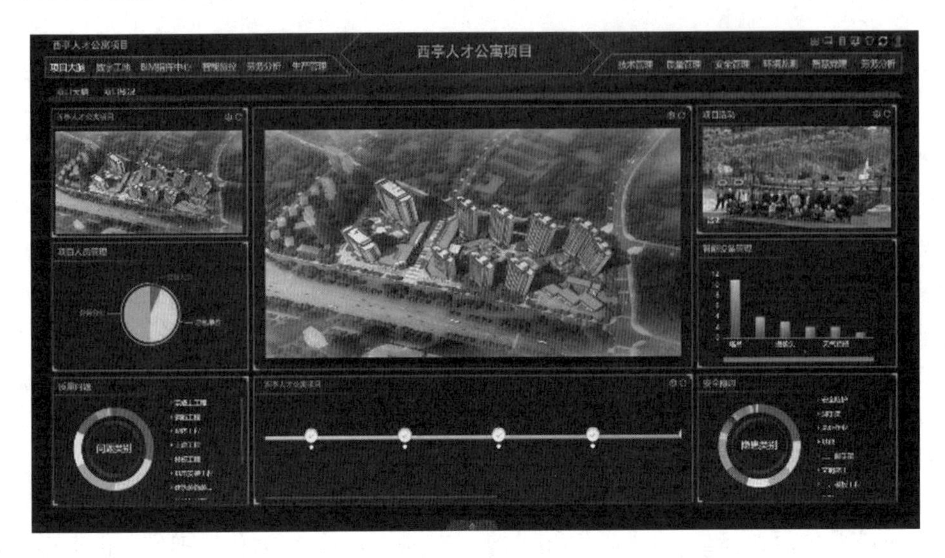

图1　数字化管控平台

（2）过程精品管控。

以数字化管控平台为载体，全面加强过程质量管控，利用 BIM 技术建模辅助质量、工法、工艺等施工样板创建，打造精品工程，保障优质履约。

2.3　住宅工程项目工业化建造

工程项目工业化建造，是指将传统的建筑施工方式转变为工业化生产方式，通过标准化、模块化、自动化等手段，实现建筑生产的规模化、精细化、高效化。工业化建造可以提高施工效率、降低人工成本、减少环境污染、提高施工质量，是当前建筑行业的发展方向之一。在实践中，工业化建造需要充分考虑建筑设计、材料选择、施工工艺等方面的因素，确保工业化建造的可行性和可持续性。同时，政府和企业也加强合作，推动工业化建造的普及和推广，为建筑业的可持续发展做出积极贡献。

近年来，我国大力发展以装配式建筑为代表的新型建筑工业化，推动“中国建造”优化升级。一批自主创新软件崛起，装备水平不断提高，一系列世界顶尖水准建设项目成为“中国建造”的醒目标志，建筑业从现场搅拌砂浆、“满面尘灰”的传统作坊式时代，发展到“像造汽车一样造房子”的建筑工业化时代，正在向数字建造时代迈进。

建筑工业化让建造从工地走进工厂、从建造向制造转型（图2）。装配式建造推进了建筑业的节能减排，使生产效率显著提升。

依据建筑信息模型，做好设计、生产、施工协同管理，将模型信息融入智能加工生产线，在不同的环节应用智能化技术，实现装配式建筑施工操作智能化的目标。

采用装配式混凝土结构体系，应用预制叠合板、预制楼梯、装配式模板、内隔墙非砌筑、非承重围护墙非砌筑、全装修、BIM 技术应用、可追溯管理系统等。装配式模板、预制构件（图3）加工生产采用工厂化生产。

图 2　构件厂工业化生产

图 3　装配式模板、预制构件

2.4　住宅工程项目智能化建造

工程项目智能化建造是当前建筑业的重要趋势之一。随着科技的不断进步和应用，建筑业正向数字化、智能化方向发展。智能化建造可以提高建筑工程的效率和质量，降低成本和风险，实现可持续发展。[2]

智能化建造包括多种技术和应用，如 BIM、机器学习、人工智能、物联网等。这些技术和应用可以帮助建筑师、工程师和施工人员更好地理解和规划建筑项目，提高设计和施工效率。例如，BIM 技术可以在建筑物的全生命周期中管理和维护建筑信息，从而提高项目的效率和质量。

智能化建造还可以通过自动化和机器人技术来提高生产效率和安全性。例如，自动化机器人可以在施工现场完成繁重、危险或需要高精度的任务，如混凝土浇筑、钢筋焊接等，从而减少人力需求和安全风险。

此外，智能化建造还可以通过优化供应链管理与资源利用来降低成本和风险。例如，物联网技术可以实时监测材料和设备的使用情况，从而优化采购和库存管理，减少浪费和损失。

总之，智能化建造是建筑业的未来趋势，将带来更高效、安全、可持续的建筑工程。建筑业企业应积极采用智能化技术和应用，加强与科技企业的合作，共同推动行业的发展。

(1)推动行业高质量发展，打造智能建造试点项目。

“十四五”规划提出“发展智能建造，推广绿色建材、装配式建筑和钢结构住宅”。中共中央、国务院印发的《质量强国建设纲要》提出“推广先进建造设备和智能建造方式，提升建设工程的质量和安全性能”。

长期以来建筑业存在“粗放式发展、碎片化管理、密集型劳动”的特点，导致生产效率低下、资源消耗巨大、环境污染严重等问题日益突出。特别是在“双碳”目标下，高能耗的建筑业如何降低能耗，达到自动化、绿色化的目标，将是今后行业发展的重点。迫切需要通过发展智能建造，走出一条高质量发展之路。

智能建造将新一代信息技术与工程建造技术深度融合，是建筑业顺应科技发展趋势、实现数字化转型升级的重要手段，也是建筑业对国家科技发展战略的适时回应。

建筑业的数字化、智能化水平将大大提高，土木工程施工和管理技术将逐渐展现出现代化、精细化、智能化的特征，进而促进建筑业高质量发展的实现。

在加快推进科技创新、提升建筑业发展质量和效益方面，应重点围绕数字设计、智能生产、智能施工等3个方面，挖掘典型应用场景，加强对工程项目质量、安全、进度、成本等全要素数字化管控，形成高效益、高质量、低消耗、低排放的新型建造方式。

(2)绿色建造、低碳节能建造。

在施工过程中采用与绿色发展相适应的新型建造方式，节约资源、保护环境、减少污染、提高效率、提升品质，提供优质生态的建筑产品，最大限度地实现人与自然和谐共生，是满足人民对美好生活需要的工程建造活动。绿色建造、低碳节能建造路径示意图如图4所示。

工程建造活动一方面要尊重自然、保护自然，结合自然条件实现建筑性能的绿色，减少设备能耗；另一方面要因地制宜地应用绿色技术，满足“人、建筑、环境”相互协调的需求，对人类、自然、社会及文化负责。

通过建立智能化、集成化及可视化的智慧工地管理平台，实时关注现场施工资源节约情况和环境保护情况，结合BIM技术，进行全专业深化设计、工业化生产、互联网化配送、模块化装配式施工，搭建集设计、施工、生产于一体化的BIM标准库，融合建筑信息模型设计及浏览批注协同功能，关联各协同单位工作计划和工作内容，真正实现基于云网络的在线沟通交流、在线协同办公，最大限度降低环境污染，节约资源，保障绿色施工。

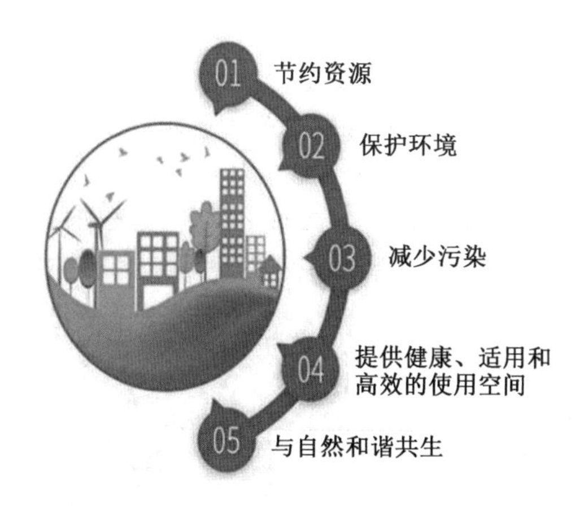

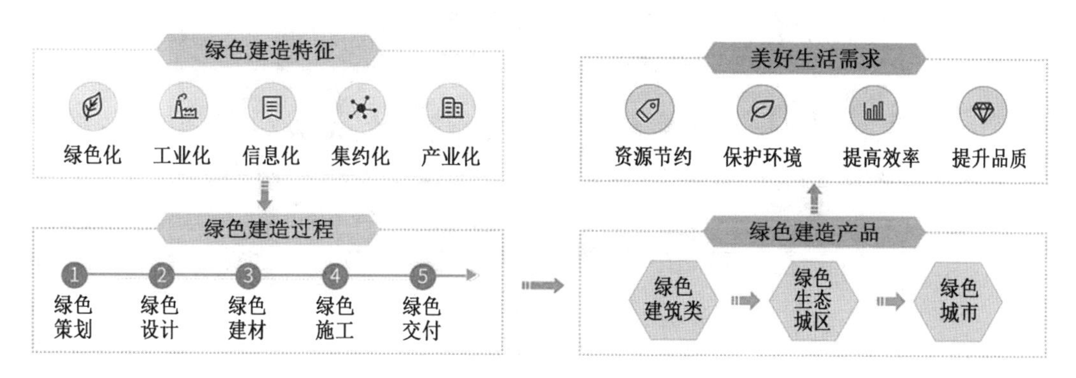

图4　绿色建造、低碳节能建造路径示意图

3　智能建造可行性分析

3.1　智能建造试点项目政策支持

通过智能建造推动建筑机器人多场景广泛应用，有利于推动建筑业从传统的建造方式向数字驱动的工业自动化先进建造方式发展，能有效降低工程现场污染，实现全过程绿色建造。政策支持如下。

（1）对被评为智能建造范例项目的，将其纳入良好行为认定范围，给予资金奖励和信用奖励等扶持政策，以及其他上级规定的有关扶持政策。

（2）对智能建造范例项目所取得的技术成果，优先支持申报省级以上工法、科技进步奖。

（3）对智能建造范例项目技术实施单位及个人在评优评先、职称评定等方面予以优先考虑。

（4）对智能建造范例项目，优先支持申报市级、省级和国家级工程质量奖，优先立项参与省级新技术应用示范工程评审。

（5）鼓励招标人在工程招标文件中，将投标单位参建项目应用智能建造技术且成效显著的项目情况作为定标要素。

下面以中建四局某住宅项目为例进行说明。

(1)住宅工程项目情况分析。

中建四局某住宅项目(图5)紧邻厦门某工业产业园。根据规划,项目总投资约12亿元,总用地面积约5.8万m^2,总建筑面积约24.8万m^2。项目集居住、教育、游乐及购物为一体,除公寓外还有配套商业和幼儿园。作为社区集体发展项目,项目建成后预计每年能为社区带来可观收益。项目开创了村企互利合作建设运营集体发展项目的新模式。

图5 某住宅项目示意图

(2)住宅工程项目智能建造楼栋分析(表1)。

结合展示区位置,考虑智能建造观摩及接待,B-3#楼临近展厅,总建筑面积为1.27万m^2,且主楼2层以上均为标准开间及相同层高,标准化程度高。

表1 住宅工程项目智能建造楼栋分析

选址原则	就近便捷,且临近展厅,便于实体观摩及接待
楼栋情况	总建筑面为1.27万m^2,层数为32层,高度为99.8 m,为该地块最高楼栋
户型标准	主楼2层以上均为标准开间及相同层高,标准化程度高

(3)住宅工程项目实施方式。

①以数字孪生模型与仿真技术驱动工程产品定义,以数字化重构技术实现工程实施验证,将设计信息和生产过程信息共同定义到三维数字化建筑信息模型中,实现工程项目的一体化管理。

②将数字技术与施工工地的作业活动有机结合,构建工程物联网,与BIM互联互通,以数字工地指导实体工地,实现建造过程可感知、可计算、可控制,全面、及时、准确地感知工程建造活动的相关要素信息。

③对工程项目全生命周期的海量、异构数据进行高效解析,实现由经验驱动的决策向数据驱动的决策转变,使决策更加科学合理,管理更加全面高效。

3.2　智能建造实施计划(表2)

表2　智能建造实施计划

阶段	持续时间
策划阶段	1个月
深化设计	1个月
智能集成住宅造楼机 加工生产阶段	2个月
现场实施阶段	15个月

3.3　智能建造目标策划

(1)总体目标。

打造地方智能建造试点项目,并举办国家级智能建造观摩。智能建造总体目标见表3。

表3　智能建造总体目标

安全目标(零伤害)	全国建设工程项目施工安全生产标准化工地
质量目标	确保省优、争创国优
智能建造目标	举办全国性观摩

(2)分项目标。

①BIM应用目标:以最高标准实施BIM策划,严格落地BIM应用要求,打造BIM应用示范工程,争取获得国家级BIM奖项。

②数字建造目标:建立全专业BIM实施规划,以信息化数字建造理念为指引,坚持建筑信息模型为根本、数字化平台为手段、施工应用为主线、务实落地为重点的原则,实现数据协同共享,提升精细化管理水平,节约施工成本,提高工程品质。

③智能建造目标:以智能化生产施工为根本导向,深化前置解决施工难题,全面服务成本控制和施工指导,建立一体化智能机器人辅助施工体系,实现BIM下料和自动加工,构建全维管控标准体系,实现工程项目全智能应用落地。

4　住宅工程项目智能建造实施

4.1　住宅工程项目数字化建造实施方式

(1)BIM正向设计应用。

①BIM正向设计概述。

数字建造的政策落脚点是实现建筑的全生命周期管理,而BIM与云计算、人工智能等技术的结合则是实践数字建造的重要抓手。对于建筑数据需求愈加精细化的现在,以三维、协同和数字化理念为主导的 BIM 正向设计是建筑精细化的必然选择。BIM 正向设计发展主要包括 3 个阶段。

A. 先建模,后出图阶段。

将设计师的设计思路直接呈现在 BIM 三维空间,然后通过三维模型直接出图,保证了图纸和模型的一致性,减少了施工图的“错、漏、碰、缺”,对于设计质量有很大的提高。

B. 全专业整体化设计阶段。

项目所涉及的所有内容都落实到 BIM 三维空间,实现各专业之间设计过程中的高度协调,降低专业间协调次数,提高专业间设计会签效率,更加高效地把控项目设计的进度和质量。

C. 全三维无死角的设计阶段。

直接以模型消费模式进行模型的设计优化、工程算量、造价、出图等一系列管理模式,提高设计的完成度和精细度,减少二维设计的盲区,让模型服务后期施工成为可能。这也是 BIM 正向设计的最终目的。

②BIM 正向设计实施。

A. 专项规划。

利用 BIM 技术,依托创新科研,有利于克服传统规划设计中难以量化分析、多专业协同难度大、方案验证困难多等不足,从而得到更加完善的最终规划方案。在项目的不同阶段中,不同相关部门通过在 BIM 中输入、提取、更新和修改信息,以支持和反映其各自职责的协同作业,这其中都有赖于大数据的支持。通过欧洲建筑体系(UBS 体系)搭建的 BIM 平台,与科研和大数据结合,实现了项目工程在全生命周期的参数化设计。

B. 环境模拟分析。

a. 绿色建筑分析。

结合建筑信息模型和项目所在地气候数据,使用 Revit 软件中的 Vasari 绿色建筑分析插件,通过模型数据转换和提取建立分析模型,利用云渲染技术完成出图。参照国际上通用的热舒适性评价方法,以及各地区内在和外在因素的影响,对风速和风压进行模拟分析,得出空气的流动形态并将分析结果以可视化方式进行动态模拟。根据分析结果合理调整地下室设计的造型、自然通风组织等,提高地下建筑空间的自然通风和空气质量。

b. 日照模拟分析。

日照对于建筑物室内的采光、取暖及视觉都有比较大的影响,日照分析主要是为了满足建筑容积、建筑间距等对指标的需求,防止遮挡光或者光污染等问题。基于建立的建筑信息模型,结合项目所在地区气象数据参数与标准规范,在三维状态下模拟在不同时间建筑物的阴影遮挡和建筑各立面的辐射情况。根据计算结果,对遮阳板等太阳能设备的形状、建筑的阴影遮挡和采光进行优化。

C. 三维设计

以 BIM 为三维数字技术的基础,通过云端服务器集成建筑工程项目各种相关应用软件所生成的工程信息数据。连接建筑项目全生命周中期不同阶段的数据、过程和资源可实现建设项目各参与方协同工作、数据普遍适用。通过将 BIM 技术与工程各个环节紧密结合,利用建筑信息模型参与设计评审会、施工图评审会、监理例会等会议,使 BIM 参与到整个生产过程中,实现管理流程优化、资源信息整合的目的,提升了工程全局把控能力和管理效率。

③虚拟仿真应用。

虚拟现实(VR)技术可以在多维信息空间上创建一个虚拟信息环境,使用户具有身临其境的体验感,具有与环境的完善交互作用能力,其核心主要在于建模与仿真。通过 BIM 建模及数据仿真,运用 VR 智能设备,可实现多方面应用,具体包括以下几方面。

A. 虚拟样板间。

通过搭建样板间模型,进行虚拟仿真,用于商业项目长期招商、招租及各类评比活动。

B. 多专业协调。

利用可视化的直观效果,对多类型车辆行驶路线与其他布置情况、净空高度等进行仿真模拟,以达到事前预判的目的。

C. VR 看房。

通过 VR 技术,在虚拟现实系统中自由行走、任意观看房间细节,冲击力强,能使客户获得身临其境的真实感受,尤其是在租售阶段,通过沉浸式看房体验,全方位了解项目的周边环境、空间布置、室内设计等细节,可以加快签订合同的速度。

4.2　住宅工程项目工业化建造实施方式

装配式建筑是一种新型的建筑方式,它在工程项目中具有重要的地位。为了提高装配式建筑的效率和质量,中建四局提出了一种全产业链解决方案。该方案涵盖了装配式建筑的设计、制造、运输、安装和售后服务等各个环节,旨在为客户提供全方位的支持和服务。项目装配式"三化"示意图如图 6 所示。

图 6　项目装配式"三化"示意图

在设计环节,中建四局采用了先进的 BIM 技术,实现设计数据的数字化管理和协同设计,以提高设计效率和减少设计错误。在制造环节,中建四局引入了智能制造技术,实现了生产线的自动化和智能化,提高了生产效率和产品质量。在运输环节,中建四局采用了优化运输方案,实现了物流信息的实时跟踪和管理,确保产品能够按时到达客户现场。

在安装环节，中建四局派遣专业安装团队进行现场安装，并提供详细的安装指导和培训，确保产品能够安全、快速地安装到位。在售后服务环节，中建四局提供了全天候的客户服务热线，并设立了专门的维修团队，为客户提供及时、高效的售后服务。

这种全产业链解决方案将为装配式建筑业带来革命性的变革，为客户提供更加便捷、高效、优质的服务。中建四局将不断探索创新，不断提高服务质量，为客户创造更大的价值。

此外，基于智能优化算法、机器人导航算法、BIM 二次开发、有限元二次开发和物联网等，中建四局提出了预制混凝土楼梯及其模具的智能深化设计技术，开发在线设计软件，且在线软件可直接将钢筋、预埋件和钢模板制造信息传输给制造设备，从而可有效解决深化设计与制造环节信息割裂的问题。开发了混凝土预制构件智能深化设计与制造一体化技术（图 7）。

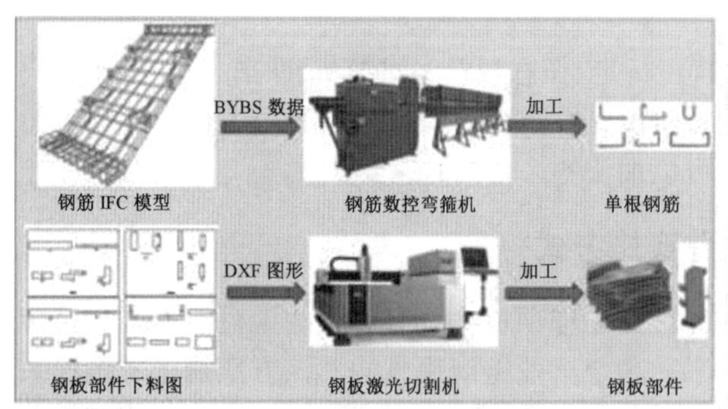

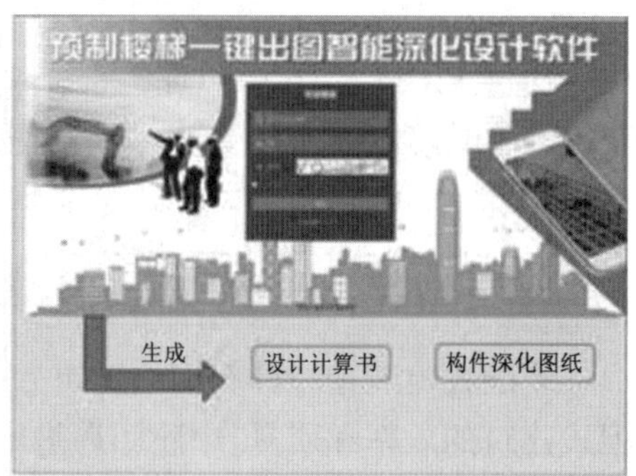

图 7　混凝土预制构件智能深化设计与制造一体化技术示意图

4.3　住宅工程项目智能化建造实施方式

通过“数字化集成+智能建造”模式，搭载智能建造机器人，同时应用智慧管控平台，对建造全场景、全要素进行解构，实现“数字化集成+智能建造”过程的实时映射；实现数字化管控，构建实时智能建造场景。把智能技术与先进工业化的建造技术深度融合，形成一种创新的工程建造模式。

（1）云端建造工厂-智能集成住宅造楼机。

目前公共建筑所用的造楼机十分庞大、复杂，而住宅所用的就是改进创新后的新型缩小版、轻量化的造楼机，能够实现应用场景由摩天大楼向普通高层住宅的转变。采用更为轻量化的“云端建造工厂”将“空中造楼机”的研发成果转换到普通高层住宅楼的建设中，智能集成住宅造楼机具有结构轻巧、适用性广、承载力大、多级防坠等特点。

智能集成住宅造楼机主要由动力支撑系统、钢平台系统、模板系统、挂架系统、辅助作业系统、安全防护系统等六大系统组成，采用小行程油缸步履式分级分步爬升，安全冗余度高。

中建四局研发的“云端建造工厂-智能集成住宅造楼机”（图 8）有以下六大特点。

①模块化高适应性自升降钢平台。

采用清晰的主次桁架传力体系，基于刚柔结合的模块化设计理念，打造了高适应性轻

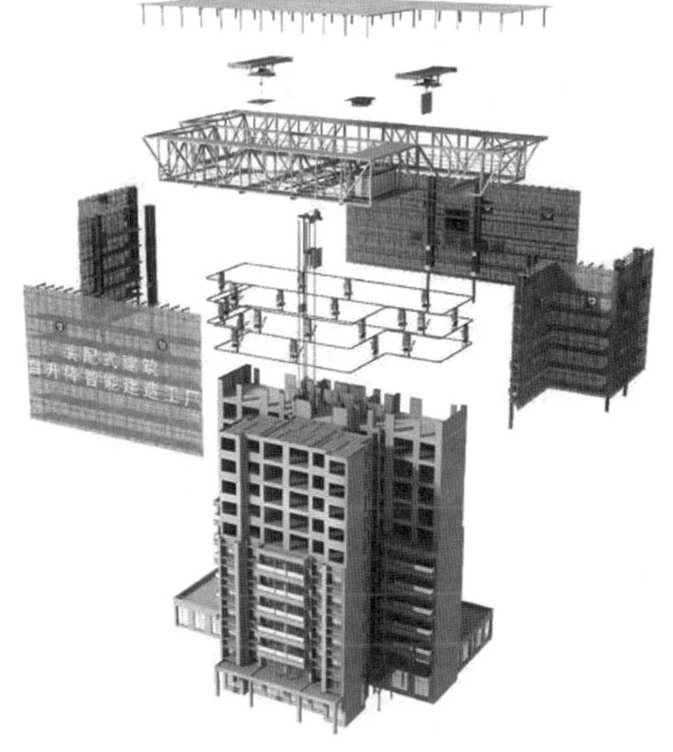

图 8　云端建造工厂-智能集成住宅轻型造楼机

量化空间骨架,有效应对现场安装误差。创新融合机械换向结构,实现建造工厂自升降功能。

②高承载力附墙支座。

支撑点设置在仅 200 mm 厚的剪力墙上,具备超过 140 t 的单点承载力。

③类工厂施工作业环境。

钢平台设计充分考虑平面和垂直空间,并集成挂架系统形成舒适且全封闭的工厂环境。

④立体化综合运输系统。

打造了以桁车系统、井道电梯、地面自动导向车(AGV)为核心的多维立体综合运输系统,满足了物料、人员快速输送的需求。应用空间全域阻尼减震结构,实现百米高空稳定运输。

⑤智能装备及建筑机器人集群。

造楼机集成了灌浆、布料、整平、抹光、喷涂、巡检等多台建筑机器人和智能装备,可满足多种工艺自主施工。

⑥智慧管控平台。

基于数字孪生的智慧管控平台,实现智能设备群的高效协同作业和造楼机安全状态感知及环境监测。

(2)智能建造机器人。

①住宅工程项目智能建造机器人的应用价值(表4)。

表4　住宅工程项目智能建造机器人的应用价值

项目	应用价值
安全施工	减少现场高处作业,减少安全事故发生,减少扬尘、油漆污染,降低患职业病风险
绿色建造	节能减排,减少环境污染;吸尘降噪,文明施工,助力绿色可持续发展
提质增效	施工一致性好,合格率高,综合效率为传统人工的1.5~5倍
产业升级	加快产业结构优化,促进建造方式转变;培育新产业、新业态和新模式,发挥示范引领作用
人才培养	帮助工人转型为产业技师,为行业培养智能建造技能人才,延长人才职业生命周期;培养公司智能建造相关应用专业工程师

②行业智能建造机器人的应用情况。

行业智能建造机器人应用一览表见表5。

表5　行业智能建造机器人应用一览表

类别	机器人			应用部位
混凝土施工				混凝土浇筑层
	地面整平机器人	地面抹平机器人	智能随动式布料机	
地下室施工				地下室
	地坪研磨机器人	地坪漆涂敷机器人	地下车库喷涂机器人	
混凝土修整				拆模层
	螺杆洞封堵机器人	内墙面打磨机器人	天花打磨机器人	

续表

类别	机器人			应用部位
二次结构			—	砌筑层
	砂浆喷涂机器人	砌块搬运机器人	—	
装饰装修				装饰装修层
	泥子涂敷机器人	室内喷涂机器人	地砖铺贴机器人	
辅助施工				辅助机器人
	建筑清扫机器人	测量机器人	通用物流机器人	
	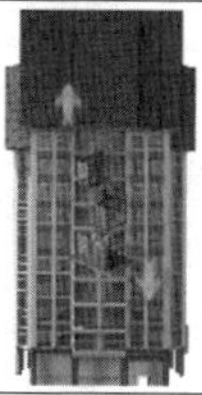			
	智能施工升降机	外墙喷涂机器人		

注:以上图片选自博智林产品图片。

③住宅工程项目智能建造机器人实体应用(表6)。

表6　住宅工程项目智能建造机器人实体应用

类型	实景图		
主体结构类机器人			
	智能随动式布料机	地面整平机器人	地面抹光机器人

	螺杆洞封堵机器人	天花打磨机器人	内墙面打磨机器人
二次结构和装饰装修类机器人			
	砌块搬运机器人	泥子打磨机器人	室内喷涂机器人

	砂浆喷涂机器人	墙砖铺贴机器人	地砖铺贴机器人
机电、地坪施工类机器人			—
	打孔机器人	地坪研磨机器人	—
			—
	丝杆支架安装机器人	地坪漆涂敷机器人	—

续表

类型	实景图		
绿色智能辅助类机器人	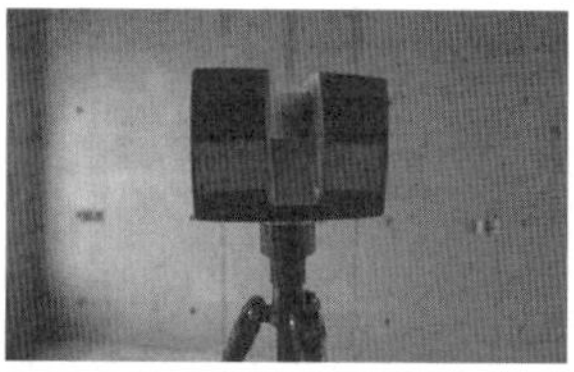		
	测量机器人	通用物流机器人	建筑清扫机器人
辅助机器人			—
	智能施工升降机	外墙喷涂机器人	—

注:以上图片选自博智林产品图片。

④住宅工程项目智能建造机器人工效分析(表7)。

表7　住宅工程项目智能建造机器人工效分析

名称	图片	工效分析
测量机器人		人工测量20 min/房间 机器测量1.5 min/房间
打磨机器人		较传统人工效率提高1.5倍

续表

名称	图片	工效分析
喷涂机器人	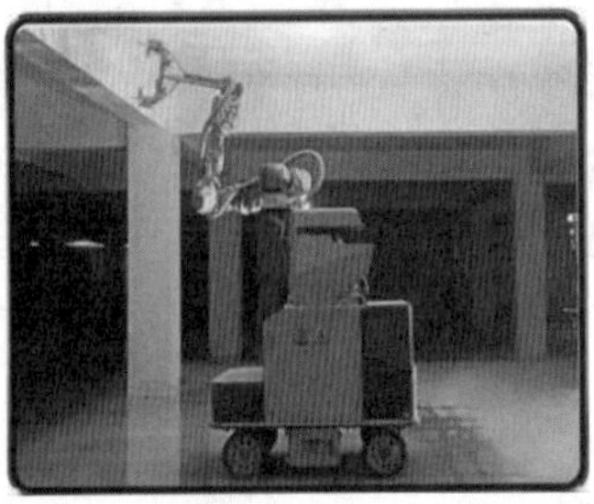	泥子工效 420 m^2/d 人工工效 120 m^2/d 工效为人工的 3.5 倍
建筑清扫机器人		减少人工与扬尘
地面土整平机器人		地面精度高、成型效果好

注:以上图片选自博智林产品图片。

⑤住宅工程项目智能建造机器人的应用体系(表8)。

表 8　住宅工程项目智能建造机器人的应用体系

未施工楼层	结构施工楼层	地面整平机器人、地面抹平机器人、智能随动式布料机
	支撑楼层	—
	拆模楼层	—
	拆模完成楼层	建筑清扫机器人、测量机器人
	结构完成楼层	螺杆洞封堵机器人、内墙面打磨机器人、天花打磨机器人
16 F 以下观感验收完成	装饰装修楼层	泥子打磨机器人、室内喷涂机器人、地砖铺贴机器人、墙砖铺贴机器人
	地下室结构	丝杆支架安装机器人、打孔机器人、地坪研磨机器人、地坪漆涂敷机器人、4.5 m 地下车库喷涂机器人

⑥住宅工程项目智能建造机器人的使用合作模式(表 9)。

根据现场施工进度需求,分阶段引进智能建造机器人,具体合作模式有采购模式及人机租赁模式。

表 9　住宅工程项目智能建造机器人的使用合作模式

采购模式:含机器人设备、工程师首次现场培训与相关产品培训资料

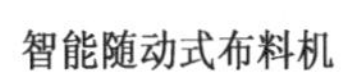

智能随动式布料机　螺杆洞封堵机器人　测量机器人　智能划线机器人　建筑废弃物流动制砖车

地坪研磨机器人　地坪漆涂敷机器人　打孔机器人　丝杆支架安装机器人

续表

人机租赁模式:含机器人设备、工程师现场施工(机器人施工面)

注:以上图片选自博智林产品图片。

5 住宅工程项目智能建造总结

随着科技的不断发展和应用,智能建造技术已经逐渐成为住宅工程项目建设中的重要组成部分。智能建造技术的应用不仅可以提高建筑工程的效率和质量,还可以降低建设成本,为住宅工程项目的顺利实施提供了有力的支持。

在智能建造技术方面,目前主要应用的是 BIM 技术、机器人技术、无人机技术等。BIM 技术可以实现对建筑物的全过程管理,包括设计、施工、运维等环节,可以提高建筑工程的效率和质量,同时也可以减少建筑工程中的错误和漏洞。机器人技术可以实现对建筑物的自动化施工,可以提高施工效率和质量,同时也可以减少人力成本和降低安全风险。无人机技术可以实现对建筑物的快速勘察和监测,可以提高住宅工程项目的管理效率和安全性。

除了以上几种技术之外,智能建造还可以通过互联网、大数据、人工智能等技术实现对住宅工程项目的智能化管理。通过互联网技术,可以实现对住宅工程项目信息的快速传输和共享,同时也可以实现对施工进度的实时监控和管理。通过大数据技术,可以实现对住宅工程项目数据的分析和挖掘,为项目决策提供有力支持。通过人工智能技术,可以实现对住宅工程项目的自动化管理和优化,提高项目的效率和质量。

综上所述,智能建造技术已经成为未来住宅工程项目建设中不可或缺的一部分。在未来的发展中,中建四局需要不断推进智能建造技术的研究和应用,为住宅工程项目的顺利实施提供更好的支持。

参考文献

[1] 徐能彬,许友武,姚谏,等. 基于 BIM 和机器人的 H 型钢智能自动化生产线关键技术研究[J]. 现代工业经济和信息化,2023,13(1):78-81.
[2] 罗索. 工业 4.0 背景下的精益体系势[J]. 中小企业管理与科技,2023(9):55-57.
[3] 于洋. 浅谈建筑业智能建造发展现状及未来趋势[J]. 建筑机械化,2022,43(6):6-8,35.

福建省建筑工程智能建造施工应用研究

黄跃森　林忠松　薛潘荣　曾繁琪　郑嘉豪　陈雯

福建省二建建设集团有限公司

摘　要：随着我国经济的飞速发展，工程建设行业已成为促进地方发展的重要支柱，但建设工程跨度周期长，涉及的环节多、层次多、人员多，施工现场管理成为施工管理中的一个难题和痛点。随着现代信息技术的不断发展，各种高新技术和数字化手段被应用到施工现场。作为福建省内龙头施工企业，福建省二建建设集团有限公司（以下简称"福建二建"）以"智能化、数字化转型"为目标，促进企业从传统建造产业向智能化和建筑工业化方向升级发展，为施工核心技术提供赋能增值。本文总结了福建二建在施工中应用智能建造施工的经验做法与典型案例，为相关技术发展提供了借鉴。

关键词：智能建造；施工技术；应用研究

1　概述

随着我国经济的飞速发展，工程建设行业已成为促进地方发展的重要支柱，但建设工程跨度周期长，涉及的环节多、层次多、人员多，施工现场管理成为施工管理中的一个难题和痛点。如何加强现场管理，做到早发现、早预防、早处理，更好地保证施工安全和质量，已成为建筑业共同关注的焦点。随着现代信息技术的不断发展，各种高新技术和数字化手段被应用到施工现场。基于大数据的智慧工地平台，建立通用的管理平台，利用计算机、智能手机、无人机等设备共享信息数据，实现全方位、立体化的数据管控，最终实现施工检验、质量管理、服务管理、安全施工、绿色施工的数字化，提高现场管理能力，标志着工程现场管理工作进入了信息化时代。为此，通过建筑工程智能建造施工技术应用，将提高工程管理的智能化、信息化水平。[1]

近年来，施工行业如何向信息化、数字化、智能化转型引起行业主管部门的高度重视，国家层面出台了一系列政策与指导性文件。2017 年，国务院办公厅印发的《国务院办公厅关于促进建筑业持续健康发展的意见》，强调要"加快先进建造设备、智能设备的研发、制造和推广应用"，智能建造初露端倪。2020 年，住房和城乡建设部等部门联合印发的《住房和城乡建设部等部门关于推动智能建造与建筑工业化协同发展的指导意见》《住房和城乡建设部等部门关于加快新型建筑工业化发展的若干意见》进一步指出要大力推动物联网技术在智慧工地的集成应用，促进智慧工地相关装备的研发、制造和推广应用。[2] 2021 年发布的《中华人民共和国国民经济和社会发展第十四个五年规划和 2035 年远景目标纲要》明确指出,要“发展智能建造,推广绿色建材、装配式建筑和钢结构住宅,建设低碳城市”,而智慧工地是实现智能建造的重要内容。2022 年,住房和城乡建设部印发的《“十四五”建筑业发展规划》《“十四五”住房和城乡建设科技发展规划》中提出,要研发建筑施工智能设备设施和智慧工地集成应用系统,不断提升工程项目建设管理水平。

作为福建省内龙头施工企业,福建二建以“智能化、数字化转型”为目标,促进企业从传统建造产业向智能化和建筑工业化方向升级发展,为施工核心技术提供赋能增值。

(1)提升企业的智能建造技术应用能力,积极推广福建省内大型项目的智能建造技术应用实践,为施工各方提供面向建筑全生命周期的信息化整体解决方案。

(2)通过完善信息化管理体系和网络安全基础设施建设,构建具备可扩展的企业互联基础信息平台,逐步将各项目智慧工地、绿色施工和建筑信息模型(BIM)系统集成,形成企业级的生产经营一体化的信息平台,优化管理流程,提升企业管理能力;聚焦快速建造技术,推进数字化协作平台实施,探索通过数字化手段进一步提升施工效率、保障工程安全质量;致力于全面展开、推进企业级 BIM、一体化管理平台实施。

2　建筑工程智能建造施工应用

福建二建将继续结合纵向研发和横向应用,在不断提高数字化程度的同时整合各类资源,推动新型建造方式的发展,提升数字建筑水平,以数字化、智能化为动力,创新突破相关核心技术,加大信息化在工程建设各环节的应用,发挥全产业链优势,形成涵盖设计、生产加工、施工装配等全产业链融合一体的数字建筑产业体系,实现规模化发展向规模与效益同步增长的发展格局转变,实现业务专业化、产业协同化、内涵式与外延式并重发展。

2.1　智慧工地管理平台应用研究

依托信息化手段,针对施工过程管理,构建互联、协作、智能生产、科学管理的建设项目智慧化、信息化管理平台。在施工过程中,利用软件平台和物联网(IoT)设备收集的工程信息进行数据汇总和挖掘,上传云服务器,提供过程趋势预测与分析,实现数据全融合、状态全可视、业务全可管、事件全可控。

(1)大数据底座。

传统数据平台仅仅具备数据存储功能,无法进行数据清洗汇总。通过建立大数据底座,整合软件录入信息和 IoT 硬件末端信息,提供数据抽取、数据清洗、数据存储、数据分析、数据共享的一站式全流程数据治理,以及数据安全、运维监控的日常管理,实现数据流的有效应用,构建数据核心系统,加速业务创新。同时预留多种类数据接口,满足各类型硬件设备、其他厂商管理模块、集团企业级平台和监管部门平台数据对接需求。平台架构如图 1 所示。

(2)定制化平台管理模块。

有别于全代码化的数据平台,福建二建现阶段使用的智慧工地平台可进行灵活化的流程定制选项。根据不同项目所使用的管理模块,可自由选择模块显隐和显示位置。针对不同项目管理的实际流程,现有平台也具备低代码应用和流程的新开、二次开发能力。

通过内置的各类型消息引擎、表单引擎、流程监控器等工具,可进行自定义流程配置

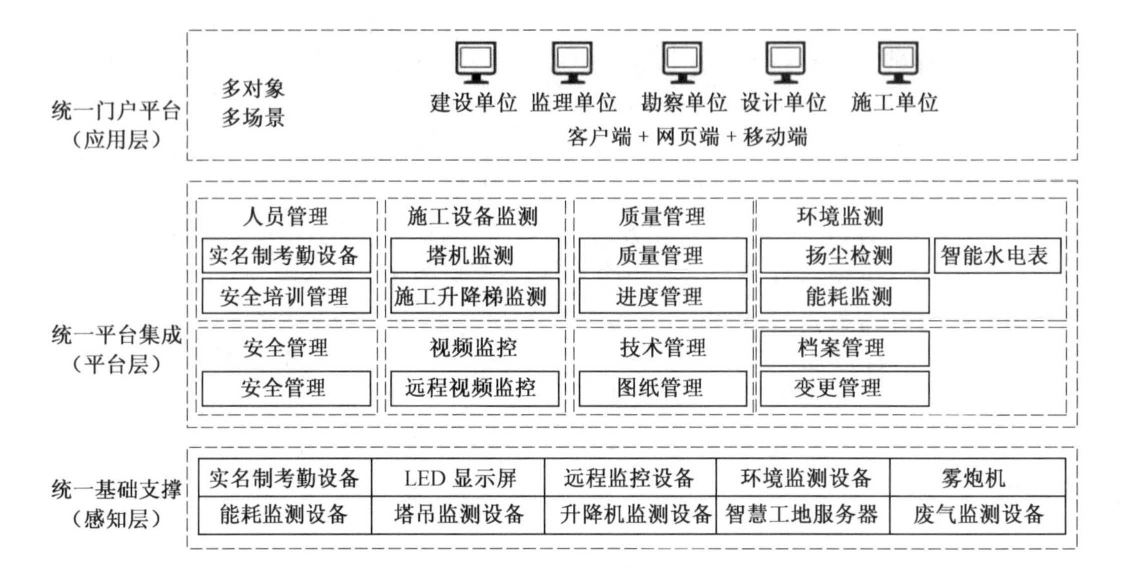

图1　平台架构

和表单配置，满足施工现场管理各方应用需求，并通过第三方生态合作伙伴自主研发涵盖人、机、料、法、环、监等专业工地场景应用，完善不同类型项目的专属应用需求。最终实现以业务场景为闭环核心的配置模式。

（3）可视化中台系统。

通过可视化中台，利用丰富且强大的智能界面（UI）快速搭建前端分析界面和分析流程，在短时间内就能帮助项目部实现数据分析的业务蓝图，大大缩短了项目的实施周期，也降低了投入成本和项目风险。针对不同业务板块的分析流程，也可以进行手动配置，系统支持导入不同类型的数据库，并可进行多样化展示。

（4）劳务人员管理系统。

借助智能施工系统和大数据的信息处理优势，实现劳务管理，日常管理活动从实名制登记到员工实时考勤再到智能识别定位，提高了项目管理的科学性和有效性。在实名制登记过程中，通过政府劳务实名制管理平台进行数据交换，进一步规范劳务市场，保障劳务人员合法权益。在员工实时考勤管理中，采用指纹采集、人脸验证和近场通信/掌上电脑（NFC/PDA）等采集员工个人信息，建立现场实名考勤制度，提高考勤管理的科学性和有效性，有效节约人力成本。平台还可以通过手机或智能安全帽等末端，对场内人员位置进行实时监控。通过人员教育大数据平台，自动分析项目人员进场教育情况，对未受教育人员进行预警提示。界面如图2所示。

（5）施工质量+施工安全综合管理系统。

通过企业现有积累的质量、安全数据库，结合区块链、大数据、物联网等数字技术，以现场实施流程为核心，以末端传感设备为辅助，形成适应企业需求的施工质量与安全管理系统，辅助进行施工现场管理。

质量巡检系统可以直观地显示质量问题分布情况、数量变化趋势、未处理问题责任人、责任班组等。项目管理人员可以实时记录并上传质量问题，并标记责任人，解决了质

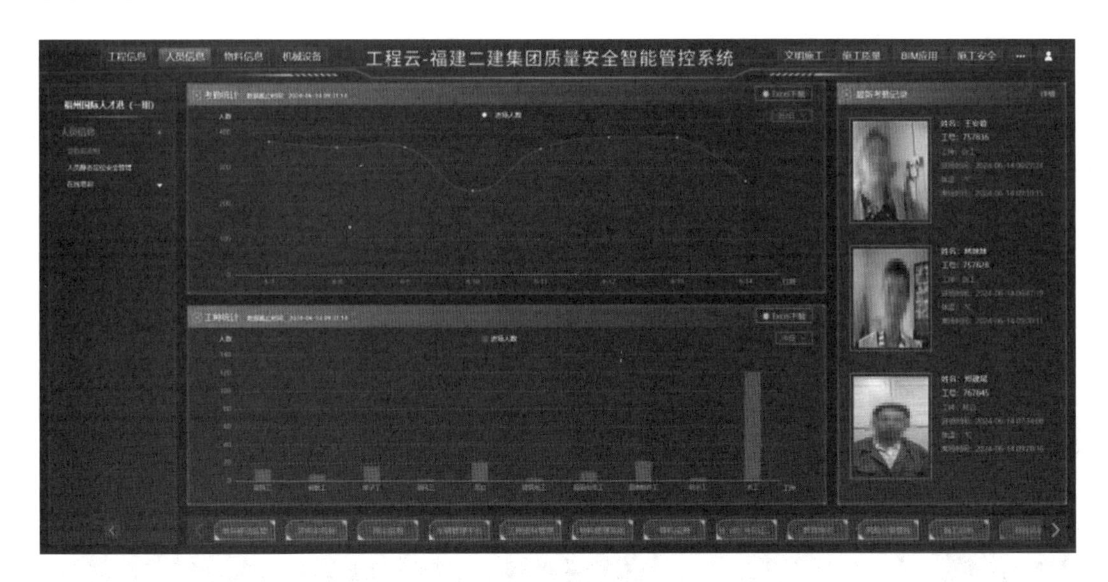

图 2　劳务人员管理系统界面

量问题责任人不明、沟通整改不及时等问题。依靠网页端进行大数据分析，可以针对下一阶段施工管理重点进行预测，加强质量管理。

安全管理模块主要通过设施安全巡视点，明确巡视责任人、通知人、整改人、巡视频次和内容等，并可以依据施工进度灵活开启或关闭巡视点。项目管理人员通过安全巡视系统发现现场安全隐患，在移动端快速发布安全问题，推送至责任人处进行整改，解决了传统项目执行过程中沟通慢、整改不及时的问题。而依靠大数据分析，可以为现场安全管理提供数据支撑施工质量看板如图 3 所示。

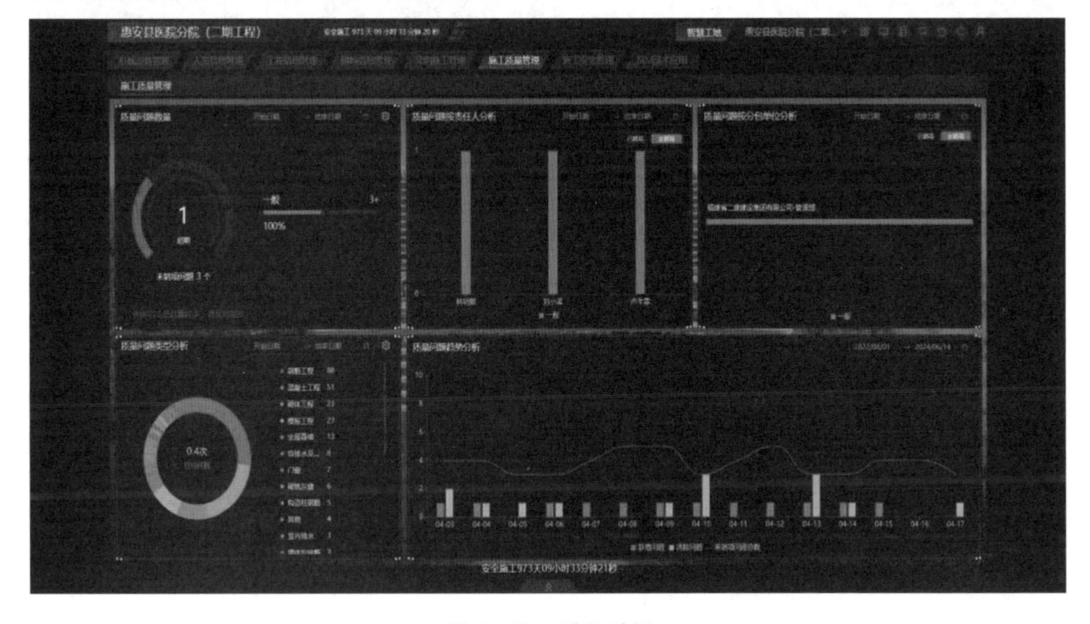

图 3　施工质量看板

（6）施工现场环境管理系统。

采用智能环境监测系统，可同时监测 PM2.5、PM10、温度、湿度、风速、风向、噪声 7 项指标，系统全天候全自动 24 小时 365 天持续不间断工作，具有故障提示报警功能，配备 LED 显示屏，实时显示现场数据，一目了然。

系统支持无线传输，可以将数据联网，实现远程监控。数据实时传输至云平台，当超过额定标准值时，系统会实时预警。系统可与喷雾系统联动，当超过额定标准值时，喷雾系统自动启动。系统支持多客户端（计算机、微信、App）远程控制，客户可自行设置 LED 屏幕显示内容，设置联动参数。智能环境监测系统（图 4）安装在施工现场主入口大门处，既能监测施工现场环境参数，又能在主入口大门处直观展示智慧工地建设形象。

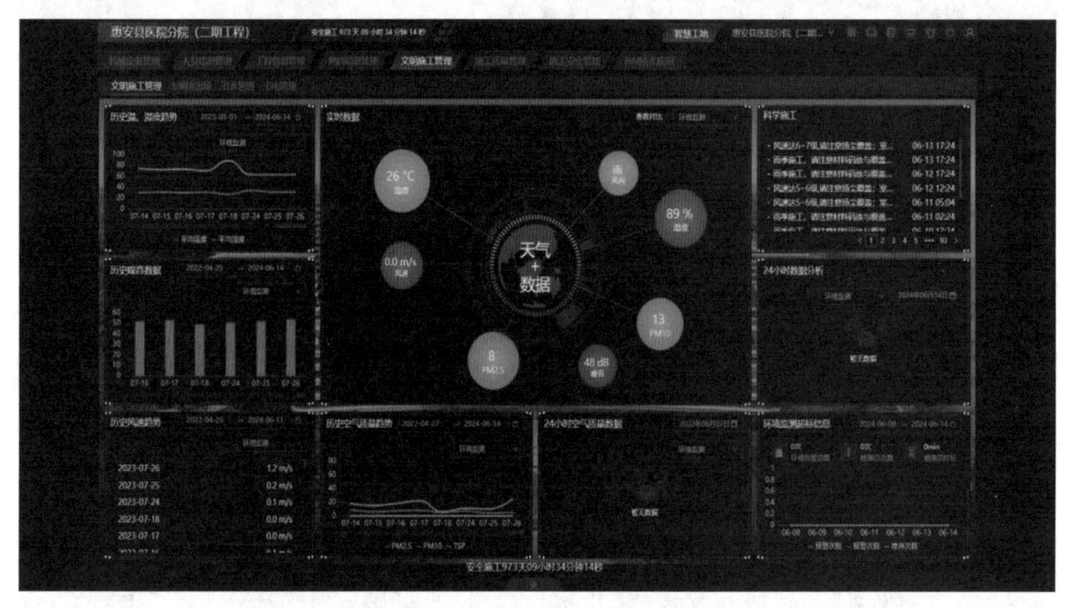

图 4　施工现场智能环境监测系统

（7）施工机械管理系统。

现阶段福建二建项目使用的大型施工机械设备主要为塔式起重机和施工升降机，借助智慧工地施工机械管理系统，依靠各类型 IoT 设备，监测设备的力矩、幅度、高度、重量、倾角等重要运行数据，检测到异常状态，实时推送预警信息至管理人员。通过加装人脸识别设备，能够识别驾驶员身份，对违规操作机械的行为进行报警和记录，确保施工机械安全运行。依托数据中台，对各类型施工机械设备运行情况进行汇总分析，辅助进行项目进度监控。塔吊运行效率分析界面如图 5 所示。

（8）结论。

通过建立支撑现场管理、互联协同、数据共享的信息化智慧工地平台，重点围绕企业质量安全主体责任落实和在建项目过程管控，研究搭建企业数字化管理、信息互通、精准决策的智能化平台，实现数据互通、设备互联，打造开放式智慧工地生态平台，以需求为牵引，开发高价值应用场景，助力项目降本增效，提升项目管理水平。以智慧工地平台建设为突破口，大力推广机器人使用，向上承接数字设计，向下延伸智慧运维，打造建筑全生

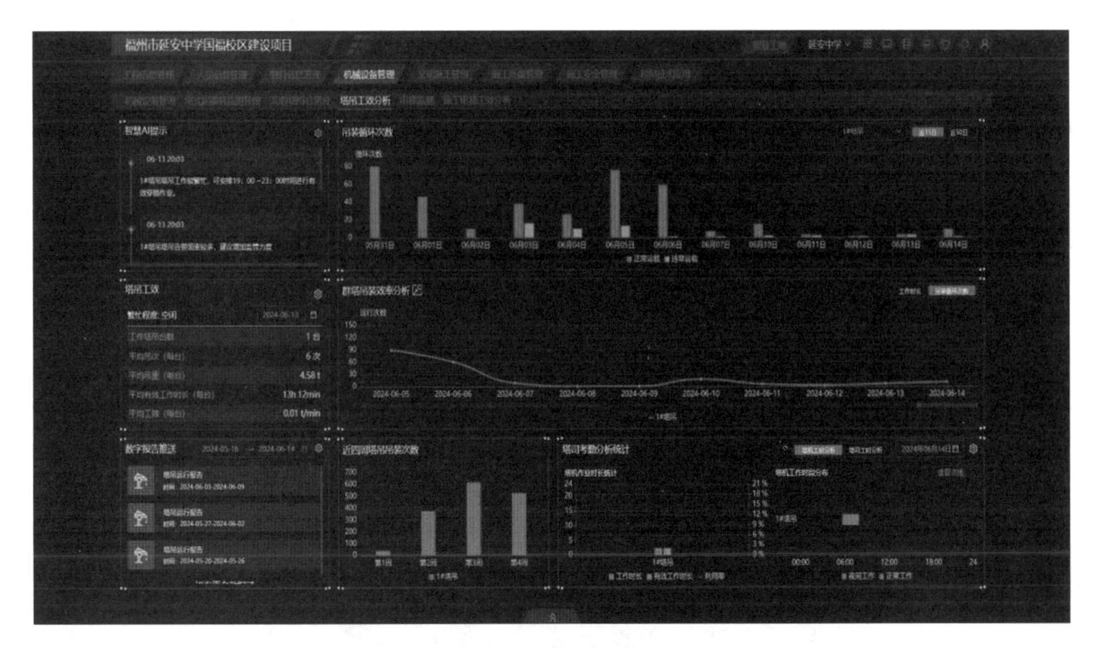

图5 塔吊运行效率分析界面

命周期的智能建造平台。以智能建造平台为基础,实现与产业链的互联互通,建立区域级的建筑产业互联网平台。建筑产业互联网平台服务于区域级的智慧城市建设,为智慧城市提供建筑数据底座,助力智慧城市建设;同时也为进一步推动房建市政工程智慧建造提供参考,提升施工质量管控与安全生产隐患治理水平,促进建筑业企业从传统建造方式向新型建造方式转变,加快产业结构优化,实现“系统代脑、机器代工、工厂代现场”目标,提升智能建造水平,推动建筑业高质量发展。

2.2 装配式建筑智能建造的应用研究

近年来,为解决建筑业劳动力贫乏和环境污染等问题,国家、各省(区、市)开始陆续推行建筑装配式相关政策,推动我国装配式建筑的发展。为此,在机遇与挑战共存的背景下,福建二建开展装配式智能建造的相关探索与实践,利用建筑信息模型和物联网技术形成涵盖预制构件生产、施工等全产业链融合一体的智能建造产业体系。

(1)预制构件生产。

通过BIM技术进行深化拆分设计,搭建预制构件的三维模型,为预制加工提供精确的信息数据,做到“少规格、多组合”,提升预制准确率,减少施工现场的返工成本。生产前,利用BIM平台构建生产、运输计划,按计划定制原材料、生产工人和机械设备需求量,提升产品控制能力。生产过程中,生产工人对各类构件进行信息录入,包括但不限于构件编号、生产工人编号、生产时间、使用材料、构件尺寸和构件位置等信息并形成构件二维码。在进入运输过程时,按照施工现场提供的吊装顺序排列装车,减少施工现场协调时间。采用BIM和物联网技术可以简化对预制构件的深化拆分与检查,同时更加科学地制订生产计划,实现信息化生产管理、智能化信息提取,提高了预制构件生产质量和生产效率。

(2)施工场地布置。

利用 BIM 技术对场地及拟建的建筑物进行建模、分析,确定塔吊布置的最佳位置,同时能根据预制构件深化设计建筑信息模型匹配吊装能力足够的塔吊型号,并根据塔吊型号的起重重量、倾覆力矩等性能参数标识出预制构件堆放的合理位置,保证现场施工顺利进行。三维策划使平面元素立体直观化,结合 BIM 技术和绿色施工中节能、节地的理念能够对施工场内的预制构件堆放、吊装位置和场地内道路的布置进行详细的策划、模拟与优化,减少土地资源的浪费,增加塔吊的使用效率。场地布置示意图如图 6 所示。

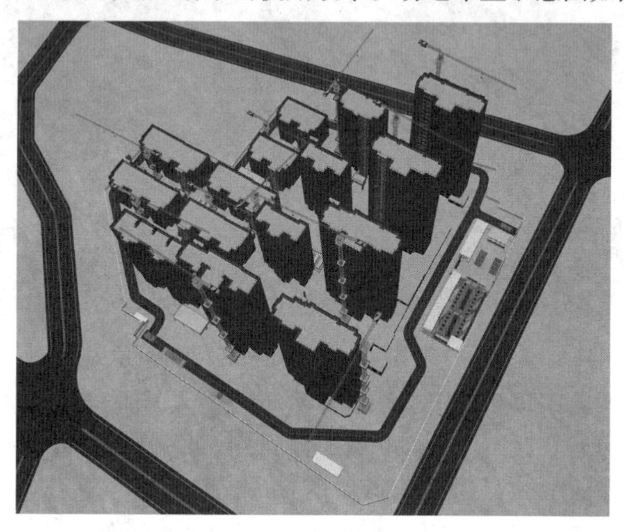

图 6　场地布置示意图

(3)预制构件吊装工艺模拟。

福建二建根据现场预制构件吊装施工情况结合各项国家标准、规范采用 BIM 可视化模拟技术进行了多种类预制构件施工工艺模拟。将传统单纯采用施工图纸与文字描述的施工前技术交底进行了三维扩展,生成预制构件从进场验收、构件堆放、构件起吊、构件放置等多工序的详细施工工艺三维表达,强调过程中的精益施工,形成标准化的预制构件施工流程。形成工艺模拟库管理方式,利用工程文件针对不同项目预制构件的特点,直接调用深化设计建筑信息模型进行特制施工工艺模拟修改,减少建模次数,增加建筑信息模型的应用效率。图 7 和图 8 分别显示了预制板和预制楼梯吊装模拟情况。

(4)结论。

通过对预制构件在生产阶段进行深化设计、生产规划,再到对项目周边、施工场地进行三维建模,完成了施工机具的选择、堆场的策划和运输路径的安排,最后到现场的把控和工艺模拟,形成了目前对预制构件的智能建造体系。在装配式构件的设计、生产、运输、施工管理中,BIM 与物联网技术的优势诸如可视化、标准化等能够充分地体现出来,可预见性地为施工的安全、效率和质量提供保障,在确保工程按时保质完成的同时,全面控制工程造价。不过,在应用这一技术施行装配式建筑建造的过程中,为了保证技术应用效果,需做好基础数据采集与分析工作,获取全面且准确的数据,从而确保建模的准确性和实效性,为优化方案提供准确的依据,全面发挥智慧建造技术的价值。

图7 预制板吊装模拟

图8 预制楼梯吊装模拟

2.3 BIM+技术在施工过程中的应用研究

近几年来BIM技术在工程建设领域发展迅猛,BIM技术的研究、BIM标准的制定以及BIM工程的实践不断增多,BIM技术正经历着从概念到快速发展乃至广泛应用的过程。福建二建积极响应国家号召,建立福建二建集团BIM中心工作站,为项目层面的规模化应用推广提供了支持。同时在各项目也积极推广BIM技术,呈现BIM应用点越来越多、应用程度越来越深的趋势。通过BIM技术深度落地应用,最大限度地实现项目的数字化管理。

(1)全专业数字化建模。

在完成各专业图纸的拆分后,借助AI算法的图元识别、数据自动提取和处理、基于BIM的3D模型构建,实现“AI建模”。通过归集各单体图纸、划分图纸专业/类型、分解图纸/图元等,依托AI算法平台的深度学习,能够较全面地识别图纸和图元信息。模型生成后AI算法根据BIM建筑建模软件的建模数据规则将数据抽取、融合处理成标准数据包,组成独栋建筑数据包,最后一键生成模型,数据包内建筑数据会按照建模软件数据规则自动搭建模型、自动检查模型完整性。

(2)机电专业综合深化。

在数字化建模的基础上,针对土建、机电专业间的错、漏、碰、缺进行核对,出具问题报告,辅助图纸审查和后期建模。借助既有项目和企业级族库,进行机电专业精细化建模。完成各区域建模后,为给、排水管,消防,桥架,通风等管线模型设置不同颜色加以区分,针对各房间、走道等空间的净高进行协调、分析,找出净高不足的区域,提供更合理的管线布置方案,并对电梯前室、车位、车道等空间进行全面考量,充分考虑后期使用的可能性,优化其最终的净高结果。在管线的初步排布后,针对收集到的问题,根据各个专业的技术要求、空间位置、施工可操作性等对机电系统进行二次深化,并对管线综合排布进行优化。有吊顶区域确定吊顶标高、确定管线综合控制区域、其他碰撞位置的优化、支吊架布置及空间预留、管线综合优化记录留存。其中,确定管线综合控制区域为重点,管线综合控制区域应趋近于结构最低点和管线最复杂位置。BIM 机电模型如图 9 所示。

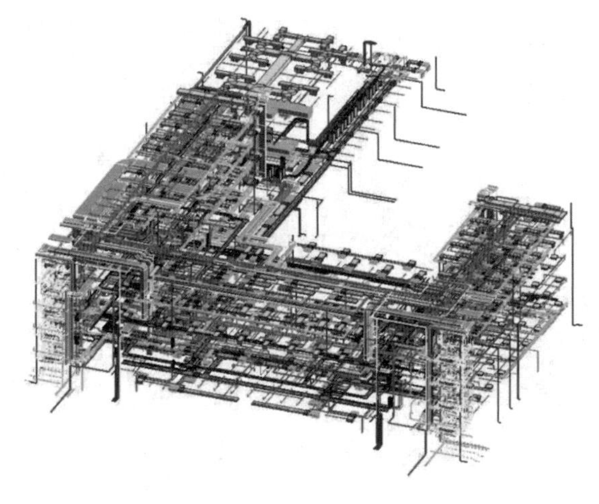

图 9　BIM 机电模型

针对各类型泵房空间狭小、施工难度大的问题,在保证系统正确的情况下遵循安装方便、检修方便、美观原则,合理调整管线。首先,由于机房管线管径较大,如果管线之间间距过小的话安装会比较困难,因此应该在有限的空间内尽量增加管线的间距。其次,需要考虑检修空间,排布在高位的管道也需要留出维修人员的维修操作空间。最后,需要考虑美观原则,管线应成排布置,管线之间的间距应相同,上下排管线应有层次感。另外还要考虑出、入口处的管线。机房里的管线应该与机房外的管线合理连接,统筹各方面因素,将机房管线排布得合理美观。

完成管线综合排布之后,根据不同区域管线排布样式,依托专业软件,进行支吊架布置,并通过相关软件进行受力验算,得出相应材料清单,进行现场安装指导,如图 10 所示。

(3)可视化编程节点深化。

针对玻璃幕墙和石材幕墙,准确输入幕墙构件,包括面板、龙骨、连接件、支座、预埋件的几何信息、材料信息及管理信息,基于此幕墙信息模型,对幕墙构件进行自动化材料统计;对模型机的幕墙模型中每一个构件的命名及编号进行统一规划,再确保加工级别构件化信息生成、直接将设计和加工衔接的同时,将每个单元每个主要构件自动输出到二维图

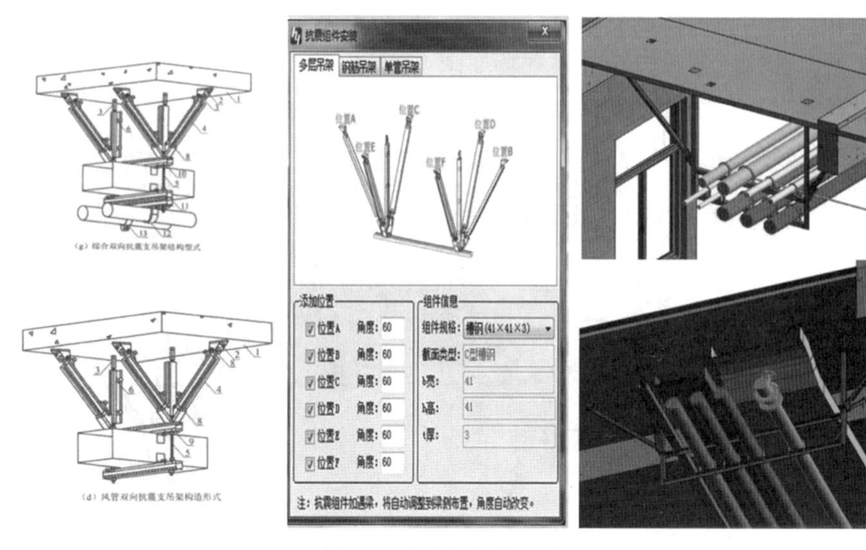

图 10　支吊架深化设计

纸界面，实现自动化构件加工出图，并可以直接与数控设备进行对接，达到通过三维信息直接生产加工的目的。依靠精确的幕墙模型，对幕墙安装进行可视化施工分区。幕墙可视化节点建模如图 11 所示。

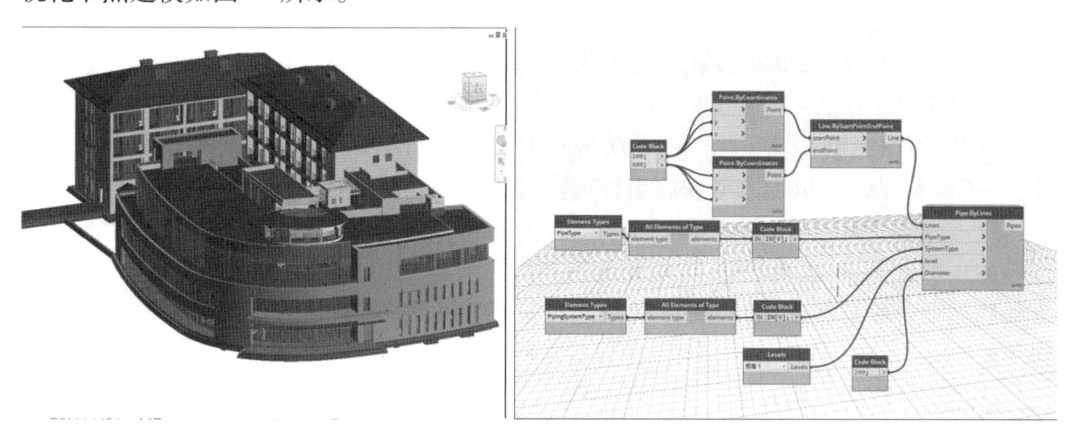

图 11　幕墙可视化节点建模

(4)BIM+放样机器人综合应用。

针对土建专业弧形、曲面、斜面等不规则形状，以及机电专业的机电管线、支吊架定位，采用全站仪进行放样，费时费力且精度难以保证，且对传统的施工放样来说是一个难度很大的挑战。引入放样机器人，通过导入工业基础类模型(IFC 模型)进入手簿，在简易设站后点选放样点，放样机器人可以自动追踪棱镜位置，并且自动计算棱镜位置和待放样点的差值，在手簿上提示移动位置，改变传统两人放样的模式。使用放样机器人也可对现场建筑物总体轴线、结构施工区间柱体位置进行校核。传统的模型实体校核流程，需要施工管理人员携带笔记本电脑到现场打开模型，现场点击测量模型参数，再和现场位置进行比对，操作复杂烦琐，效率较低。依靠放样机器人，可将 IFC 模型数据预先导入手簿，在现场设站后在手簿中点选待测模型点位，再根据红外线或棱镜指示的位置测量，分析误差，并导入平台。放样机器人自动放样现场如图 12 所示。

图 12　放样机器人自动放样现场

(5)BIM+倾斜摄影综合应用。

在项目施工前，借助无人机进行倾斜摄影航测(图 13)，依托携带载波相位差分技术(RTK)模块的无人机，通过网络 RTK 架设、航拍拍摄、获取像控点坐标、数据检查、模型处理、精度校核等步骤，进行影像资料处理和模型生成，并进行三维测图工作。在采集影像数据之后，空中三角测量和实景三维模型生产主要使用大疆官方配套软件大疆智图。完成实景三维模型搭建后，既可以将其作为 GIS 模型信息底座，采集坐标数据和搭建 BIM 模型，同时可以使用 EPS 三维测图系统采集 1∶500 地形图，并对采集到的信息进行数据分析。GIS 模型还可以为大型线性工程提供参照，辅助进行地面标高校核、拟建构筑物碰撞检查和生态演变模拟。生产出的模型也可作为智慧工地平台的数据底座。后续福建二建将逐步引进集成化、模块化、智能化的行业级无人机，借助激光雷达、红外光谱等传感器推动数据融合采集和应用；也将推动测绘行业信息化发展，在生产建设领域中发挥更大作用。

(6)BIM+综合应用效益。

BIM 技术作为现代建设行业发展的全新技术，是实现工程建设行业从粗放式建设向精细化建设转变的有效工具。以组织为契机，以标准、制度为抓手，构建 BIM 技术应用体系，成为福建二建项目管理信息化、数字化、智能化的重要抓手及福建二建全集团 BIM 技术人才的培育中心，带动福建二建整体 BIM 应用能力提升。福建二建积极设立 BIM 应用试点项目，激励项目争先创优，让人才落地生根，让项目开花结果。截至目前，累计获得 31 项全国 BIM 奖项，12 项 BIM 省级奖项。

图 13　无人机倾斜摄影航测

3　建筑工程智能建造施工应用展望

建筑业智能建造是建筑业发展战略的重要组成部分，也是建筑业转变发展方式、提质增效、节能减排的必然要求。智能建造企业的建设，其最终目的不仅是要提高经济效益与资源利用效率，还要提高企业的非经济效益，增强研发创新能力，提高项目品质与品牌的“含金量”。

3.1　推进智能建造企业转型

提升智能建造水平，以数字化、智能化升级为动力，创新突破建筑信息模型、绿色施工、智能建造和智慧工地等方面相关核心技术，加大智能建造在工程建设各环节应用，发挥全产业链优势，形成涵盖科研、设计、生产加工、施工装配等全产业链融合一体的智能建造产业体系。[3]

为此，在机遇与挑战共存的背景下，加快技术改革与创新，充分利用物联网、云计算、人工智能技术，进一步挖掘智慧工地、智慧建造、绿色施工、装配式建筑、钢结构等方面的衍生应用，在生产管理、施工装配等全场景数字化融合的环节上共同发力，对项目全生命周期进行管理，加快形成涵盖建筑业全产业链融合的智能建造产业体系。推动企业在智能建造转型过程中实现突破，增强企业在技术与管理上的创新能力，逐步实现企业的智能建造转型升级，让科技创新来推动建筑业的快速发展。

3.2　信息化推动智能建造

围绕建筑业发展战略，以“互联+协同”的理念为指导，继续建设“规范统一、协同高效、共享畅通、服务便捷”的一体化应用环境，实现“以智能信息化管理推动企业转型升级，以企业转型升级加快企业能力提升”的愿景。整合各类资源，形成覆盖设计院与职能部门和构配件生产、施工现场、运维管养等上下游产业的信息共享平台。

利用信息化手段对工地进行智能化管理，使用先进的信息技术如 BIM 技术、移动端、智能硬件等，与工地管理深度融合，规范劳务用工、物资、设备及施工环境管理，提升施工现场的安全性和管理透明度，拉近产业上下游供需距离，解决数据采集的真实性和及时性问题。

在“云+大数据”支撑下，建筑工人借助各类智能工具、智能机械等实现科学有序的现场作业，管理者借助智能装配式端、移动端等全过程实时进行运营监管，使施工现场进入“智慧工地”时代，为基层员工提供互联网化信息服务体验，为大型且复杂的作业施工服务提供全面的数字化解决方案，为企业构建端到端的生产运营数据汇聚能力，通过“智慧工地”建设，降低现场管理成本和施工事故发生率，提升保护环境的水平，使企业各级管理部门可以及时准确了解工地现场的状况，有效提高项目管理和现场管理的效率，提升项目精细化管理水平。[4]

3.3 智能建造产学研与人才培养

围绕国家战略与企业转型发展需求，持续推动“绿色建造、智慧建造、建筑工业化”。福建二建应注重产学研合作和人才交流，在与科研单位、高等院校等单位的产学研合作中，开展新技术研发、科技创新，充分利用社会科技资源，推动施工工艺改进，提高企业的研发能力和水平。[5]

福建二建应加强对科技领军人才和高端科技人才的引进，打造专业鲜明的科技队伍，提升企业科技创新能力，提升工程质量安全、效益和品质，进而不断构建企业创新的核心综合竞争力，从而保障企业的长期、稳定、可持续发展。同时要增加研发资金投入，在建筑信息模型、装配式建筑、绿色施工等方面加强科技创新力度，增加资金投入，提高企业综合实力。

参考文献

[1] 刘占省，史国梁，孙佳佳. 数字孪生技术及其在智能建造中的应用[J]. 工业建筑，2021，51(3)：184-192.

[2] 刘文锋. 智能建造关键技术体系研究[J]. 建设科技，2020(24)：72-77.

[3] 龙丽芳. 智能土木工程研究现状与应用分析[J]. 产业创新研究，2023(2)：117-119.

[4] 张宝成. 基于 BIM+IoT 技术的智能建造可视化平台的应用[J]. 建筑安全，2022，37(12)：25-30.

[5] 刘占省，孙啸涛，史国梁. 智能建造在土木工程施工中的应用综述[J]. 施工技术(中英文)，2021，50(13)：40-53.

数字化生产-施工协同经验做法与典型案例

陈宇峰　李翀　李寒姣　郑星辰

福建建工集团有限责任公司

摘　要:当前全球已进入数字经济时代,各行业都在推进数字化转型,数字化转型已不是择优之选,而是发展的必由之路。我国在"十四五"规划纲要中提出加快数字化发展,建设数字中国,打造系统完备、高效实用、智能绿色、安全可靠的现代化基础设施体系,数字化转型已成为我国创新发展的重要驱动力。福建建工集团有限责任公司(以下简称"建工集团")作为福建省建筑业的龙头企业,积极响应号召,推进数字化进程。本文总结建工集团数字化生产-施工协同经验做法与典型案例,为今后相关工程实践提供参考。

关键词:智能建造;数字化生产;数字化施工;协同管理

1　概述

当前全球已进入数字经济时代,各行业都在推进数字化转型,数字化转型已不是择优之选,而是发展的必由之路。[1]我国在"十四五"规划纲要中提出加快数字化发展,建设数字中国,打造系统完备、高效实用、智能绿色、安全可靠的现代化基础设施体系,数字化转型已成为我国创新发展的重要驱动力。

数字化生产-施工协同主要是指运用数字化技术辅助工程建造,通过人与信息终端交互进行,主要体现在表达、分析、计算、模拟、监测、控制及其全过程的连续信息流的构建上。其本质在于以数字化为基础,驱使工程组织形式和建造过程的演变,最终实现工程建造过程及产品的变革。

国外对于建筑业技术数字化的研究较早[2]。20 世纪 90 年代初,美、德、英、日等国家就开始了数字化施工的研究。我国建筑业技术数字化的发展态势迅猛。2017 年 12 月,麦肯锡中国数字经济研究报告显示:中国已是全球数字技术领域的领头羊,预计到 2030 年,在数字化理念和技术的推动下将有可能转变与创造 10% ~45% 的行业收入。近年来,四川、上海、重庆、湖北、湖南、广东、浙江及福建等省市也围绕数字化发展的议题发布相关实施办法,开展相关建设活动。

建工集团作为福建省建筑业的龙头企业,积极响应号召,推进数字化进程。[3]2022 年建工集团就获批多个智慧工地试点项目并自主研发智慧工地平台。其中,"福州长乐机场二期扩建工程空管工程基于 BIM+造价管控方法的正向设计""龙海月港中心小学项目基于 BIM+装配式融合应用方法的数字化建造"2 个项目入选《福建省 2022 年度数字技术创新应用场景》目录;3 个项目被列为福建省人民政府国有资产监督管理委员会国有企业数字化转型应用场景和典型案例。在产学研合作方面，权属单位与外部企业、高校陆续签订战略合作协议，持续推进数字化技术的发展。

着眼当下，数字化转型的过程中虽取得了一系列成果，但仍面临着部分制约因素。例如，数字化技术较为分散，关键共性技术、平台构件、全产业链数字化体系等方面不够完善；系统性的数字化管理平台开发不足，缺乏集成度、实用性较高的符合大型建设集团产业化发展的数字化生产-施工协同管理平台。

放眼未来，数字化发展本身是一个体系问题，不仅需要决策层的重视，还需要产业间的通力协作，以政策为导向、以企业为主体、以项目为载体，强化顶层设计，促进数字生产-施工产业链的建设与发展。建筑业涉及结构、暖通、给排水、环境、地质等多个领域，因此资源整合、相互沟通、作业标准对于建筑业数字化生产-施工系统的建设与发展是一大挑战，也是一大机遇。

2 典型案例

2.1 福建省妇产医院项目：全过程三维数字化协同技术

（1）项目概况。

实现企业对项目的智能化管理与智能技术的应用是本项目针对智能建造大趋势的具体响应举措。福建省妇产医院新建建筑总面积 176 777.68 m^2，作为福建省第一个省级公立三甲妇产专科医院，肩负着全省妇产科医学发展的重任。项目被列入“十三五”期间省属重点建设项目、全省百个“重中之重”项目、省政府立项挂牌办理事项。项目数字化施工成果入选住建部《智能建造新技术新产品创新服务典型案例清单（第一批）》。建工集团为加快推进数字化、智能化转型制定了相应战略，积极推广各协作部门认识并实践智能建造技术，解决了本项目中参与专业多、空间复杂、协调难度大等问题，实现了从设计到施工，基于统一的建筑信息模型（BIM）技术标准的工作协同与数据共享。BIM 管理组织框架如图 1 所示。建工集团同样重视管理系统的信息化、智能化，形成了信息化企业办公系统、全周期管控平台等，为推进智能建造的发展奠定了坚实基础。[4]

（2）关键技术。

①点云应用：通过点云数据生成的实体模型，可提供完整的实际数据信息，并且还可运用到虚拟现实中，辅助立面设计。在工程验收时也可通过点云进行数字化验收，对验收工程进行激光扫描，收集现场最终的施工状态，再导入到 Revit 软件中与 BIM 设计模型进行比对，验证实际施工与原设计之间的差别，进行综合验收。

②无人机倾斜摄影技术：对施工实景进行拍摄记录，根据项目施工进度实现模型的实时更新，模型数据实现项目施工进度的远程监控，更好地掌控项目进度情况。

③数字化交付：通过信息编码，并基于统一的 BIM 技术标准，使得项目数据得以交互、共享、集成应用。

（3）应用内容与效益。

该项目在设计、规划、施工、管理等工作链上启用数字化设计、智能化施工、数字化管理，在缩短工期、节约成本开支、提升产品质量、提高精细化管控能力的同时，也积累了建

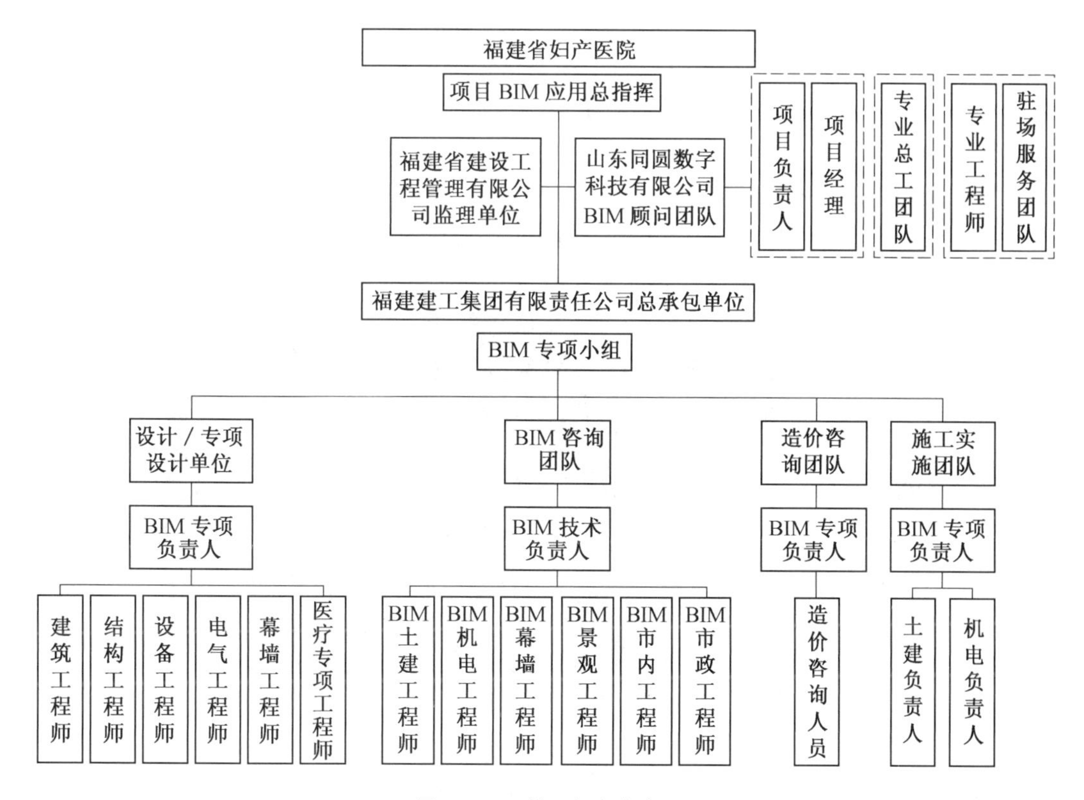

图 1　BIM 管理组织框架

工集团在智能建造发展上的宝贵经验。具体内容如下。

①数字化设计。在无人机倾斜摄影对项目地形和周边市政衔接口完全覆盖的基础上，通过 BIM 建模技术结合 GIS 技术模拟项目建设最终效果，其中包括立面效果及建筑体量、建筑色彩与周边环境、屋面架构标高与城市天际线的适配性，使得项目的规划效果进一步提升。

借助价值工程和项目建筑信息模型，在满足规划限高、管线衔接的情况下，对项目进行设计优化。例如，提高建筑 ±0.00 标高 2 m，较周边道路相应提高 3 ~ 4 m，此优化设计提高了项目的抗洪设防标准、降低了基坑支护工程难度和造价，显著减少了土方开挖工程量。借助地质勘查报告和对土层分布、地下水变化模型的立体复核，结合地基承载力验算，在设计阶段变更工程桩为筏板基础，取消咬合桩，减少降水井数量，精准控制土方开挖工程，规避工程风险。使用软件的智能避让和智能开洞工具完成管线的深化设计及全面复核，极大提高工作效率的同时有助于不同阶段成果的无缝衔接。另外，通过 BIM 审图共解决图纸问题 532 处，管线综合检测解决机电管线碰撞 427 处、预留矩形洞口 657 个、支吊架设计 155 种，实现全过程的 BIM 机电安装落地应用；通过 BIM 安装模型搭建，完成排砖区域 12 处、样板间 3 处，确保在项目施工前期完成对设计施工图中的错、漏、碰、缺进行核对，减少后续设计变更，大量节约国有资产投资。

②智能化施工。通过项目建筑信息模型的全方位展示，项目技术与施工人员只需通过较以往更为简单的操作设置便能生成各个节点的构造模型，帮助相关人员更高效地熟

悉图纸，快速落实施工，解决图纸上与现场中存在的问题，以便各道工序的施工与精准验收，利用 BIM 成果可视化指导机电安装工作如图 2 所示。

BIM 软件配合施工保证了大量的精确标高、尺寸、空间关系、构造与做法控制工作的开展效果，满足了项目中对净高、尺度严格的控制要求，达到最合理的空间利用效果。

软件通过施工段关联物料信息，输出详细的各主材工程量及各批次浇筑的方量，以协助项目管理人员有理有据地统筹安排施工组织、材料供应及资金供应等工作内容，保证了项目进度和顺利履约。

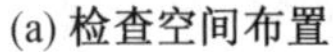

(a) 检查空间布置　　(b) 针对关键节点进行沟通确认

图 2　利用 BIM 成果可视化指导机电安装工作

③数字化管理。统一编码方面，根据《建筑信息模型分类和编码标准》（GB/T 51269—2017），运用 BIM（土建、钢筋、安装）算量软件对福建省妇产医院项目建设模型进行分类和编码。通过统一且唯一的信息编码，使得项目技术性能数据、经济数据、维护数据等得以交互、共享、集成应用，提高多方协同的工作效率，促进信息流动。

全生命周期管理方面，将 BIM 应用在从设计、施工到运维的各个阶段，实现系统性的、贯穿项目全生命周期的管理。基于统一的 BIM 技术标准，进行工作协同与数据共享，确保建筑模型的精细度满足要求，辅助设计和施工、运维的成果落地，提高社会效益和经济效益。

升级管理数字化，形成信息化企业办公系统、全周期管控平台等，为推进管理智能化转型奠定了坚实基础。

最终，该项目较原计划提前近 8 个月交付使用，共减少项目基坑开挖土方量 10 余万 m^3，节约费用 5 670 余万元，系统性地保证了项目进度和顺利履约。同时，建工集团启用新的系统发票税务管理模块，提高了业务处理效率和资金管控能力。施工现场启用的吊钩可视化、施工电梯生物识别、移动执法仪、红外感应自动语音报警、VR 安全教育一体机等技术手段，在保障了施工作业人员生命安全的同时，也大大提高了管理人员对施工现场的精细化管控。

2.2　某装配式建筑构件生产工厂：数字化智能工厂管理技术

(1)项目概况。

该项目由福建建泰建筑科技有限责任公司(以下简称“建泰公司”)主导，与相关公司签订服务合同，使用PCMES数字化构件生产管理系统以支持与协助发展建筑工业化构件生产的数字化、信息化及智能化。随着装配式建筑的发展，建泰公司的业务量在逐年增长，相应构件类型与数量也在增加，加大了构件生产节点管理、构件出入库管理、堆场管理、构件隐蔽验收影像资料留底等工作的难度，因而公司迫切需要发展生产管理系统以加强对项目构件的管理，进而推进公司的数字化与信息化。

(2)应用内容。

建泰公司在项目中使用PCMES数字化构件生产管理系统，将数字技术应用在以下工作，并逐步进行预制构件生产数字化、信息化与智能化的转型，系统流程框架如图3所示。

①通过人员管理系统对工程师与产业工人进行权限分配，明确各方在PCMES数字化构件生产管理系统中的职能范畴。严格管控工程师与产业工人在系统中的可操作权限，防止出现职能交叉的情况，同时也对产业工人进行生产线分配，避免其对非本生产线的生产任务进行误操作。

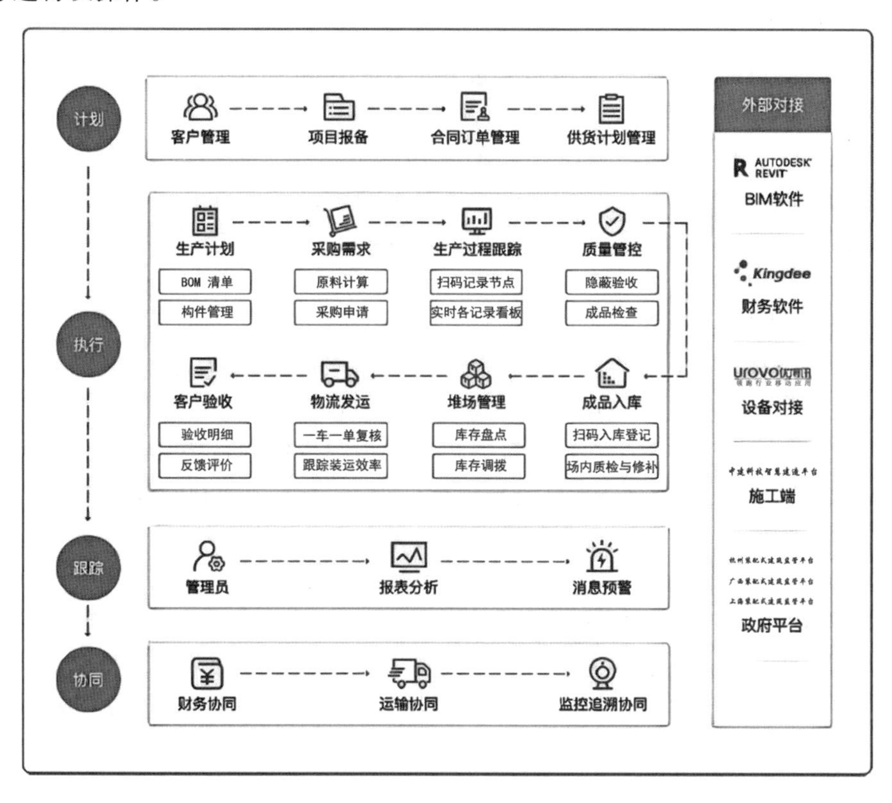

图3　系统流程框架

②将项目信息与预制构件信息导入PCMES数字化构件生产管理系统[5]。此类信息可随时在PCMES数字化构件生产管理系统上对预制构件在生产过程中出现的设计变更

信息进行同步修改，以确保项目信息与预制构件信息的准确性，保证生产信息的准确无误，同时可通过操作日志从操作时间、操作人员、操作内容 3 个方面查看信息修改情况，做到系统操作可溯源。

③通过 PCMES 数字化构件生产管理系统进行生产任务排产。相关信息将通过手机移动端下发给相应的产业工人，并通过任务状态确认生产任务是否下发完成，对于未及时完成的生产任务会通过手机移动端进行提醒。同时 PCMES 数字化构件生产管理系统能够对预制构件数量准确把控，避免预制构件的重复排产，从而避免生产资源的浪费。

④由 PCMES 数字化构件生产管理系统生成标签二维码并打印。使用二维码标签代替传统的 Excel 表格记录方法，在预制构件生产过程中对预制构件的各个生产节点进行确认与记录，做到生产全过程的可溯源。单个标签二维码对应唯一预制构件，避免了人为记录中少记与错记等失误，保证了预制构件生产的准确性。同时可以直接通过手机拍摄隐蔽验收影像资料，PCMES 数字化构件生产管理系统会将预制构件与隐蔽验收照片一一对应并上传云端，省去了需要对构件标记拍照与后续的隐蔽验收照片整理工作，大幅度提高了工作效率，使工程师能够将更多精力投入到预制构件生产的质量把控与生产过程的安全管理中。

⑤预制构件生产完成后，通过扫描预制构件二维码与堆场库区二维码进行匹配入库，以便后续出货时工作人员能够定位预制构件所在库位，提高预制构件的装车效率。对于质量不合格产品，可通过手机移动端操作标记其为报废品，该类预制构件即可重新生产，同时对补做构件的生产节点与隐蔽验收照片进行重新记录。

⑥PCMES 数字化构件生产管理系统中堆场信息可根据人为扫码操作进行动态更新，真正做到了无论是预制构件的入库、移库还是出库，都能及时且准确更新，并且可通过设定库存预警线对堆场容量进行动态监控。工程师可根据堆场容量把握预制构件的生产节奏。

⑦预制构件出货时，可根据工地现场要求，批量选择需要出库的预制构件，并且可直接生成出货单并打印。确认出货后，预制构件的状态也即相应变更，同时堆场库存也自动进行扣减，完成预制构件排产、生产及出货全过程的智能化管理。

⑧PCMES 数字化构件生产管理系统支持生成预制构件的合格证与隐蔽验收资料。具体材料可根据工厂与项目部的实际需求进行打印，省去人为编制的步骤，节省了时间，提高了工作效率。

⑨使用 PCMES 数字化构件生产管理系统的仓库管理功能，对物料的购入及时更新，并可通过预制构件的生产确定对使用的生产物料进行动态扣减。通过设置物料库存预警线，在预制构件生产后及时告知工程师库存不足的生产物料，以便及时采购相应的生产物料，避免影响生产进度。同时可以导出生产物料的使用汇总，作为后续生产物料采购的参考依据。

⑩PCMES 数字化构件生产管理系统支持各类报表的生成。其中包括生产报表、出货报表、月报表等，能够直观地体现预制构件的生产出货情况，并且能够进行投屏展示，以向参观人员展现公司的业务效益，如图 4 所示。

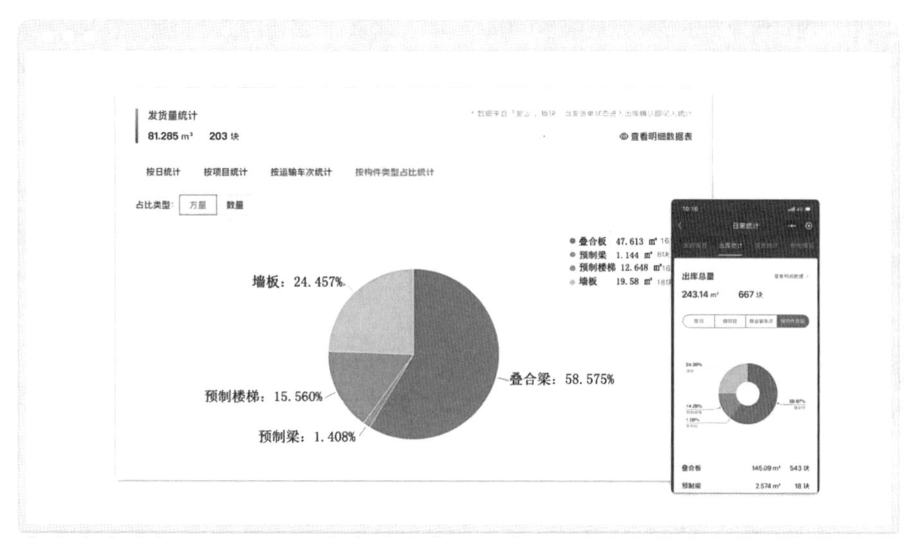

图 4 应用看板

(3)数字资产。

数字资产是智能建造发展的坚实根基与重要储备,同时建立系统化的数字资产库也能够帮助智能化系统更好地运作。PCMES 数字化构件生产管理系统中的基本数据主要由工程师通过拆分深化图纸信息汇总导入[6]。为保证数据的完整性和可靠性,数据库需要常规的自动备份来保障数据的可恢复性。PCMES 数字化构件生产管理系统提供如下 2 种备份功能。

①数据备份:每天进行不少于 1 次的全量备份,同时版本升级也会触发临时备份,备份数据保留 30 d。

②日志备份:可通过操作日志从时间、人员、操作内容 3 个方面查看数据变更情况。数据可恢复性是判断数据库运维可靠性的关键指标。PCMES 数字化构件生产管理系统提供的恢复功能为按时间点恢复,系统根据全量备份以及之后的日志备份,将数据重新放到一个临时实例或克隆实例上,可选择临近时间点进行恢复。

(4)应用效益。

PCMES 数字化构件生产管理系统目前已被应用于建泰公司的预制构件生产管理当中,主要体现在人员职能管理、预制构件信息管理、预制构件排产管理、生产流程管理、隐蔽验收管理、出入库及库存管理、报表推送及数据汇总等方面。通过一物一码、生产溯源、移动协同、堆场管控、自动报表,用轻量高效的方式帮助工厂提高生产效率、降低制造成本、打通信息孤岛,实现工厂信息化管理;将构件生产数字化、信息化,方便构件的生产管理与进度把控,在对项目进度与信息的更新上极大程度上减少了人力支出,使工程师与管理人员能够更好地把握构件质量及生产安全管理。

参考文献

[1] 丁烈云. 智能建造创新型工程科技人才培养的思考[J]. 高等工程教育研究,2019(5):1-4,29.
[2] 倪杨. 三维数字化技术在企业工程建设中的运用[J]. 工程建设标准化,2015(4):45-46.

[3] 毛志兵. 中国建筑业施工技术发展报告(2022) [M]. 北京:中国建筑工业出版社,2023.
[4] DUPONT D. Shea:cross-border data flows "lifeblood" of digital economy [J]. Inside U. S. Trade,2019 (21):56.
[5] 陆本燕,孙体安,程广超,等. 智慧建造的基础理论[J]. 中国科技纵横,2019,(6):26-27.
[6] 李久林,魏来,王勇,等. 智慧建造理论与实践[M]. 北京:中国建筑工业出版社,2015.

智能建造体系助力提升项目工期管理水平

董鹏

中建一局集团东南建设有限公司

摘　要：厦门国际健康驿站项目为目前厦门市唯一混凝土主体结构、装配式二次结构及装配式装修全系列工程。项目将智慧建造主体结构与装配式二次结构及装配式装修施工、深度融合，通过建筑信息模型（BIM）进行主体结构与二次结构构造柱一次成型设计；消防干管与主体结构同时敷设上楼并辅助主体结构施工；室外管道及道路与施工临时设施永临结合，减少二次开挖，进行施工组织策划；通过项目前期策划，精心组织实施；克服了模型深化难度大、施工组织难度大、构件成型质量要求高、安全管理难度大等难题，有效解决了施工工期紧张的问题，取得了良好的社会反响，为后续体量大、工期紧的施工项目提供了管理经验。

关键词：装配式二次结构；装配式装修；智能建造体系

1　项目成果背景

1.1　工程背景

厦门国际健康驿站项目（图1）以防疫安全、环境安全、建筑安全和旅客安全有机结合为原则，建设集防疫要求、人文关怀、未来城市绿色低碳发展相统一的国际健康驿站，充分满足防疫要求。在市卫生健康委医疗专项小组指导下，充分考虑防疫要求，优化规划设计。

(a)

(b)

图1　项目效果图

(c) (d)

(e) (f)

续图 1

1.2 工程简介

项目位于厦门市湖里区航空港北部高端商贸区，高崎机场北侧，自贸区范围内。用地面积 136 440.43 m^2，总建筑面积 158 208 m^2，其中地下建筑面积 565 m^2，地上建筑面积 157 643 m^2。项目分两期建设。项目概况表见表 1。

表 1　项目概况表

工程名称	厦门国际健康驿站
建设地点	厦门市湖里区港中路北侧
建设单位	厦门佳德宏石置业有限公司
设计单位	基准方中建筑设计股份有限公司
监理单位	广东华杰建设工程监理咨询有限公司
施工单位	中建一局集团东南建设有限公司
建筑功能	保障性租赁住房
建筑面积	158 208 m^2
工程承包模式	施工总承包
开、竣工日期	开工时间:2021 年 09 月 01 日;竣工时间:2022 年 3 月 17 日

一期包含 16# 楼、17# 楼、18# 楼、S1# 楼、S2# 楼、S3# 楼(其中:16# 楼、17# 楼为单层

配电用房、18# 楼为一层储藏间及垃圾房，S1#、S2# 楼为单层、局部二层商业，S3# 楼为三层幼儿园）。

二期包含 1#～8# 楼、14# 楼、15# 楼、19# 楼，其中 3# 楼、5# 楼为多层公共建筑（7 层），1#、2#、4#、6#、7#、8# 楼为二类高层公共建筑（8 或 9 层），建筑使用功能为宿舍型租赁住房，14# 楼为负一层地下生活泵房，15# 楼、19# 楼为单层配电用房。

一期主体结构均为钢筋混凝土框架结构，二期主体结构均为钢筋混凝土框架剪力墙结构。二次结构采用蒸压加气混凝土轻质隔墙板[1-2]，装饰装修全部采用成品竹木纤维板。装配式装修成品效果如图 2 所示。

(a)　(b)　(c)　(d)　(e)　(f)

图 2　装配式装修成品效果图

1.3 项目团队

为确保厦门国际健康驿站项目管理工作顺利开展，项目建立了项目管理组织机构，如图3所示。

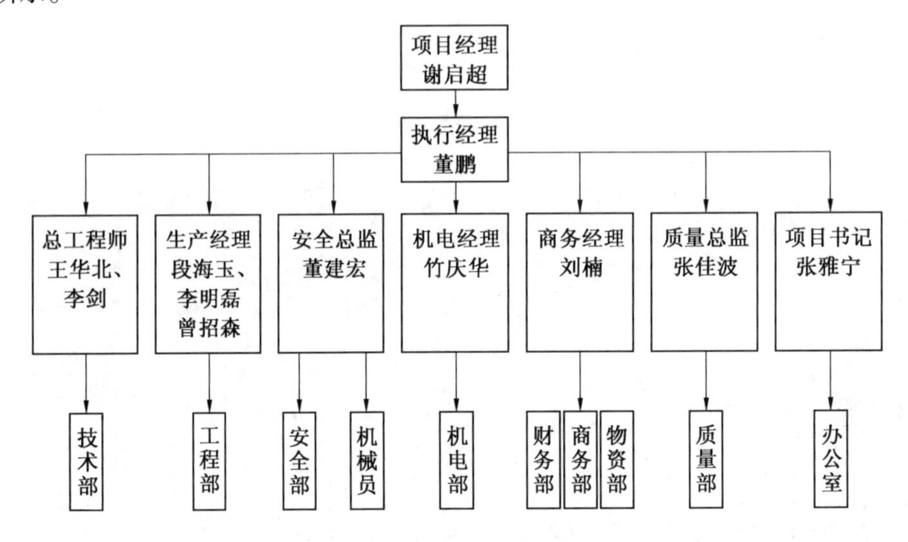

图3 厦门国际健康驿站项目组织架构图

1.4 选题理由

(1)质量目标高。

为了打造住宅品质，工程质量目标为争创厦门市优良工程，争创中建一局集团“精品杯”工程，项目在万科“双随机”检查考核中综合排名位居第3。

(2)安全目标高。

生产安全责任事故为零，因工死亡为零，重伤为零，负伤频率控制在3‰以内，实现“零病例”“零感染”的防控目标。

(3)科技目标高。

BIM技术应用达到中建一局集团要求B级水平。

(4)深化设计难度大。

项目深化设计工作包含主体结构与二次结构构造柱深化设计、蒸压加气混凝土轻质隔墙板深化设计、室内装饰装修深化设计、外墙EPS装饰线条深化设计等，涉及专业种类多，节点复杂。

(5)施工组织难度大。

工程体量大，工期异常紧张，周边无材料加工、堆放场地，成品轻质隔墙板、装饰装修材料运输路线设置困难，堆放场地布置困难，施工组织难度大。

(6)安全质量管理难度大。

17栋单体同时施工，8台塔吊交叉作业，安全管理难度大，同时本项目为厦门市首个实际应用装配式装修的混凝土结构工程，现场管理人员、工人缺乏装配式装修施工经验，成品构件的安装质量难以保证。

1.5　项目管理目标

(1)质量目标。

争创厦门市优良工程,争创中建一局集团“精品杯”工程,在万科双随机检查考核综合排名位居第3。

(2)安全目标。

生产安全责任事故为零,因工死亡为零,重伤为零,负伤频率控制在3‰以内,实现“零病例”“零感染”的防控目标。

(3)科技目标。

BIM 技术应用达到中建一局集团要求 B 级水平,科技进步效率达到1.8%以上。

2　项目管理及创新特点

2.1　项目管理重点及难点

本项目重、难点如下。

(1)设计图纸版次变更多,最终版图纸确定时间晚,总包深化设计周期短。

(2)框剪体系混凝土结构深化设计难度大。

(3)轻质隔墙板长度不统一,尺寸多;装配式墙板规格多,分类复杂,现场管理难度大。

(4)质量要求、安全要求高。

(5)工程体量大,工期紧,总包协调难度大。

(6)项目场地有限且现场情况复杂,对现场施工流水段划分、人材机调配等有着较高的要求。

(7)项目地处厦门市岛内临港地带,构件运输及交通组织难度大。

2.2　项目管理创新特点

(1)轻质隔墙板二次深化设计。

项目结构形式包含混凝土框架结构、框架剪力墙结构。轻质隔墙板二次深化设计方面也涉及了混凝土结构与轻质隔墙板连接节点及相应的吊装节点等,相应的深化设计没有同类工程经验。通过总结本项目轻质隔墙板二次深化设计经验,对深化过程中可提高深化效率的过程进行梳理,并总结深化流程,最后依据流程制定二次深化管理内容。将通过专家论证的二次深化流程及内容上交公司,作为公司内部 BIM 应用指导性的管理流程和解决方案进行推广。

(2)装配式装修墙板物料跟踪管理。

基于本项目装配式装修工程的工作展开,结合项目现场应用,对装配式装修材料跟踪管理方法进行归纳总结,找出适用本项目的管理方法。通过引入 BIM 技术创建模型,在 EBIM 云平台上实现模型与施工进度计划关联,制定标准化实施方案、实施流程,进行项目实地应用，进一步验证和完善材料跟踪管理方法，从而解决了装配式装修材料生产、运输、进场、安装过程信息传递难度大、难以实时管控的问题，提高了装配式装修物料跟踪的管理效率，减少了材料浪费，有效保障了工程进度，为类似工程提供借鉴。

(3)建筑信息模型维护管理

对建筑信息模型进行维护，该项目采用 EBIM 云平台辅助，将设计变更及施工过程管理资料集成到轻量化模型中，实现模型实施维护的同时，逐渐完善模型；通过权限设置功能，满足项目现场实际资料文档私密性及使用需求。

3 项目管理分析、策划和实施

3.1 管理问题分析

本项目为目前厦门市唯一的装配式装修全系列工程，得到集团及公司领导高度重视，同时业主方对质量要求高，本项目的实施管理经验有助于公司后续项目借鉴。

管理问题包括：工程体量大，场地狭小，材料堆放场地小；轻质隔墙板及装配式墙板构件生产、运输、进场、安装过程难以实时管控，构件状态信息传递易丢失，构件管理难度大；项目包含装配式构件种类多，节点复杂，深化设计难度大；17 栋单体同时施工，8 台塔吊交叉作业，安全管理难度大，同时现场管理人员、工人缺乏装配式装修施工经验，装配式装修产品的安装质量难以保证。

针对装配式装修施工的特点，项目部采用 BIM 技术，进行轻质隔墙板及装配式墙板二次深化设计、施工组织策划、施工动态管理、智慧工地策划方案、装配式装修施工方案等科学、有效的施工方案，紧紧围绕重点难点，科学策划，加强落实和措施，确保在有限的工期内优质高效地完成建设任务。

3.2 管理措施策划

(1)通过专业深化设计，搭建并完善成品构件模型库，同时总结不同专业的深化设计周期，与设计人员约定最终版图纸下发时间，保证深化设计进度。

(2)本项目相比其他厦门市在建项目，新增了装配式装修深化设计内容，深化设计由总包技术部及 BIM 工作室协调专业厂家开展设计，利用建筑信息模型深化可直接出图。并通过平台流转各方审核，最终移交至厂家。通过参数化成品构件库，结合 BIM 技术三维可视化的特点，可以保障深化设计工作的开展，提升深化设计效率。

(3)本项目采用 EBIM 云平台，通过二维码应用进行装配式墙板物料跟踪管理。实施前期由 BIM 工作室做专项策划及实施交底。

(4)项目采用智能化设备辅助质量安全验收、过程管控及数据分析，并通过智慧工地平台集成，提升质量、安全管理水平。

(5)项目采用广联达智慧工地平台，集成进度、质量、安全、成本、劳务、监测等管理，并通过数据支撑项目决策提升总包管理能力及整体协调水平。

(6)搭建现场施工区、生活区、办公区建筑信息模型，同时进行三维场地策划，并由模型导出现场平面策划图。通过场内施工模拟，校验平面布置合理性并进行调整。

(7)选定构件厂家后,进行交通组织模拟,合理规划线路。通过构件运输过程实时定位,可以进行相应的线路预警,出现突发状况时也可以进行有效应对。

(8)项目全力配合各材料厂家工作,保证工程建设信息的及时性、真实性、准确性,实现施工资料的在线编制、流转,审批电子化,归档组卷自动化。

针对本项目重、难点,结合施工进度计划制定实施方案。项目前期通过建模基础应用,为后续二次深化设计工作提供基础模型,通过模型进行二次深化设计,提高二次深化设计质量和效率。利用 BIM 深化模型,进行施工组织策划。最后,通过 EBIM 云平台对装配式装修进行动态管理,有效解决施工全过程重、难点问题。

3.3　项目管理实施

(1)深化设计前期 BIM 应用。

①设定标高、轴网,预创建族并固定命名、材质等,生成单体的样板文件。由于项目单体较多,样板文件搭建侧重于基点设置及族文件的规范化。

②项目 BIM 工作室根据现场实际情况按地基基础施工、主体结构施工、机电施工、装饰装修施工、园林市政施工等不同阶段对材料堆放、加工场地、交通组织、垂直运输、设备吊装等进行施工场地动态布置管理。项目整体施工进度模拟图如图 4 所示。

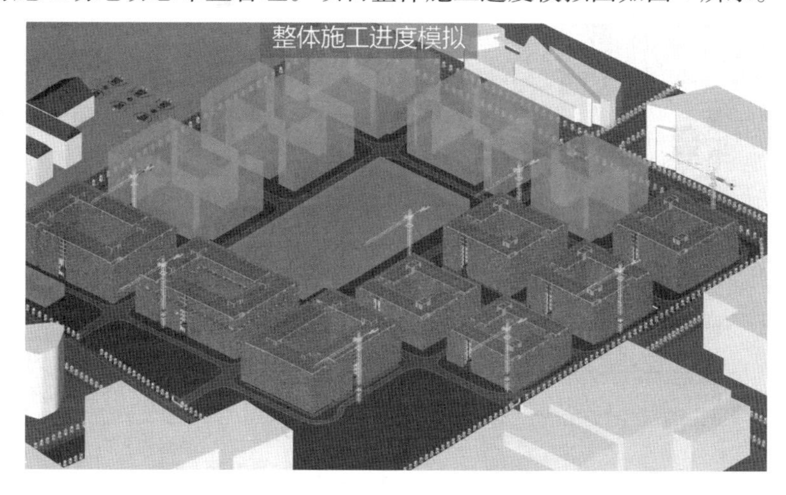

图 4　项目整体施工进度模拟图

③临建 CI 标准化布置,符合集团要求。

④搭建和整合各专业模型,并轻量化上传至 EBIM 云平台,用于后续模型应用。将各阶段模型留存,进行模型过程管理。

⑤建立标准化族库,统一参照集团族库的命名标准和编码规则,积累可复用的构件族。

⑥构件建模及深化过程中发现问题上报甲方产品设计部及建筑设计院进行图纸变更或形成图纸会审附加说明。

⑦机电管线综合排布,包括复杂区域管线综合排布,在满足业主对净高要求的前提下,设置综合支吊架,并输出管线综合图纸,经业主审核签字确认后,用于指导各专业管线

施工。对消防控制室、数据机房、三网机房等重要区域，进行管线优化，预留检修通道。

（2）二次深化设计。

①确定二次深化设计内容。在深化前期 BIM 应用落实的前提下，确定二次深化设计内容：轻质隔墙板二次深化设计（图 5）、装配式装修深化设计（图 6）、外立面 EPS 装饰线条深化设计（图 7）等。应满足现场施工措施需求和材料构件生产需求。[2-3]

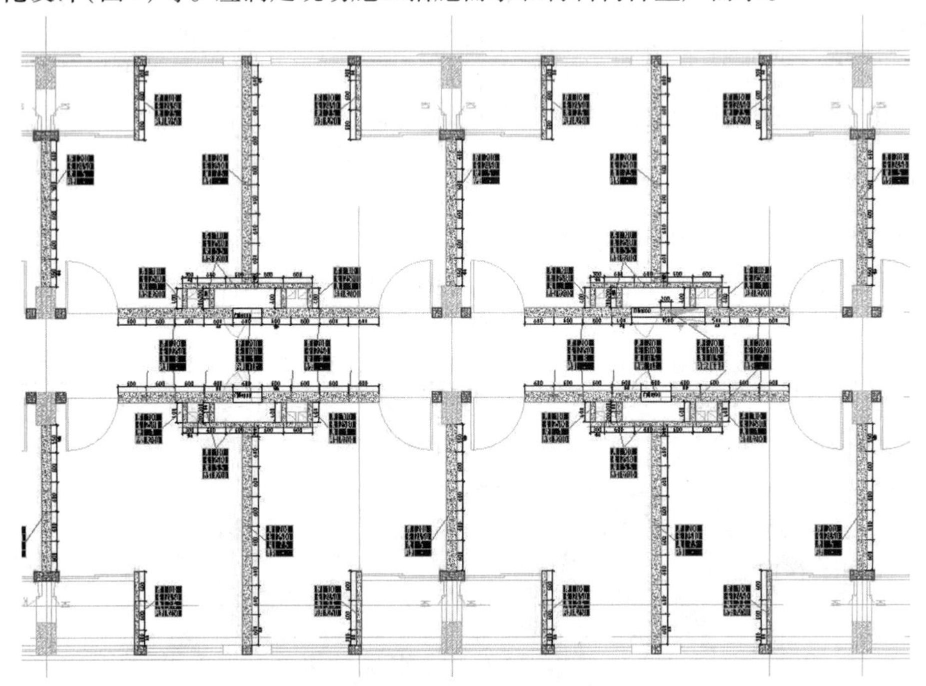

图 5　轻质隔墙板二次深化设计图示意

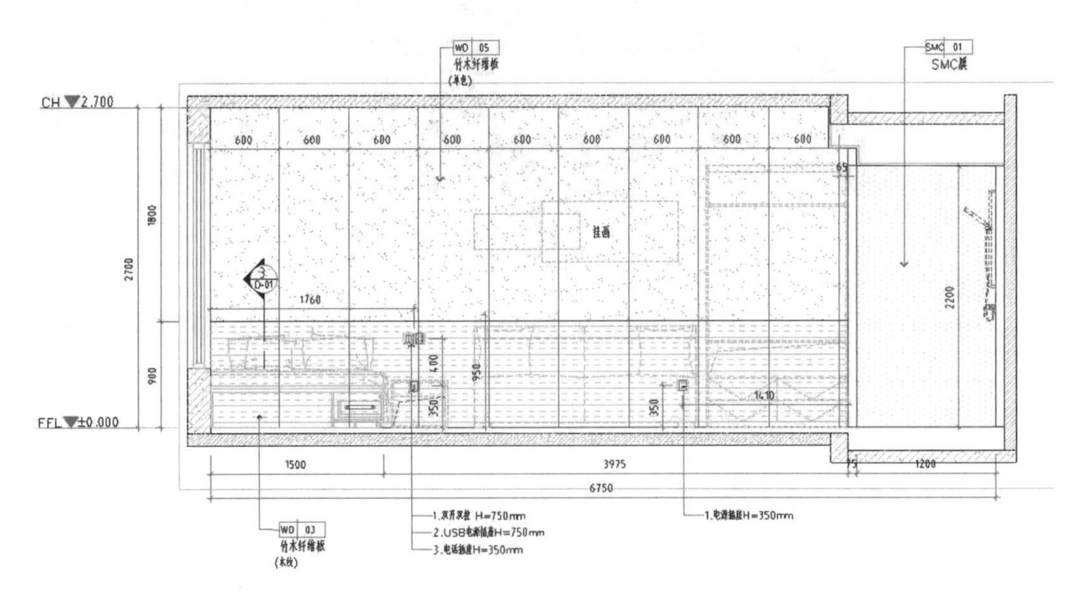

图 6　装配式墙板深化设计图示意（单位：mm）

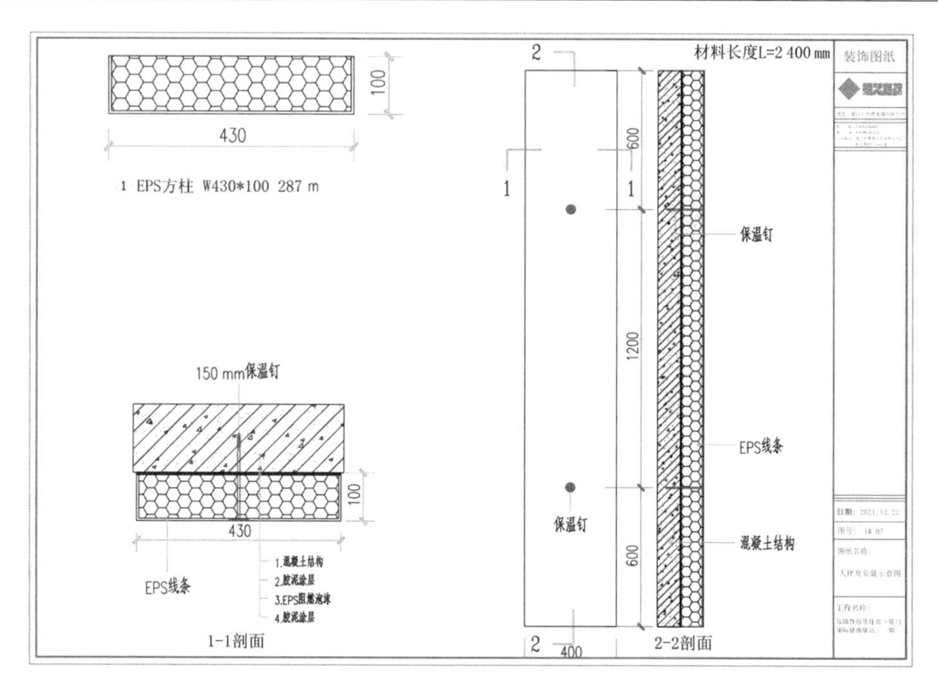

图 7　外立面 EPS 装饰线条深化设计图示意(单位:mm)

②装配式装修二次深化设计,总结制定二次深化流程:在总结本工程深化设计经验的基础上,指导构件加工厂完成数字化加工,并辅助指导现场施工。

③轻质隔墙板二次深化设计按下列技术文件进行模型的创建和更新:a. 国家、地方现行相关规范、标准、图集等;b. 甲方提供的最终版设计施工图及相关设计变更文件;c. 混凝土预制构件材料采购、生产加工、运输及现场安装工艺技术要求;d. 其他相关专业配合技术要求。

④输出成果。

最终模型精度达到 LOD400,由模型出深化图并组织相关方进行可视化交底及签字确认。

(3)施工组织策划。

①塔吊选型与布置策划。群塔选型及布置难度大。由于是 17 栋单体同时施工,多台塔吊交叉作业,因此合理选择塔吊型号及数量,统筹吊重和吊次的问题,对于把控施工安全与项目成本非常关键。本项目提前进行了项目场地平面布置及群塔策划,并进行了施工进度模拟,进一步验证策划方案的可行性,如图 8 所示。

②构件进场及堆放策划。本工程体量大,材料种类、数量多,场地狭小而无法储备充足的材料,只能组织当层材料及时上楼,需要合理规划以保证现场正常的施工运转;同时,场地堆放位置的确定需要考虑此区域距离对应塔吊的吊运能力。将建筑信息模型预制构件信息、EBIM 云平台构件动态信息作为实施依据,通过智能视频监控系统标记材料堆放区域,并采集现场构件堆放区域实时现状,进行构件堆场问题检查校核。从而提高现场空间的使用效率,有效降低二次搬运的次数,符合安全文明施工要求,实现经济效益和社会的双效益双丰收。

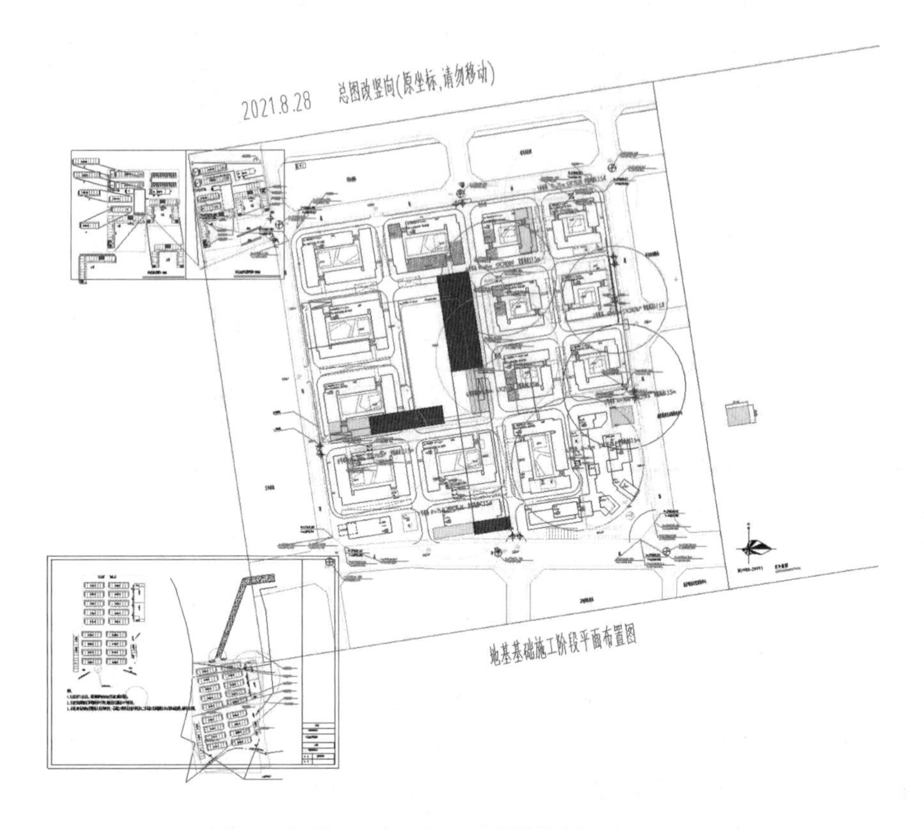

图 8 项目场地平面布置及群塔策划示意图

③辅助施工方案编制。通过模型辅助墙板支撑平面布置,用模型验证施工方案,并进行辅助方案交底。

④装配式装修施工工艺样板。目前,整体装配式装修施工工艺还不够成熟,尤其是装配式装修在厦门市属首个实际应用的项目,参建各方的相关施工经验均较少。项目首先创建装配式施工工艺模拟样板,反复验证后,项目建造 1 : 1 还原实体样板,利用实体样板重点把控装配式装修的关键环节,多次重复练习,提升工人操作熟练度,锻炼和培养专业安装施工队伍,以保障工程实体安装质量,如图 9 所示。总结形成《装配式装修施工工法》局级工法。

⑤施工工艺模拟可视化交底。将施工工艺做法和重要节点制作成虚拟质量样板,并制作二维码,结合传统方案交底,形成可视化的方案及技术交底。

(4)施工动态管理。

①装修材料物料追踪主要包括 4 个内容。a. 设置物料加工、运输、安装计划,明确节点;b. 通过软件输入出厂、到场、安装、验收节点;c. 判断节点时间与进度相比是否滞后,滞后则分析原因,不滞后则继续进行;d. 根据到场及安装时间合理安排现场场地,提高现场场地利用效率。

②通过 BIM 三维模型对预制构件进行信息化表达,三维模型作为工程中的信息载体,对模型构件(材料)进行跟踪,串接构件从加工、运输、吊装到验收的全过程管理,详细记录跟踪人员、跟踪时间、跟踪地点和现场工作图片等信息,并通过平台将信息反映在模

图9　装配式装修施工工艺实体样板图

型上，从而达到信息化管理。

第一步：信息集成。在施工前，通过平台录入施工计划，分解工作任务，并将任务与模型一一挂接，以手机App的方式发布任务，并推送至责任人；各阶段现场管理人员完成线上任务并反馈上传相应过程资料，实现任务闭环与工作留痕。由项目技术部完成装配式装修材料构件拆分模型搭建与内审。通过模型直接输出各层构件种类、数量、尺寸等信息，移交商务核对并用于后续进行材料物资的进场管控。

第二步：材料生产。建筑信息模型导出物料清单，辅助厂家下料生产。构件生产完成后，由专人粘贴对应的二维码标识，手机端扫描更新构件信息为"构件加工完成"。

第三步：构件运输。根据材料的种类、规格等参数制定构件运输方案。现场施工进度计划、工厂构件生产计划、构件运输计划三者应协调一致。

材料出厂验收合格、装车后，加工厂扫描装车二维码，更新构件信息为"出厂运输"，并验收照片。

第四步：构件进场验收及堆放。使用广联达三维施工策划软件进行预制构件进场路线、构件堆场及其他材料堆场的综合策划模拟。材料堆场按构件种类分别布置，根据构件尺寸、数量确定堆放区域位置。保证构件堆场满足施工进度需求。

材料运达现场后，工程部组织质量部、监理进行进场验收，验收合格后安排劳务进行卸车堆放，过程中，分阶段扫描更新构件信息为"材料进场"。

第五步：材料安装及验收完成。装修材料安装完成后，工程部将任务状态推送到质量部，质量部对安装完成构件进行验收，合格后扫描更新构件信息为"验收完成"，并验收资料。

③动态分析与纠偏。首先，因为构件状态颜色直观地显示现场预制构件的施工状态，所以可根据平台构件状态颜色区分辨识构件状态能否满足施工需要，并进行相应的工期

预警，重点跟踪调整；其次，可通过平台进行构件状态的追踪，并对数据进行线上的统计处理。通过现场管理线上反馈的方式，保证了部门间的信息及时流通；过程中逐步完善施工模型，可以追溯每个阶段、每个节点的施工信息。

(5)智慧工地应用。

①数字工地。a. 项目通过广联达智慧工地平台(图 10)进行项目综合管理，集成数字工地、质量安全管理、劳务管理、新型安全教育、党建管理等，对项目信息集成展示管理。b. 采用品茗塔吊防碰撞系统(图 11)，实时监控群塔作业，对安全隐患提出预警。c. 提供人员信息采集功能，采集信息包括但不限于：人员基本信息、劳动合同、安全教育、进出场时间、工资发放、健康等，如图 12 所示。d. 对项目视频全景进行监控，集成现场摄像头热点，进行现场区域识别，划分现场构件堆放区、场内行车路径，实现全景动态识别，识别现场工人危险动作，识别危险源等，如图 13 所示。

图 10　广联达智慧工地平台

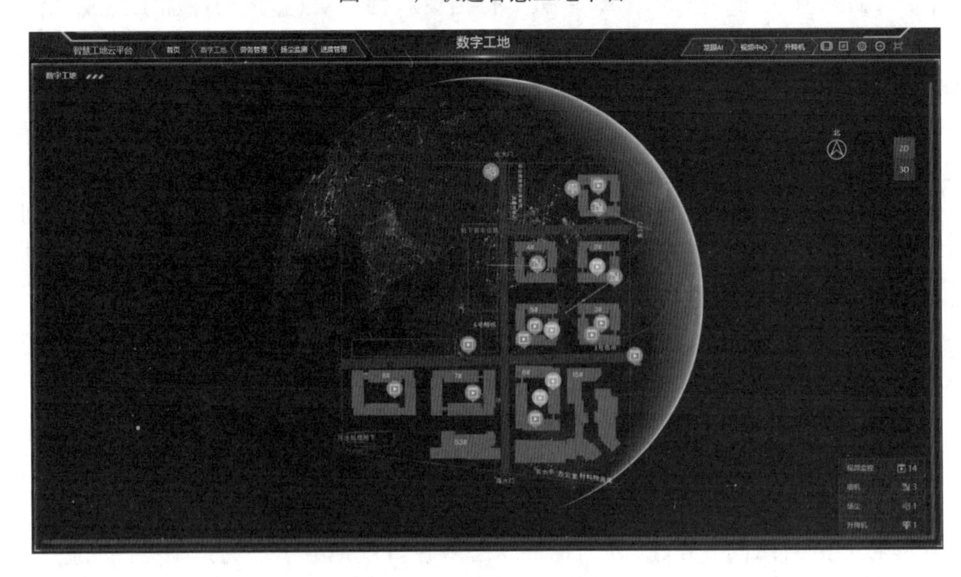

图 11　塔吊防碰撞系统

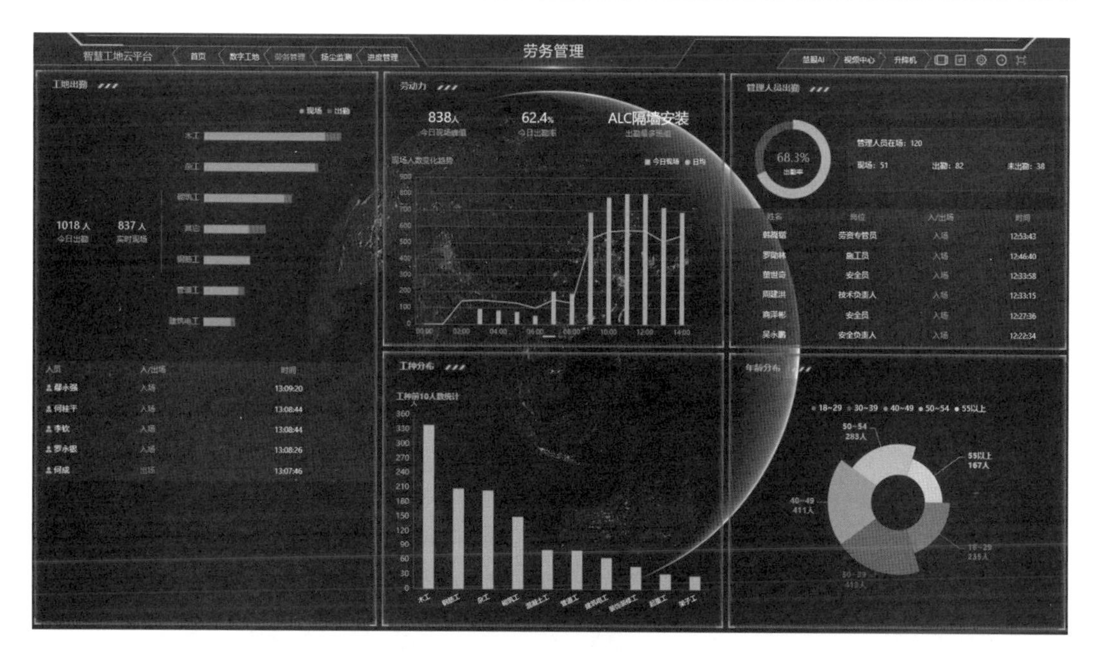

图 12　劳务实名制系统

图 13　视频全景监控系统

②质量安全管理。通过集成云建造 App 数据，每日生产会集中进行问题展示，落实销项时间，对各项问题有据可依，问题可追溯，区别于传统的质量巡检，减少了线下反复核查的次数。累计解决问题 112 条，如图 14 和图 15 所示。

③新型安全教育。对新进场的工人进行 VR 可视化安全教育累积 300 余次，模拟体验，效果逼真。工人反映更加深刻地体会到了违规操作的危险。为促进工人主动学习，使用无线教育，采用先答题后上网的形式，日常普及安全知识。

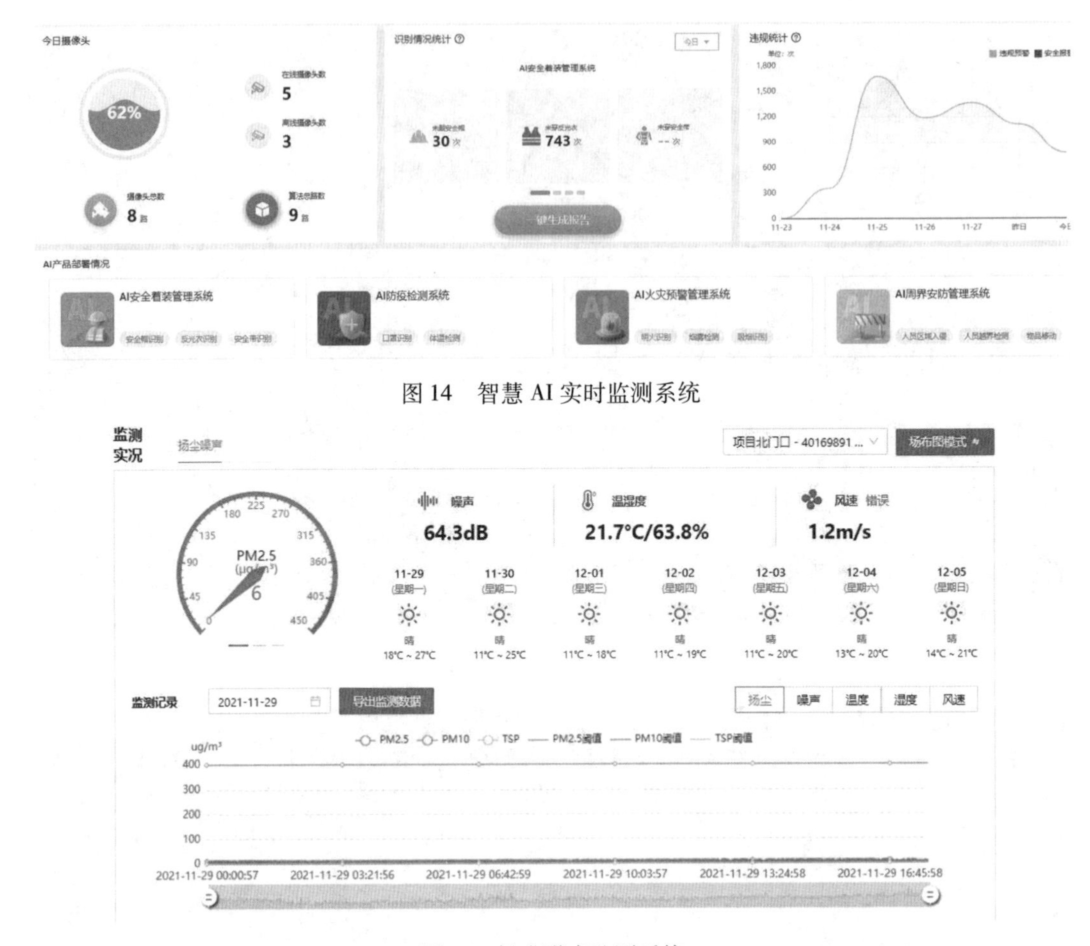

图 14　智慧 AI 实时监测系统

图 15　扬尘噪声监测系统

4　项目管理效果评价

4.1　质量管理效果

获得厦门市技术质量咨询优良工程奖。

4.2　安全文明管理效果

(1)生产安全责任事故为零,因工死亡为零,重伤为零,负伤频率控制在3‰以内。

(2)无重大机械事故、重大急性中毒事故,不发生食物中毒、职业病;不出现职业健康损誉事件。

(3)无暂扣公司《安全生产许可证》事件发生。

(4)无因违法违规行为被政府记分事件发生。

(5)社会、业主、相关方的重大投诉为零。

(6)实现"零病例""零感染"的防控目标。

5 成果情况

获得工法《门字型落地式外脚手架门洞开设施工工法》;获得 QC 质量成果《提高 ALC 轻质隔墙板安装平整度》。

6 结束语

本文立足装配式装修集成应用与实践,结合工程实际,对轻质隔墙板二次深化设计和装配式装修深化设计经验及构件信息跟踪管理进行归纳总结,有针对性地对装配式装修施工中的重点、难点进行攻关。

通过 BIM+装配式装修材料二次深化设计,创新形成了装配式装修工程中复杂节点深化技术。

利用 BIM+物联网技术+EBIM 云平台,实现了装配式材料生产、运输、进场、安装过程信息实时传递,提高了项目多方协同管理、材料资源调配、进度控制等施工管理工作的效率。

取得了较好的管理成果,总结形成了装配式工程 BIM 集成应用成套技术,为类似工程提供参考案例。

参考文献

[1] 中国建筑标准设计研究院. 蒸压加气混凝土砌块、板材构造:13J104[M]. 北京:中国计划出版社,2014.

[2] 国家市场监督管理总局,国家标准化管理委员会. 蒸压加气混凝土板:GB / T 15762—2020[S]. 北京:中国建筑工业出版社,2020.

[3] 中华人民共和国住房和城乡建设部,中华人民共和国国家质量监督检验检疫总局. 建筑设计防火规范:GB 50016—2014[S]. 2018 年版. 时北京:中国计划出版社,2020.

福建智能建造发展探索与实践

赵凯　董毅

福建省工业设备安装有限公司

摘　要:我国建筑业粗放型发展模式已难以为继,迫切需要借助智能建造技术进行转型发展升级。本文旨在从智能建造的概念及内涵角度入手分析其发展现状与方向趋势,梳理智能建造主要技术,包括BIM技术、物联网、3D打印与人工智能技术,并结合公司主营业务智能建造落实情况,分享做法,总结经验,以期能够为智能建造发展提供新思路,为政策制定与企业实践以及福建省建筑业高质发展提供依据和支撑。

关键词:智能建造;技术发展;案例实践

1　智能建造的概念及内涵

建筑业是我国国民经济的支柱产业,但长期以来,我国建筑业主要依赖资源要素投入、大规模投资拉动发展,建筑业工业化、信息化水平不高,传统的碎片化、粗放式工程建造方式效率不高、能源资源消耗较大、科技创新能力不足,建筑业与先进制造技术、信息技术、节能技术融合不够,建筑产业互联网和建筑机器人的发展应用不足。近几年,建筑业传统建造方式受到较大冲击,粗放型发展模式已难以为继,迫切需要转型发展升级,通过集成5G、人工智能、物联网等新技术,形成涵盖科研、设计、生产加工、施工装配、运营维护等全产业链融合一体的智能建造产业体系,走出一条内涵集约式高质量发展新路。[1]本文旨在从智能建造的概念及内涵角度入手分析其发展现状与方向趋势,结合公司主营业务智能建造落实情况,分享做法,总结经验,以期能够为智能建造发展提供新思路,为政策制定与企业实践及福建省建筑业高质发展提供依据和支撑。

对于智能建造的定义,目前仍没有确切的标准。丁烈云院士指出,智能建造是新一代信息技术与先进工业化建造技术深度融合形成的工程建造创新模式,即利用以“三化”(数字化、网络化和智能化)和“三算”(算据、算力及算法)为特征的新一代信息技术实现知识驱动工程全生命周期建造活动高效协同与高度集成化。[1]肖绪文院士提出,智能建造主要面向工程产品全寿命周期,是建设工程产品全寿命周期与管理信息化深度融合的过程,实现泛在感知条件下赋能建造水平高质量发展的高级阶段;是基于管控平台信息化,在既定的时空范围内通过各类功能各异的机器人之间的协作关系实现各种工艺操作,达到人工智能与建造要求有机结合的一种建造方式。[2]不同专家学者对于智能建造有不同的理解和诠释,但他们的认知趋向是具有一致性的。智能建造的本质不仅是生产工具的升级,其可归结为是以传统建设工程决策设计、生产施工、设施运维全寿命周期活动为基础，紧密围绕“人、机、料、法、环”等生产要素，紧扣质量、成本、安全、绿色等发展主题的由智能技术驱动的一场建造生产模式的科技变革，是由劳动密集型生产向技术密集式生产的转型发展；是在工业化建造和数字化建造的基础上，以智能建造手段为有效支撑，集架构、系统、应用、管理及其优化组合于一体的，具有感知、推理、判断、执行与决策的综合智慧能力及形成以人、建造活动、环境互为协调的有机结合体；是通过绿色化、工业化、信息化的三化融合，将建筑业提升至现代工业级的高质水平的必经之路。[3]

2　福建智能建造技术发展现状

智能建造是基于建筑信息模型（BIM）、物联网、3D 打印、人工智能、大数据等相关先进信息技术，与生产技术相融合的新型建造模式。不同技术之间相互独立又密切联系，协同发展，进而搭建了整个智能建造技术体系，通过应用智能化系统，提高建造过程的智能化水平，减少建筑过程对人的依赖，达到建造全寿命周期的能碳低耗及高水平和高质量。为此，智能建造的整体发展，离不开相关技术的应用发展。[4]

2.1　BIM 技术

BIM 技术最早起源于美国，作为世界范围内较先进的美国国家 BIM 标准（NBIMS），将 BIM 定义为“BIM 是设施物理和功能特性的数字表达；BIM 是一个共享的知识资源，是一个分享有关这个设施的信息，为该设施从概念到拆除的全寿命周期中的所有决策提供可靠依据的过程；在项目不同阶段，不同利益相关方通过在 BIM 中插入、提取、更新和修改信息，以支持和反映各自职责的协同工作”。据 McGraw-Hill Construction 公司发布的《北美 BIM 商业价值评估报告（2007—2012）》中的数据统计：整个北美建筑行业 BIM 技术的应用迅速普及，其普及率由 2007 的 28% 迅速攀升到 2012 年的 71%。在很多欧洲国家，如英国，在美国标准的基础上针对国家自身的特点将其修改为可操作性更强的标准，在实际工程中的应用较多，经验也较丰富。2012 年 2 月英国建设行业网发表的调查报告显示：截至 2012 年 1 月，在英国的 AEC 企业，BIM 的使用率已达到 57%，增幅显著。同时，其他欧洲国家例如德国、挪威、芬兰、澳大利亚等国家也制定了相关的标准和应用指南。BIM 很好地解决了许多项目建设过程中存在的大量高难度和高要求的问题，使工程项目能够顺利进行。在美国及北欧这些 BIM 技术开展时间较早的国家中，在一定程度上其政府还强制要求应用 BIM 技术，英国、新加坡、韩国等国家近年也实现了部分或全部应用 BIM 技术，其他一些国家如日本、澳大利亚等虽未做强制要求但结合国情也发布了相关的 BIM 标准、行动方案并成立了相关联盟。

我国对于 BIM 技术的研究，交叉学科领域研究较少，以施工阶段应用研究为主，但发展迅速，大多数企业都逐渐重视 BIM 技术在工程各阶段的应用价值。目前，设计企业应用 BIM 技术主要包括方案设计、扩初设计、施工图、设计协同及设计工作重心前移等方面，从而使设计初期方案更具有科学性，从而更好地协调各专业人员并将主要工作放到方案和扩初阶段，使设计人员能将更多的精力用在创造性劳动上。施工企业应用 BIM 技术主要是用来检查错、漏、碰、缺，模拟施工方案，渲染三维模型及知识管理，直观地解决建筑模型构件之间的碰撞问题，优化施工方案，在时间维度上结合 BIM 技术以缩短施工周期，并通过渲染三维模型为客户提供虚拟体验,最终达到提升施工质量和管理水平及提高施工效率的目的。运维阶段BIM主要应用于空间管理、设施管理和隐蔽工程管理,为后期的运营维护提供直观的查找手段,降低设施管理的成本与损失,且通过模型还可了解隐蔽工程中的安全隐患,达到提高运维管理效率的目的。

随着BIM在建筑业的迅速发展,为规范BIM应用,国家层面的建筑信息模型标准陆续出台(表1)。而在这之前,一些地区的建设项目各参与方及地方政府往往制定了企业或地方的BIM相关标准。项目应用遵循多重标准的情况时有发生,同时这部分标准政策也缺乏强制性,导致BIM设计标准与验收标准无法统一,又由于缺乏取费标准等方面的相关规范,各标准彼此之间无法充分合作,影响整个建设进程。过去,市场上的BIM软件种类繁杂,功能各不相同,建设单位要求建造过程中将BIM应用到实际工程中,施工单位大多利用其他软件进行分析调整后再将其运用到施工现场。现在大多数的BIM软件只满足某个方面或某几个方面的应用,综合性高的BIM软件较少,能够从设计阶段一直贯穿到运维阶段的集成性BIM软件更是匮乏。此外,随着BIM技术的应用发展,数据交换困难已经成为普遍存在的情况,我国并没有广泛使用国际IFFC(工业基础类标准)数据标准,结合我国实际的建筑工程,对数据标准进行拓展补充的工作仍不到位。我国的BIM数据标准化还需要更细致地进行总结归纳。[5]

表1 建筑信息模型国家标准

国家标准发布时间	国家标准名称
2016年12月	《建筑信息模型应用统一标准》
2017年5月	《建筑信息模型施工应用标准》
2017年10月	《建筑信息模型分类和编码标准》
2018年12月	《建筑工程设计信息模型制图标准》
2018年12月	《建筑信息模型设计交付标准》
2021年9月	《建筑信息模型存储标准》

2.2 物联网

物联网是新一代信息技术的重要组成部分,也是信息化时代的重要发展阶段,即物物相连的互联网,其承担着从现实世界收集信息和控制现实世界的各种物品的工作。物联网技术可对施工过程中产生的大量信息进行实时感知和动态采集,并将采集到的数据和信息进行实时传输,实现现场施工过程中产生的各种信息和数据的实时获取与汇总;对施工过程中的各种控制指令进行下达,实现自动化施工设备的实时控制。现实世界信息的采集一般通过RFID定位标签、视频摄像机、各种传感器等自动化采集技术或以人工录入的形式进行。数据的传输通过电缆、Flora、窄带物联网、Wi-Fi、蓝牙、4G/5G等有线或无线通信技术进行。物联网是智能建造系统中的"神经系统",实现智能建造体系中的前端感知和终端执行。因此,将其应用到建筑业等多领域行业中是物联网发展的核心,利用物联网改善管理人员的环境是物联网发展的灵魂。

当前,除传感器外,我国的现场柔性组网、工程数字孪生模型迭代等技术均亟待发展。另外,我国工程物联网的应用主要关注建筑工人身份管理、施工机械运行状态监测、高危重大分部分项工程过程管控、现场环境指标监测等方面,然而研究调研结果显示,工程物联网的应用对超过88%的施工活动仅能产生中等程度的价值。在有限的资源下提高工程物联网的使用价值将是未来需要解决的重要问题。

2.3　3D打印

3D打印综合了数字建模技术、信息技术、机电控制技术、材料科学与化学等多方面的前沿技术知识。与传统制造方式相比,3D打印技术具有明显优势,它无须设计模具,不必引进生产流水线,制作速度快,单个实物制作费用低,可进行个性化生产,制造复杂模型,还可节省大量原材料,给建筑业带来了更加丰富的建筑结构,颠覆了传统的建造技术。

由于3D打印技术的优越性,其在建筑领域具有极大的应用潜力,但目前3D打印在建筑领域的应用还处于研发试用阶段,许多与实际工程紧密相关的问题还处于未知。3D打印不同于传统的施工方式,由于传统的水泥基建筑材料设计、制备方法和理论已不能很好地适应新建造方式变化的需求,所以需提出新的评价指标和新的测试手段。同时3D打印技术在建筑业中应用较少,在世界范围内的建筑业中也没有比较完整的实验检验数据和完备的理论体系支撑,这一领域仍未建立起成体系的国家规范及行业技术标准,而如何寻找符合3D打印特点及建筑物结构性能的材料、如何协调打印精度与施工实际等也都是亟待解决和探索的问题。

2.4　人工智能技术

人工智能(AI)作为第四次工业革命的引领性技术在各行各业都开始得到应用。麦肯锡等国际咨询公司的报告显示,虽然建筑业较其他领域对AI的应用比较滞后,但是也正处于数字化的边缘,人工智能等新技术正在颠覆传统建筑业形态。调查结果显示,AI等新建筑技术的采用速度在过去1年内达到了通常需要3年时间才能达到的水平。2020年,全球建筑市场中的人工智能价值为4.669亿美元,预计到2026年将达到21.328亿美元,在2021年至2026年期间的年复合增长率为33.87%,可以说是高速发展。

AI有望提高整个建筑业价值链的效率,从建筑材料的生产到建筑设计、规划和施工阶段,以及设施管理,都会有重要的变革。在规划和设计阶段,AI为建筑信息建模和生成设计提供了重要支撑。基于AI系统的生成设计,利用以前已经规划、建造的建筑图数据库,并基于数据库中的大数据进行深度学习开发设计方案,从每次迭代中学习更优的设计选择;在建筑结构中利用人工网络神经进行结构健康检测;在施工过程中应用智能机械装备或机器人进行结构安装;在工程管理中利用人工智能系统对项目全寿命周期进行管理;等等。人工智能技术的加入让建造设计、管理、施工等全寿命周期各阶段的内在联系产生优化组合,从而为过程的管理管控提供一个高效、优质、环保的环境。人工智能在建造业中朝着多学科、多技术等方面渗透,但目前大多数建筑业企业对于人工智能技术还没有形成一个具体的观念意识,对人工智能技术的认知也相对有限,所以导致其在具体应用相关技术时,不能较好地将优化技术进行协调统一的运用,这就要求建筑业企业必须对人工智能技术有一个全面深入的了解，这对于管理者来说是十分重要的一点。

3 智能建造技术实践

建筑业从开始快速发展到现在提出智能建造已经走过了很多岁月，目前发展起来的技术很多，比如BIM技术、智慧工地平台、智能检测云服务平台、城市建设运营维护平台、城市信息模型(CIM)平台、供应链数字化模组、项目全周期管理平台、数字化档案管理平台、科研板块协同运营平台等等。根据实践研究总结，智能建造从3个维度进行开展：一是生产维度，包括项目的策划、决策、设计、施工、交付、运维等主要业务场景的数字化，可以提高工作效率，实现项目层作业升级；二是管理维度，包括企业对项目、项目对个人的管理数字化，可以使业务应用一体化，实现公司层管理升级赋能平台；三是生态维度，将产业链上下游融入整个系统，重塑整个价值网络。

根据生产、管理、生态3个维度的应用实践分类，在智能建造的领域，有许多关键技术和与这些关键技术相对应的应用场景，比如石油化工项目中关于设备模型图片成像技术的应用，根据现场无人机拍摄转换的连续照片，导入相关软件中运行计算最终得到完成的成像模型，并导出成CAD格式文件用于矢量模型应用(图1)。该图片成像技术主要用于机电管线安装定位，在工业安装中，特别是在需要深化设计的工业机电管线安装中，应用价值较高。

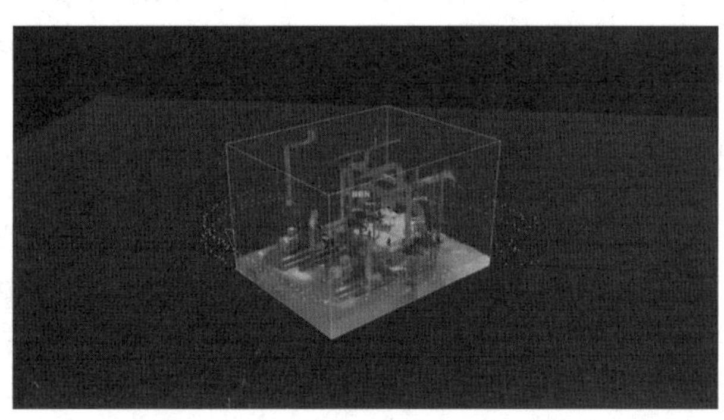

图1 图片成像技术在项目中应用

在日常施工中，机电安装除了要设计管线布置图外还要设计管线系统图，需要根据现场实际情况进行深化设计，这些工作往往是由设备厂家配合施工单位现场进行的。所以，想要对管线模型进行BIM精确绘制，在设备安装中事先对机电接口位置定位就特别重要。比如在泵房机电管线类的项目安装中，设计单位负责提供水泵的型号和参数，具体厂家的选择一般是业主根据需要和费用进行确定的。不同厂家的水泵设备接口位置有所不同，如果能在施工前事先用模型进行BIM技术模拟定位，那么机电管线的深化施工中就能减少测量定位工作，同时减少返工返修发生的概率。

应用BIM的意义在于事先模拟。而如果没有精确的定位，等到设备到了现场再进行绘制，绘制完成后可能现场管线都已经安装完成了，那么应用BIM进行机电管线的深化的意义就失去了。而图片成像技术就是一个契机，建筑业企业可以让厂家发一个设备的照片组，有必要时甚至可直接派人到工厂进行拍摄，这并不是什么难事。这样建筑业企业就能先一步完成设备的定位布置,优化管件的走向和尺寸,保证质量的同时精准确定安装的工程量。特别是在工业设备安装中,由于工业设备工艺复杂且管线接口众多,如果 BIM 没有精确的接口定位就不可能完成机电管线的深化,而这种技术在技术中心全体人员的努力下得到了结论性的成功实践,软件的使用并不困难,未来可以向项目一线进行推广使用。

对于管理方面维度的实践,最难的地方不再是技术方面的问题,矛盾的焦点主要是在落地上。就建筑业企业管理层面而言,其具有一定的市场敏感度和眼界,知道未来的发展方向,敢于尝试,对于智能建造技术一般是持欢迎态度的。但是智能建造对于项目实际而言,应用的核心并不在高层而是基层。比如 BIM 技术应用,在这个建筑类院校已经开始普及 BIM 的时代,建筑业企业基层管理者甚至还认为 BIM 是一个高端的技术。之所以 BIM 技术应用老是遭遇瓶颈主要是由于目前基层对于 BIM 应用的重点还放在导出渲染动画的步骤,这其实只是旁枝末节的东西,真正要寻找的是项目中存在的问题,针对这些问题进行深入探索,根据实际项目应用的重点和分析发现其核心焦点还在于项目经理。真正执行的并不是企业部门里负责统筹策划的人,项目经理心里的态度才是智能建造技术应用的关键。对于项目经理而言,BIM 的效果再"天花乱坠",真正能打动他们的还是"投入"和"收益", 投入是说在项目上 BIM 需要投入多少的人力、物力和时间,收益是说 BIM 能给项目施工带来什么好处,比如成本核算、进度提前、方案模拟、成果报奖等。所以应当摒弃视频效果的内容,更多的应是实操内容,比如 BIM 结合插件快速生成模型的操作技术;插件绘制脚手架、满堂架、模板、砌砖等;进度计划的编制(Excel 导入的快速编制,并截取某段时间施工单独导出图进行技术交底等);手机二维码的运用(特别是对导出的单独周进度计划模型进行分享,计算机上扫描可以永久性地对某处问题进行标注等);扫描成像的技术;场地模拟(插件快速建道路、基坑、施工设施和实际施工环境模拟);大型设备的快速拆解,比如锅炉(模型已经完成了,但是不同现场对于构件的要求可能会有所不同,所以需要现场根据需要进行快速的拆解来制作方案。)核心观点还是 BIM 落地问题,既然想落地最重要的还是急人之所急,弄清施工现场工序的衔接问题、与分包方及业主方的矛盾问题、材料机具的堆放问题、人员的进出场时间关系、工种间的交叉作业问题、施工环境规划问题、检测记录问题等管理问题如何运用 BIM 快速解决才是落地的根本。

就管理维度而言,人才培养是一个绕不过去的问题,智能建造有一定的专业门槛,现在技术的两极化非常严重,项目上年龄大的技术人员对于新的智能建造技术上手很慢或者根本无法理解,掌握计算机技术的年轻技术人员对于智能建造技术能较快上手,然而实际的施工技术是需要一定的现场实践经验的。造成的结果就是项目上需要优化的重点在有经验的年龄大的技术人员身上很难表述,而能表述的往往比较浅,这就需要制造更多的沟通渠道。目前企业培养智能化人才的方式有 3 种:一是全员学习,适合人才储备不够多,一个项目中至少有好几个智能建造的技术人员且技术人员能熟练地操作的情况,可聘请博士毕业生专门进行有针对性的研究;二是外包培养,比如交给设计院培养,基本上将人员全部包给设计院进行编制,这样虽然没有自己的队伍,但是基本上可以满足大型项目投标和政府检查的要求;三是专门培养,在总部开辟一个大型的 BIM 工作室,大量培养

BIM 人才，再投入到一线的项目上去。现阶段碰到阻力的主要原因为：第一，就实际现场项目管理而言，项目经理认为智能建造在施工现场并不能产生实际可见的效益，却需要花费基层管理人员的时间和资源；第二，一般分公司为了节省人力成本，项目上的管理人员配齐就可以了，很难会有多余的人员专门针对智能建造进行管理和学习；第三，现场一线施工人员素质不高，经常把智能建造和软件应用等同，对先进的科技管理手段缺少兴趣和热情，针对不同原因要有针对性的措施进行推进。

首先，提高管理人员素质，有针对性地培养。智能建造只是一个管理工具，更重要的是专业的知识和管理的经验，在学习的过程中很自然会碰到许多专业上的问题，这样带着问题学习不仅加深软件的操作记忆，更是对专业知识和管理手段的一次深层次的学习。在个人培养上智能建造技术是贯穿专业知识学习全过程，不断加深记忆的工具。特别是针对刚进公司的员工，智能建造技术更是个学习的工具和交流的手段。其次，提高智能建造人员的待遇，有目的性地培养。智能建造人员既是一线工程的具体施工管理人员，同时也针对特殊要求做出一定的贡献，如果没有一定的肯定和鼓励，肯定会打击其积极性，建筑行业专业特色决定了智能建造并非只是纸上谈兵的工具，更多的是要有多年的一线技术、管理的基础，这样才能做出符合实际需要的智能建造成果。现在市面上很多智能建造制作团队制作的成果看起来是比较优秀的，但是细挖之下不难发现只是完成了项目表皮的制作，适合于表面展示，根本不能用于指导施工。所以智能建造基础人员一定是从一线工作开始的，这就要有几点要求了：要年轻，可以学历不高，但是要有热情，能吃苦，肯钻研。现在愿意留在一线的年轻员工基本上可以分为 2 种，一种是学历一般且对未来没有过多规划的，这样的人员一般不会主动做些什么，完成本职的工作就好了。另一种是学历一般但是对未来有所规划，有一定的野心的人员，对于这类年轻人应该给予更多的肯定，不一定要在实际上给予什么，但是领导的一个关心、一次接见都是对于他们的肯定。这类人愿意接触更多的新技术，但前提是这些新技术能给他们的未来带来一定的提升。最后，公司领导重视，项目经理支持。一方面任何先进技术的运用都离不开领导的支持和坚持。另一方面想要在一线上推进智能建造的应用，项目经理的作用是绕不开的。项目上的人手是一定的，是按照项目任务配置的，再加担子很容易造成反弹，造成既完不成项目任务，又完不成“智能建造”的后果。

实践中发现：①应用兼职的智能建造人员存在一定劣势，建筑八大员的责任不能变，但是应用兼职人员也有一定的好处，年轻人对于金钱的渴望没那么强烈，但是对于存在感和认同感却格外看重；②智能建造的应用应是有预见性的，最好是在项目开始前项目经理就带几个人对现场进行考察，这时候可以带智能建造专业人员做前期应用方案，对于存在的问题专业人员需要向项目经理进行请教，易于培养信任度；③需要运用公司的关系给项目经理施加压力，增加项目对智能建造的重视度；④定期的公司培训需要保障，且不能占用相关员工的规定休假时间。同时，要合理安排工作，保障施工进度。

以下是基于智能化施工理念的实践应用案例。

广东省韶关市循环经济环保园一期工程（垃圾焚烧发电）项目（图 2）是广东省重点项目，位于韶关市曲江区，是广东粤北地区十分重要的生活垃圾焚烧发电厂。项目总建筑面积 39 222.74 m^2，计划投资 46 800 万元，是由粤丰环保电力有限公司投资、韶关市人民政府控股、福建省工业设备安装公司总承包施工的政府和社会资本合作模式(PPP 模式)大型环保工业项目。该项目具有施工工期紧、任务重、结构复杂、交叉作业多等特点。项目结合 BIM 技术对锅炉、汽轮机、烟气处理等主要设备安装进行了装配施工,采用二维码识别技术,方便施工现场同技术人员无线传输互通,节省了大量的时间成本,保证了工程质量,保障了项目施工进度,提升了项目的施工技术。

图 2　广东省韶关市循环经济环保园一期工程项目

在技术上,项目采用合理的智能技术,对项目的应用进行升级。一是采用无线通信技术结合数字化二维码传递法,监测和传递高精度设备安装情况,结合虚拟建造技术实时监测并纠偏,保证环保电厂设备安装质量和进度。二是采用数字化可编程控制技术软件 Dynamo 结合现场施工实际对常见错误和问题进行批量归纳与整理,并运用数字化信息技术进行编辑发布,防止施工问题的再次发生,提高了施工的效率并保证了质量。三是采用有限元分析方法对锅炉钢结构进行数字化分析,采用反向偏差法并结合逆向模拟调整吊装顺序,重新整合环保电厂相关锅炉安装的技术,优化该项目安装的方案,起到了国有企业先锋引领的作用,产生优质的社会效益。

参考文献

[1] 卜梦甜. 数字建造的兴起与内涵[D]. 武汉:华中科技大学,2018.
[2] 于洋. 浅谈建筑业智能建造发展现状及未来趋势[J]. 建筑机械化,2022,43(6):6-8,35.
[3] 肖绪文. 智能建造:是什么、为什么、做什么、怎么做[J]. 施工企业管理,2022(12):29-31.
[4] 马智亮. 智能建造应用热点及发展趋势[J]. 建筑技术,2022,53(9):1249 -1254.
[5] 杜明芳. 中国智能建造新技术新业态发展研究[J]. 施工技术,2021,50(13):54-59.

房建工程智能建造探索
——以中国华电福建总部大楼为例

林忠松　王猛　陈卓铭　董书清

福建省二建建设集团有限公司

摘　要:在当前经济发展要求下,建筑业很难确保稳定的盈利且管控难度加大,从而加剧工程项目进度、成本、质量管理的失控以及资源的进一步浪费。因此,在持续发展的道路上,建筑业更需要符合当代发展总趋势、符合我国基本国情的施工建设管理模式。当前,以物联网、大数据、人工智能等为代表的新一代信息技术正在催生新一轮的产业革命。而我国工程建造领域的数字化、智能化水平仍然有待提高。本文基于福建省二建建设集团有限公司(以下简称"福建二建集团")对于房建工程项目智能建造的探索,总结福建二建集团的经验做法和典型案例,为相关技术的发展提供借鉴。

关键词:智能建造;房建工程;案例实践

1　概述

国家统计局官网发布2021年全年建筑业增加值80 138亿元,比上年增长2.1%。建筑业增加值增速虽然低于国内生产总值增速,但其经济支柱产业地位依旧稳固。[1]建筑业的特性决定了其生产效率不高,并且在当前经济发展要求下,建筑业很难确保稳定的盈利且管控难度加大,从而加剧工程项目进度、成本、质量管理的失控以及资源的进一步浪费。因此,在持续发展的道路上,建筑业更需要符合当代发展总趋势、符合我国基本国情的施工建设管理模式,合理的施工建设管理模式与方法也成为建筑业重要的研究课题。

当前,以物联网、大数据、人工智能等为代表的新一代信息技术正在催生新一轮的产业革命。一些国家和地区相继发布了建筑业发展战略,如英国的Construction 2025、日本的i-Construction等,均强调建筑业应通过工业化、数字化、智能化等方式增强产业竞争力。2022年1月,住建部发布《"十四五"建筑业发展规划》,明确提出要完善智能建造政策和产业体系、夯实标准化和数字化基础,通过推广数字化协同设计,推进设计和勘测过程数字化;大力发展装配式建筑,推动生产和施工智能化升级;打造建筑产业互联网平台,与新一代信息技术深度融合,同时加快建筑机器人的研发和应用,提高工程建设机械化、智能化水平,实现智能建造与新型建筑工业化协同发展。[2]因此,建筑业需要把握新一轮科技革命的历史机遇,将新一代信息技术与工程建造深度融合,实现由粗放式、碎片化的建造方式向精细化、集成化建造方式的转型升级,打造"中国建造"升级版。

智能建造强调提高建造过程的智能化水平,减少对人工的依赖,实现性价比更高、质量更优的工程建造产品。中国华电福建总部大楼项目在智慧工地构建过程中，将全过程工程咨询与智能建造相结合，实现全过程工程咨询与智能建造，并运用 BIM 技术信息化的特点，把设计、施工建造、智慧运营整个流程打通，开发实时的“进度控制”“成本控制”“质量控制”“合同管理”与“资源管理”等可视化、数字化、可控化的智慧工地平台。从而贴合建筑工程项目全生命周期的管理理念，加深建筑业智慧化程度、提高项目生产效率、降低不必要的项目损耗并提高项目管控效率，为施工企业带来较强的竞争力。

2　工程概况

中国华电福建总部大楼项目（图 1）位于福建省福州市鼓楼区六一北路与东大路交叉口，东水路省水文总站周边旧改地块，属于公共建筑，建设地下两层、地上两幢，分别为位于地块南侧的 1# 楼（中国华电订购）和位于地块北侧的 2# 楼（鼓楼区回购），用地面积 14 348 m^2，总建筑面积约 52 893.75 m^2，地下建筑面积约 17 023.75 m^2，地上建筑面积约 35 870 m^2，项目 50% 以上面积采用装配式建造，工程总投资 120 000 万元。

图 1　中国华电福建总部大楼效果图

中国华电福建总部大楼项目工程基础设计等级为甲级，桩基采用冲孔灌注桩基础；1# 楼采用装配整体式混凝土框架结构，2# 楼采用现浇钢筋混凝土框架结构；建筑抗震设防类别为丙类，剪力墙抗震等级为二级；框架抗震等级为三级，本工程设计使用年限为 50 年，建筑结构安全等级为一级，地下室人防抗力等级为核 6 常 6 类防空地下室。

中国华电福建总部大楼项目作为福建省重点项目，被福建省住建厅列为 2021—2023 年工程总承包延伸产业链示范项目，是福建二建集团由施工总承包向“投资开发建设一体化”模式发展的示范项目。项目将数字技术与建筑产业有效融合，聚焦“装配式建筑”和“智慧工地”创新应用，成为中国工程院课题示范项目。

中国华电福建总部大楼项目包含写字楼两座，分别与福州地铁 4 号线及滨海快线共建，集写字楼、商业购物、地铁公共交通为一体。建成后将为鼓楼区全力打造现代化国际城市“最美窗口”，为福州加快建设现代化国际城市做出新的更大贡献。

如图 2 所示，中国华电福建总部大楼项目基坑边距离用地红线较近，现场临时设施、材料堆场和加工场部署困难。项目处于鼓楼区六一北路与东大路交叉口，东水路省水文总站周边旧改地块,周边临近建筑(临边建筑)较多,且大多房屋结构老旧,导致项目现场两层地下室深基坑施工难度较高。另外如图2中项目红线所示,中国华电福建总部大楼项目与福州地铁4号线东门站地铁出站口、福州滨海快线东门站地铁出站口共建施工,存在报批、共建施工和地铁保护等难题,对项目工期和成本控制有比较大的影响。

图2　中国华电福建总部大楼区位图

3　房建工程智能建造探索运用

截至2023年5月10日,中国华电福建总部大楼项目形象工程进度1#楼已至主体阶段8层,2#楼已至基坑支护阶段。项目智慧工地平台工程云福建二建集团质量安全智能管控系统(以下简称“工程云平台”)根据项目现场情况及实际使用需求不断更新,项目总览、安全管理、质量管理、人员管理、视频监控、机械设备管理、文明施工、物料管理、BIM模型等模块均已上线并投入使用。

鉴于本项目危大工程较多,包括深基坑、高支模、高桩承台、大幕墙、地铁保护等分项工程,考虑项目施工进度及现场需求,目前项目工程云平台在福建省住建厅智慧工地建设导则的基础上另行搭建基坑变形自动化监测、临边建筑变形自动化监测、地下室抗浮自动化监测、地下水位变化自动化监测、工程云日志自动记录、AI全景实测实量、轴线偏差测量、BIM辅助预制装配式施工等功能。

其中,1#楼基坑施工已完成,基坑变形自动化监测设备AI探头已下线,数据已保存至平台,可随时调阅查看基坑监测情况,对比第三方监测数据及自动化监测数,该监测数据更可靠,2#楼基坑变形自动化监测设备已经布置完成且功能已经联通至工程云平台。

升降机监测设备处于安装准备阶段，设备调试完成之后即联通至工程云平台。物料系统联动车辆识别系统正处于试运行阶段。BIM 模型板块已在系统中项目相关轻量化模型的基础上进一步整合，以实现施工可视化功能从而指导施工。因中国华电福建总部大楼项目工程云平台关于房建工程智能建造八大模块的探索及运用较多，本文着重于工程云平台施工质量管理、施工安全管理的讲解介绍。

3.1　施工质量管理

中国华电福建总部大楼项目工程云平台施工质量管理模块具备对施工方案、技术交底、过程质量控制、质量验收、质量评价、缺陷排查、整改反馈及影像记录等信息化管理功能，具体功能包括质量资料管理，质量检查管理，检验检测管理，大体积混凝土监测、桩基数字化，质量管理手册，工程云日志等功能。

（1）质量资料、质量检查管理及质量管理手册电子档。

质量资料管理，即对工程主要质量控制文件的采集记录、统计分析、查询预警。[3] 本项目工程云平台质量资料管理后台主要由设计资料、施工资料、监理资料、桩基数字化、合同管理、质量管理手册、BIM 数字化管理、造价管理、统计分析、预警管理、审批中心、系统管理等部分构成。如图 3 所示，以设计资料为例，在设计资料选项中，可设立若干文件夹如施工总平面图、勘察文件、设计 CAD 图、设计变更等，此部分文件夹文件与工程云系统前端大屏相连接，通过后台文件上传从而实现大屏文件展示，如图 4 所示。

图 3　工程云平台后端设计资料

质量检查管理，即对日常质量巡检、企业质量检查、质量验收、实测实量等过程进行记录、分析，实现闭环管理。[4] 本项目工程云平台单兵巡检系统与集团季检、公司月检、项目部旬检联动，面向工程质量安全日常检查需要，以质量“零缺陷”、安全“零事故”为实现目标，通过质量安全巡检及专项检查，提供覆盖项目质量安全问题发起、问题整改反馈、问题与 BIM 模型关联、事后问题统计全过程的闭环式管理，确保问题可追溯、可统计，单兵巡检记录如图 5 所示。

质量管理手册，包含样板类型、施工工艺、主要内容、图片示例、缺陷类型和处理措施

中国华电福建总部大楼

工程信息
项目可视化大屏
工程项目概况
施工总平图
工程设计文件
勘察文件
设计CAD图
设计变更
施工专项方案
设备分布图

设计变更

文件名称 请输入内容 上传时间 开始日期 - 结束日期 文件格式 全部 上传人员 请输入内容
部位 请选择 批量下载 查询

文件名称	部位	上传人员	上传时间
华电项目设计变更(幕墙玻璃参数)-20230712.pdf	项目总体	中国华电福建总部大楼	2023-07-21 14:43:19
华电景观变更02号2023.07.11_t3(2).dwg	项目总体	中国华电福建总部大楼	2023-07-21 14:43:07
地下室2-1轴负二层积水坑位置设计变更20230506.dwg	项目总体	中国华电福建总部大楼	2023-05-06 18:59:12
六层屋面预埋件补充风力发电预埋件做法和穿线管20230418.d...	项目总体	中国华电福建总部大楼	2023-04-20 08:59:45
六层附楼屋面排烟洞口顶盖设计变更 1#板图20230402.dwg	项目总体	中国华电福建总部大楼	2023-04-13 18:47:17

图 4　工程云平台大屏文件展示(设计资料)

抓拍地址	栋号:1号楼	抓拍层数	8层	具体部位	板面
检查项	房屋建筑				
检查类别	实体工程质量				
记分项目	2.4安装工程				
问题条款	2.4.1电气工程主要材料。电线、电缆、				
标准内容	2.4.1电气工程主要材料。电线、电缆、灯具和配电箱材质、规格及性能参数不符合设计及规范要求。				
标准依据	原条款2.4.1条，GB50303-2015第3.2.1条				
整改人员	林恩南	整改期限	2023-05-11	是否超期整改	否
抄送人					
问题项					
问题描述	板面工人私拉电线				
现场图片					
现场视频					

整改记录

时间	节点名称	操作者	操作	处理意见	现场照片	现场视频
2023-05-11 15:27:17	起草	刘晟彬	系统自动完成	系统自动完成		
2023-05-11 15:32:53	整改人处理	林恩南	通过	电箱已经安排，整改完毕		
2023-05-11 18:23:02	审核	刘晟彬	通过	整改已完毕		
当前处理人						
已处理人	刘晟彬、林恩南					

图 5　工程云平台单兵巡检记录

等，如图 6 所示。本项目工程云平台质量管理手册由样板资料、施工工艺资料、影像资料、缺陷资料、处理措施资料、项目质量巡检、公司月度质量检查、公司季度质量检查、见证取样等部分组成，辅助各方责任主体加强现场质量管理，提升管理水平。

(2) AI 全景实测实量及轴线偏差定位。

如图 7 所示，通过三维空间尺寸测量，可实现施工质量安全生产过程远程量化抽查抽测，结果实时保存，并可追溯回测。功能包括计算标注当前施工面的层高、标高情况；远程测量建筑轴线偏差(图 8)、平整度、水平度，可应用于装配式结构；远程测量脚手架间距、步距，模板支撑间距、步距、上下托长度；远程测量梁板筋间距，箍筋间距，钢筋搭接、焊接、套筒连接长度；远程测量钢筋、管线直径与长度等。

图 6　工程云平台质量管理手册

图 7　工程云平台 AI 全景实测实量

图8 工程云平台轴线偏差定位

3.2 施工安全管理

中国华电福建总部大楼项目工程云平台施工安全管理模块具备安全生产管控、隐患排查、应急处置、安全监控(测)、安全资料等信息化管理功能,实现现场安全隐患闭环管理,具体功能包括安全生产风险分级管控、危险性较大的分部分项工程管理、隐患排查管理、远程视频监控管理、安全应急管理、高支模监测、卸料平台监测、基坑变形自动化监测、临边建筑变形自动化监测、地下室抗浮自动化监测、地下水位变化自动化监测等功能。

(1)基坑、临边建筑变形自动化监测。

基坑围护结构的安危关系到本工程的安全,还关系到附近建筑物、城市管线及道路设施的保护等,因此必须采取信息施工的方法对基坑施工的全过程进行监测。本项目基坑侧壁安全等级为一级,重要性系数 $r=1.1$,基坑正常使用期限为12个月。根据开挖深度、周围环境、水文地质及工程地质条件,基坑支护采用内支撑排桩支护,支撑梁采用钢筋混凝土对撑与角撑,共设置一道钢筋混凝土内支撑,围护桩采用φ900钢筋混凝土旋挖灌注桩,桩中心距1 100/1 200 mm,围护桩外侧(之间)采用φ650三轴搅拌桩挡土与止水。深基坑是重大危险源,现场施工过程可能会对周边建筑产生影响,因此本项目将基坑变形自动化监测功能并入工程云平台,如图9所示。将现场基坑施工和监测方案等详细信息在通过全过程工程咨询之后提前录入工程云平台,平台运用AI探头和传感器实时监测基坑及临边建筑表面位移和并及时预警。自动化监测数据结合对比第三方单位监测数据,证明平台自动化监测功能真实有效,确保项目现场安全管理的及时性。深层土体位移监测数据如图10所示。

在基坑监测过程中,测得的基坑监测数据通过传感器同步更新至工程云平台,工程云平台对照全过程工程咨询获得的相关规范要求进行判定,监测过程中还记录气候条件、开挖情况,遇到异常情况,立即发出警报。同时相关基坑监测数据如土体水平位移(侧斜)、围护桩顶部沉降监测、围护桩顶部水平位移监测、支撑梁钢筋应力监测、支撑梁立柱沉降

图 9　工程云平台基坑自动化监测布点图

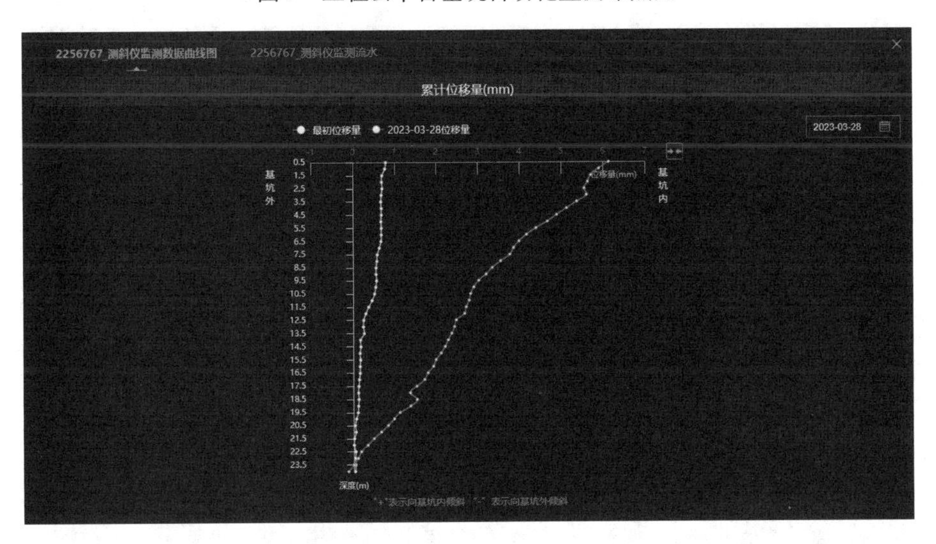

图 10　工程云平台基坑变形自动化监测深层土体位移监测数据

观测、地下水位监测等数据实时上传进工程云平台，如发现异常则系统将通过 App 和短信弹窗方式反馈给施工组，系统记录留存。

中国华电福建总部大楼项目位于福州市鼓楼区东大路与六一北路交叉口，场地北侧为水利厅大厦、南侧为口岸办宿舍及东水新村、西侧紧临六一路、东侧为东水路。本项目基坑边距离用地红线较近，现场临时设施、材料堆场和加工场部署困难。另外项目临边建筑较多，涉及两层地下室深基坑施工，临边建筑距离深基坑较近，房屋结构老旧，保护难度高，因此在对基坑变形自动化监测的基础上需对临边建筑变形进行自动化监测。

通过工程咨询对邻近建筑沉降观测共布置 48 个测点，用精密水准仪测试。对基坑周边（道路、地下管线）进行变形监测，沿道路 10 ~ 15 m 布一个测点，共布置 24 个，用精密水准仪监测。同时对临边建筑表面位移进行监测，测点布置如图 11 所示。临边建筑变形监测方案的添加，有效确保了项目的安全进展，提高了项目的安全性，临边建筑监测点 23 表面位移如图 12 所示。

图11　工程云平台临边建筑自动化监测测点布置

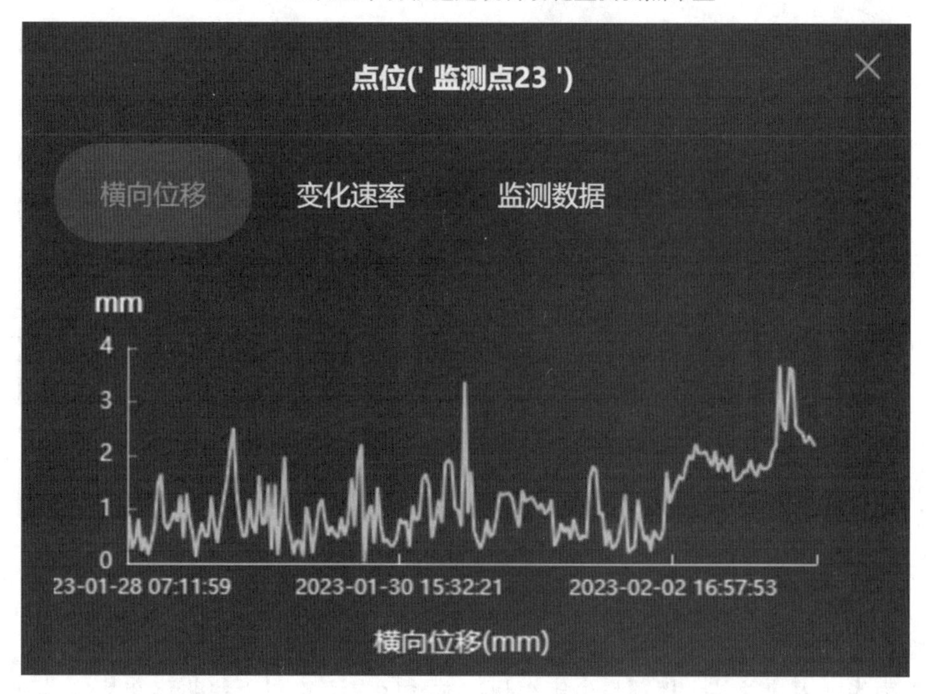

图12　工程云平台临边建筑自动化监测建筑物表面位移(监测点23)

本项目将临边建筑变形自动化监测功能并入工程云平台,并将通过全过程工程咨询得到的临边建筑变形监测相关规范及要求提前录入智慧管控系统,在临边建筑变形监测全过程中,临边监测数据如临边建筑物沉降观测,临边建筑物竖向位移、水平位移、基坑周边(道路、地下管线)变形监测等数据实时上传至工程云平台,并对照全过程工程咨询获得的相关规范要求进行判定,如发现异常则系统将通过App和短信弹窗方式反馈给施工组及项目经理,系统记录留存。

(2)地下室抗浮自动化监测。

本项目地下室 ±0.000 相当于罗零高程 7.300 m,现场地标高 5.910～7.590 m,基坑开挖前场地整平标高为6.000 m。工程设二层地下室，负二层地下室底板结构面绝对高程为2.450 m，底板厚0.6 m，地下室承台厚1.2 m，自现有地面开挖至地下室底板垫层底深度为8.050～10.000 m，自现有地面开挖至地下室承台底深度为8.650～10.400 m，本工程基坑地下水位高于地下室底板，勘察期间场地各钻孔上层滞水初见水位埋深1.720～2.900 m，稳定上层滞水水位埋深1.700～2.900 m（罗零高程3.970～5.320 m），年水位变化幅度2.0～5.0 m，近3～5年最高地下水水位标高为5.400 m，场地历史最高地下水水位标高为5.900 m，综合考虑，本场地施工期及使用期抗浮设防水位可取标高5.900 m。

为更好地监测地下水浮力对抗浮板的压力作用，在土体和抗浮板之间安装土压力计，实时监测抗浮板和土层之间的相互作用力，自动触发机制实现即时报警，有效降低施工安全风险。同时在基坑周边设立地下水位监测点，实时监测地下水位，水位计及土压力计测点布置如图13所示，地下水位监测数据如图14所示。

图13　工程云平台周边地下室抗浮自动化监测测点布置

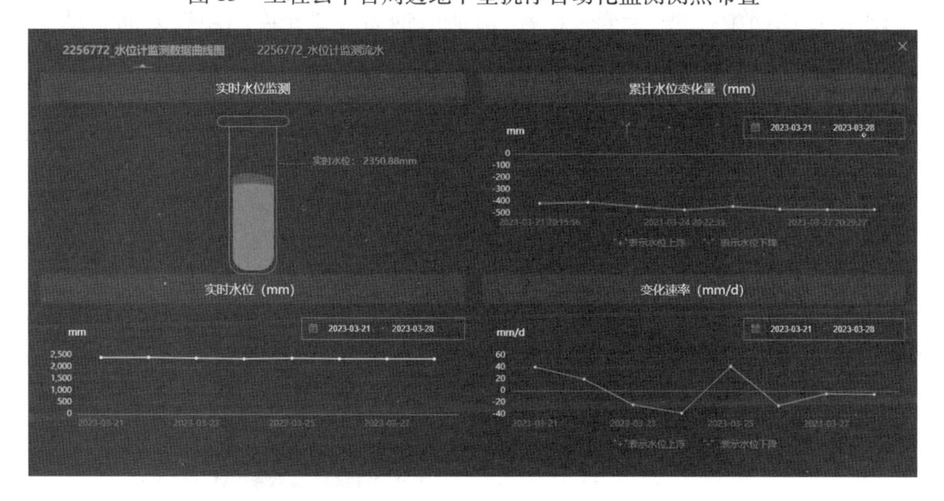

图14　工程云平台周边地下室抗浮自动化监测地下水位监测数据

本项目将地下室抗浮自动化监测功能并入工程云平台，并将通过全过程工程咨询得到的地下室抗浮监测相关规范及要求提前录入工程云平台，在地下室抗浮监测全过程中，工程云平台接收土压力计传感器及水位计的监测数据,并对数据进行计算和分析,确定抗浮板下部土压力和基坑地下水位的变化趋势,判断是否存在安全隐患,如发现异常则系统将通过 App 和短信弹窗方式反馈给施工组及项目经理,系统记录留存。

3.3 探索创新

(1)智能化钢筋绑扎机器人。

智能建造强调提高建造过程的智能化水平,减少对人工的依赖,实现性价比更高、质量更优的工程建造产品。具体到现场施工任务,当前建筑业对铺设的钢筋进行绑扎是为了保证钢筋位置不变进而确保钢筋受力位置不变,它对于整个施工作业顺利完成有着非常重要的作用。在钢筋绑扎过程中,钢筋间距、绑扎角度与力度、绑扎方法等因素均会影响施工质量。传统钢筋绑扎施工是一项劳动密集型的重复动作的劳动,其效率较低,完成质量与工人的熟练程度和经验相关,且受环境制约大,在高温、严寒、暴雨等恶劣天气环境下难以进行。自动化技术的发展将烦琐的任务交给机器,它支持大量可重复的施工作业,解放了人工劳动力。

中国华电福建总部大楼项目引进华中科技大学国家数字建造技术中心智能化钢筋绑扎机器人进行板筋绑扎试验,为智能化钢筋绑扎机器人的现场应用做出探索,如图 15 所示。该智能化钢筋绑扎机器人(图 16)主要由三部分组成:机器人位移系统、智能化监测系统和机械手绑扎系统。机器人位移系统主要实现其在钢筋骨架上直线运动及在相邻钢筋间的跨越运动功能;智能化监测系统主要实现钢筋绑扎点、钢筋网边缘位置的识别及纵向平移动作的监测;机械手绑扎系统主要实现钢筋交叉点位置的绑扎。该智能化钢筋绑扎机器人可以实现平面 X、Y 轴的双向运动,绑扎位点的自动识别,绑扎机械手的定位和绑扎动作执行等功能,可以实现自动化钢筋绑扎的设计目标。该机器人机动灵活,能在施工现场常见预制混凝土楼板、现浇混凝土楼板、地下室大底板、钢筋桁架楼承板以及各种场景下的水平钢筋网中行进、后退及横移,能适应钢筋放置允许间距误差而自动完成水平钢筋捆扎。

图 15 智能化钢筋绑扎机器人现场试验

该智能化钢筋绑扎机器人配有移动端操控系统,设置钢筋规格参数后,机器人可自主

图 16　智能化钢筋绑扎机器人

规划行走路径和执行绑扎，易于使用，操作简便。与人工绑扎相比机器人绑扎尽管速度较慢但绑扎效果更好、更牢靠，且能长时间持续工作，从而有效解放生产力。

（2）无人操作智能升降梯。

推进碳达峰、碳中和工作，绿色低碳已成为我国经济高质量发展的主基调。另外，由于传统建筑业对年轻人吸引力不足，存在“招工难”“用工荒”等现象。为探索智能建造新途径，中国华电福建总部大楼项目拟引进无人操作智能升降梯（图 17）推进远程监管、数字化工地建设。

无人操作智能升降梯的开发目标就是以智能化控制实现无司机操作，解决用工难题；无人操作智能升降梯集绿色化、智能化、无人化于一体，实现无人化操作的施工用垂直升降设备，堪比室内电梯，智能化响应外部呼梯需求，实现最优运行停层方案；基于 5G 技术，实现设备远程实时智能管理；利用能量回馈等节能技术，比传统升降梯综合节能 50%；同时具备多重安全监控及安全保护装置，确保运行安全。作为站在行业前沿引领行业发展方向的创新产品，其对于绿色、低碳、高效、智能的产业发展趋势，将起到关键性的先锋引领作用。

图 17　无人操作智能升降梯

3.4 BIM 赋能

本项目 1# 楼是预制构件装配式施工的项目,必须进行深化设计,虽然项目无竖向受力构件,只有叠合板,也有局部填充墙的预制构件,对预制构件和现浇构件交接缝的处理及管线综合布置应作为施工重点,防止后期渗漏水。为提高协同生产效率,降低劳动强度,应用 BIM 技术对其全过程建模并对重、难点部位节点进行深化设计。[5]

机电管线的空间碰撞分为软碰撞和硬碰撞。软碰撞指两物体在空间中虽未重叠,但因施工或维修的要求必须具备一定的空间距离;而硬碰撞指两物体在空间中发生重叠。BIM 是实现防碰撞的有效工具,具体操作是:机电各专业设计人员通过 BIM 软件单独建立模型后,导入集成再进行碰撞检查,如图 18 所示。BIM 软件赋予管道管径等信息,真实反映管道尺寸及位置,可以避免发生与墙板碰撞的问题。

图 18　BIM 管线综合模型

本项目将 BIM 技术并入工程云平台,在 BIM 技术的基础上,结合全过程工程咨询和工程云平台,实现:①多方协同,大幅度提高协同及会议效率;②碰撞检查及优化,提前发现问题并解决问题;③可视化交底,提高交底质量,降低信息传递损失;④创优策划,多方案制作,比选出最佳施工方案;⑤方案模拟,提前发现并解决不可预见性问题;辅助成本核算,针对异性结构及非定额子目进行工程量统计。借助全过程工程咨询和智慧管控,辅助进行项目管理和流程优化,实现精细化管控和数字化竣工交付,达到项目全生命周期的双向数据传输,为施工单位现场施工、建设单位运营维护打下良好的基础。

4　智能建造难点

结合中国华电福建总部大楼工程云平台的建设和智能建造的探索实施过程中遇到的

一些难点，提出以下几点建议。

4.1　推广无纸化内业，加强工程信息管理模块功能

在智慧工地实施过程中，需要录入大量内业资料，包括材料的检验批、各分部分项工程质量的验收记录、大型机械设备的检查及维保记录、质量和安全的整改及反馈等。以上资料往往已经做好纸质材料，管理人员需要重复在系统上进行填写和录入，增加了工作量。若能在工程信息管理模块中加强内业资料的管理功能，甚至能在系统中完成无纸化内业操作，将大大提升内业管理效率，同时还能随时查阅系统中各项监控画面，将施工现场和内业资料同步结合，确保资料及时准确。

4.2　物料信息管理联动企业内部 OA 流程

目前大多物料信息管理模块仅仅局限于项目部内部使用，若能将该模块内容与企业内部 OA 流程进行联动，将项目部的计划申购、采购、审批、到货进行一体化进程管理，能大大提升工作效率，做到检查检测有据可循、安装到货知方位、联动查看可视化的智慧化管理。

4.3　取消 VR 安全教育、VR 质量样板漫游等功能

目前福建省省内的智慧工地建设一般都会设立 VR 体验功能区，来进行沉浸式安全教育和质量样板漫游等。一台 VR 设备加上系统内不同场景的适配和使用，往往需要较高的花费，华丽的装备体验和模拟效果却不能起到实质性的作用，建议取消该项推广。

4.4　制定智慧工地管理标准

目前智慧工地服务商众多，平台从界面到功能也五花八门，行业水平参差不齐。在福建省住建厅发布智慧工地导则后，相对有所改善，建议福建省住建厅后期发布智慧工地管理标准，对智慧工地平台做出统一、硬性要求，在规范管理内容的同时，也避免了项目管理人员在后期使用中需要适应不同版本的智慧工地平台逻辑，做到行业简单化、延续性的可复制化的发展前景。

5　总结与展望

“十四五”时期，“高质量发展”是建筑业的关键词，建设高品质的建筑、实现提质增效是一切科技创新追求的目标导向。智能建造技术的产生、发展及其与各相关技术之间的急速融合发展，在建筑业中使设计、生产、施工、管理等环节更加信息化、智能化，智能建造正引领新一轮的建造业革命。

未来，应研发“工程建造+”，将新型技术融入传统建造技术。智能建造推进更应关注针对施工过程的工艺、工序特点，环境感知要求，融合“大智移云物”等现代化信息技术，形成“质量安全+”“幕墙工程+”“钢筋工程+”等融合技术，以便实现施工的高效化、工艺的精细化和工程的品质化。当前建筑业整体呈现“大而不强，多而不精”的局面，智能建造发展空间广阔。

加速研制和推广应用人工智能设施，如智能监测设施、功能各异的机器人设施等，特别应围绕工程建造的点多、面广、量大和劳动强度高，作业条件差的工艺工序，构建工程云平台与工艺技术联动联控的机器人作业环境，进行机器人研制。

参考文献

[1] 郑嘉豪. BIM+智慧工地在福建省委党校新校区建设项目的应用探索[J]. 福建建筑，2021(9)：86-89.

[2] 林树枝，施有志. 基于 BIM 技术的装配式建筑智慧建造[J]. 建筑结构，2018，48(23)：118 -122.

[3] 赵振宇，高磊. 推行全过程工程咨询面临的问题与对策[J]. 建筑经济，2019，40(12)：5-10.

[4] 徐友全，贾美珊. 物联网在智慧工地安全管控中的应用[J]. 建筑经济，2019，40(12)：101 -106.

[5] 彭雪晴. 智慧工地政府监管信息系统构建研究[D]. 长沙：中南大学，2022.

福建 BIM+装配式智能建造经验做法与典型案例

陈宇峰　李翀　段建平　郑星辰

福建建工集团有限责任公司

摘　要：智能建造是借助云计算、大数据、物联网、人工智能等新一代信息技术以及BIM、GIS、机器人等新型应用技术，通过智能化系统减少对人力的依赖，促使建造和施工过程实现数字化设计、机器人主导或辅助施工的工程建造方式，旨在通过提高建造过程的智能化水平，最终实现安全、绿色且高效的建造目标。自 2009 年起，福建建工集团有限责任公司（以下简称“建工集团”）就着手推进建筑业信息化的转型升级，并取得了一系列成果。本文对建工集团 BIM+智能建造方面的实践进行总结，分享做法，总结经验，为今后的相关实践和技术发展提供参考。

关键词：智能建造；BIM+；经验做法；案例实践

1　概述

智能建造是借助云计算、大数据、物联网、人工智能等新一代信息技术以及 BIM、GIS、机器人等新型应用技术，通过智能化系统减少对人力的依赖，促使建造和施工过程实现数字化设计、机器人主导或辅助施工的工程建造方式，旨在通过提高建造过程的智能化水平，最终实现安全、绿色且高效的建造目标。丁烈云院士指出：“智能建造作为一种新一代的信息技术与工程建造融合而成的创新模式，通过规范化建模、网络化交互、可视化认知、高性能计算以及智能化决策支持，实现数据驱动下的立项策划、规划设计、施（加）工生产、运维服务一体化集成与高效协同，交付以人为本、智能化的绿色可持续工程产品与服务。”[1] 因此，智能建造不仅是在技术及设备方面的创新，更是传统施工建造模式与理念的转型与发展。

2020 年，住房和城乡建设部联合有关部委印发了《住房和城乡建设部等部门关于推动智能建造与建筑工业化协同发展的指导意见》《住房和城乡建设部等部门关于加快新型建筑工业化发展的若干意见》，智能建造与新型建筑工业化的发展方向及目标逐渐明确。智能建造是提高建筑业生产效率的有效途径，是提升中国建筑业全球影响力的重要发展方向。[2] 智能建造作为建筑产业的新引擎，必将顺利推动建筑产业的转型以及高质量的发展。建工集团是福建省国资委监管的省属重要骨干企业，高端人才居全省同行业榜首，始终坚持以科技创新、商业模式创新、组织方式创新、基础管理创新，培育“全产业链布局、智能建造、资本驱动发展”三大核心竞争力。为贯彻落实文件精神，促进建筑业转型，推动建筑业高质量发展，建工集团近年来加速推进在智能建造领域的探索与实践，为福建省未来智能建造的发展打下坚实基础。

自2009年起，建工集团就着手推进建筑业信息化的转型升级，并取得了一系列成果。

(1)ERP(企业资源计划)信息化项目入选住建部“2010年科技示范工程”。

(2)建工集团工程企业管理系统迭代升级为项目全周期管控平台并上线运行，实现工程项目全要素全过程管控和项目流程标准化。

(3)国资大厦EPC(设计、采购、施工一体化)建设项目通过了省住建厅“科技示范工程”的验收评审，该项目针对施工过程分阶段、分专业地进行BIM的实际应用。同时，项目依靠大数据平台收集各项信息，通过可视化技术将现场信息分类管理、传递，做到施工全过程的有效把控。

(4)有关“建筑垃圾在装配式建筑全产业链中资源化利用的关键技术与产业化”的研究在泉州第十一中学塘西校区项目中得以落地现场。

(5)完成福建省首个人事档案数字化管理服务中心建设任务。

(6)上线“智慧人力”外包服务平台，推动外包业务数字化转型。

(7)在福建省内同行中率先推行CA数字认证系统，建材电子采购平台建设取得阶段性成果。

2 典型案例

2.1 龙海月港中心小学项目

(1)项目概况。

龙海月港中心小学项目的建筑面积约2.4万m^2，建安造价为7 180万元。建筑具有鲜明的闽南传统建筑特色，屋顶的分段错落处理，形成丰富的天际轮廓线，有轻灵飞动之势，独具当地文化特色(图1)。项目为装配式框架结构，设计预制率为61.5%，是目前福建省预制率最高的装配式公共教育项目，也是福建省建筑业绿色施工示范工程。该项目的设计建造全过程、全专业应用BIM技术，并运用VR、AR(增强现实)进行了多样化的尝试。作为福建省将智能建造技术应用于装配式项目中的先锋企业，建工集团为未来智能建造的发展积累了试点示范经验，项目受邀承办了福建省装配式建筑施工现场观摩会，并得到福建省住房和城乡建设厅的通报表扬。

(2)关键技术与应用内容。

该项目为福建省首例大规模应用水平构件与竖向构件的预制装配式建筑。在EPC模式背景下，开展设计、施工、运维一体化的全数字化应用。建筑、结构、机电、装修、幕墙等各专业专项基于建筑信息模型的前置设计，协同完成装配式深化节点模型优化和预安装模拟，并探索建筑数字运维场景和解决方案；形成贯穿设计、施工、运维阶段信息模型的正向传递，实现各参与方协同效率的最大化提升。

①数字化设计。

a. 全设计流程协同场景：以全专业模型为基础，实现数形结合、2D/3D联动设计。从以方案设计图纸为基础数据源构建全专业模型到进行经济技术指标、装配式建筑指标的

图1　项目竣工实景

量化分析;从基于初步设计形成概算模型到前置工程计量管控;从展开施工图深化模型横纵向检测、叠合比对到土建、机电、净高检测分析与空间高效优化,项目形成了从方案、扩初到施工图设计的全流程协同管控及标准化实施。再结合装配式特点,对预制构件模型、管道、末端设备冲突节点进行有效规避,实现了预施工、预安装,大幅提高了协同水平与设计质量。

b. BIM+VR 沉浸式设计:利用 VR 技术将基于 BIM 的设计方案映射至现实世界与人进行互动,辅助项目汇报及技术质量交底。[3]设计过程中,参建各方通过 VR 技术,真实体验建筑信息模型的空间定位、外立面设计、内部装饰等设计效果。在此基础上,开展更为直观的设计方案交流。结合移动端设备,帮助参建各方打破二维与三维之间的空间屏障,沉浸式体验设计场景,提升方案的汇报和沟通效率。

c. 参数化拆分设计:通过内嵌图集做法,创建包含预制柱、预制叠合梁、预制叠合板、预制楼梯等各类预制构件的规范化、参数化族库。[4]根据设计场景及任务要求,直接调用相应阶段的构件族,以参数驱动尺寸优化,满足标准模数化设计需求。最后基于 BIM 算量快速统计构件数并生成项目整体装配率,形成《基于 BIM 的预制装配式建筑装配率计算软件 V1.0》研究成果。

d. 构件节点设计优化:通过装配式水平构件和竖向构件交接节点精细化建模(图2),优化装配式框架结构柱、梁等节点设计。将主次梁连接节点的连接方式优化为牛担板连接,导出预制装配方案视频动画,实现模拟施工预安装,优化工序,确保安全性、时效性,同时减少次梁支撑,节约支撑成本,增加结构安全性。

②数字化+智能化施工。

a. 基于 BIM 的施工吊装模拟优化:搭建建筑信息模型样板区,结合预制构件的安装位置、时间工序等信息库,对样板区内的构件吊装进行模拟,排除施工过程中可能存在的动态干涉,制定最佳的构件吊装计划与路径。全装配混凝土框架体系现场图,如图3所示。

b. BIM+三维扫描技术应用:利用三维扫描仪对施工现场已完成的预制构件进行扫描,通过专业软件进行处理并生成点云模型;上传至网页端精确输出构件尺寸和构建位置,并将其与建筑信息模型重合比对,作为现场验收的重要依据,提高施工精准度。

图2　相关节点建筑信息模型

图3　全装配混凝土框架体系现场图

c. BIM+无人机倾斜摄影技术应用:结合建筑信息模型和无人机倾斜摄影实景模型,为项目管理人员提供高仿真和高精度的可视化数据模型,把施工现场的真实情况实时呈现出来,使得项目管理人员更及时、更准确地掌握项目进度情况,实现项目施工进度的远程监控,提升施工现场的进度管理效率。

d. 基于施工模型的4D动态管控:采用建筑数据集成平台(BDIP平台),形成施工各参与方基于建筑信息模型协同讨论、权限查看、任务审批的项目管理协作模式。设计方、监理方或业主方通过移动端即可了解项目进展、施工质量、安全监控、监测数据等实际情况,实现现场进度、质量、安全的4D动态管控。

e. 云端数字交付:通过BDIP平台进行模型云端查看及轻量化交付,通过手机等移动端便可快速查询预制构件模型的位置、定位尺寸、预埋件、孔洞、钢筋、管线等参数,直观、准确地传递了设计信息。同时支持项目各参与方协同作业,借助2D/3D的联动查询、轻量化浏览、问题反馈等功能,实现项目进度管理,为数字交付提质增效。

③智能运维。

项目积极探索建筑智能运维解决方案,获得了数字建筑一体化智慧运维平台 V1.0、建筑智能自我诊断和应急管理软件 V1.0 等软件著作权。结合相关数字成果,打造 BIM+装配式云上数字展厅,以智能技术、数字技术搭建 BIM+装配式融合应用的数字化虚拟建造样板区,并在龙海月港中心小学全省装配式建筑施工现场观摩会现场展出,完整展现了项目在预制构件数字化设计、智能建造及智能运维等方面的实践和成效,助力项目打造福建省预制装配建筑智能建造的试点示范标杆。

(3)研究成果及效益。

①研究成果:项目将 BIM 技术应用融入装配式建筑建造过程,获得了基于 BIM 的预制装配式建筑装配率计算软件 V1.0、数字建筑一体化智慧运维平台 V1.0、建筑智能自我诊断和应急管理软件 V1.0 等 3 项软件著作权。

②经济效益:项目利用 BIM 等智能化技术打破专业间信息孤岛,提前发现并解决设计施工图各专业问题共计 169 项,减少设计变更 18 条。其中,通过施工协同管理平台的应用,从 4D 进度模拟、现场质量管理、成本管理等方面协助项目管理人员统筹安排施工组织、材料供应及资金供应等工作内容,保证了项目进度和顺利履约,应用综合效益显著。

③推广效益:依托智能建造技术,建工集团承办了本项目约 4 000 人规模的全省装配式建筑施工现场观摩会,充分展现了建工集团的技术实力和科技创新成果,打造标准化优质样板工程,为福建省智能建造的发展发挥积极影响和示范作用。

④社会效益:项目将 BIM 等智能建造技术与装配式建筑深度融合,针对性地梳理了贯穿全生命周期应用的 10 多项智能建造关键技术路线,获得了 2019 年中国建筑业协会第四届建设工程 BIM 大赛三类成果,2018 年福建省首届建筑信息模型(BIM)应用大赛一等奖,以及“2021 年度福建省优秀工程勘察设计成果”建筑工业化设计优秀一等奖。

2.2　泉州第十一中学塘西校区项目

(1)项目概况。

泉州第十一中学塘西校区项目(图 4)为装配式混凝土建筑工程,总建筑面积 67 445 m^2,地上建筑面积 52 935 m^2,地下室建筑面积 14 510 m^2,单跨最大跨度 34.4 m,基坑最大深度 10.65 m。

该项目由建工集团与相关信息科技有限公司合作,拟在施工建设过程中结合智能建造技术,提高建筑垃圾治理和资源化利用水平,实现项目的绿色建造、数字化创新以及智能建造。同时通过精细化管理,真正实现提质降本增效。

(2)应用内容。

本项目中的智能建造技术主要体现在造价管理、建筑废弃物管理、装配施工现场管理、预制构件的装配及工程数据采集几个方面。

基于 BIM 的装配式建筑设计是智能建造的创新与实践,也是利用工程数字技术提升装配式建筑的建造质量的典型体现。福建省建工集团已在龙海月港中心小学项目建设中对该项技术进行了探索与实践,并获得了 2019 年中国建筑业协会第四届建设工程 BIM 大赛三类成果及 2018 年福建省首届建筑信息模型(BIM)应用大赛一等奖。本项目同样

图4　项目效果图

采用BIM+装配式技术及基于云技术的福建省建设行业三维数字化构件库，通过搭建标准化装配式预制构件库，提前介入末端设计、施工预安装，有效规避预制构件碰撞冲突，尽早发现并解决各类设计施工图中遇到的问题难点，减少返工，大大减少设计变更，提升专业间协同水平和设计质量，确保施工进度。其中包括以下应用内容。

①三维智能化拆分、现浇节点设计与模拟拼装：在多专业综合模型的基础上，指定预制部位、预制构件类型（预制叠合梁、预制叠合板、预制柱、预制墙等），套用标准构件库参数，设定拆分设计参数（拆分尺寸、重量等），由此进行装配式建筑模型的三维智能化拆分、现浇节点设计与模拟拼装，提高构件的精准度，精度达毫米级。

②预制率分析统计：自主研发基于BIM的预制装配式建筑装配率计算软件，利用BIM进行预制装配式建筑装配率计算。拆分预制构件建筑信息模型后，软件自动提取构件信息，对主体构件以及预制构件（PC构件、钢结构构件）进行分类汇总，如预制柱、预制叠合梁、预制叠合板、预制墙（内墙、外墙）、预制楼梯等类别，提升预制率计算及分析效率，实现对装配式建筑各类别构件数量、预制率的精确统计。预制构件模型优化示意图如图5所示。

BIM管理云平台与BIM智能指挥中心同样是基于建筑信息模型建设的管理平台。BIM智能指挥中心为项目的日常办公、管理分析及决策判断提供强有力的信息化数据支撑与依据。日常决策项目中各参与方在施工现场所产生的各类生产数据均会实时在驾驶舱模块中得以体现。BIM智能指挥中心通过对数据的采集和汇总分析能够大大提高管理效率，同时有助于规范制度和实施标准，逐步形成科学合理的管理层级，为项目的科学管理提供有效保障。BIM管理云平台则负责成本预算、质量安全、劳务管理等模块。

①成本预算系统：将建筑信息模型作为数据载体，加入计划和实际进度数据及造价数据，统计计划进度及成本、实际进度与计划进度对比、支付款与计划进度对比等信息。可通过模型反查数据确认成本管理中各项内容的详细数据，提升精细化管理水平。

②质量安全系统：支持模型的轻量化浏览。通过移动端App能够进行模型的基本操作，支持通过手机端实现周计划任务的跟踪。相关人员可通过手机端进行安全质量日常、定期、专项巡检，并可预设处理流程，形成管理闭环。

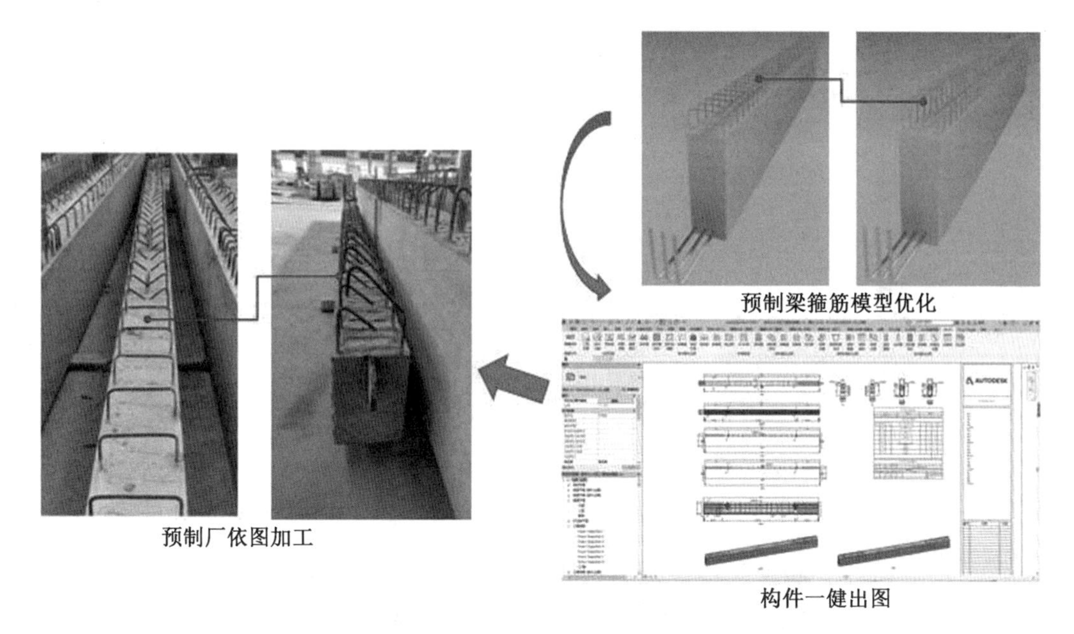

图5　预制构件模型优化示意图

③劳务管理系统：通过结合人脸识别、刷卡、登记等技术手段统计现场人员数量、工种、考勤等情况。

建立具备装配式物料跟踪功能的物料及建筑垃圾管理数据库。该技术能够加强整个项目生命周期中的广泛活动的建筑物料管理。其中包括物料计划和采购、调度和运输、接收和质量控制、存储和库存管理、现场运输、废物管理。探索建筑垃圾管理数字化，运用信息技术辅助建筑垃圾进行减量化、资源化、无害化操作。该项目中利用数字化技术对建筑垃圾进行减量化的实践也被收入福建省发展和改革委员会发布的2022年度数字技术创新应用场景中。

利用无人机倾斜摄影及三维激光扫描技术进行工程数据的采集。土方开挖期间，可通过无人机倾斜摄影的展示来规划开挖路线，合理调配土方开挖期间的机械数量，优化土方开挖方案，提高整体开挖效率。

利用AR技术辅助施工管理，将建筑信息模型加载到移动设备端。其中，施工交底、碰撞检查、施工检验、偏差纠正、变更评估等操作皆可以在AR技术的帮助下更高效且精准地完成。

通过网络将现场摄像监控系统与智慧工地系统连通，借助智慧工地系统对现场摄像监控的类型、功能、内容、权限等进行统一化管理。其中有近30个功能子系统，包括塔吊监测系统、升降机监测系统、劳务人员实名制系统、现场人员考勤系统、环境监测系统、智能气象预警系统、无人机监测系统、视频监控系统、周界防护系统、进度管理系统、物料管理系统、安全隐患排查系统、质量检查管控系统、BIM管理系统、移动端辅助管理小程序等。各子系统的集成与协作，为工程质量、施工安全、人员流向等智能化识别监管提供数据基础。AI材料盘点及施工现场行为管理（无人值守系统），如图6所示。

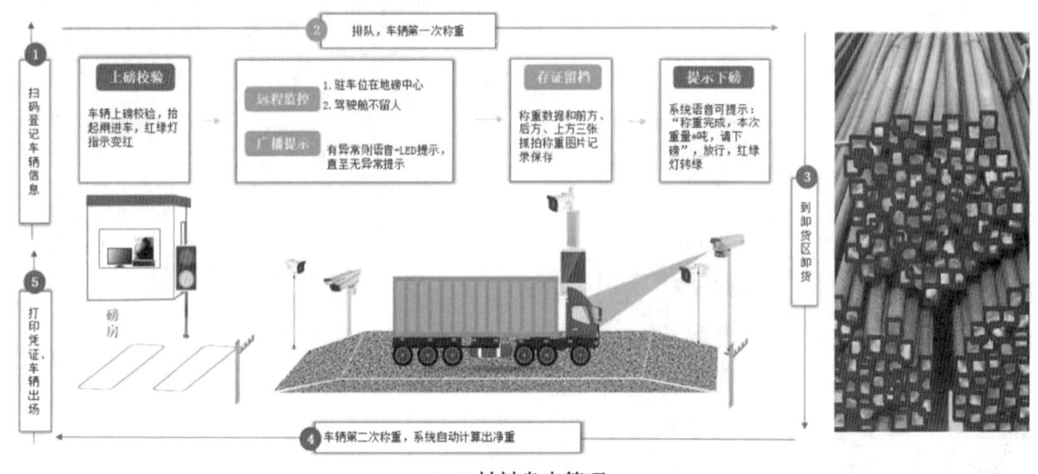

(a) AI 材料盘点管理

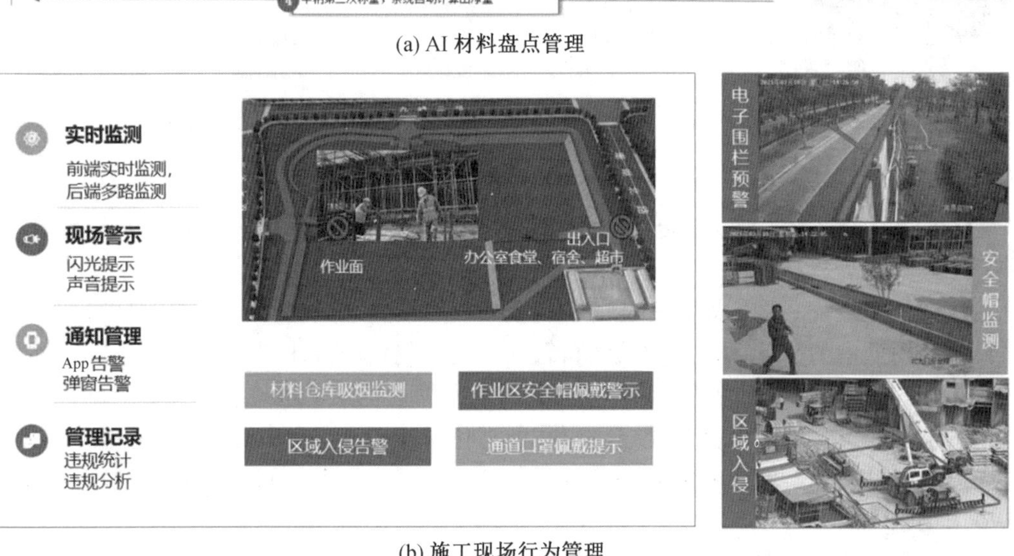

(b) 施工现场行为管理

图 6　AI 材料盘点及施工现场行为管理(无人值守系统)

(3)应用效益。

①数据可视化:以 BIM 技术相关设计模型为载体,能够将项目工程的立体形象展现出来。该项技术能帮助项目中的各个单位、施工技术人员直接观察建筑内部构造、细节设计等,使其对整体建筑物有着更全面且深入的了解与认知。

②协调性优势:在项目运作过程中,各类人员的沟通的效率及表达的准确度是决定项目质量好坏的重要因素。而参与项目的设计人员、施工人员、维护人员及管理人员有不同且相互独立的思考角度以及侧重点。多维度的数字孪生模型与仿真技术,能够为项目多角度分析问题提供便利,让决策者更准确地判断项目状况,便于做出管控调整。在现场施工方面,创新性的软、硬件之间的搭配协作以及精细化施工管理理念,是连接管理人员与作业人员的高效桥梁,有助于合理规划施工并及时反馈施工状态,提升施工效率,如图 7 所示。

③成本效益最优化:基于建筑信息模型建设的管理云平台能够合理规划成本,确保资

源投入、人员计划等更加符合项目需求，避免浪费，节约资金投入。经过统计，共修正机电管综类别问题96处，修正装配式梁柱尺寸、预埋节点等68处，修正深化幕墙单位构件尺寸、拼装节点等46处，统计经济效益约37.2万元；地下室阶段管线综合优化后预留洞口利用率为100%，而通过模拟综合支吊架施工，又减少了支吊架的数量，统计经济效益25.2万元；结合建筑信息模型对装配式构件、幕墙单位构件从开始生产至现场吊装完成过程状态实时跟踪把控，避免构件遗失导致返工生产的问题、构件随意堆放影响吊装顺序等问题，统计经济效益47.2万元。给排水预埋套管与预埋孔洞图如图7所示。

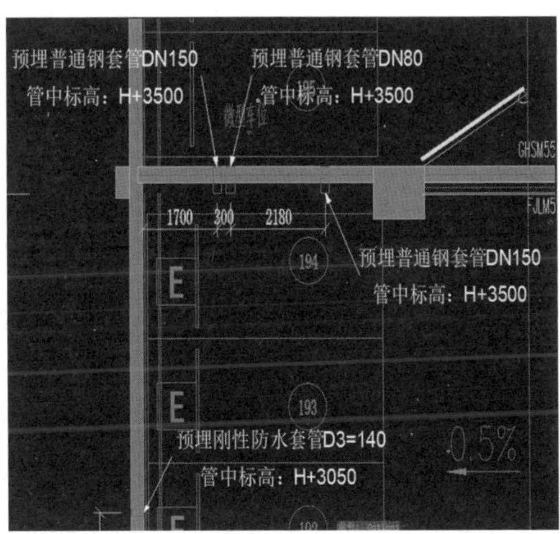

图7　给排水预埋套管与预埋孔洞图

④施工安全性保障：综合的数字化技术分析能够减少不必要的人力投入，使施工企业更加合理地应对复杂的施工现状，提高施工作业质量，避免高风险作业情况，实现真正安全的施工作业环境。

⑤建设环境友好型工程：通过建立装配式物料及建筑垃圾管理数据库以优化项目中的建筑垃圾治理，对物料和建筑垃圾进行数字化管理。项目拟开展建筑垃圾预处理技术等多方面研究实践，以期每万平方米减少200～300 t建筑垃圾，并从根源上减少材料浪费和建筑垃圾的产出，实现低碳发展和绿色建造。

⑥形成数字资产库：对于数字化技术而言，数字产品是数字化技术的主要资产，只有对得到的数据进行系统性分析才能在建造过程中更好地完成智能施工和智能管理。同时，对已有数据的收集和分析也有助于建定未来的智能建造标准体系框架以及帮助更多新的智能建造技术落地，加快建筑业智能化的发展进程。

参考文献

[1] 丁烈云. 智能建造创新型工程科技人才培养的思考[J]. 高等工程教育研究，2019(5)：1-4，29.
[2] 倪杨. 三维数字化技术在企业工程建设中的运用[J]. 工程建设标准化，2015(4)：45-46.
[3] 毛志兵. 中国建筑业施工技术发展报告(2022)[M]. 北京：中国建筑工业出版社，2023.
[4] 李久林，魏来，王勇，等. 智慧建造理论与实践[M]. 北京：中国建筑工业出版社，2015.

综合管廊智能建造研究与发展趋势

郑旭旻

厦门市政城建研究院有限公司

摘　要:随着各类新兴技术在建筑及基础设施领域的逐步应用,智能建造将会成为综合管廊项目全生命周期的主要发展模式。将综合管廊的设计、施工及运维过程与新兴技术深度融合,为综合管廊建设与运维带来创新,推动项目建设模式与管理流程的重塑。本文基于厦门市多年来的综合管廊项目建设与建筑信息模型(BIM)技术应用经验,对综合管廊智能建造成果进行总结,为今后的技术发展提供参考。

关键词:综合管廊;智能建造;BIM

1　引言

城市地下综合管廊是建于城市地下用于容纳两类及以上城市工程管线的构筑物及附属设施[1],是由干线综合管廊、支线综合管廊和缆线综合管廊组成的多级网络衔接的系统。包含管廊本地土建结构、入廊管线、管廊外部基坑支护,为保障综合管廊本体、内部环境、管线运行和人员安全,还配套建设消防、通风、供电、照明、监控与报警、给排水和标识等附属设施[1]。中国正处在城镇化快速发展后期阶段,地下基础设施建设仍需完善。而建设综合管廊已成为城市基础设施更新改造以及城市现代化建设的趋势[2]。城市地下综合管廊会由于粗放型施工、建设过程信息缺失、全生命周期各阶段数据格式不统一而造成信息孤岛、智能化水平偏低等问题,导致运营成本居高不下、安全缺少保障、事故发生概率增加。参与综合管廊规划、设计、施工、系统集成、运营管理的各方,由于对其他环节的了解或技术能力不足,相互之间未能建立贯穿全过程的深度交流与沟通,导致管廊建成后其功能可能无法满足运维管理的需要。[3]随着 BIM、人工智能、大数据和物联网等新兴技术的飞速发展,传统建筑业正迎来变革。将综合管廊的设计、施工及运维过程与新兴数字技术深度融合,不仅将在技术层面上为综合管廊建设与运维带来创新,还将深刻影响管理活动形态和人们的理论思维,推动项目建设模式与管理流程的重塑。智能建造将成为综合管廊工程发展的重要方向。

2　综合管廊工程建设的发展基础和趋势

2.1　中国发展综合管廊工程建设的基础和优势

综合管廊是容纳电力、通信等城市生命线,保障城市安全的重要地下基础设施。从

2014 年起,国家高度重视地下综合管廊建设与安全,发布“全国地下综合管廊试点城市”评选机制,从国务院到财政部、住建部等各部委发布了多项政策文件。2022 年 5 月,国务院将“推进综合管廊建设”列为国家稳投资政策举措。截止到 2022 年底,全国已规划建设综合管廊超 1 万 km,厦门作为首批地下综合管廊试点城市,已规划建设综合管廊 346 km,开工建设超 100 km,厦门管廊公司已接管运营干、支线综合管廊 100 km、缆线综合管廊 300 km、入廊管线超 1 100 km,积累了十来年的建设及管理经验。

国内学者对于综合管廊的研究覆盖了项目的每个方面,包括决策、投融资、规划、设计、施工、性能分析、风险、运维管理等[4]。张婧、张欣慧[5]分析总结了政府管理决策视角下影响综合管廊线位选择的因素,分别是:上位规划、管廊利用率、成本、远期收益,在此基础上建立了层次结构模型,对各因素指标进行评估。Sun F. 等[6]对综合管廊 PPP 项目价格形成机制进行探讨,提出了一种基于政府和社会资本合作模式(PPP 模式)的 G-S 互动融资框架,以解决综合管廊建设资金问题。邓怡虎等[7]研究了预制混凝土箱涵装配式综合管廊设计施工方法,通过管廊断面的模块化建设,提高设计效率,减少施工作业时间。郑俞等[8]在雄安新区对预制综合管廊的关键施工设备研制与应用进行研究。为应对天然气管道并入综合管廊后可能发生泄漏事故的风险,Wang X. M. 等[9]研究了自然通风和机械通风条件下小孔气体泄漏扩散机理,利用 Fluent 软件对其影响因素进行了详细的模拟和分析,提出事故应急通风方案。Liu H. N. 等[10]通过小型综合管廊火灾试验,研究了封闭式综合管廊的温度分布特性。冯天垚等[17]通过最大隶属度法、加权分布法、模糊分布法分析综合管廊建设过程中涉及的各种风险因素,由此提出了对各阶段可能出现的较大风险的规避措施和意见。林国清[11]结合基于 BIM 的虚拟仿真技术、项目总控与协同管理方法,对业主方主导的综合管廊建设项目全过程 BIM 技术协同设计和管理体系的建立与实施方法进行了实证研究。郑旭旻[2]通过对综合管廊工程 BIM 应用案例进行分析研究,得出综合管廊全生命周期各阶段分别所需的 BIM 信息,为综合管廊全过程应用提供理论基础。黄晓东[12]通过分析 BIM 技术在综合管廊项目上的应用,建立了综合管廊 BIM 数据库的架构体系,为后续的平台建立奠定基础。朱鹏烨[13]基于 Unity3D 和 BIM 技术,完成了综合管廊运维管理系统的开发研究。

2.2 综合管廊工程建设存在的问题

综合管廊是一项设计预期寿命达 100 年之久的市政地下生命线工程,管廊内包含的各类市政管线使其在发挥非凡功效的同时也存在着高风险。[14]在实践中存在着各样的问题。

管廊项目尺度以千米计,在建设前的方案设计阶段容易因地勘资料不齐全、踏勘不到位、现场环境受限等问题导致设计方案不明确,各方沟通困难。随着包括城市轨道、高架桥、地下沟渠在内的各类基础设施日益增多,缺乏临近项目建成资料成为阻碍管廊建设方案顺利实施的一大原因。

综合管廊作为长线性工程,二维设计无法表达复杂节点结构,容易出现平、立、剖面图纸冲突。随着预制结构的推广,管廊三维曲线路径导致相邻结构主体冲突的问题日益增多。多舱室交叉节点设计各类管线的引出位置,二维表达难以示意复杂的三维线位,无法合理布置各类管线位置,并指导施工安装工作。由于不同类型管线入廊时间差距较大,实际施工时各类管线随意挤占空间,走线不合理,影响节点内可用空间。附属设备布置与实际使用情况脱节,无法指导施工,施工单位根据自己的理解随意变更安装位置,导致现场实际与竣工图纸不符,为后续运营维护带来隐患。

在建设中往往要面对施工经验不足、作业空间受限、穿越高灵敏度软弱基土、大深度基坑开挖及边坡失稳等问题[15],基坑支护工程施工中的变更问题最多。管廊建成后又受材质性能、约束差异、预留的变形缝、传输的介质、地震激励、行车动载荷、近接地铁施工、边界入侵、沿途水文地质条件等多种因素的影响[16]。综合管廊工程与地下轨道项目互相冲突乃至造成主体结构受损的情况时有发生。

项目建成后,综合管廊的运营情况同样不容忽视,一旦发生故障或灾害事故,就会产生连锁效应和衍生灾害,直接威胁整个城市的公共安全,给人民的生活造成重大影响[17]。通过对目前已经投入运行的综合管廊进行调查分析,发现在实际运维管理过程中,普遍存在以下几个问题:一是管廊重建设,运维上缺乏经验;二是管廊是长线性工程,建设分散、无法实时感知管廊内设备状态,人工巡检维护效率低、成本高;三是涉及管线单位、应急单位多,应急效率低;四是廊内设备多、系统多,但互不兼容,形成信息孤岛等行业痛点;五是各地地下综合管廊多采用 PPP 模式开展建设与运营,注重建设,运营专业水平参差不一,且长线性工程巡查难度大,涉及管线类型属于民生重要基础设施,安全属性强。

3 综合管廊智能建造模式

3.1 智能建造的定义与主要内容

丁烈云教授[18]认为,智能建造作为新一代信息技术与工程建造融合形成的工程建造创新模式,在实现工程要素资源数字化的基础上,通过规范化建模、网络化交互、可视化认知、高性能计算以及智能化决策支持,实现数字链驱动下的立项策划、规划设计、施(加)工生产、运维服务一体化集成与高效协同,交付以人为本、智能化的绿色可持续工程产品与服务。在施工效率低下、环境污染严重、建造方式粗犷等各种问题凸显的传统建筑业环境下,智能建造是物联网、BIM、区块链、人工智能、大数据、智能机器人等新兴技术高速发展的必然结果[19]。

通过国内学者的深入研究,智能建造发展出了不同的解释,在各类细分领域中取得了各具特色的研究成果。赵本省[19]认为智能建造是以建筑工业化为依托,综合运用 BIM、大数据、人工智能、物联网、区块链等新一代信息技术,开发具有感知、判断、决策能力的智能装备,构建新型智能系统框架体系,实现全生命周期的一体化,逐步实现建造方式转变,为社会提供智能化建筑产品。刘占省等[20]认为,智能建造的本质是基于物理信息技术实现智能工地,结合设计、管理的动态生产方式,逐渐对施工方式改造升级的过程。林鸣等[21]认为,智能建造是以云计算、物联网、大数据等新兴技术为基础,创造智能化设备、智能化控制系统,实现人类智慧与机械智能深度融合的"人-智"智能建造系统。刘耀儒等[22]回顾了水利工程智能建造的发展历程,总结了大坝、隧道智能建造等方面的关键技术进展。王至坚[23]、马伟斌[24]及陈丹[25]等人从不同角度论述了智能建造技术在铁路隧道工程中的应用。王红卫等[26]则就大型复杂工程智能建造与运维管理现状进行研究，并提出了未来研究方向的建议。

3.2　基于智能建造的综合管廊工程发展模式

为解决目前综合管廊工程遇到的各类问题，本文参照智能建造在水利工程、铁路隧道等大型复杂市政基础设施工程中的应用模式，分析综合管廊中新兴技术的应用情况，参照厦门市多年综合管廊建设与运维经验，将智能建造的核心技术与综合管廊相结合，总结了基于智能建造的综合管廊全生命周期一体化智能建造模式。

基于物联网、大数据、BIM、GIS 等先进的信息技术，该模式通过规范化建模、可视化展示、多源异构数据整合、高性能计算等，实现数字驱动下的前期规划、设计、预制构件生产运输、施工安装和运维服务；通过智能化管理手段，保障新兴技术与工程实体的深度融合，提高资源利用效率和建造过程效率，从而实现高效、安全的建造过程，交付高质量的工程产品，提供及时、全面的运维服务。

通过综合运用 GIS 地理信息模型、倾斜摄影数据、BIM 及物联感知数据，构建综合管廊信息模型[1]，包括综合管廊配套建筑模型、结构模型、附属设备模型、入廊管线模型、基坑支护模型等。将综合管廊规划、设计和施工中的信息资源与综合管廊信息模型进行关联，在管廊运营阶段实时更新模型相关数据，从而实现综合管廊工程中“模型-现场”一致性。为综合管廊全生命周期一体化智能建造模式奠定数据基础。

基于智能建造的综合管廊工程发展模式如图 1 所示。纵向是以项目各建设阶段的工作流程为信息轴的信息交互过程：在设计、深化设计、采购、施工安装阶段的各个环节，相关技术人员在现场对项目建设相关的实时信息进行收集汇总，通过综合管廊信息模型，逐层向上传递至各负责单位的决策层进行决策，形成的指令又会逐层向下传递，最终落实到项目现场，实现纵向条线的信息双向循环。横向是以项目的建设流程为核心的工业化建设机制，从项目的勘察设计到最终的运营维护，形成各环节紧密联系的稳定流水线，各参建方按照业主委托与合同约定进行统筹协作，及时跟进各阶段实施情况，确保信息交互的时效性与可靠性，通过实时的信息传递与决策指令反馈，实现工程质量、安全、工期及成本

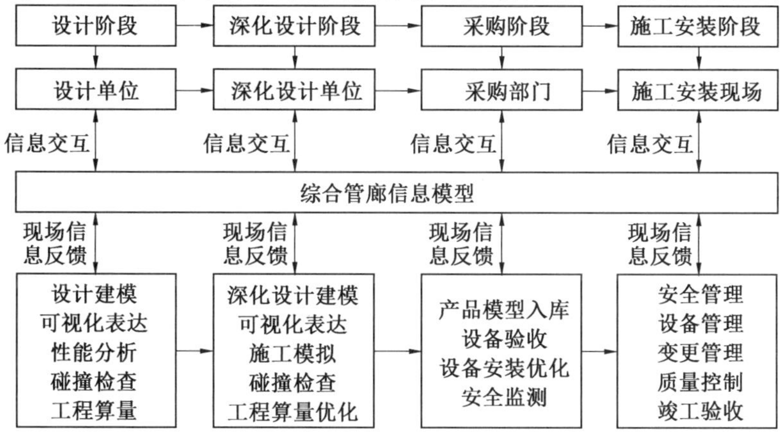

图 1　基于智能建造的综合管廊工程发展模式

的全方位把控。

3.3 综合管廊智能建造模式的运行机制

（1）前期方案阶段。

建筑工程勘察是为了确定建设项目场地的地质条件、自然环境是否适宜进行工程建设。在传统设计模式中，前期方案阶段的勘察资料主要包含现状地形图和地勘报告，设计人员通过平面图及勘孔剖面图进行管廊走位方案比选。而在基础设施较多或周边环境复杂的地区，如存在高架桥、地铁、地下管线、过路涵洞等现状建（构）筑物，就需要通过三维显示空间关系，来辅助判别管廊建设可能存在的影响因素。

综合管廊智能建造模式中，通过地形、地勘数据生成三维模型，结合无人机倾斜摄影反向建模、临近现状工程快速建模等方式生成能够表达综合管廊周边场地因素的三维实景模型，可辅助方案比选与可行性论证。在周边环境复杂、施工影响较大、需要拆迁的成熟城区，全方位多角度的三维可视化汇报清晰明了，降低了专业技术门槛，且更具说服力，可有效提高沟通质量。

（2）设计阶段。

在设计阶段，以往设计人员主要运用二维设计制图软件，如鸿业市政管线 CAD 进行设计，尽管 CAD 出图规范且制图操作简单，但存在各专业协同性差、缺乏可视化三维表达且工作量大等问题。对于平面和竖向同时变化的综合管廊，二维图纸总是难免出现“错、漏、碰、缺”等问题。在实践中也经常遇到各专业互相碰撞、设计变更没有及时沟通、设计版本不统一的情况。设计人员在反复沟通确认、检查返工中浪费许多时间。

综合管廊智能建造模式中，利用 BIM 技术，如 Autodesk 系列的 Revit、Civil 3D 等软件，以“正向设计”为基础，构建基于 BIM 的三维设计流程，即利用 BIM 平台建立统一的三维可视化数据模型，进行各专业协同设计、辅助设计优化、设计校审及出图管理，达到专业之间数据无缝衔接。基于 BIM 技术良好的三维可视化表达能力，模型真实反映各专业设计内容的空间关系，既可以导入各专业软件中进行如结构受力分析、管道流量分析、廊内通风分析、通行空间分析、自动配筋、工程算量等专业设计，也可相互之间进行碰撞校核，结合现状场地模型，对建筑物的建造全过程、建成情况、与周边环境的关系进行仿真模拟，提前规避存在的风险。

与此同时，建立基于建筑信息模型的信息收集管理机制，按照业主需求拆分模型并及时将设计阶段信息与对应模型关联，按照统一要求的格式形成可在综合管廊全生命周期流转的信息模型。

（3）深化设计阶段。

对于预制结构、叠合结构及管道支墩、管线支架、设备预埋、接地等各类预埋件，以及复杂结构节点，还需要进行深化设计。在传统设计模式中该部分工作往往由施工单位自行解决。然而不同施工单位设计水平参差不齐，深化设计后自行施工，施工方案缺乏监管，设计质量难以保证。在工程实际中，还存在现场施工与设计图不符，且未体现在竣工图纸中的情况，为后续运维阶段的使用带来困难。

通过建筑信息模型辅助施工深化设计，可通过参数化建模技术，根据设计条件计算最优方案，精确定位每一个预制结构、预埋件及附属设备位置，导出详细的二维图纸及定位数据等施工依据。对于预制结构构件及现浇叠合构件，依据构件的生产工艺规范，参数化的建筑信息模型支持自动化检验审核，一旦出现设计方案与工厂制造、现场施工冲突，即可在模型上进行修改设计，直到其达标。提前解决构件在现场施工可能会出现的问题，实现构件设计、工厂生产制造、产品采购和现场安装的高效协同。

在综合管廊智能建造模式中，为实现预制结构构件智能生产，应专门建立智能生产车间。通过互联网、物联网技术与机械化、智能化制造技术的深度融合，实现预制结构构件生产与 BIM 深化设计模型的动态关联。进行相关预制构件生产时，首先由人工将已经深化设计并经过论证校核、精确拆分的预制构件模型导入生产管理系统中，通过数据信息转换，借助数控设备或者 3D 打印技术对标准化构件进行统一加工，通过自动化流水线、机组流水线等方式进行构配件的批量生产，达到集中供应的技术要求。为保证产品质量安全，建立基于 BIM 信息平台的标准化部品部件库，使每一件生产出的产品都有专门的标记，技术人员通过无线射频识别技术、无线传感器技术及自动定位技术等，能够实现构件的智能识别和定位，实时动态跟踪物料生产进度及进场情况，实现预制构件从生产加工到进场验收全过程的智能识别、定位、跟踪和监控管理，确保工程产品质量的控制[27]。

（4）建造施工阶段。

将智能技术运用至项目的建设施工阶段，是创建“智慧工地”的关键。施工阶段的质量控制的基本环节包括事前控制、事中控制和事后控制[27]。施工前，技术人员利用 BIM+VR 技术构建虚拟施工现场，对复杂节点进行全面的施工方案模拟论证，通过漫游、碰撞检查等方式多角度观测施工工程，将重要节点的施工工艺及场景漫游景象进行交底，提升设计准确率，优化施工方案；对于初次使用的新技术，通过生成施工动画指导施工，避免因施工经验不足而造成的施工问题。提前对施工安全设施、临时用电设计、钢筋下料、深基坑支护分析等方面进行计算，使施工组织设计更为高效合理。

施工过程中，要求施工单位严格按照深化后的建筑信息模型施工，保证现场、模型、图纸“三一致”。解决传统模式下施工人员在遇到设计图纸与现场冲突时，未经报批而自行设计处理，导致最终成果与竣工图纸不符的情况。在项目的施工过程中，应要求管理人员对施工现场进行跟踪监测，若发现质量问题或者隐患，管理人员可在手机端添加问题照片和问题描述，并传输至电脑端，工作人员即可在建筑信息模型中定位问题所在位置，进行整改，经复查无误后关闭问题，形成闭环。通过建筑信息模型与施工进度计划相关联，实现施工阶段的实时监测，按时检查模型中施工信息的实时录入情况。通过三维激光扫描仪、相机等设备采集各阶段现场实际形象进度信息，与同阶段虚拟建造模型进行比对，可及时发现偏差以便采取合理的应对措施，调整作业安排，实现进度的动态管控。

（5）竣工交付阶段。

在竣工验收过程中，相关技术人员对竣工建筑信息模型与施工建筑信息模型进行差异对比，分析 2 个模型中的各类指标、几何参数及各类信息的吻合程度，基于施工建筑信息模型中的施工信息，判断最终的竣工建筑信息模型是否做到“按图施工”，是否符合规划建设条件。同时，为方便输出验收结果，技术人员将自动关联竣工验收资料与竣工建筑信息模型，将二者进行信息同步，并出具联合验收报告。基于 BIM 信息平台，各部门各专业可实现联合验收，避免了各部门各自为政，打破了信息孤岛。

(6)运维阶段。

项目建设完成后的运营维护阶段主要包括运维管理、运行安全管理及资产管理 3 个模块。通过将建筑信息模型接入综合管廊统一运维平台，对项目的运营维护阶段进行监管。平台引入 BIM+GIS 技术，打造全市管廊“一张图”，实现管廊空间及设施设备三维可视呈现，地下管廊精确分布位置，管廊所有出入口精确定位及查询。结合物联网技术，将管廊模型构建、感知数据叠加融合，展示廊内各种设备的运行状态及实时数据，并提供设备远程操作入口，实现廊体健康、廊内环境、机电设备运行状况的可视化管控。自主研发构建针对管廊环境的边缘计算硬件体系，整合管廊内部各个系统，解决信息孤岛问题，实现多模态感知与响应。

基于《城市地下综合管廊运行维护及安全技术标准》要求，结合多年运维实践经验，构建多模态深度学习的管廊设备与人员安全防控技术体系。建立综合管廊线上运维系统，实现运维管理标准化。通过应急管理模块，建立线上应急管理防控联动机制，结合应急预案，实现面向管廊的安全应急联动技术，提高不同部门间应急响应效率。

4 综合管廊智能建造应用案例

厦门市某综合管廊工程，位于翔安区南部，主要包括 4 段综合管廊及 7 条进出线电力隧道，总长 5 442 m。管廊断面有双舱和三舱 2 种形式，主要采用明挖现浇方式施工，局部为浅埋暗挖法施工。项目涉及 4 条道路，其中 2 条现状道路，沿线有高压架空线，现状地下管线多。管廊设计线位上有道路立交，下有轨道经过，涉及 2 座轨道站点，空间布局复杂。项目与现状管线、构筑物存在多处平面交叉，局部过路段需进行暗挖技术论证，结构形式多样。该项目建设阶段面临轨道管线入廊要求，工期紧张，施工条件复杂导致设计变更频繁，加大了该项目的协调难度。

针对这些项目重、难点，项目在建设阶段引入了综合管廊智能建造模式。基于业主单位制定的企业级《综合管廊 BIM 技术标准》，规范模型在设计、施工阶段不同的建模要求和信息录入要求。在此基础上制定内部质量控制制度及校审管理流程，建立采用不同软件进行模型数据互相校核的技术路线，从人工和智能技术 2 个方面对项目模型进行模型精细度和信息深度审查，确保模型及所附带的信息与实际情况相同，且可以传递至施工、运维阶段使用。从技术层面上，项目团队通过自主研发二次开发程序，实现综合管廊各专业模型的快速创建，包括现状场地模型、现状建(构)筑物定位模型、地下管网模型、结构主体、预制结构构件等。智能化创建入廊管线模型，支墩、支架等预埋构件模型，自动计算最优放置方案，创建附属机电设备模型。通过模型关联，实现建设阶段模型信息的批量录入技术。为设计、施工阶段应用及信息实时收集传递奠定技术基础。

该项目在前期方案阶段完成了场地地块分析、线位比选、临近构筑物安全间距分析(图 2)等应用，在设计阶段完成了复杂节点分析[图 3(a)]、结构复核、净空分析[图 3(b)]、人员疏散模拟、通风模拟、工程量复核及模型三维出图等应用。发现设计中的“错漏碰缺”问题，完成 12 处设计优化，减少了设计变更。优化基坑支护方案，减少基坑开挖土方量。通过视频、轻量化模型、全景图片、可执行文件等多种手段进行管廊设计成果展示、施工方案模拟、复杂工艺模拟等,充分表达设计意图,指导施工实施,提高各参建方沟通协调效率。在建设期间进行设计图纸校核与设计优化,通过工期及建安成本折算,合计优化约有0.45%建设成本。待项目竣工验收后,将竣工模型及建设过程信息按照要求进行轻量化处理,采用"数模分离"的方式接入目前已投入运行的城市综合管廊多模态管理平台。完成该项目全过程智能建造模式的应用。

图2　项目本体结构与现状场地环境的空间关系展示

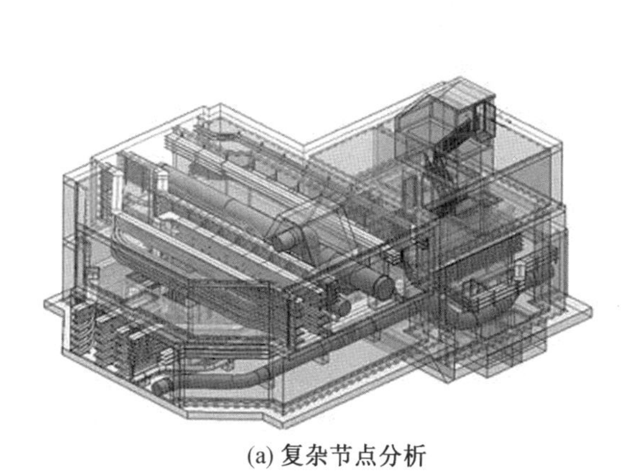

(a) 复杂节点分析

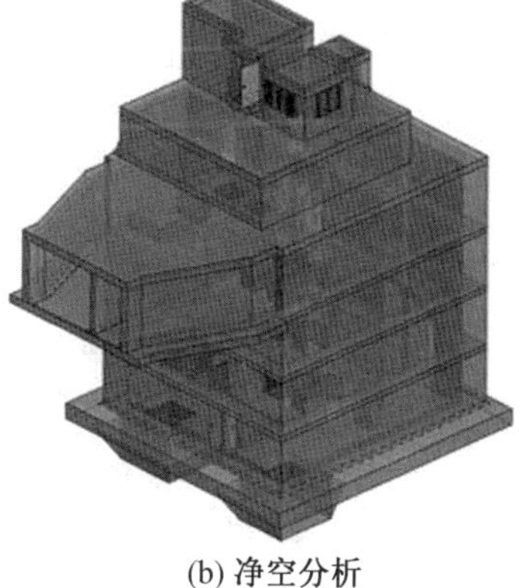

(b) 净空分析

图3　复杂节点与净空分析

5　综合管廊智能建造的困境与展望

经过近几年的发展努力,厦门市在综合管廊建设与智慧运营方面都取得了长足进步,形成一系列成果。但是,相对于其他更复杂、智能化要求更高的基础设施项目,综合管廊在推进智能建造模式应用的道路上还面临诸多困难。

从技术层面上看,存在以下几个方面的问题:其一,综合管廊属于地下隐蔽性工程,管廊内空间狭小、无信号,项目验收时无法使用工程领域中常用的GPS定位、无人机扫描等技术,三维激光扫描范围较窄,效果较差,这为竣工模型比对、施工进度更新及竣工验收带来一定困难。其二,目前与其他市政工程相比,综合管廊项目缺乏与其他信息技术的融合应用。除了BIM技术以外,智能建造应是包含着GIS、物联网、大数据、云存储及云计算的信息化技术集成,但是目前这些技术还处于独立应用阶段,应用多但互不兼容,形成信息孤岛。其三,综合管廊建筑信息模型虽已有统一的格式要求,但是全市规模的综合管廊建筑信息模型数量大,参与企业多,还存在一定的信息兼容问题,在项目竣工验收,模型数字化移交至运维平台的过程中,还会有规模不小的技术难题。

从管理层面上看,目前全市新建综合管廊大部分在设计阶段已采用 BIM 技术,从已验收的设计阶段综合管廊 BIM 技术应用项目上看,大部分企业都能较好地按照标准要求建立模型、应用并录入信息。但在施工阶段的应用还不足。施工企业习惯了传统的粗放式施工方式,对于现场遇到的设计问题更倾向于自行解决,反馈滞后,缺乏信息联动机制。施工信息的补充往往延迟很久,甚至竣工验收阶段才补齐资料,这为施工阶段智能建造应用的同步展开、施工信息的收集、附属设备定位复核及竣工阶段的模型比对都带来了困难,难以实现智能建造模式对施工质量和施工效率的提高。这需要通过建立基于智能建造的建设管理制度,强化施工企业的智能建造意识,以期提高智能建造模式的普及率。

6 结束语

随着各类新兴技术在建筑及基础设施领域的逐步应用,智能建造将会成为综合管廊项目全生命周期的主要发展模式。这对于参与各方,无论是技术水平的提高还是管理制度的跟进,都有着新的要求。为了能够进一步发展综合管廊项目建设效率,为往后长久的运维阶段管理做足准备,应沿着综合管廊智能建造模式继续发展,实现综合管廊建设效率的提高,提升运维安全监管水平,降低运维成本,助力厦门,乃至全国的综合管廊在建设和运维管理中不断提升。

参考文献

[1] 郭杰,朱玉明,李夏晶,等. 基于数字孪生的城市地下综合管廊应用研究[J]. 计算机仿真,2022,39(4):119-123.

[2] 郑旭旻. 综合管廊模型全生命周期信息需求分析及构建[D]. 厦门:厦门大学,2020.

[3] 中冶京诚工程技术有限公司,深圳市市政设计研究院有限公司. 智慧管廊全生命周期 BIM 应用指南[M]. 北京:中国建筑工业出版社,2019.

[4] 韦海民,贺广学. 国际城市地下综合管廊研究的文献特征与研究热点分析——基于 CiteSpace 的图谱量化研究[J]. 隧道建设(中英文),2020,40(2):179-188.

[5] 张婧,张欣慧. 政府管理决策视角下综合管廊规划选线研究[C]//中国城市规划学会. 持续发展 理性规划:2017 中国城市规划年会论文集. 北京:中国建筑工业出版社,2017.

[6] SUN F, LIU C, ZHOU X. Utilities tunnel's finance design for the process of construction and operation[J]. Tunnelling and Underground Space Technology, 2017, 69:182-186.

[7] 邓怡虎,任子华. 预制混凝土箱涵装配式综合管廊设计[J]. 中国建筑金属结构 2022(3):82-83.

[8] 郑俞,凌松耀,侯润锋,等. 雄安新区预制综合管廊关键施工设备研制与应用[J]. 公路,2022,67(9):318-323.

[9] WANG X M, TAN Y F, ZHANG T T, et al. Diffusion process simulation and ventilation strategy for small-hole natural gas leakage in utility tunnels[J]. Tunnelling and Underground Space Technology, 2020, 97:103276.

[10] LIU H N, ZHU G Q, PAN R L, et al. Experimental investigation of fire temperature distribution and ceiling temperature prediction in closed utility tunnel[J]. Case Studies in Thermal Engineering, 2019, 14:100493.

[11] 林国清. 城市综合管廊 BIM 技术全过程应用管理与工程仿真方法研究[D]. 广州:广东工业大

学,2022.

[12] 黄晓东.城市综合管廊 BIM 数据库的架构研究[D].沈阳:沈阳建筑大学,2018.

[13] 朱鹏烨.基于 BIM 与 Unity3D 的综合管廊运维管理研究[D].石家庄:石家庄铁道大学,2022.

[14] 王梦恕,王永红,谭忠盛,等.我国智慧城市地下空间综合利用探索[J].北京交通大学学报,2016,40(4):1-8.

[15] 朱合华,丁文其,乔亚飞,等.简析我国城市地下空间开发利用的问题与挑战[J].地学前缘,2019,26(3):22-31.

[16] 马鹏飞,郭德龙,许文年,等.大数据技术与人工智能在城市地下综合管廊中应用:回溯、挑战及展望[J].水利水电技术(中英文),2022,53(5):163-178.

[17] 冯天垚,姚海波,耿英宸,等.综合管廊的智慧化建造及运维体系综述[J].北京工业职业技术学院学报,2022,21(1):36-41.

[18] 丁烈云.智能建造推动建筑产业变革[J].低温建筑技术,2019,41(6):83.

[19] 赵本省.基于智能建造的装配式建筑施工关键技术研究与应用[D].郑州:郑州大学,2020.

[20] 刘占省,刘诗楠,赵玉红,等.智能建造技术发展现状与未来趋势[J].建筑技术,2019,50(7)772-779.

[21] 林鸣,王青娥,王孟钧,等.港珠澳大桥岛隧工程智能建造探索与实践[J].科技进步与对策,2018,35(24):81-85.

[22] 刘耀儒,侯少康,程立,等.水利工程智能建造进展及关键技术[J].水利水电技术(中英文),2022,53(10):1-20.

[23] 王志坚.郑万高铁隧道智能化建造技术研究及展望[J].隧道建设(中英文),2021,41(11):1877-1890.

[24] 马伟斌,王志伟.钻爆法铁路隧道预制装配化建造研究及智能建造展望[J].隧道建设(中英文),2022,42(7):1119-1134.

[25] 陈丹,刘喆,刘建友,等.铁路盾构隧道智能建造技术现状与展望[J].隧道建设(中英文),2021,41(6):923-932.

[26] 王红卫,钟波涛,李永奎,等.大型复杂工程智能建造与运维的管理理论和方法[J].管理科学,2022,35(1):55-59.

[27] 黄光球,郭韵钰,陆秋琴.基于智能建造的建筑工业化发展模式研究[J].建筑经济,2022,43(3):28-34.

“系统集成、技术创新”引领装配式建筑智能建造新发展

王志峰

厦门佰地建筑设计有限公司

摘　要:推动智能建造与建筑工业化的协同发展,实现建筑业转型升级和体质增效成为建筑业热点课题 。本文以“系统集成、技术创新”为出发点,结合实际案例从装配式建筑基于全过程、全方位的建设流程,全专业数字化设计方法及流程以及全预制一体化卫生间底板研究3个方面进行探索破题思路。

关键词:系统集成;技术创新;智能建造;装配式建筑

建筑业是国民经济的重要支柱产业,近年来持续快速发展,产业规模不断扩大,建造能力不断加强,但生产方式尚未摆脱粗放型的发展模式。当前,如何推动智能建造与建筑工业化协同发展成为建筑行业热点课题,建设单位、工程总承包方、设计单位、构件厂、施工单位等项目参建各方都在积极探索,寻求具有自身特色的发展模式,打造亮点,寻求突破。

在这一背景下,厦门市人民政府于2020年发布《厦门市加快发展装配式建筑实施意见》,加快推进建筑产业现代化,促进建筑产业转型升级,并于2021年土地拍卖中首次要求全地块装配式建造,进一步为装配式建筑的发展提供更好的平台。

2022年10月,厦门市入选智能建造试点城市,成为首批24个试点城市之一。开展智能建造试点工作,面临诸多有待探讨的问题:如何加快推进科技创新,提升建筑业发展质量和效益?如何打造智能建造产业集群,培育新产业、新业态、新模式?如何培育具有关键核心技术和系统解决方案能力的建筑龙头企业,增强建筑业企业国际竞争力?如何促进建设项目系统策划,推动软硬技术的交叉结合?如何稳定推进装配式建造稳健发展,鼓励智能建造探索实践?一系列的问题和发展模式有待业内各方共同努力探索。

1　国家政策

2020年7月发布的《住房和城乡建设部等部门关于推动智能建造与建筑工业化协同发展的指导意见》正式提出智能建造与建筑工业化协同发展的理念,明确以大力发展建筑工业化为载体,以数字化、智能化升级为动力。并提出一系列关键词:全产业链、工业化、数字化、智能化升级、一体化集成设计等。强调加快建筑工业化升级中重点关注新技术的集成与创新应用,提升信息化水平中推行一体化集成设计,培育产业体系中探索新型

组织方式、流程和管理模式等七大重点任务。

在此基础上2020年8月九部委共同发布《住房和城乡建设部等部门关于加快新型建筑工业化发展的若干意见》，明确新型建筑工业化是通过新一代信息技术驱动，以工程全寿命期系统化集成设计、精益化生产施工为主要手段，整合工程全产业链、价值链和创新链，实现工程建设高效益、高质量、低消耗、低排放的建筑工业化。文件包含9大方面37项内容，其中加强系统化集成设计方面强调推动全产业链协同、促进多专业协同、推进标准化设计、强化设计方案技术论证等。两份文件均从“系统集成”和“技术创新”角度为建筑工业化指明方向并提出新要求。

据此，福建省住建厅委托华中科技大学丁烈云院士主持开展中国工程科技发展战略福建研究院项目“福建省新基建智能建造技术发展战略与实施路径研究”，课题涵盖“福建省新基建发展现状及科技创新需求研究”“福建省智能建造水平及创新生态体系研究”“城乡融合发展理念下的智能建造技术发展战略与实施路径研究”3个子课题，项目立足福建省新基建发展现状及科技创新需求，探讨新基建高质量发展背景下福建省智能建造技术及发展战略，对推动新基建和建筑业数字化发展、加快建筑业新旧动能转换具有重要意义。

2　装配式建筑的发展途径及技术创新思路

自1999年国务院办公厅发布《关于推进住宅产业现代化提高住宅质量的若干意见》以来，装配式建筑已经历20余年的探索与发展。从政策方面，各省级或市级政府出台了相关的指导意见；从技术方面，国家规范、技术标准、图集等各类技术体系不断完善；从效果方面，各地涌现了一批以国家住宅产业化基地为代表的龙头企业，以试点示范城市和项目为引导，部分地区呈现规模化发展态势。但部分地区也出现为装配而装配，技术和管理脱节导致建安成本居高不下、参建各方流程脱节等现象。

2.1　装配式建筑的发展途径

大力发展装配式建筑，应该从全方位、全过程的角度出发，依靠系统集成、技术创新，最终实现装配式建筑的转型升级，提质增效。全方位和全过程可以从3个层次理解。[1]

层次一：拉通设计端各专业（建筑、结构、水、暖、电、精装等）的设计流程和技术交圈，即全专业数字化设计方法及流程。

层次二：拉通工程参与方（设计、材料供应商、施工方、构件厂等）在建设流程、成本等方面的交圈，即全过程、全方位的建设流程。

层次三：基于国家宏观政策（“双碳”目标、智能建造、全过程咨询、工程总承包等）的大背景，对项目管理模式、技术创新、成本优化、平台运用等进行探讨，寻求最优的装配式建筑解决路径。

综上可知，层次一从技术层面，通过建筑、结构、机电、装修的一体化，以建筑设计的技术协同来解决产品问题；层次二从管理层面，通过设计、生产、施工的一体化，以工程建设高度组织化解决效益问题；层次三从工业化生产方式层面，通过技术与管理一体化，解决装配式建筑的发展问题，归纳为：技术+管理+工业化生产方式。3个层次分别从技术层面、管理层面和工业化生产方式层面理解智能建造与建筑工业化协同发展的要领，这也是目前装配式建筑发展的最佳途径。

2.2 装配式建筑的技术创新思路

经过 20 多年的发展，装配式建筑从设计到建造水平都得到长足的发展，各类装配式体系趋于完善，并不断涌现出新的高效的建造工艺，但技术方面尚存在一些不足。[1]

(1)没有形成建筑、结构、机电、装修一体化的建造技术，如将传统现浇建筑“拆分”成构件来加工制作；未经过前期技术策划或未考虑构件的通用化、标准化，强制转化为装配式建筑。

(2)没有摆脱传统现浇结构的施工工艺、工法，如施工措施(支撑体系)、节点处理等，均采用现浇混凝土工艺、模板技术，导致施工现场现浇和装配式两种施工组织方式并存，影响施工效率和施工安全，成本居高不下。

(3)装配式建筑结构技术应用的目的性不清晰、不明确，如为装配而装配，不是经济适用、优化合理的技术体系。

据此，各院校和企业积极探索新的技术，在装配式混凝土方面，主要包含以下 6 种新技术：①高强、高性能混凝土和钢筋的应用；②装配式结构与免震减震技术的结合；③新型竖向构件连接节点的应用；④预应力在装配式混凝土结构中应用；⑤混凝土预制构件与钢结构构件结合；⑥工具式模板技术在装配式施工中应用。[1]

3 基于“系统集成、技术创新”的思考

“系统集成、技术创新”是装配式建筑发展的内在要求和动力，是传统建造方式变革的基础，引导各类要素有效聚集，对推动智能建造与建筑工业化协同发展、建筑业转型升级和提质增效具有重要意义。厦门佰地建筑设计有限公司结合国家“双碳”目标及智能建造与建筑工业化的协同关系，基于“系统集成、技术创新”的思考与探索主要从 7 个方面进行。

(1)装配式建筑。

包含装配式建筑基于全过程、全方位的建设流程，装配式建筑全专业数字化设计方法及流程，全预制一体化卫生间底板研究。

(2)建筑信息模型技术。

包含全过程 BIM(建筑信息模型)运用探索，BIM 报建工作，BIM 协同设计。

(3)设计平台运用。

包含 PKPM-PC 协同平台，基于 CAD 的协同平台，基于 Revit 的协同平台。

(4)技术流程提升。

包含标准户型耗能分析，绿色公建能耗研究，地下车库经济性分析。

(5)项目管理模式。

包含设计大总包，工程总承包，全过程咨询探索。

(6)总院资源共享。

超高层、复杂结构设计与咨询，装配式结构设计与咨询，数字建筑+数字视听。

(7)校企合作。

零能耗建筑研究,基于 BIM 的大数据运用,装配式装修与装配式停车库。

共七大方面 21 子项,本文着重选取其中装配式建筑的 3 个子项进行探讨。

3.1　装配式建筑基于全过程、全方位的建设流程

《住房和城乡建设部等部门关于加快新型建筑工业化发展的若干意见》提出“推动全产业链协同……引导建设单位和工程总承包单位以建筑最终产品和综合效益为目标,推进产业链上下游资源共享、系统集成和联动发展”。全过程包含设计阶段、生产阶段、施工阶段和运维阶段;全方位包含建设单位、设计单位、构件厂、监理单位、施工单位及使用单位。文件明确指出以建设单位和工程总承包单位为主导,即以建设单位或工程总承包牵头,在装配式建筑项目全生命周期(设计、生产、施工、精装、运维)中,整合工程参与方(建设单位、设计单位、构件厂、监理单位、施工单位)及各项资源,实现项目全过程、全方位管理,达到系统、集成、优化、提速、增效的目标。转变观念,在解决技术问题和产品问题的同时,解决管理和效益问题,印证了“没有技术就没有产品,没有管理就没有效益”的理念。

如图 1 所示,对比现浇结构建筑建设流程图和装配式建筑建设流程图可以发现,装配式建筑建设流程增加了技术策划、构件生产等过程。整个流程需各参与方的精心配合和协同工作。

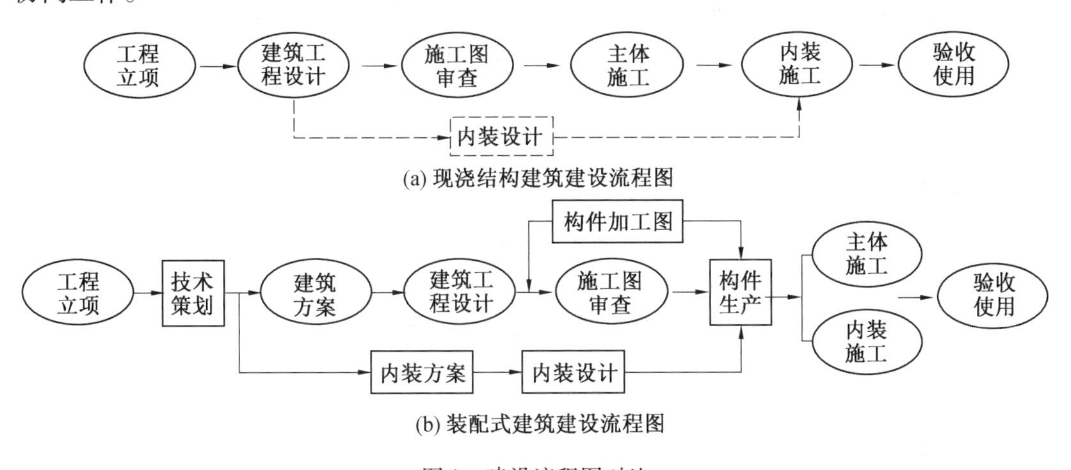

图 1　建设流程图对比

下面以厦门中海国贸“2021P02 地块”项目为例,阐述项目的建设流程。

(1)工程概况。

本项目位于厦门岛内思明区,总建筑面积 279 081.01 m^2,地上建筑面积 199 448.01 m^2,地下建筑面积 79 633.00 m^2,项目总平面图如图 2 所示。装配式规模 198 552 m^2,地上装配式建筑面积占比 99.5%。结构整体预制方案为:预制叠合板、全预制卫生间板、内隔墙非砌筑、装配式模板、BIM 技术(设计阶段及施工阶段)等;前期结合装配式建筑“少规格、多组合”的设计原则,15 栋主楼采用 3 种楼型,一体化卫生间共 2 618个,开模 28 套,大大节约成本。

图2　项目总平面图

（图片来源：《中海国贸2021P02地块项目建筑方案设计》）

（2）项目重难点分析。

①项目体量大，全项目装配式建造。

a. 本项目作为厦门首个土地出让合同明确要求采用装配式建造的商品房项目，装配式面积198 552 m^2，地上装配式建筑面积占比99.5%，总体装配式体量大。

b. 方案初期需综合考虑装配式建筑"少规格、多组合"的设计原则，实现成本最优。

c. 同时存在装配式混凝土建筑和装配式钢结构建筑。

②参与方众多，协调流程复杂。

a. 本项目属于精装交付项目，且为装配式建造，需协调各参与方及时信息互动和技术交圈。

b. 需适当调整原有设计流程，在前期技术策划阶段统筹考虑成本及营销事宜，同步要求精装修单位、预制构件厂等介入。在前期充分考虑各因素，避免施工阶段返工。

c. 建设方作为主导方需主动参与项目，且提出需求后对各方应比选方案，及时决策，加快推动项目进程。

③研发任务重，各参与方通力协作。

针对困扰现浇项目的卫生间防渗漏问题，甲方提出采用全预制一体化卫生间底板的设想，需短时间内完成预制方案讨论定稿、样品构件预生产、各类实验，研发任务极其繁重。

④现浇与装配两种施工组织形式并存。

a. 除预制叠合板、全预制卫生间板外，其他构件均为现浇，必然存在两种施工组织方式，加大了项目管理难度。

b. 需细化施工计划，合理安排施工顺序（包括构件进场计划等），确保工程顺利实施。

c. 需及时统筹各项资源，特别是塔吊的排班计划，保证构件安装及常规建筑物资吊运时间合理错开。

(3)解决策略1——管理模式创新。

① 项目启动速度快。2021 年 5 月 13 日拿地,5 月 28 日提出构思;6 月 18 日样品成型;6 月 24 日试生产试吊装,历时 43 d。

②各参建方介入早。集团总部、项目部、设计院、构件厂、工程总承包、精装单位、BIM 单位等参建各方在方案阶段同时介入。

③方案决策效率高。对于各种方案,及时进行结构试算及功能分析,建设、设计、构件厂、施工单位等参建单位及时进行可行性分析,并提出建议。

④协同工作方式新。时间紧,研发任务重,难度大,设计单位各专业负责人、各参与方技术负责人集中办公。

⑤交流方式多样化。各单位采用腾讯视频会议等方式参与讨论。

⑥研发同步推进。及时进行闭水试验、剪切破坏试验、三边固接楼板裂缝试验、吊装试验、抗震性能试验等。

⑦推行“三全体系”。“三全体系”为全专业设计、全职能配合、全穿插施工。践行职能协同模式,项目总监统筹设计、工程、成本、报建、营销、财务、客服 7 个职能线,承担好统筹组织与工程总承包的责任,紧盯提质增效与降本控耗,加快协调、决策、执行的协同运转。

(4)解决策略2——全过程信息协同应用。[2]

①装配式设计 BIM 运用。本项目采用 PKPM-PC 与 Revit 两款 BIM 软件进行预制构件正向拆分深化设计,利用 PKPM-PC 拆分并建立预制构件钢筋及预埋件模型,利用 Revit 建立机电综合管线模型进行全专业机电一体化深化设计,提高预制构件深化准确率。建筑模型预制构件及内隔墙模型图如图 3 所示。

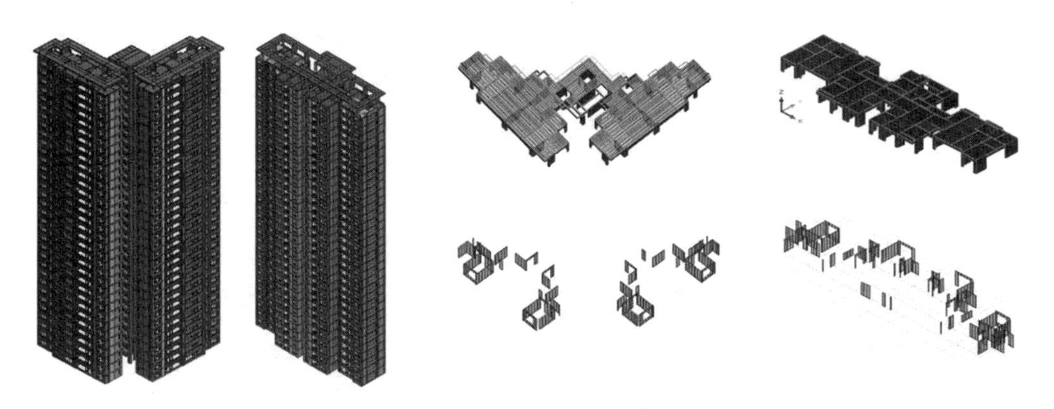

图 3　建筑模型预制构件及内隔墙模型图

②铝模深化设计及精装设计 BIM 运用。

a. 通过建立铝模深化设计模型,提前发现全专业碰撞问题,及时调整模具,避免大批量生产出现产品问题。

b. 通过对全专业(含精装)同时模拟分析,有效避免设备管线、预留孔洞等存在碰撞问题,BIM 直观展现效果,达到所见即所得的目的。铝模和精装 BIM 模型如图 4 所示。

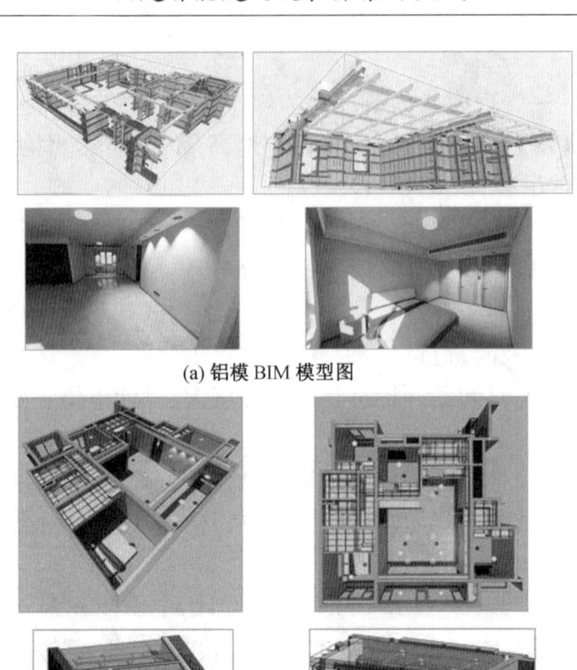

(a) 铝模 BIM 模型图

(b) 精装 BIM 模型图

图 4　铝模和精装 BIM 模型图

（图片来源：《中海地产装配式调研汇报》）

③地下室管线综合 BIM 运用。

a. 在设计阶段建立 BIM 全专业协同模型，提前发现设计图纸中各专业的问题及专业间的碰撞问题，对复杂节点进行三维深化，及时发现预埋件、预留洞口、设备管线碰撞等问题。

b. 优化路径，选择最优的设备管线路径，通过轻量化模型进行施工交底，指导现场施工，保证施工质量，提高施工效率和精准度。地下室室内管线综合 BIM 模型图如图 5 所示。

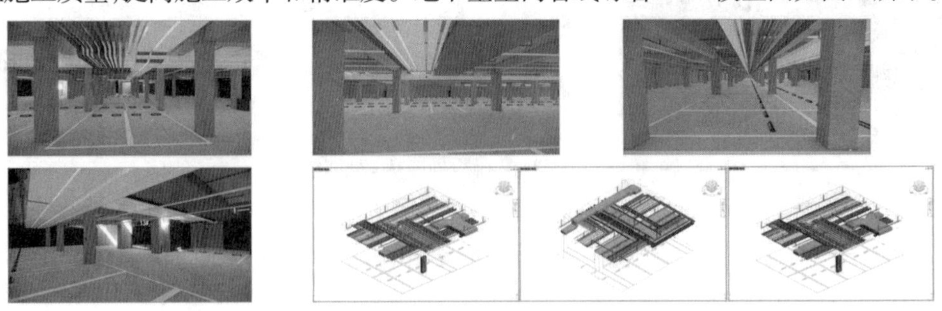

图 5　地下室室内管线综合 BIM 模型图

（图片来源：《中海地产装配式调研汇报》）

(5)解决策略3——技术创新研发。

根据施工疑难问题,提出全预制一体化卫生间底板研发课题,快速进行技术论证、生产可行性分析、构件试生产和吊装,同时进行相关试验,项目落地后及时复盘,申请专利并形成技术指引在全中海集团推广运用。建立新型建筑工业化科技成果库,促进科技成果转化应用,推动建筑领域新技术、新材料、新产品、新工艺创新发展。

3.2　装配式建筑全专业数字化设计方法及流程

《住房和城乡建设部等部门关于推动智能建造与建筑工业化协同发展的指导意见》提出"提升信息化水平。推进数字化设计体系建设,统筹建筑结构、机电设备、部品部件、装配施工、装饰装修,推行一体化集成设计"。全专业包含建筑结构、机电设备、部品部件、装配施工、装饰装修等;数字化设计是指基于数字化设计手段的标准化设计体系和多专业协同。故需要通过数字化设计手段推进建筑结构、设备管线、装饰装修等多专业一体化集成设计,提高建筑整体性,避免二次拆分设计,确保设计深度符合生产和施工要求,发挥新型建筑工业化系统集成综合优势。

下面以厦门某保障房项目为例,阐述装配式建筑全专业数字化设计方法及流程。

(1)工程概况。

本项目位于厦门市海沧区,总建筑面积617 805 m^2,地上建筑面积504 923 m^2,地下建筑面积112 882 m^2。其中住宅地块装配式规模436 902 m^2,地上装配式建筑面积占比100%(住宅地块)。结构整体预制方案:预制外墙板、预制内墙板、预制女儿墙、预制叠合板、预制阳台板、预制悬挑板、预制楼梯、预制外挂板、预制梁等;前期结合装配式建筑"少规格、多组合"的设计原则,15栋主楼采用3种楼型,一体化卫生间共2 618个,开模28套,大大节约了成本。

(2)解决策略1——全专业数字化设计流程。

装配式建筑设计需建设、设计、生产和施工等单位精心配合,协同工作。与传统设计流程相比,装配式建筑设计流程增加了前期技术策划环节,为了配合预制构件的生产加工,同时增加了构件加工图设计环节,如图6所示。

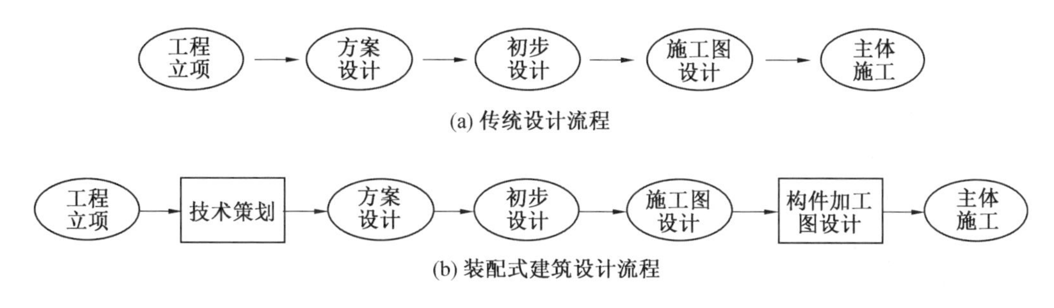

图6　设计流程对比

①技术策划阶段。设计单位在充分了解项目定位、建设规模、产业化目标、成本限额、外部条件等影响因素的情况下,制定合理的建筑设计方案,并与建设单位确定技术实施方案及适宜的装配率。

②方案设计阶段。根据技术策划要点做好平面设计和立面设计。

a. 平面设计:以满足使用功能为基础,实现住宅套型设计的标准化与系列化,遵循“少规格、多组合”的设计原则。

b. 立面设计:考虑构件生产加工的可能性,根据装配式建造方式的特点实现立面的个性化和多样化。

③初步设计阶段。优化预制构件种类,充分考虑设备专业管线预埋,可进行专项经济性评估,分析影响成本的因素,制定合理的技术措施。

④施工图设计阶段。各专业根据预制构件、内装部品、设备设施等生产企业提供的设计参数,在施工图中充分考虑各专业预留预埋要求。建筑专业还应考虑连接节点处的防水、防火、隔声等设计。

⑤构件加工图设计阶段。构件加工设计可由设计单位与预制构件生产企业等配合完成。建筑设计可采用 BIM 技术,协同完成各专业设计内容,提高设计精度。

(3)解决策略 2——住宅标准化设计体系。

住宅标准化设计体系与住宅模块化理念息息相关。

住宅模块化理念是指通过研究符合装配式结构特性的模数系列,形成一定标准化的功能空间模块,再结合实际的定位要求形成适合工业化建造的户型模块,由户型模块形成最终的组合平面模块。

住宅标准化设计体系是指采用模数协调的方法实现功能空间和部品部件的标准化、系列化和通用化,并以模块和模块组合的方法实现住宅套型多样化、系列化,体现了装配式建筑“少规格、多组合”的设计原则。

①模数及模数协调原则。

标准化是装配式建筑发展的基础,而核心的环节是建立一整套具有适应性的模数以及模数协调原则。

a. 尺寸模数化:遵循模数协调原则,主要空间(卧室)模块尺寸均采用 200 或者 300 模数,其他空间采用 100 模数。

b. 门窗模数化。采用 3M 模数(600、900、1 200、1 500、1 800)。

②功能空间模块。依据人体工程学原理和精细化设计方法,实现各使用功能空间的标准化设计。

③户型模块。由功能空间模块组成,考虑模块内功能布局的多样性以及模块之间的互换性和通用性。

④组合平面模块。由标准化的户型模块和标准的核心筒、走廊等模块组成,满足平面形式多样性需求,如图 7 所示。

(4)解决策略 3——全专业协调。

①建设数字化体系。推行全专业数字化设计方法,统筹建筑结构、机电设备、部品部件、装饰装修各专业一体化设计,发挥系统集成、快速集约的优势。

②实行多专业协同。多专业协同设计、提前介入,系统打造灵活、可变的住宅空间,切实保障预制构件易装配、易维修,综合考虑结构、管井、管线布置。

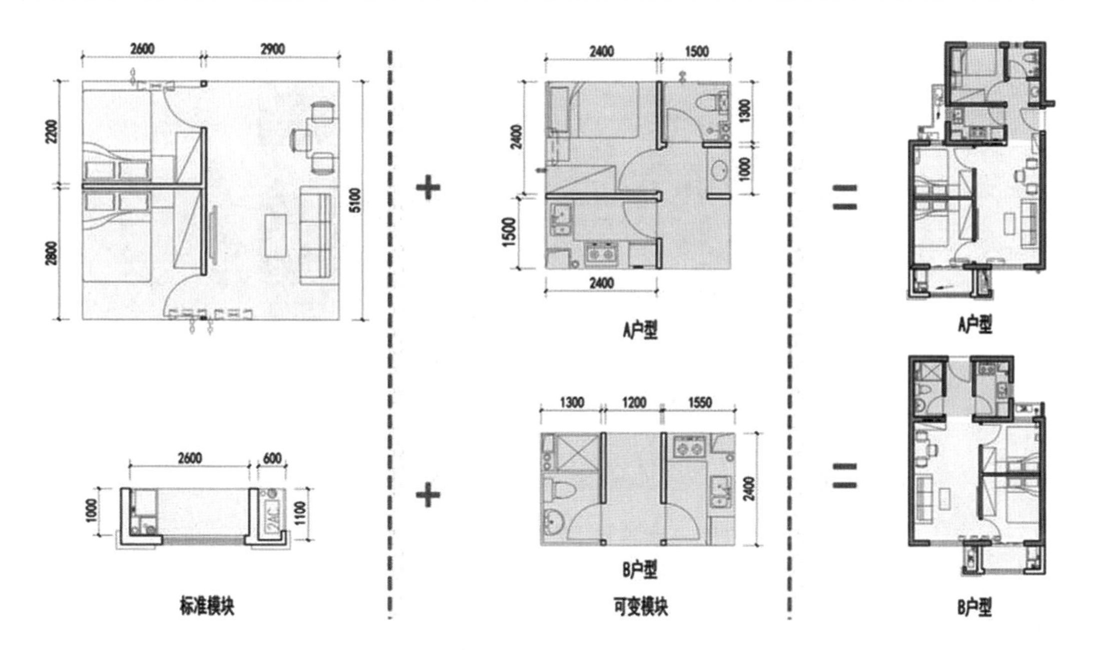

图 7　模块组合图(单位:mm)
(图片来源:《装配式建筑的减碳设计研究与工程实践》)

3.3　全预制一体化卫生间底板研究

(1)研究背景。

卫生间作为建筑主体不可或缺的功能区,施工工序多、质量管控流程复杂,且防渗漏问题一直是项目质量把控重要课题。卫生间渗漏主要原因是立管穿楼板位置渗漏,导致顶棚受潮,影响室内装修,甚至引起线路短路、钢筋锈蚀等。从施工方面分析主要与卫生间反坎施工时凿毛不到位;反坎二次浇筑操作空间受限,振捣不密实;穿管位置堵漏不密实;设置的套管高度不够;防水材料不合格或者防水施工不到位等诸多因素有关。

(2)理念提出。

针对此问题提出一种新型的全预制一体化卫生间底板(图 8),结构底板同建筑反坎一同预制,同时集成设备管线、预埋件等形成闭环的防水体系,预制反坎嵌入剪力墙/梁,参与结构计算(采用叠合剪力墙及叠合梁的概念),从力学和构造角度复核结构受力要求,以增强防水效果。

(3)试验研究。

为了更好地检验全预制一体化卫生间底板的各项性能,建设单位、设计院、构件厂及相关高校成立专项课题组,进行了性能试验。

通过底盘闭水试验(图 9),验证全预制一体化卫生间底板与反坎一同预制,一次成型的防水性能。

通过反坎剪切破坏试验(图 10),验证反坎的刚度,保证在生产脱模、运输、吊装过程,以及浇筑混凝土时其具有足够的刚度。

通过三边支撑承载力试验(图 11),验证在正常荷载作用下,无支撑一侧的挠度变形

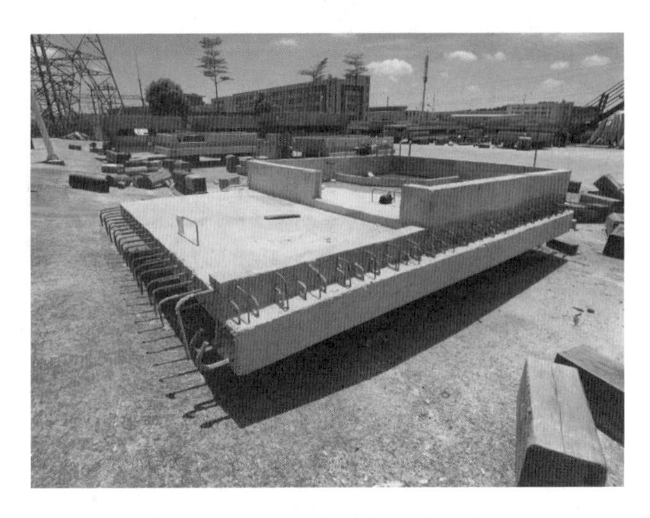

图 8　全预制一体化卫生间底板图
（图片来源：《沧海新阳居住区保障性安居工程二期方案设计文本》）

及钢筋应力是否满足要求。

通过装配式构件与现浇构件的抗震性能对比试验（图 12），验证两种不同连接方式的抗震性能。

图 9　底盘闭水试验

图 10　反坎剪切破坏试验

图 11　三边支撑承载力试验

图 12　抗震性能对比试验

(4)试生产及安装。

①试生产流程:材料准备→清理模台→涂刷脱模剂→止水节预埋→边模模具组装→安装垫块→绑扎钢筋→内模模具组装→安装预埋件→质量检查及修改→浇筑、振捣混凝土→混凝土收面→养护→拆模起吊→修补、清理杂物及冲洗毛面→运输至堆场,主要流程如图 13 ~ 20 所示。

图 13　材料准备

图 14　清理模台、涂刷脱模剂、止水节预埋

图 15　边模模具组装、安装垫块、绑扎钢筋

图 16　内模模具组装、安装预埋件

图 17　浇筑、振捣混凝土

图 18　混凝土收面、养护

图 19　修补、清理杂物及冲洗毛面

图 20　运输至堆场

②吊装流程：复核标高及轴线→运输车提前就位→一体化卫生间吊装→检查、复核定位、标高→二次拆模、节点钢筋连接→铝模安装、梁板钢筋绑扎→自检及隐蔽验收→浇筑混凝土，主要流程如图 21 ~ 28 所示。

图 21　复核标高及轴线

图 22　运输车提前就位

图 23　一体化卫生间吊装

图 24　检查、复核定位、标高

图 25　二次拆模、节点钢筋连接

图 26　铝模安装、梁板钢筋绑扎

图 27　自检及隐蔽验收

图 28　浇筑混凝土

(5)成果应用。

①经过实际项目落地检验,并进行项目复盘分析,总结经验,优化改进连接节点,提高了安装效率和质量。

②及时申请专利,形成公司科技成果,并起草一体化卫生间技术操作指引,促进科技成果转化应用,推动建筑领域新技术、新材料、新产品、新工艺创新发展。目前全预制一体化卫生间已在多个项目(图 29 ~ 32)中运用,有效解决了防渗漏的隐患。

图 29　中海国贸 2021P02 地块
(图片来源:《中海国贸 2021P02 地块项目建筑方案设计》)

图 30　中海左岸澜庭项目
(图片来源:《中海国贸 2022JP03 地块项目规划设计方案》)

图 31　保利国贸 2021P02 地块
(图片来源:《2021P07 地块项目建筑方案设计》)

图 32　国贸 2022P17 地块
(图片来源:《2022P17 地块项目建筑方案设计》)

4　总结与展望

系统集成是快速建造的基石，装配式建造的要求，多专业、全流程的系统谋划，能加速工程推进、驱动管理升级、拉动技术创新、实现增效降本。

厦门佰地建筑设计有限公司结合公司的具体情况，以装配式建筑为载体，积极探索基于全过程、全方位的建设流程，即以建设单位或工程总承包牵头，在装配式建筑项目全生命周期（设计、生产、施工、精装、运维）中，整合工程参与方（建设单位、设计单位、构件厂、监理单位、施工单位）及各项资源，实现项目全过程、全方位管理，达到系统、集成、优化、提速、增效的目标。

提出装配式建筑全专业数字化设计方法及流程，即通过数字化设计手段推进建筑、结构、设备、装修等多专业一体化集成设计，提高建筑整体性，避免二次拆分设计，确保设计深度符合生产和施工要求，发挥新型建筑工业化系统集成综合优势。

同时积极探索新技术，以全预制一体化卫生间底板的研究为例，阐述课题的研发过程和最终的落地效果，促进科技成果转化应用，推动建筑领域新技术、新材料、新产品、新工艺创新发展。

参考文献

[1] 叶明.装配式建筑是建造方式的重大变革[J].中华建设，2018(5)：8-12.
[2] 王志峰.基于智能建造的装配式建筑技术创新与全过程数字化协同[J].福建建设科技，2024(1)：94-98.

海迈智能建造技术在智慧工地的应用与实践

盛玲

厦门海迈科技股份有限公司

摘　要:随着我国经济的高速发展,建筑业在建工程数量规模不断扩大,同时带来了一系列施工管理问题。为此,住建部提出推进建筑工业化、数字化、智能化升级,加快建造方式转变,推动行业高质量发展的要求。海迈智慧工地解决方案综合应用了智能建造技术手段,具有高度集成性,依托各业务端口收集和提供的基础信息,为前端的业务场景服务,同时对项目数据进行汇总、分析,实现深度挖掘。解决方案分为企业端与项目端,企业端对在建项目进行管控,项目端将现场数据传递给企业端。通过推进智慧工地系统建设,实现建筑工程管理信息化、数字化、智能化,显著提高了工作效率和管理水平。

关键词:BIM;智慧工地;智能建造;数字化;智能化;信息化

随着我国经济的高速发展,建筑业的在建工程数量不断增长、规模不断扩大,建筑工地施工产生的一系列管理问题引起广泛关注。

2020年7月住房和城乡建设部等13部门联合印发的《住房和城乡建设部等部门关于推动智能建造与建筑工业化协同发展的指导意见》,指出当前建筑业生产方式仍然比较粗放,与建筑业高质量发展要求相比存在较大差距,并提出推进建筑工业化、数字化、智能化升级,加快建造方式转变,推动建筑业高质量发展的要求。

建筑工程工地是建筑业安全文明生产的主要场所,通过推进智慧工地系统建设,在建筑工程管理中引入和应用智慧系统,能够实现建筑工程管理信息化、数字化、智能化,显著提高建筑工程管理水平。

1　智慧工地建设背景

1.1　建筑业发展趋势

新形势下数字化转型是推动建筑业可持续高质量发展的必由之路。通过要素驱动和投资驱动推动创新,实现"三全"(全过程、全要素、全参与方)、"三化"(数字化、在线化、智能化)、"三新"(新设计、新建造、新运维),形成数字建筑平台生态新体系,重构建筑业的生产体系,推动行业快速增长和高质量可持续发展。

目前,项目管理正从粗放型向精细化、从经验主义向标准制定、从定性阐述向定量描述、从被动管理到数字驱动逐步转型,从早期单纯地收集项目数据的1.0模式向多阶段应用和智慧应用演进。1.0 数据汇聚阶段，企业侧重“关注点”的数据收集，解决管理信息碎片化问题；2.0 数据治理阶段，企业在 1.0 的基础上增加了管理业务和组织机制，结合可视化、业务流程，侧重解决项目过程中数据如何推动管理业务提升的问题；3.0 数据智能阶段，企业在 2.0 的基础上，以智能建造技术为核心，实现数据协同、数据共享、精准预测，结合物联网(IoT)设备等，提供信息协同共享、决策科学分析、风险智慧管控等业务。

1.2　智慧工地政策背景

2017 年 2 月，国务院办公厅印发了《国务院办公厅关于促进建筑业持续健康发展的意见》(国办发〔2017〕19 号)；2019 年 2 月，住房和城乡建设部和人力资源社会保障部印发了《住房和城乡建设部 人力资源社会保障部关于印发建筑工人实名制管理办法(试行)的通知 》(建市〔2019〕18 号)；2020 年 7 月，住房和城乡建设部等 13 部门联合印发《住房和城乡建设部等部门关于推动智能建造与建筑工业化协同发展的指导意见》(建市〔2020〕60 号)；2022 年 1 月，住房和城乡建设部印发《“十四五”建筑业发展规划》。

2021 年 9 月，《北京市房屋建筑和市政基础设施工程智慧工地做法认定关键点》(京建发〔2021〕317 号)对智慧工地做法内容进行细化说明，并明确智慧工地认定关键点。2021 年 7 月，《全省房屋建筑和市政工程智慧工地建设指导意见》(鲁建质安字〔2021〕7 号)明确了智慧工地建设的指导思想、基本原则、工作目标、主要任务和保障措施。2021 年 3—10 月，浙江省住房和城乡建设厅相继印发工程建设标准《智慧工地建设标准》《智慧工地评价标准》。2021 年 3 月，青岛市城乡建设局印发《青岛市建筑工程智慧化工地建设实施方案(试行)》(青建管字〔2021〕9 号)；9 月，青岛市建筑业协会发布《智慧化工地建设标准》《智慧化工地评价标准》，共同指导青岛市智慧化工地建设工作。2017 年起，重庆市住房和城乡建设委员会先后发布《“智慧工地”建设工作方案》《重庆市 2020 年“智慧工地”建设工作方案》《智慧工地建设与评价标准》《智慧工地建设与评价技术细则》等，用于指导重庆市行政区域内房屋建筑和市政基础设施工程智慧工地的建设、评价、应用、维护等工作。

1.3　智慧工地的定义

住房和城乡建设部将智慧工地定义为：充分应用建筑信息模型(BIM)、物联网、大数据、人工智能、移动通信、云计算及虚拟现实等信息技术与机器人等相关设备，通过人机交互、感知、决策、执行和反馈，实现工程项目施工的智能化，是信息技术、人工智能技术与工程施工技术的深度融合与集成。智慧工地的核心就是智能建造技术。智慧工地具备更高效的政府监管，更精准的企业管控，更智能的项目管理。

智慧工地围绕各领域实际管理需要，聚焦现场应用、数据中心、建筑资产、决策分析和生态服务等 5 方面内容，通过实现区域内所有智慧工地项目的数据采集、跟踪、分析，并基于多维数据沉淀及在线监测，逐步实现全域智慧工地及生态运营可视化，赋能城区智慧管理，提升公众对生态文明建设的满意度。

1.4 智慧工地的内容

智慧工地涵盖了人、机、料、法、环五大要素的内容，实现对于人员、机械、物料、流程、安全等板块的综合能力提升，实现工程施工过程的可视化、智能化管理。“人”实现工地现场人员进出、管理和定位、安全监督和防范等管理工作；“机”实现塔吊、电梯等工地现场机械设备的实时监测和事故预警；“料”结合 BIM 和 IoT 对物料进行全方位管理，并进行采样检测和现场试验；“法”通过提取工艺、工序、工法的共性内容，形成标准化体系，用信息化手段复用共享；“环”使用自动监测仪器，结合无线网络，实现深基坑和高支模及工地环境的实时监测，并自动执行联动处置措施。

从应用深度看，智慧工地一共可分 3 个层次：标准工地、重点工地和标杆工地。标准工地侧重“安全”，对象主要是人、机；重点工地在标准工地的基础上，面向对象和车辆，关注“进度、成本”，包括项目进度、水电成本监控等，往往与“项目管理平台”相关；标杆工地在重点工地的基础上，增加了“预警安全”“质量”“绿色、环保 ”“建筑信息资产内涵”，采用 5G 、北斗卫星导航系统、大数据、人工智能等前沿技术手段。

1.5 智慧工地应用情况

全国部分在建项目通过智慧工地的应用，使施工现场告别传统的粗放式管理，迈向精细化管理。同时，智慧工地作为数字技术和建筑业的有机结合，将以数字生产力重新定义施工现场，引领建筑产业转型升级。目前，智慧工地的主要应用包括进度管理、人员管理、成本管理、施工策划、文档协同、质量管理和安全管理等，全国建筑企业智慧工地应用情况如图 1 所示。

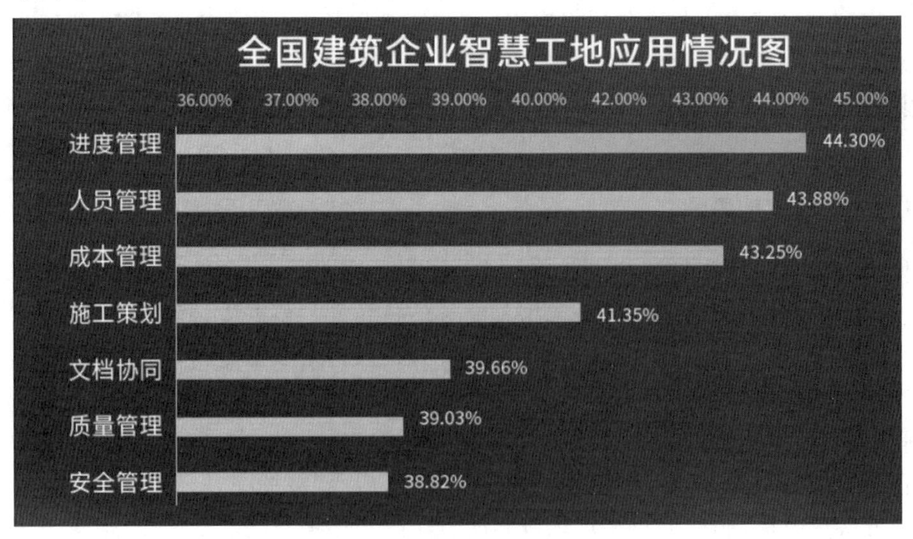

图 1 全国建筑企业智慧工地应用情况图

（数据来源：https://www.chinairn.com/hyzx/20230106/11474681.shtml）

2　省厅试点政策解读

2022 年 3 月 22 日，福建省住房和城乡建设厅办公室印发了《关于开展智慧工地建设试点的通知》（闽建办建〔2022〕4 号），要求智慧工地试点对象应涵盖工程信息管理、人员信息管理、材料质量管理、机械设备管理、安全文明施工管理、工程质量管理、安全隐患管理、BIM 技术应用等方面的内容。2022 年 10 月 14 日，福建省住房和城乡建设厅印发了《福建省房屋市政工程智慧工地建设导则（试行）》（闽建建〔2022〕4 号）的通知，对智慧工地建设的内容和要求又进一步细化。

智慧工地建设应覆盖施工现场人、机、料、法、环 5 个方面，以物联网、人工智能、建筑信息模型等技术为支撑，实现集感知、分析、预警、服务、应急五位一体的管理智能化，探索施工现状展示、智能分析决策、应急联动指挥的新型管理模式。

（1）建立覆盖相关方的智慧工地管理标准和制度，实施目标管理。

（2）编制智慧工地建设实施方案，并进行专项交底和培训。

（3）建立施工现场智慧工地项目管理系统实现建设过程管控智能化、档案信息电子化等。

（4）建立智慧工地企业管理平台，与各智慧工地系统实现互联协同、辅助决策、远程管理、智能管控。

（5）智慧工地建设应贯穿工程项目施工全过程，直至竣工验收。

智慧工地在具体项目的实践和应用落地上，可通过以“点”带“线”，以“线”带“面”，逐步完成技术整合。“点”重点围绕工程建设全流程质量安全管理，探索建立支撑现场管理、互联协同、数据共享的信息化系统；“线”重点围绕企业质量安全主体责任落实和在建项目过程管控，研究搭建企业数字化管理、信息互通、精准决策的智能化平台；“面”重点围绕项目为进一步推动房建市政工程智慧建造提供参考，提升施工质量管控与安全生产隐患治理水平，助力建筑业高质量发展。

3　智慧工地解决方案

3.1　智慧工地的建设思路

智慧工地综合应用了智能建造技术手段，具有高度集成性，依托各业务端口收集和提供的基础信息，为前端的业务场景服务，从本质上来说它就是一种信息化工具，它更侧重的是实用性，以及对数据的汇总、挖掘和深度分析能力。智慧工地能帮助项目管理，能提高工作效率、降低工作强度，同时也能帮助企业管理者了解项目真实现状，辅助项目重大决策等。因此，智慧工地的建设思路不能脱离企业管理，且最终为企业及相关监管部门服务。

集团企业级管理平台的特点是横向到边、纵向到底、三级联动（图 2）。横向上，与内外多个平台横向联动、数据互联互通，实现业务融合；纵向上，集团、分/子公司、项目部三级联动管理，确保信息及时上传下达。智慧工地的建设思路应基于集团企业级管理平台的特点进行构思，通过信息化手段从工地现场获取及时、准确、有效的数据，为企业管理平台提供数据服务。

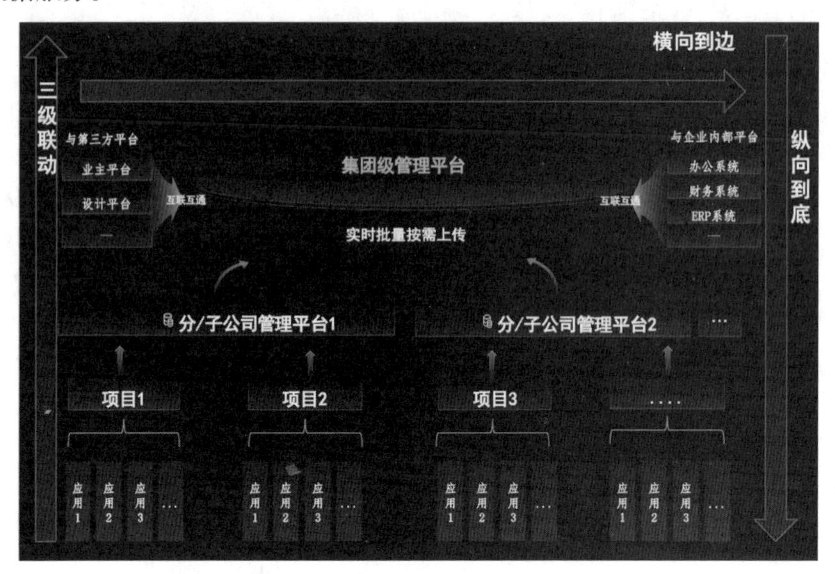

图 2　集团企业级管理平台特点

3.2　项目建设规划

智慧工地解决方案的相关主体是省、市、区、县主管部门，城建档案管理部门和参建单位，相关主体通过监管数据和归档资料对在建项目进行管控，项目端将现场数据传递给企业端，企业端再与企业内部系统进行项目协同。

项目端采用以智能建造技术为核心的智慧工地管理平台，以多维空间与建筑信息资产沉淀为特色增值应用，包括项目基础信息、人员信息管理、材料质量管理、安全施工信息、工程质量管理、安全隐患管理、机械设备管理、BIM 技术应用等模块；企业端包括进度管理决策、质量管理决策、安全管理决策、劳务管理决策、机械管理决策、信息资产分析等模块；企业内部系统包括合同管理系统、成本管理系统、安全管理系统和资产管理系统等。智慧工地项目建设规划如图 3 所示。

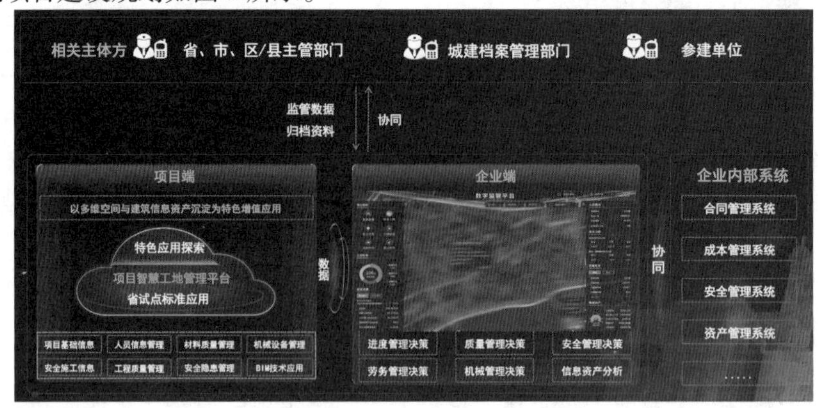

图 3　智慧工地项目建设规划

3.3　智慧工地的解决方案

(1)工程信息管理。

工程信息管理模块(图4)主要包括项目信息及企业信息的基本信息管理、统计信息及综合数据分析等。

图4　工程信息管理模块示意图

以项目为维度,以“一项一码”“一项一库”为管理牵引,推动在建项目关键数据汇聚,形成数据中心,同时通过业务场景应用需求驱动大数据中心数据汇聚有方向性、数据查询有目标性、数据统计结果有可用性,进而实现数字管理、精准管理。项目信息采集方式为数据对接、批量导入、手动录入。

(2)人员信息管理。

人员信息管理模块主要包括项目管理人员和一线操作人员信息采集、岗位职责、持证上岗、考勤记录、安全教育等内容,主要由劳务分析、安全教育培训和智慧安全帽3个子模块组成。

①劳务分析。劳务分析子模块(图5)的主要流程是人员信息采集、采集信息上传、数据对比、人证识别、异常人员数据报警。通过闸机和人脸识别仪对进出场人员进行智能化考勤,规范项目现场实名制管理。

②安全教育培训。工人进场前,安全教育培训子模块(图6)自动检测工人安全教育和综合交底是否全部完成,保障进场人员培训教育有效落地,提升劳务人员和基层管理人员的安全意识。包括VR安全教学、Wi-Fi安全教育、二维码教育。

VR安全教学结合VR虚拟现实技术和BIM场景化应用,全真模拟工程领域的施工场景,针对施工现场常见和重大危险源的防范教育,趣味化培训过程,通过人员与虚拟场景的沉浸式交互,深化安全意识。

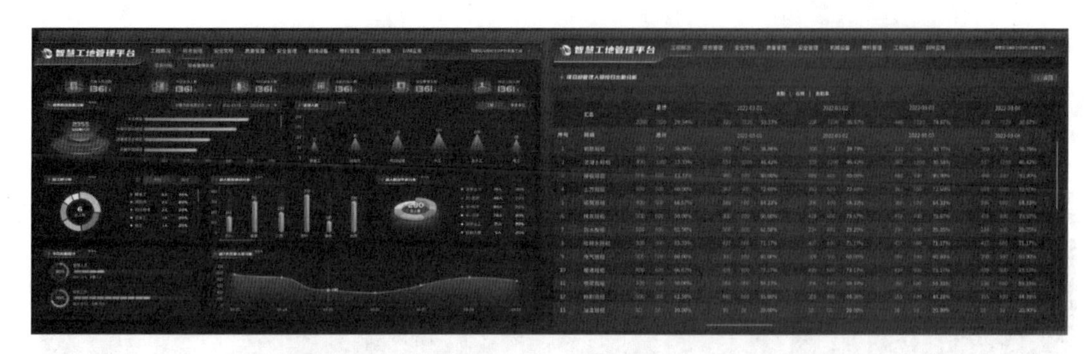

图5　劳务分析子模块示意图

图6　安全教育培训子模块示意图

Wi-Fi 安全教育包括在线培训教育、课程库、试题库、课程管理、统计报表等功能；可通过在线视频、Wi-Fi 接入认证、扫码等方式进行安全教育。

二维码教育采用“二维码互联网云”技术，助力项目管理者实现对入场人员实名制注册、自行安全教育、考试结果快速查询等，提升安全意识，达到安全教育定制化的目的。

③智慧安全帽。智慧安全帽子模块（图7）主要通过物联网、空间定位、移动通信、云计算、大数据和 AI 等技术，对过程中人员进行定位，记录人员作业路径，追溯作业历史进程。对人员脱帽、摔倒、进入危险区域等可进行预警，方便管理人员及时调配处理事件。

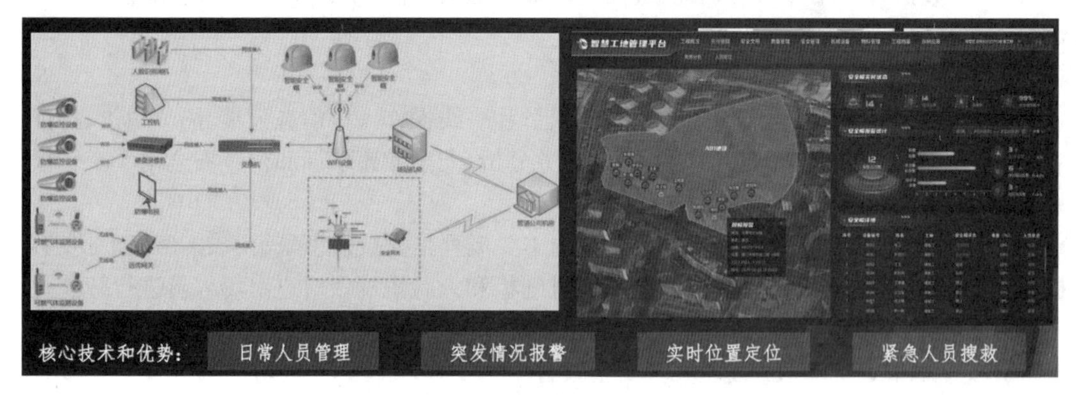

图7　智慧安全帽子模块示意图

（3）材料质量管理。

材料质量管理模块主要包括使用材料用量计划、采购、检测检验、进场验收、入库管理、使用记录等全过程数字化管理。

①材料全程数字化管理。材料管理采用全程数字化管理系统（图8），根据材料总计

划和材料需用计划，安排材料采购，然后进行材料验收，最后是材料入库。材料出库需进行材料盘点，根据出库需求进行入场材料入库、出售或退供等。

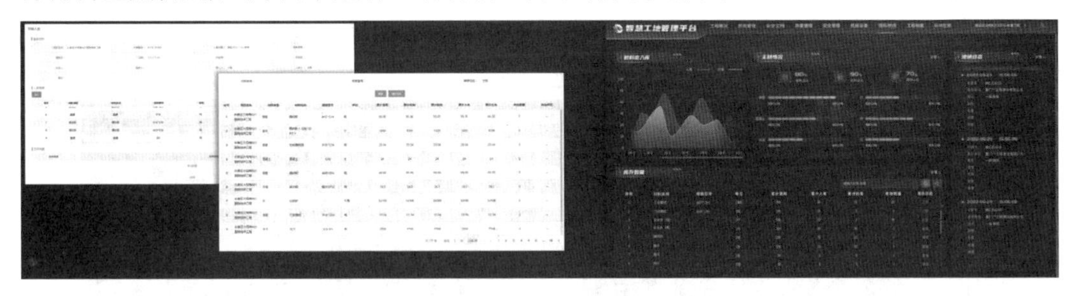

图 8　材料全程数字化管理系统示意图

②材料检验。材料检验采用材料检验系统（图 9），对进场材料复试取样、见证送检、试验检测、检测认证等全流程进行记录。

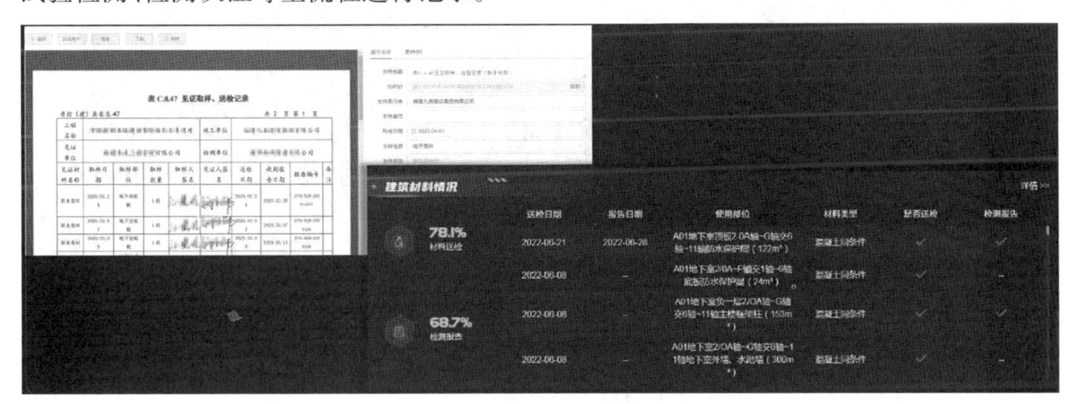

图 9　材料检验系统示意图

③智能地磅。智能地磅系统（图 10）可以量化管理工程材料，对进场材料过磅自动登记与汇总，将传统人工手动记录、登记等繁杂的称重管理工作自动化、在线化。

对提升过磅效率、规范生产秩序、提高经济效益等方面具有促进作用。

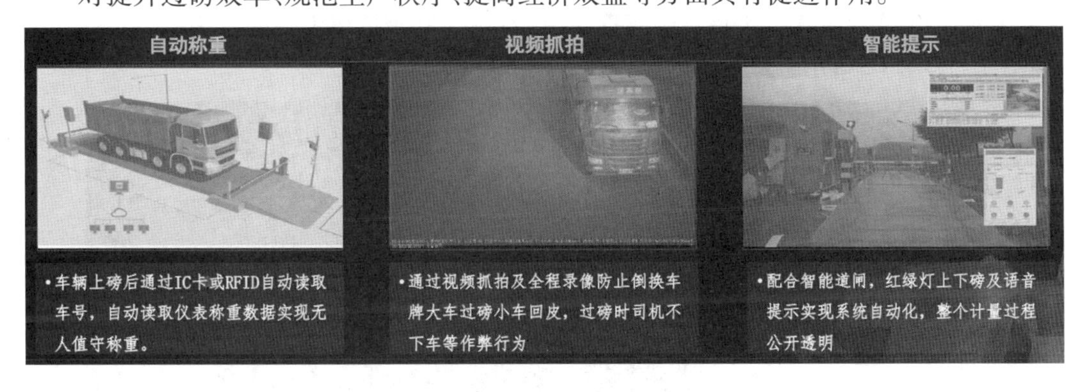

图 10　智能地磅系统示意图

（4）机械设备管理。

机械设备管理模块包括施工现场使用机械设备信息、开机人员人脸识别、安装、运行、维修、拆卸等信息化管控,以及实时采集设备运行状态,实现超限预警等。

①机械设备信息。机械设备信息管理系统(图11)包括机械设备档案的全生命期管理,含安装、运行、维修、拆卸等,还包括运行监测过程中的施工监测、安全上岗、功效分析等。

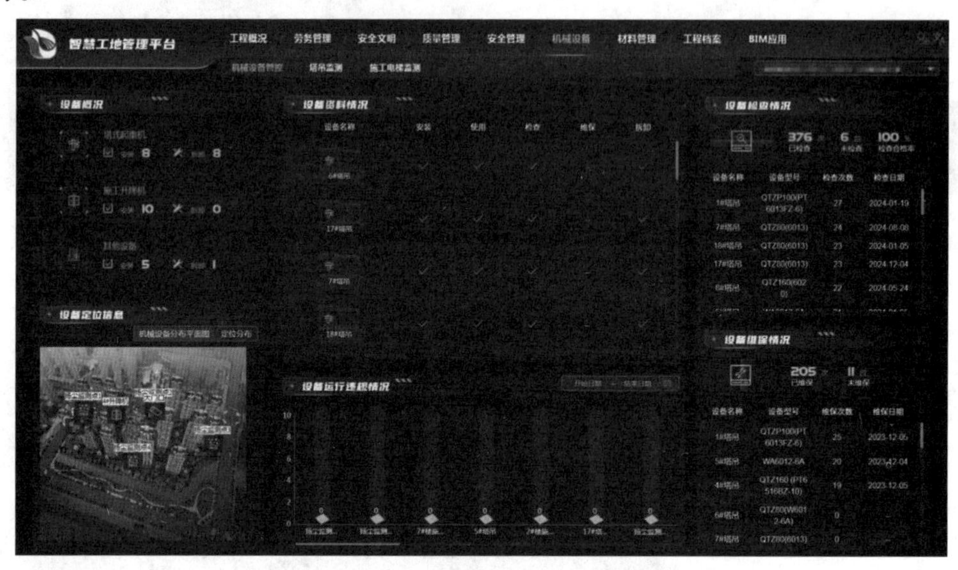

图11　机械设备信息系统示意图

②塔吊监测。塔吊监测内容含操作员人岗匹配、操作室可对讲和塔吊超视野。

a. 操作员人岗匹配:设备进行人脸活体识别确保驾驶员持证上岗,支持非接触式检测体温,可自动侦测破坏行为并进行平台报警。

b. 操作室可对讲:可实时查看现场操作室情况,同时可实现平台与操作室双向语音功能。紧急或违规操作情况发生时,可远程喊话提醒。

c. 塔吊超视野:避免盲吊,实现塔吊操作员无死角作业。

塔吊实时监测系统实时监测现场塔机的幅度、高度、重量、倾角等运行数据。监测到异常数据时,能实时推送预警信息至管理人员,对违规操作机械设备的行为进行提示、报警和记录,如图12所示。

图12　塔吊实时监测系统示意图

③升降机监测。升降机监测系统(图13)应具备人脸或指纹等身份认证功能,确保人员持证上岗。可远程监测升降机的载重、轿厢倾斜度、起升高度、运行速度等参数,并进行异常告警推送。对违规操作机械设备的行为进行报警、提示和记录。

系统具备状态显示功能,能显示梯速,防止冲顶,以及检测门开关,防止异常开门;具备维保管理功能,能进行升降机上下行、上下限位,门限位状态监测;具备身份识别功能,如司机身份管理,通过人脸识别管理合法司机;具备人数清点、超员报警功能,采用超大广角无死角视野技术和深度学习算法。

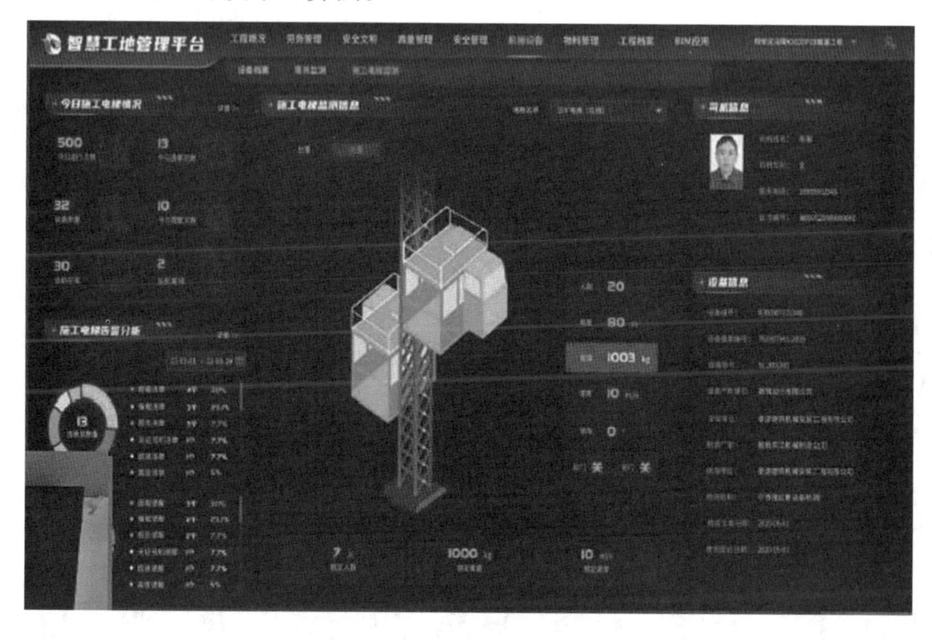

图13　升降机监测系统示意图

④卸料平台监测。卸料平台监测系统(图14)通过重量传感器实时采集当前载重数据,当出现超载现象时,进行异常告警推送。

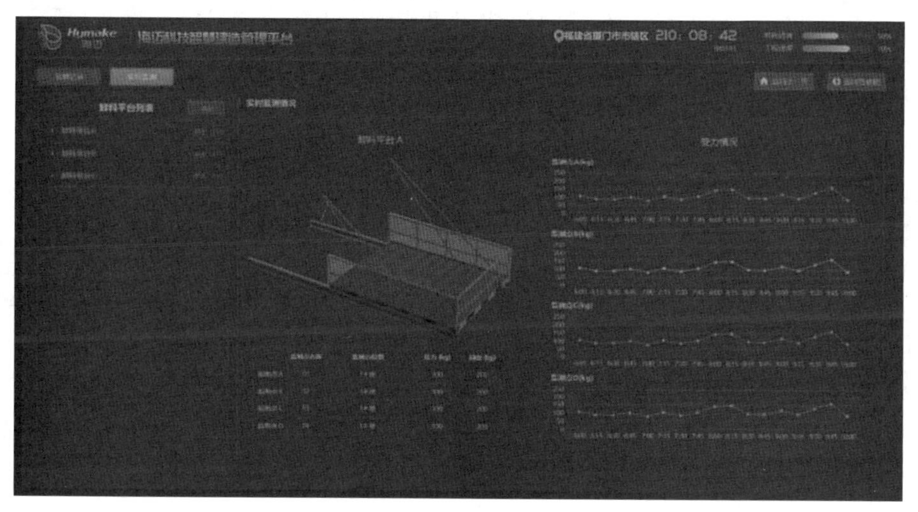

图14　卸料平台监测系统示意图

(5)安全文明施工管理。

安全文明施工管理模块主要包括施工现场安装远程视频监控设备和扬尘监测设备。系统对施工现场车辆进出通道口、施工作业面、基坑等关键区域、场所实现远程高清视频监控,确保“行为安全、状态安全”;实时采集现场 PM2.5 、PM10 等扬尘数据,相关预警信息与现场喷淋系统、管理平台等实现联动;鼓励探索建筑工地安全风险智能管控平台、智慧安全帽等在施工现场的应用。

①视频监控。视频监控系统(图 15)实现对工地主要出入口进出、监控施工区域各操作平台、项目现场周边环境的视频远程监控,对施工安全进行全面掌控,保障设备财务安全,便于调查取证, 实现从人防到技防,多方系统联动,一体化协同监管。

图 15 视频监控系统示意图

②环境监测。环境监测系统(图 16)实时采集施工现场风速、温度、噪音、颗粒物等参数,可实时在线监测;实现施工现场喷淋系统与扬尘监测系统联动,并可远程控制喷淋设备启停。

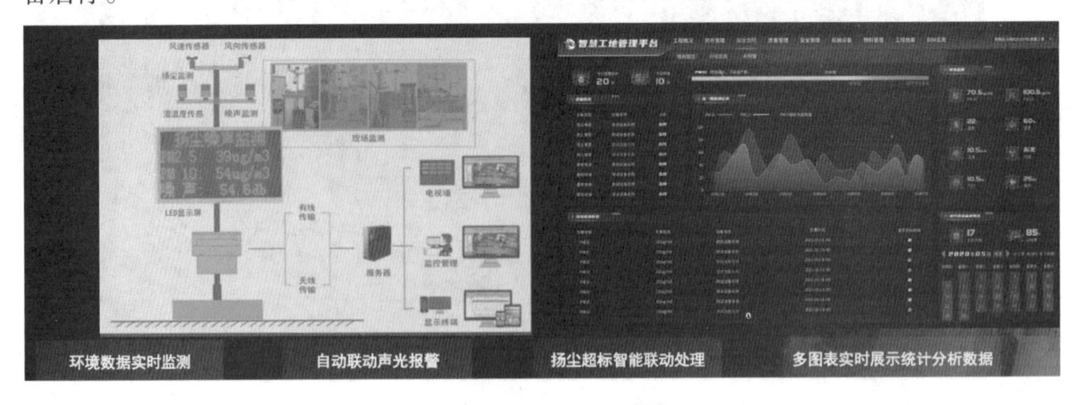

图 16 环境监控系统示意图

③车辆管理。车辆管理系统(图 17)采用源头管理的思路,利用物联网、5G 等技术对进出车辆实时监测跟踪,使车辆处于可查可管、易于追溯的状态,提高现场车辆作业安全程度和作业效率。

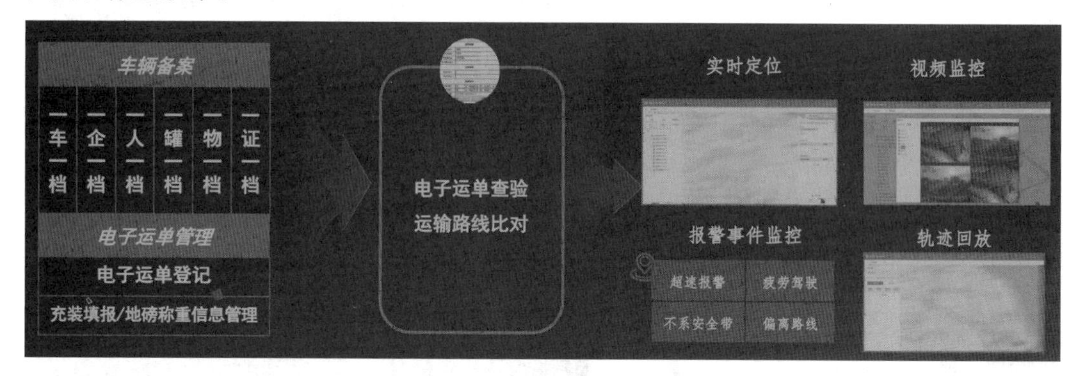

图 17　车辆管理系统示意图

④绿色施工。绿色施工监测系统(图 18)监测施工现场排污、生活污水排放、能耗信息,减少能源消耗和环境污染。对用水用电进行监测,方便对工程能源消耗高效把控,减少水电资源的浪费。

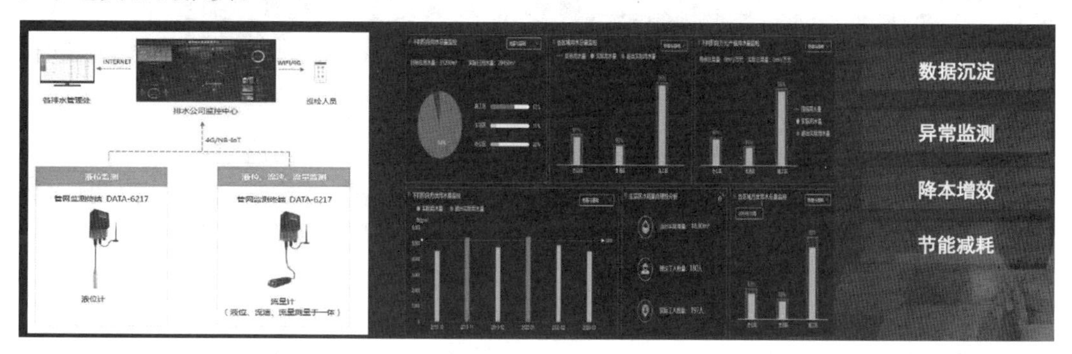

图 18　绿色施工监测系统示意图

(6)工程质量管理。

工程质量管理模块主要包括日常质量管理工作线上运行,质量样板做法、质量验收情况等线上实时查阅,实现质量问题可追溯闭环。

①质量检查管理。质量检查管理系统(图 19)有 Web 和 App 两种模式,包括基于检查条款在线巡检、整改反馈、奖惩,问题追踪,隐患闭环管理。系统的目标是协同电子化、检查常态化、沟通体系化、考核度量化。

②质量样板及资料。质量样板及资料系统(图 20)是以“建设工程资料电子化”为抓手,实现多主体协同、全过程在线,积累项目建筑信息资产。系统对工程主要质量控制文件进行采集记录、统计分析、查询预警;对工地现场开展的见证取样等工作。同时具备取样过程记录留存功能,检测数据统计、查询、分析及预警功能。系统中质量样板数据上云,配合图纸、文件、二维码等多种方式,全面推动质量管理,同时验收线上化,将验收情况、材料情况等数据汇聚、分析。

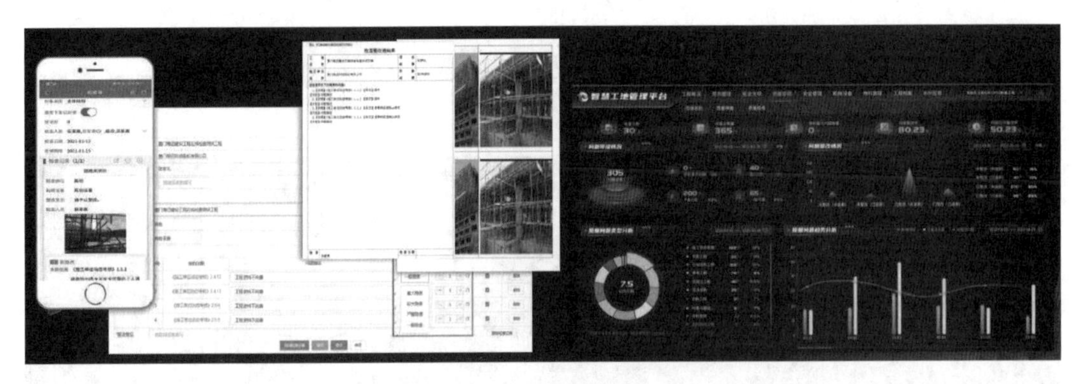

图 19　质量检查管理系统示意图

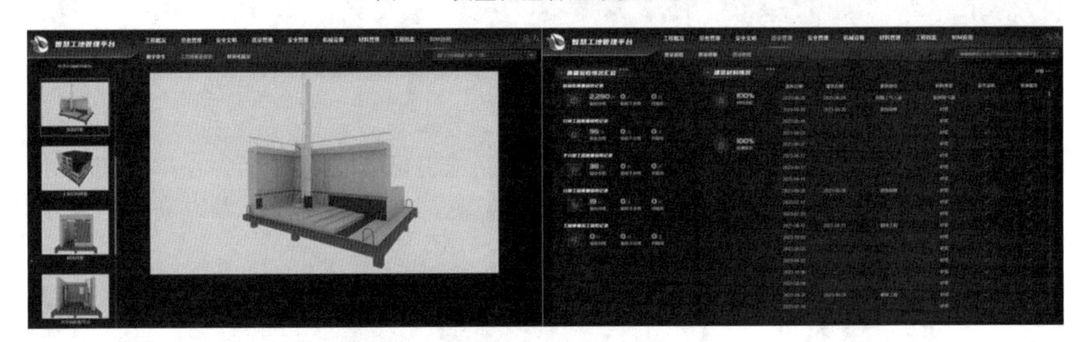

图 20　质量样板及资料系统示意图

③大体积混凝土监测。大体积混凝土监测系统(图 21)主要功能包括监测数据实时上传、温度信息可视展示、动态告警等,系统目标包括温度变化状态实时监测、超标预警数据提示留档、平台管理不同区域数据变化同步管理、现场人员管理成本控制等。

(7)安全隐患管理。

安全隐患管理模块主要是通过建立现场安全隐患排查系统,构建安全风险分级管控、安全风险智慧管控和隐患排查治理双重预防机制,综合利用大数据分析、统计等技术手段,分析项目存在的薄弱环节和风险隐患。重点对脚手架、高支模、深基坑等危险性较大的分部分项工程,实现智能监测、预警、消除等闭环管理。

①安全风险分级管控。安全风险分级管控系统(图 22)根据《房屋市政工程生产安全重大事故隐患判定标准》重点实现风险辨识、风险管控及风险告知。“一企一清单,一岗一标准”,按照风险等级、风险分类、风险因素、风险源等,筛选查询。可查看风险详情及管控措施、技术措施、管理措施、应急措施。

②安全风险智慧管控。安全风险智慧管控系统(图 23)通过大屏自动联动弹出响应报警及当前实时监控画面,以及 AI 视频分析服务,实现如跨界入侵监测、安全帽识别、攀越围栏和危险行为报警等功能。点击 App 报警信息接收后可查看现场实时监控画面,语音播报报警信息可提醒值班人员快速响应 App。

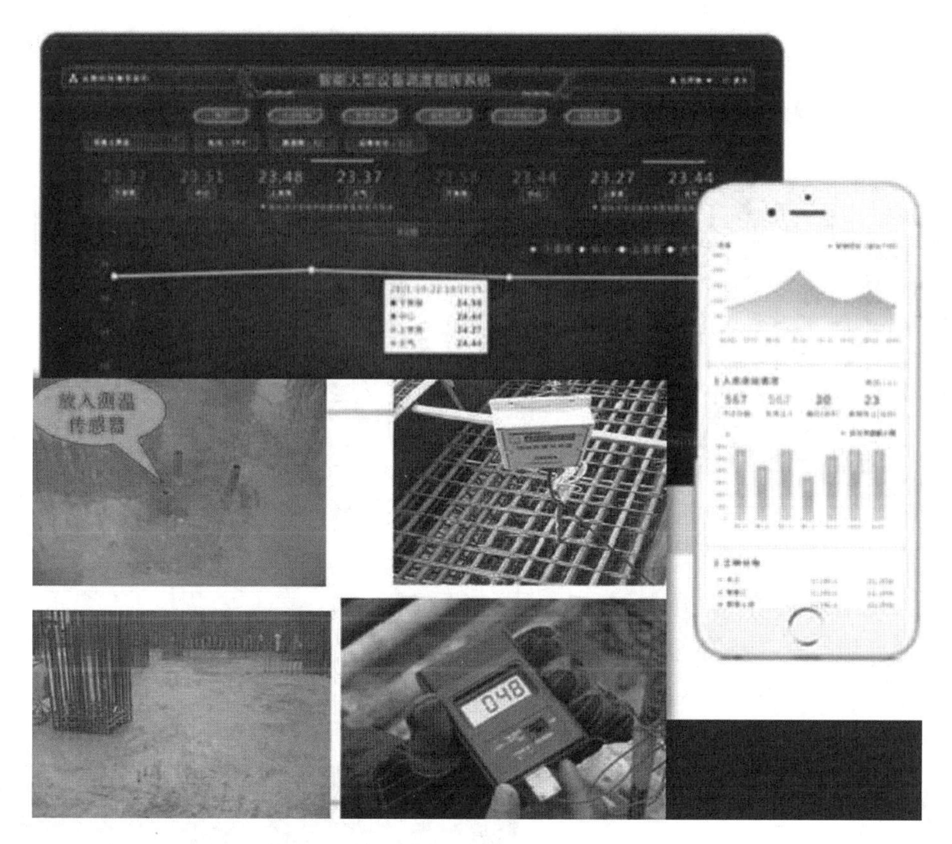

图 21　大体积混凝土监测系统示意图

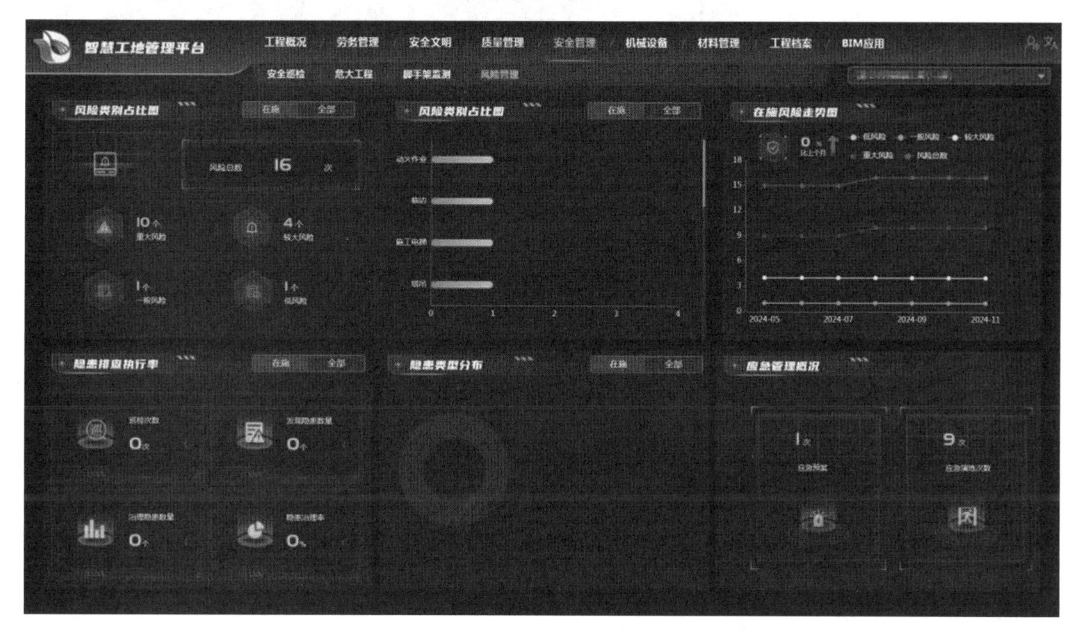

图 22　安全风险分级管控系统示意图

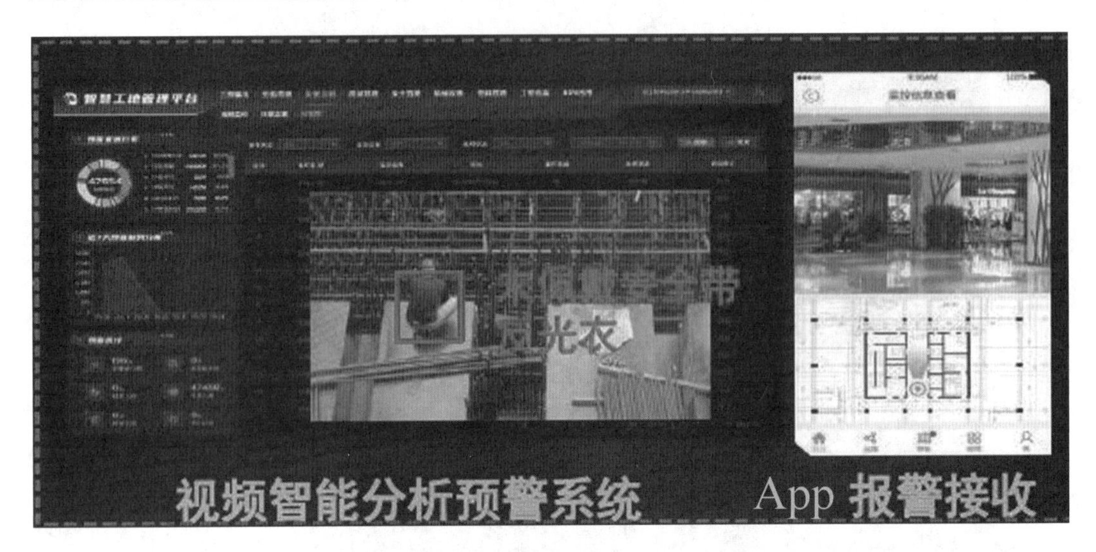

图 23　安全风险智慧管控系统示意图

③隐患排查管理。隐患排查管理系统（图 24）对现场日常巡查、周检查和月检查等定期检查及专项检查进行管理，重点强化有限空间作业、防高坠等，采用现场巡检、远程巡检、智能巡检等多种模式。当检查发现问题时，选择责任人推送，责任人接到提醒后通知整改责任人进行整改，整改完毕后通知检查人复查，确认隐患解决后关闭该问题。

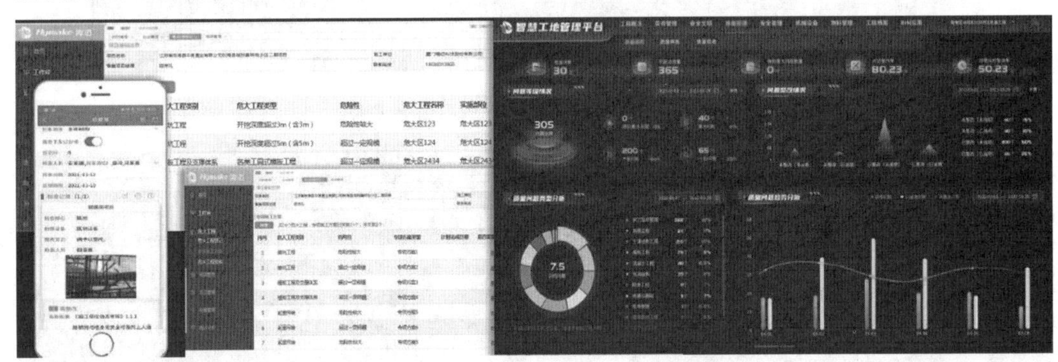

图 24　隐患排查管理系统示意图

④危大工程管理。危大工程管理系统（图 25）可对危险性较大、超过一定规模的危险性的分部分项工程进行全生命期在线管理，管理流程为：清单—方案—交底—实施—验收，即危大工程清单、专项方案、论证方案、方案技术交底、工程实施和检查验收。

⑤危大工程智能监测。危大工程智能监测系统（图 26）使用自动监测仪器结合无线网络实现脚手架、高支模、深基坑变形及受力监测数据的自动采集、实时传输、自动预警功能，保证了监测数据的真实性、完整性、及时性。

图 25　危大工程管理系统示意图

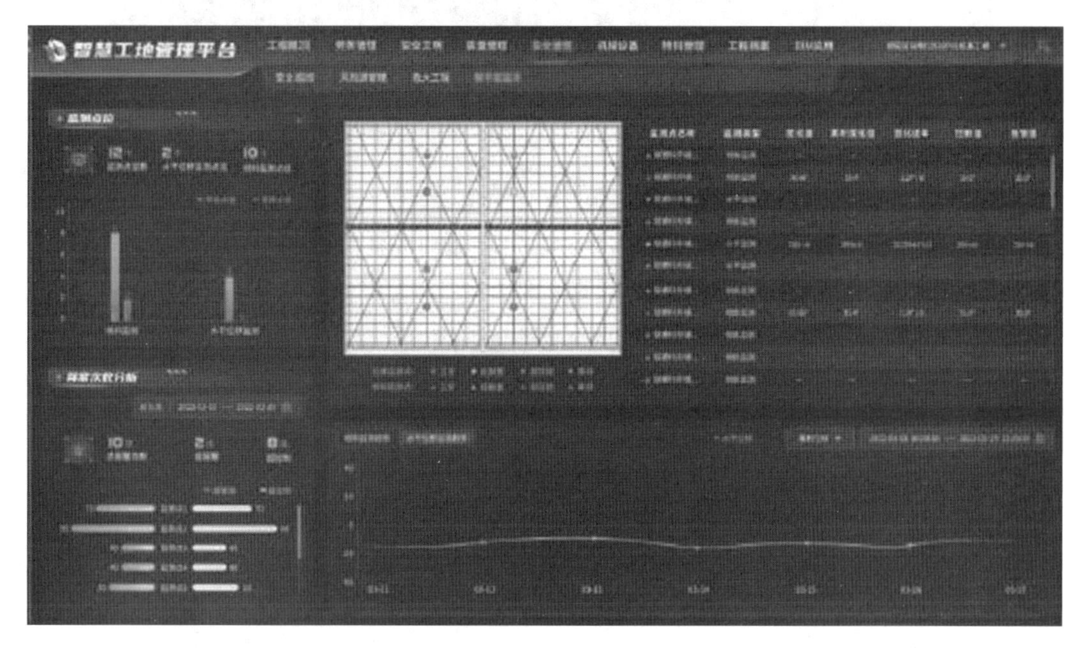

图 26　危大工程智能监测系统示意图

(8)BIM 技术应用管理。

BIM 技术应用管理(图 27)主要包括工程场地布置及管理、施工方案与工艺模拟、施工进度管理、工程质量与安全管理等的智能化管控措施。

①BIM 建模利用反向建模方式,快速搭建项目专业模型。

②施工方案模拟是复杂施工节点关键施工技术方案的 3D 模拟展示。

③场布应用是模拟现场布置,减少布置不合理、错误带来的损失。

④进度模拟应用是将模型与节点工期关联,进行进度可视化模拟与展示。

⑤质量安全关联是质量安全信息与模型实时关联,以及可视管理,如图 27 所示。

图 27　BIM 技术应用管理

BIM 多维空间应用(图 28)是结合无人机倾斜摄影、BIM、GIS、AI、5G 等技术,对不同空间场景下项目现场数据实时采集与分析,智慧度量施工品质、智能识别项目进度、多维数据评估工地风险等级,让工地管理更安全,更轻松。

图 28　BIM 多维空间应用

BIM 多维空间应用还可突破传统实体观摩展厅建设物理空间与时间的限制,采用云上数字展厅方式,提升观摩者观摩体验,降低投入成本,如图 29 所示。

(9)工程资料电子化。

建设工程资料,是工程建设质量的客观见证,是体现工程进度、评定工程质量、竣工验收、运营管理的必要条件,是对工程进行有效监督、检查、维护、管理、使用等的重要依据。建设工程资料具有信息量大、数据类型多、图纸繁杂等特点,且涵盖工程信息管理、人员信息管理、材料质量管理、机械设备管理、安全文明施工管理、工程质量管理和安全隐患管理的全部或部分内容。长期以来,资料的制作、流转、保存、整理、归档、再利用等,以纸质为主要媒介,不符合低碳环保、节能减耗的可持续发展理念。随着工程文件呈几何级数激增,难以查询、存储不便、占用空间大、再利用困难等弊端越发凸显。

图 29　BIM 云上数字展厅

2017 年 10 月，福建省住房和城乡建设厅办公室发布《关于开展建设工程资料电子化试点的通知》（闽建办综函[2017]15 号）。厦门海迈科技股份有限公司积极推动信息技术与建筑工程资料的融合，并在全国首创“政策法规、管理制度、工作流、标准规范、关键技术”五合一的模式，结合“安全、绿色、智慧”的理念，以建设工程资料电子化为目标，构建贯穿工程项目各阶段，覆盖工程资料编制、签批、签章、存储、管理和归档等全流程的“海迈电子档案平台”，如图 30 所示。

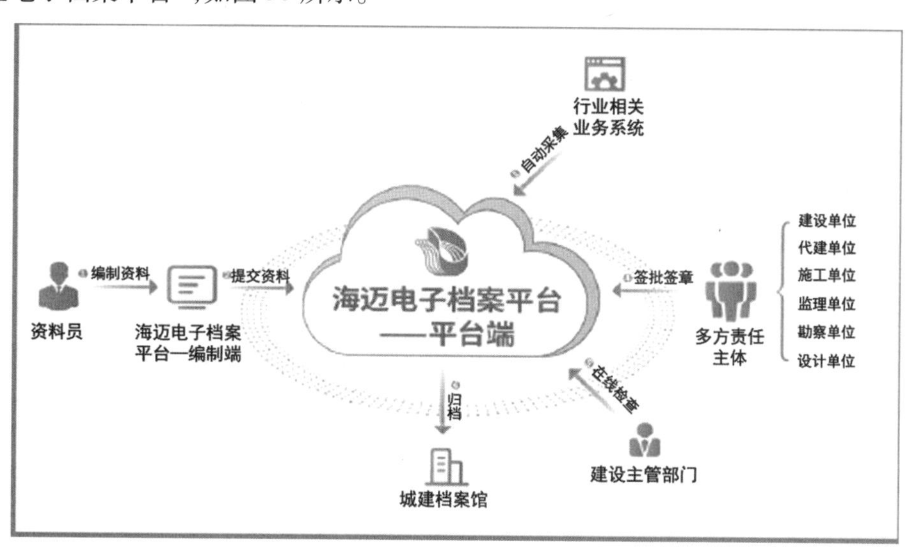

图 30　海迈电子档案平台

海迈电子档案平台，从“全架构、全过程、多主体、多技术”4 个方面，通过“全过程全主体协同、全程在线化”的实施路线，实现电子档案从无到有、从低到高、从假到真的变革，有助于提高工程质量。

建立基于项目电子文件“形成、流转、签章、整理”和电子档案“移交、保管、利用”等全流程的管理制度体系。以建设工程资料电子化为目标，通过“多主体协同，全过程在线”

实现建设工程全过程的电子文件制作、流转、签章、存储、归档、管理和利用。积累项目建筑信息资产，作为智慧工地整体方案的数据支撑，并提高行业效率，实现节能减耗。智慧工地管理平台中的海迈电子档案系统如图 31 所示。

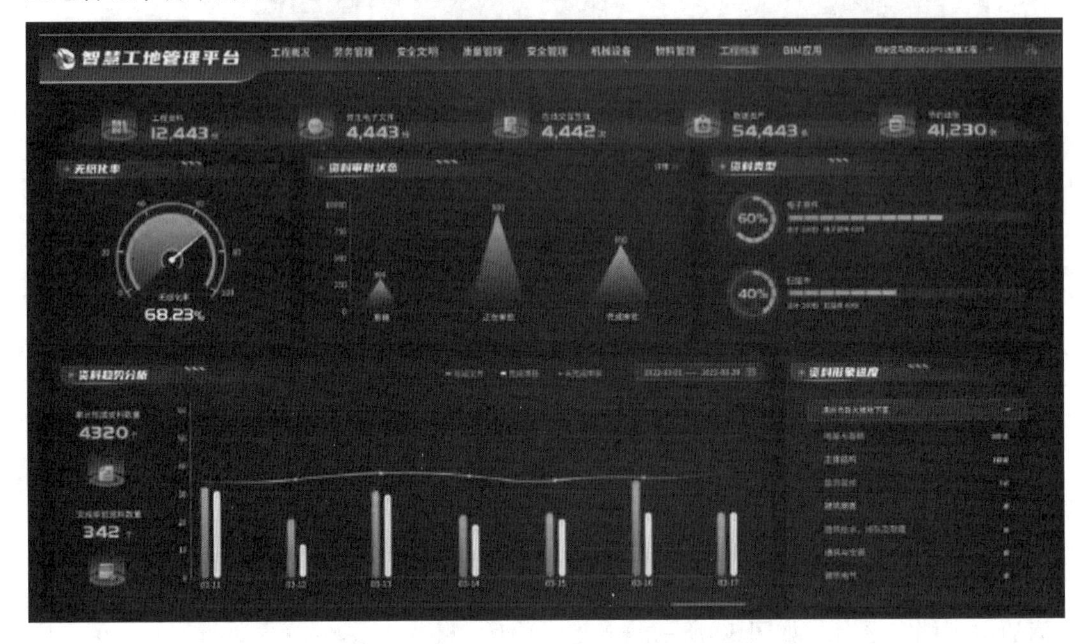

图 31　智慧工地管理平台中的海迈电子档案系统示意图

①全架构方面，在整体的业务架构下，通过工作流技术实现在线协同办公；通过工程项目信息互联互通的标准，生成唯一标识码，实现不同主体、不同系统之间的信息对接及共享。

②全过程方面，基于工程项目建设流程，建立工程资料全生命期的过程管理体系，保证工程资料的修改留痕和可追溯，实现了过程和结果并重，提升了工程资料形成的透明度，便于质量管控。

③多主体方面，工程项目的责任主体包括建设单位、施工单位、监理单位、勘察单位、设计单位、检测机构、建设主管部门等，通过电子签章等技术实现多方责任主体在线签批，保障了电子文件的合法性、完整性、可靠性及不可否认性。

④多技术方面，在深入研究建设工程资料归档相关政策、标准规范的基础上，将技术手段和非技术资源有效结合，支持工作协同的串联、并联和混合联等各种情况。基于云存储、电子签章、工作流、人工智能等技术，实现建设工程电子文件从形成、流转、签批、检查到归档的全流程信息化应用。项目施工过程中，项目各参建单位的工程资料全过程在线形成、在线签批、协同共享。建设主管部门在线检查形成的电子工程资料。项目竣工后，各参建单位依据相关要求，在线整理电子文件并移交至项目所在地的城建档案馆。

海迈电子档案平台已在多家企业和多个实际项目中应用落地。

①厦门市档案馆及城建档案馆技术业务用房建设项目。

厦门市档案馆及城建档案馆技术业务用房建设项目总用地面积约 1.4 万 m^2，总建筑面积约 6.8 万 m^2，项目总投资约 4.5 亿元，2020 年 3 月开工，2022 年 8 月竣工。本项目是厦门市重点项目、福建省建设工程资料电子化试点项目、厦门市 BIM 报建(规划、设计、施工及归档全过程应用)试点项目,同时入选国家档案局“建设项目电子文件归档和电子档案管理试点”。

②厦门市政集团有限公司(建设单位)。

厦门市政集团有限公司是福建省成立的首家国有资本运营公司,总资产近千亿元。集团公司以产权管理、资本运作及投融资管理为主,现有 8 家成员企业,经营范围主要包括城市公共服务、民生保障、市政交通基础设施建设、投资置业四大业务板块。项目以“1(标准)+1(平台)+*N*(应用)”模式,将“电子档案”纳入工程项目招投标、合同签订环节。试点 70 个项目使用电子档案平台。集团公司结合电子档案管理平台,进行前期、施工、竣工全过程档案管理与应用。

③万科湖心岛项目六期。

万可湖心岛项目六期建设规模 34 551.816 m^2,合同金额 8 000 万,于 2016 年 11 月开工,2019 年 11 月竣工(图 32)。该项目实现了电子档案从无到有、从低到高、从假到真,破除了传统工作模式在效率、资源消耗等方面的弊端,并助力“万科湖心岛项目六期”成为福建省首个建设工程资料电子试点项目归档的房屋建筑工程类项目,电子原件率高达 89%。

图 32　万科湖心岛项目

④厦禾路道路提升工程。

本项目是厦门岛内市政工程,合同金额 2 898.07 万,于 2018 年 8 月开工,2019 年 5 月竣工。项目使用海迈电子档案平台,形成、签批 1 861 份资料,整理移交城建档案馆 2 067 份资料,电子原件率高达 90%。

⑤锦绣碧湖 A 区 A-2 地块 5-12 号楼。

本项目是漳州市首个以电子档案归档的项目(图 33)。在项目建设过程、施工资料收集、电子档案整理等多方面均符合建设工程无纸化归档试点项目的要求。

漳州市城市建设档案馆明确将“锦绣碧湖 A 区 A-2 地块 5-12 号楼”项目作为无纸化归档试点项目,并以此为契机积极探索电子档案收集整理、归档报送等城建档案信息化建设。项目使用海迈电子档案平台形成、签批近 26 000 份资料,整理移交 114 卷电子档案、11 932 份电子文件,无纸化率达到92.7%。

图 33　锦绣碧湖 A 区 A-2 地块 5-12 号楼项目

自 2017 年 10 月福建省开展建设工程资料电子化试点工作以来,全省 9 个设区市共 309 个项目开展电子化试点,建设工程电子档案平台参与其中 80%以上的项目,成为国内建设工程文件电子化的领先实践者,并被评为福建省重点新产品、厦门市高新技术成果转化项目。厦门市厦禾路道路提升工程、万科湖心岛项目六期,其工程文件以电子档案形式,成功被厦门市城建档案馆接收,成为福建省首个实现电子档案归档的市政基础设施工程类和房屋建筑工程类项目,电子原件率分别达到 90%与 89%,为建筑工程资料电子化的推进起到良好的示范效应,福建省成为全国建设工程资料电子化的先行者。

4　智慧工地效益

4.1　建设效益

智慧工地管理是一种崭新的工程全生命期管理理念,立足于"互联网+智慧监管"的服务模式,采用以智能建造技术为核心的相关技术,以可视化、数据化及可控化的方式对工程项目进行全方位实时管控,有助于提升建设工程质量安全监管效能,对加强安全文明施工具有重大意义,同时也有助于推动建造方式变革、提升建筑业科技创新能力、促进建筑产业提质增效、推进建筑产业转型升级。

(1)保障工地生产安全。

智慧工地解决方案通过全方位实时监控,及时发现工地现场的危险源,提高掌握现场情况的速度和准确性,使监管人员快速反应,制定有针对性的管理措施,对违规、危险现象及时处理,保障生产安全。通过智慧工地建设,可以由事后追责、事中监督转变为事前防控,形成"预防为主,防监融合"的全过程监督,减少人为主观因素影响,建立健全更为客观、高效、集约的建设安全管理方法,保证建设质量、保障财产安全和人身安全,有效防止安全事故的发生。

(2)增强精益建造水平。

精益建造的核心思想是将精益生产的原则和方法应用到建筑业中,是建筑业对于建筑过程的精益求精的追求结果。与传统建造方法相比,精益建造更强调全生命周期的管理,追求"工期—质量—成本"三赢的结果。传统建筑管理理论往往在工期、质量和成本之间做出权衡,而精益建造则通过并行管理和动态控制,在保证质量和工期的同时,降低成本和提高效率。

智慧工地建设有助于实现施工现场"人、机、料、法、环"各关键要素实时、全面、智能的监控和管理,有效支持现场作业人员、项目管理者、企业管理者、监管单位人员的各层协同和管理工作,一方面有利于提高施工质量、安全、成本和进度的控制水平,保证工程项目按期完成;另一方面有利于提升行业监管和服务能力,增强工程项目的精益建造水平,有利于促进建筑业的转型升级。

(3)推动节能建造发展。

项目施工中,无论是施工现场,还是生活区和办公区,对水电用能需求都十分巨大,一旦缺乏行之有效的监管,便会出现严重的资源浪费。通过智慧工地平台,可以对建筑施工项目进行能耗数据监测统计,加强用能管理,提高能源利用率。

智慧工地建设方案中的电子档案平台可以节能减排,助力"碳达峰、碳中和"。以电子档案平台项目为例,1 万 m^2 房建项目预估产生 1 万份建设工程资料,相当于 5 万张 A4 纸。节省扫描、出行等消耗。

(4)维护社会稳定和谐。

智慧工地解决方案可以通过身份证比对、24 h 视频监控、自动化安全规范生产监测及预警有效预防建设现场人员、车辆及治安管理,威慑并遏制盗窃、斗殴等影响社会稳定的治安事件发生;利用信息化手段落实对劳务工人的实名制管理,保障劳务人员安全与合法权益,有利于减少劳务纠纷,维护了社会的稳定,促进了社会的和谐发展。

(5)促进新兴技术应用。

智慧工地推动了物联网、人工智能、BIM 等智能建造技术在建筑业的集成应用,加快了新一代信息技术的普及应用,显著提升了新兴技术应用水平。在一批效果突出、带动性强、关联度高的典型应用示范工程带动下,催生了新业态和新模式,使建设行业信息化成为促进经济发展、改善社会安全管理、提升公共服务的重要技术力量。

(6)改善多方营商环境。

智慧工地建设改变了政府部门传统的监管方式和手段,从线下走到线上,简化了不必要的流程,让企业从"监管对象"转换为"服务对象",极大地改善了营商环境,对提振企业发展信心发挥了重要作用。

4.2　社会效益与经济效益

以智能建造技术为核心打造的智慧工地解决方案,利用 BIM、物联网、人工智能、大数据等新一代信息技术,改变了传统建筑施工现场参建各方现场管理的交互方式、工作方式和管理模式,为建设集团、施工企业、政府监管部门等提供全方位的工地现场管理信息化解决方案,是一种崭新的工程现场一体化管理模式,且取得了良好的社会效益与经济效益。

(1)社会效益。

智慧工地是建设行业转型升级的重要方向之一。通过引入先进的管理和技术理念,能够推动建设行业向更加智能化、信息化、绿色化的方向转型升级。通过监测和控制施工过程中的污染排放,如扬尘、噪声等,实现绿色施工,减少对环境的影响,改善城市整体环境面貌,提高市民健康生活指数。通过安装在施工现场的各类监控设备和智能分析系统,能够实时监测施工过程中的安全隐患,如塔吊运行状态异常、脚手架稳定性不足等,并立即发出预警,有效预防事故发生,确保施工安全。

(2)经济效益。

智慧工地在降低人力资源管理成本、提升应急响应效率、提高故障处理效率的同时,给企业带来经济效益,同时也有助于降低一些由政府主导和投资的基础建设项目的施工成本,提高了财政支出的有效利用率。

参考文献

[1] 王建平,魏宏亮,吴星蓉,等.建筑工程智慧工地应用发展研究——以甘肃省某工程为例[J].土木建筑工程信息技术,2024,16(1):91-96.

[2] 曾俊华.BIM技术在智慧工地建设中的应用探究[J].中国建设信息化,2022(23):62-63.

[3] 金季岚.工程建筑信息资产协同管理平台[J].中国建设信息化,2021(16):26-29.

[4] 金季岚.融合BIM的建设信息资产管理平台建设[J].福建电脑,2023,39(6):92-96.

[5] 杨汉宁,沈建增,陆峰.BIM5D+智慧工地系统构建研究与应用——以中国移动成都研究院科研枢纽工程项目为例[J].建筑经济,2023,44(5):46-52.

[6] 李志龙.智能建造技术在工程造价管理中的设计与实现[J].福建电脑,2023,39(6):77-81.

[7] 陆飞澎,李伯鸣,王燕灵.基于云边协同专用设备的智慧工地管理系统关键技术研究[J].中国建设信息化,2023(6):74-77.

[8] 陈泽芳.智慧工地行业分析报告2023智慧工地打开百亿级市场新空间[EB/OL].(2023-01-06)[2023-03-22].https://www.chinairn.com/hyzx/20230106/11474681.shtml

[9] 高磊.基于BIM的智慧工地管理平台的实践应用[J].中国建设信息化,2023(8):80-85.

[10] 王钟箐,胡强.BIM技术在建筑项目智慧建造中的应用[J].工业建筑,2023,53(1):246.

[11] 李伟,王小斌,张硕英,等.基于数字例会驱动的智慧工地落地应用研究[J].建筑经济,2023,44(11):53-57.

[12] 陈添杰.BIM技术在施工各阶段场地布置的应用与研究[J].福建建设科技,2021(2):88-91.

[13] 黄玮,张智云,陈景华.BIM+GIS的综合管廊智慧管控一体平台应用探索[J].福建电脑,2020,36(5):9-12.

[14] 黄炳河,盛玲.建设工程项目电子档案的归档应用实践[J].福建电脑,2020,36(3):56-59.

[15] 盛玲,黄炳河.基于电子档案平台的建设工程资料电子化研究[J].福建建设科技,2018(6):70-72.

[16] 林亚杰.工程建设电子档案管理新模式的实践应用[J].福建建设科技,2021(5):115-116.

[17] 李宁,陈捷,刘文清.基于BIM+GIS的交通领域资产管理实践[J].中国建设信息化,2022(13):67-69.

地下空间智能建造探索应用
——以海沧沉井式机械智能车库为例

苏钊艺

中铁科建工程有限公司

1　背景

国家发展和改革委员会公布的数据显示，目前我国大城市小汽车与停车位的平均比例约为 1∶0.8，中小城市约为 1∶0.5，城市停车位比例相对偏低，保守估计全国停车位缺口超过 5 000 万个。停车难成为困扰一、二线城市交通规划发展的普遍问题。[1]

以厦门市为例，截至 2019 年底，厦门市共有停车泊位 86.1 万个，其中岛内 45.7 万个，岛外 40.4 万个，但截至 2019 年底，厦门市小汽车保有量 126 万辆，增长较快，按城市停车位占机动车保有量最低比 1∶1.1 的要求，厦门市停车泊位仍缺口 52.4 万个，供需矛盾比较突出。[2]而城市土地资源日益紧缺对停车场建设形成制约，建设难度巨大。

鉴于城市发展状况和土地使用情况，建设大量城市停车位存在一定的困难，而研究一种小规模、点状式、分散建设、预制拼装的沉井式地下停车库的智能建造工法，能够有效地解决这一难题。本项目结合地下空间开拓应用，创新性地运用智能建造方式，采用 BIM 技术对主体结构预先进行拆分，基于标准化拆分设计，对车辆进出停放轨迹进行模拟碰撞验证，确保停车安全；施工现场利用 BIM 技术对项目物料系统提资，核算材料成本，预先模拟施工，对产品从工厂生产、发货运输到现场安装等各个环节可能存在的重难点问题提前预知，针对性解决，对类似工程项目的开拓应用具有借鉴意义。

2　项目基本概况

海沧区装配沉井式地下机械智能停车库项目（下称：海沧沉井式机械智能车库）有 2 个独立库组成，分别建设在厦门市海沧区文化艺术中心及行政服务中心。单库地下占地面积约 380 m^2，地面占地面积约 120 m^2，每个车库的施工总工期为 180 d。项目施工不仅噪音小而且工程安全质量优、工期短，同时对施工场地和交通道路的污染和干扰极小。本项目被列为住房和城乡建设部装配式建筑科技示范项目，标准化生产，复制性强。海沧沉井式智能机械车库项目效果图如图 1 所示。

项目采用全预制方式，将井筒高度拆分成 6 层，底层为刃脚层，其余 5 层为标准层，每

图1 海沧沉井式智能机械车库项目效果图

层拆分为10块,每块内、外侧墙固结构件(双皮空腔构件)在工厂预制,运往现场拼装,在内、外侧墙之间的内腔浇筑钢筋混凝土,预制率36%。为提高建设过程中的精细化管理能力,在本项目展开BIM技术在装配式建筑规划、勘察、设计、生产、施工、装修中的应用。项目现已竣工交付使用。

3 工程建设特点

(1)采用可复制可推广的装配式建造方式结合沉井下沉法施工。

沉井下沉一般用于桥梁领域,且通常采用现浇施工,分仓单仓小,本项目跨领域应用了大直径沉井下沉法并结合预制装配式建造,是首创成功的实践项目;采用沉井下沉法将基坑支护与结构外墙双墙合一,属逆作法施工,减少了工序,节约了材料;采用圆筒形结构,受力均匀,内腔浇筑钢筋混凝土,整体性好,结构安全,无须支撑,提高出土效率,便于施工人员井内作业;将筒体拆分为双皮空腔结构预制,每块构件边缘预埋钢板,拼装时连续焊接,形成封闭接缝,预制块拼接成环叠加层后"错层浇筑内腔自密实砼",是最核心的结构防水设计;库体部品部件均在工厂里预制,能最大限度地改善混凝土开裂、渗漏等质量通病,并提高车库整体安全等级、防火性和耐久性,利于环境保护和节地、节能;工程进度快,比传统方式的进度快50% 左右。

(2)预制构件采用工业化智能生产方式生产。

深化设计阶段利用BIM软件采用参数化设计,构件信息和模具信息可通过BIM三维模型直接传递至平台,准确无误地生成物料清单,生产、采购、技术等部门可通过平台提取所需信息,安排后续工作。模型的导入,避免了技术人员通过二维图纸提取构件信息产生的间接性错误,因而可以大量节省人工统计时间,提高效率;利用预制构件的信息集成技术,实现构件生产的质量检验的信息化,以此形成构件质量的可追溯性管理,将BIM技术贯穿装配式建筑预制构件生产管理的全过程,达到生产过程的可追溯性,通过科学化、信息化的管理,实现工厂管理的有序性、生产效率的高效性、构件质量的可控性。

(3)BIM 信息化管理。

在装配式建筑的设计、生产、运输、施工等全生命周期建设过程中运用 BIM 技术,可提高项目工作效率及产品质量。

①优化设计,减少设计变更。利用 BIM 模型进行单专业三维设计和多专业综合协调,实现高效的多专业整合协调,减少各专业之间的“冲突”及其带来的设计变更,如通过设计图纸完成前、施工开始前的综合协调,可以减少二维图纸不能发现的空间碰撞等引起的变更,进而节约项目工期和成本。

②提高工程进度控制效率。通过 BIM 模型与时间变量的结合,实现 4D 施工进度模拟,以及不同范围的施工进度的精确控制,为整体施工方案比选和关键工艺节点优化提供依据,强化对施工过程的管控能力,减少甚至避免工期延误和人、机、料的浪费。

③快速统计工程量。借助 BIM 模型,快速、准确地完成项目工程量信息的统计,大大提高了财务和采购部门的工作效率,同时,即时、准确的成本变化评估也为决策层调整制定战略决策提供了强有力的依据。

4　工程难点分析

(1)由于项目位于建成区内,周边环境复杂、施工场地狭小。

(2)本项目是地下工程,又采用装配式施工,对拼接节点要求高,且需要满足预埋件精度定位、安装效率和标准化加工要求,对成品保护要求也较高,加之构件大多超限,对运输车辆、构件支承、固定方式、装卸车吊点布置及人员协调的难度大。

(3)本工程 PC 构件为异性构件,加工难度较大,工人实施流程不明确。

(4)工期要求紧,质量要求高。

(5)项目停车空间较难确定。

(6)关键工程节点施工筹划复杂。

工程特点及难点与 BIM 应用点策划表见表 1。

表 1　工程特点及难点与 BIM 应用点策划表

序号	特点及难点	BIM 应用需求分析	BIM 应用点策划
1	周边环境复杂、施工场地狭小	通过工程模型及周边环境模型,直接反映施工用地、施工方案的可行性	施工场地规划、施工方案模拟
2	预埋件定位精度要求高	利用 BIM 模型辅助生产及施工定位	预制构件深化设计
3	关键工程节点施工筹划复杂	基于工程模型及交通组织等信息,关联时间,形成 4D 模型,辅助工程筹划及施工进度管理	工程筹划及进度管理
4	施工工艺新颖	施工检测信息与工程三维模型对比	施工深化设计

续表

序号	特点及难点	BIM 应用需求分析	BIM 应用点策划
5	项日停车空间确定困难	建立全专业模型,对垂直和平面空间关系进行分析	竖直净空分析、平面空间分析
6	该项工艺对地质要求较高	建立地质模型,直观反映下沉过程中的地质类型	建立地质模型
7	构造重量过大,且对成品保护要求较高	结合工程模型,对运输车辆、构件支承、固定方式、装卸车吊点布置,直观展示与辅助决策	运输车辆、构件支承、固定方式、装卸车吊点布置设计

5 应用项目列表

根据海沧沉井式机械智能车库项目的特点,BIM 技术的应用从方案设计阶段介入,直至项目建设期结束竣工。梳理设计、施工各阶段 BIM 技术的主要应用点,见表 2。

表 2 BIM 应用阶段及应用项列表

应用阶段	应用项
设计阶段	沉井结构方案设计
	新工艺工法模拟
	设计方案比选
	场地现状仿真
	各专业模型创建
	多专业碰撞检测
	净高分析
	装修效果仿真
生产阶段	深化设计
	工程量复核
	预制构件库二维码管理
	预制构件加工及生产视频
	预制构件辅助加工
施工阶段	地质分析
	构件吊装施工模拟
	复杂节点工艺
	基于移动平台的现场施工指导
	虚拟进度与实际进度对比
	竣工模型建立

6　基于 BIM 的设计阶段应用

（1）参数化设计车库筒壁。

运用 Dynamo 和 Revit 相互结合的方式，来进行几何设计，将 Revit 的几何能力拓展到了更高一级的层次。通过 Dynamo，可以以一个循环的方式来整合并更新设计。Dynamo 编程图沉井方案阶段图如图 2 所示。

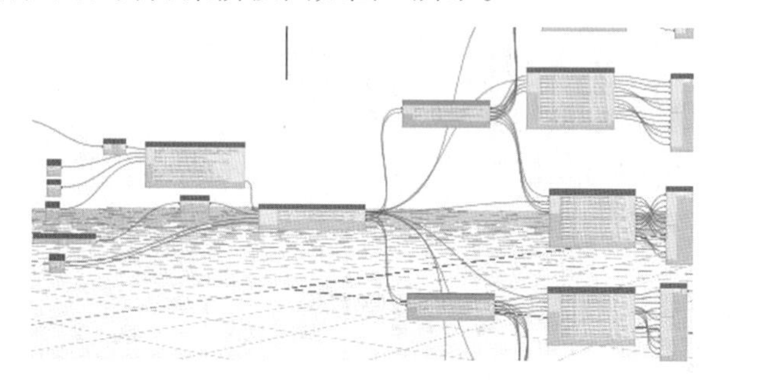

图 2　Dynamo 编程图沉井方案阶段图

（2）停车模拟。

通过 BIM 技术模拟了车辆进入停车库后的运行情况，模拟了不同情况入库、出库的流程和耗时。从提高存取车的效率角度，对结构构件（梁、板、柱）的空间位置给出了建议；对于等待入库和存车的情况进行了模拟（图 3），提出了车辆等待的方式和数量，为保证车流通畅提供了保障措施。

图 3　停车模拟示意图

（3）新工艺工法模拟。

将 BIM 技术的三维可视化应用于新施工工艺模拟优化并确定节点各构件尺寸，各构件之间的连接方式和空间要求，以及节点的施工顺序，并可进行可视化展示或施工交底。新工艺工法模拟图如图 4 所示。

（4）设计方案比选。

以三维可视化的形式展现各个方案的优缺点，协助设计人员进行方案比选、整体优化及最终方案的确定。效果图如图 5 ~ 8 所示。

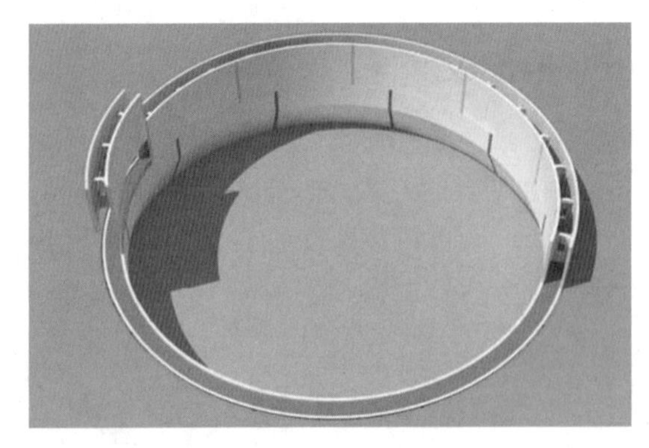

图 4　新工艺工法模拟图

图 5　方形外观效果图

图 6　圆形外观效果图

图 7　局部效果图一

图 8　局部效果图二

（5）场地现状仿真。

通过场地周边环境数据、地形图等资料，对重要节点的周边场地及环境进行仿真建模（图 9），创建包括但不限于周边环境模型、停车库主体轮廓和附属设施模型，可视化表现车库主体、出入口、地面建筑部分与红线、绿线、高压黄线及周边建筑物的等各类场地要素之间的距离关系，辅助车库设计方案的决策。

（6）工程场地模型创建。

通过编写好的 Dynamo 功能模块，将地形测绘、地质勘查数据快速导出为可用数据，建立的场地三维模型，不仅可以作为可视化和表现现有场地条件的有力工具，为后期构筑物模型布置提供地形基础，也可以为土方量的精确计算提供模型支持；此外，可为场地提供更为客观科学的分析基础，辅助优化方案阶段的设计成果。工程地质模型与下沉地质模型如图 10 所示。

图9 海沧区文化艺术中心地面停车场虚拟漫游模拟

(a) 工程地质模型

(b) 下沉地质模型

图10 工程地质模型与下沉地质模型

(7)各专业初步设计 BIM 模型。

在结合工程实际情况的基础上,根据《福建省建筑信息模型(BIM)技术应用指南(2017 版)》规定,并参考其他相关专业的 BIM 标准,完成了所有专业的初步设计 BIM 模型,如图 11 ~ 14 所示。

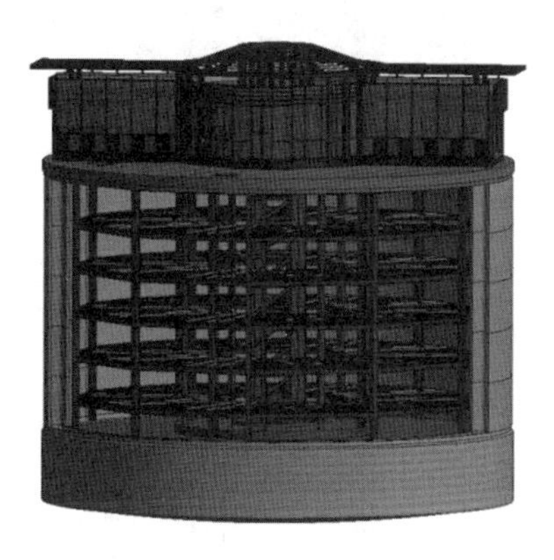

图11 土建模型

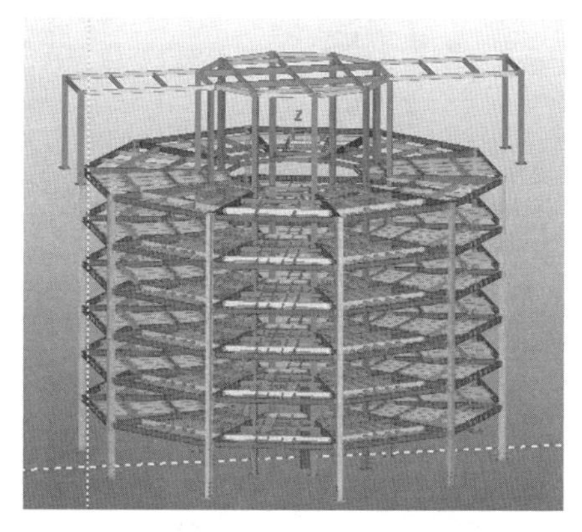

图12 钢构模型

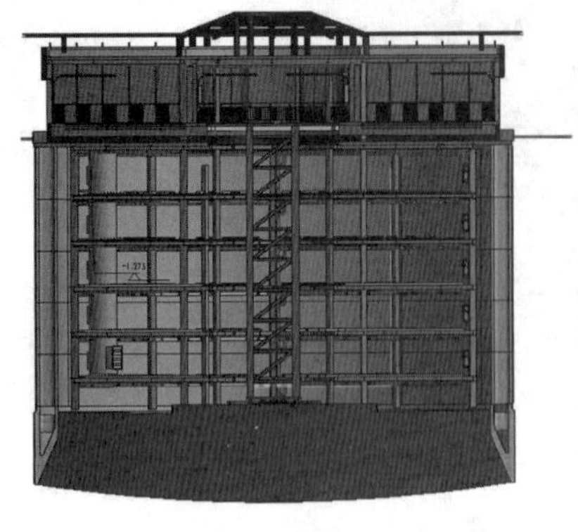

图 13　机电模型

图 14　装修模型

(8)三维管线综合设计优化。

本项目探索了 BIM 融入设计流程的方式。不同于传统的碰撞检查及出碰撞报告，BIM 工程师直接负责三维管线综合及碰撞调整，各专业设计人员负责成果审核，确保三维管线综合优化的成果(图 15)通过施工图纸传递到施工阶段。该做法有利于发现并解决管线与结构之间、各专业管线之间的设计碰撞问题，优化管线设计方案(图 16 ~ 19)，减少施工阶段因设计“错、漏、碰、缺”而造成的损失和返工工作。管线优化工作完成之后输出净高分析报告，确保设计满足净高要求。

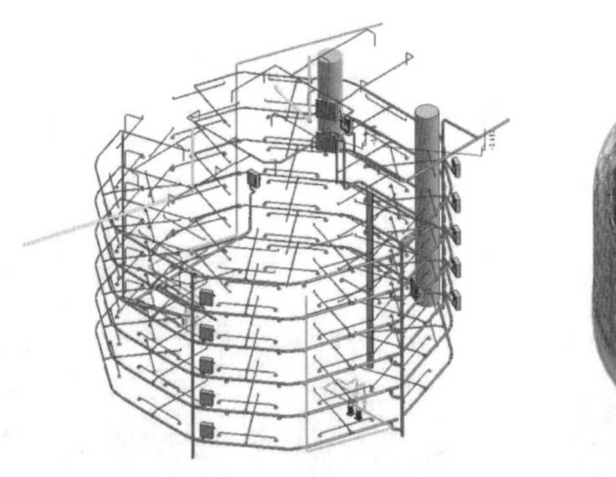
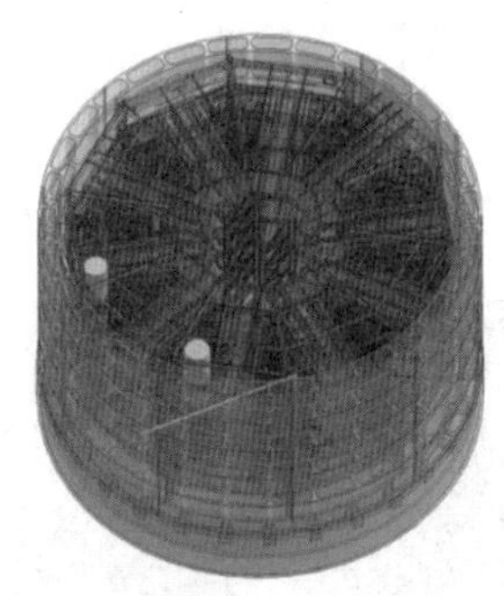

图 15　三维管线综合优化的成果

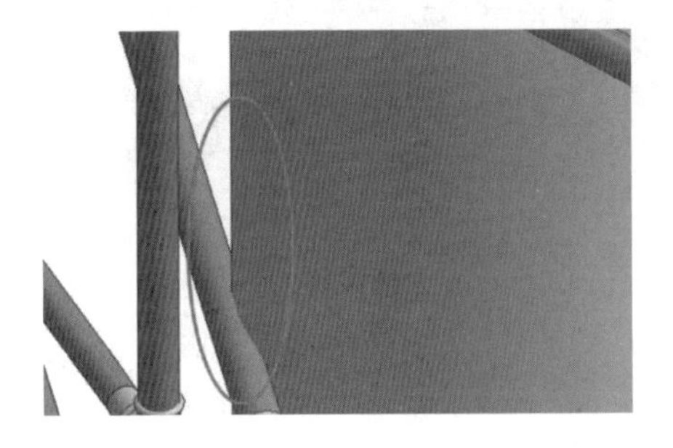

图 16　管线碰撞优化前

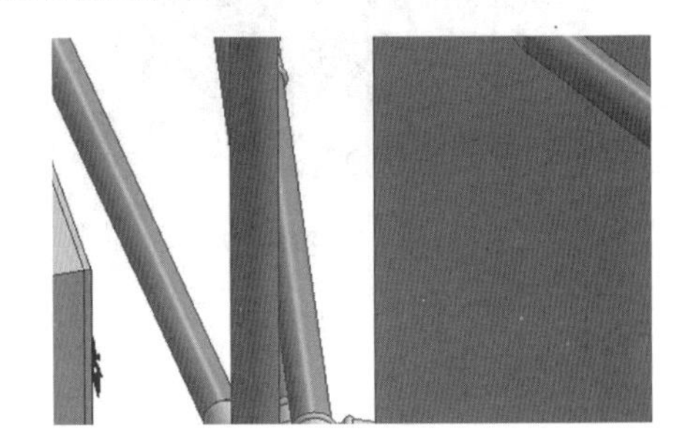

图 17　管线碰撞优化后

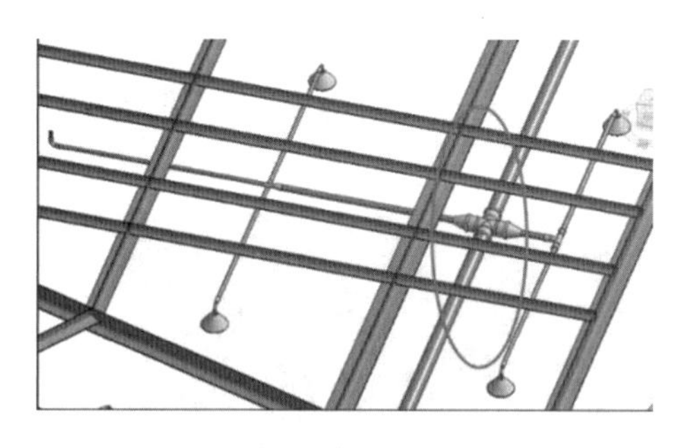

图 18　优化前，消防管道无法满足净高要求

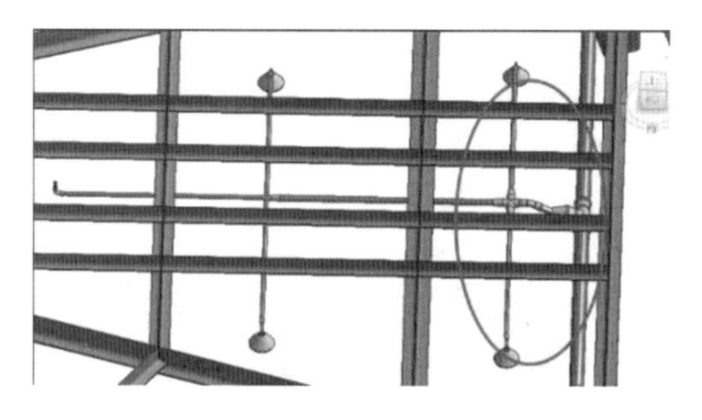

图 19　优化后，消防主管后移满足净高要求

7　基于 BIM 技术的预制构件应用

（1）预制组合方案展示。

通过 BIM 技术直观地把各个构件拆分展示，定制标准节、刃脚节等预制构件，更有效地表达了预制方案，从而提高了生产质量和现场安装效率，最大限度地避免图纸出错。预制组合方案展示图如图 20 所示。

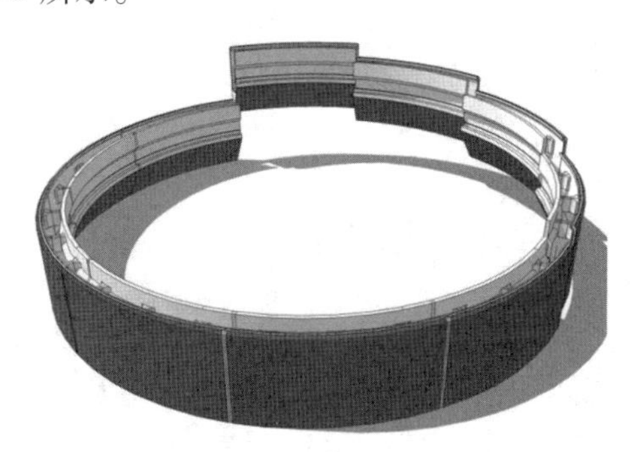

图 20　预制组合方案展示图

（2）预制构件深化设计。

根据二维设计图纸进行三维模型的建立，利用 BIM 技术的参数化特点，控制项目误差在 1 mm 以内。通过参数化限定钢筋预制构件外表面的位置，并通过控制延伸系数来精确控制钢筋弯钩长度，确保各构件钢筋形状，从而对刃脚节与标准节的内外壁等钢筋及预埋构件的定位进行参数化控制。标准节配筋 BIM 三维立体图如图 21 所示。

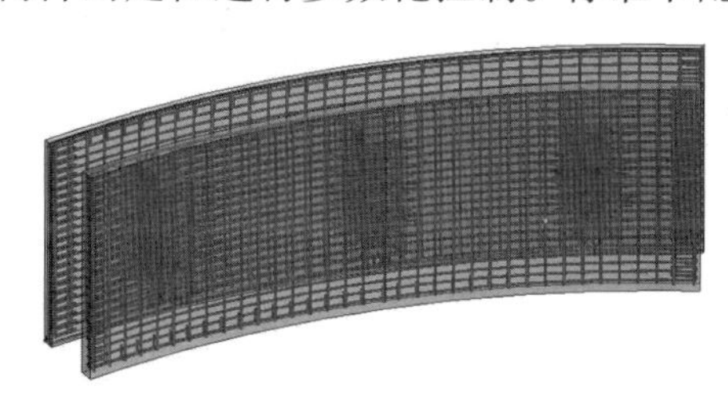

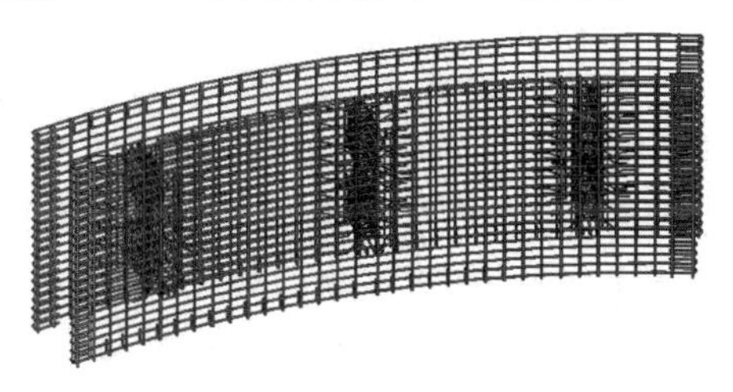

图 21　标准节配筋 BIM 三维立体图

预制构件深化设计工作有：预制构件钢筋碰撞检测、内部检查纠偏：各绘制专业间相

互穿插检查、图纸变更后的处理方式及纠偏方法:修改变更表,记录变更模型的基本信息,以便查阅。从而最大限度避免图纸出错,提高生产质量和现场安装效率。筒壁内墙钢筋连接 BIM 平面示意图如图 22 所示。

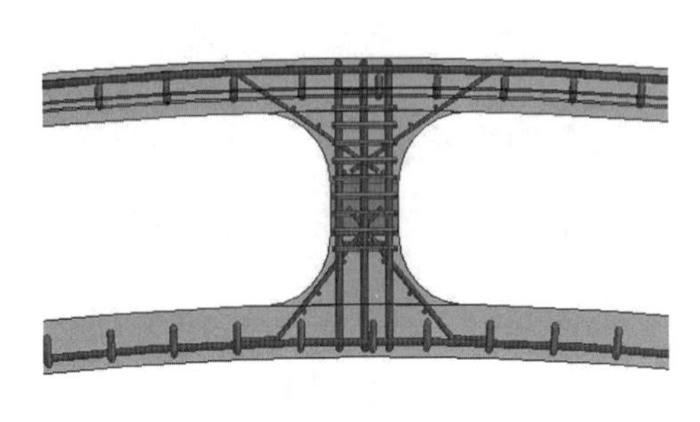

图 22　筒壁内墙钢筋连接 BIM 平面示意图

设计人员对筒壁进行了三维漫游观察,在建模过程中确定了不同钢筋的颜色,便于在漫游中发现设计不合理处,并进行优化(图 23)。

图 23　漫游检查钢筋碰撞处

以 BIM 为基础的碰撞检查,是依据几何的自动碰撞检测结合以语言和规则为基础的碰撞分析,进行设计过程沉井筒壁的整合检查。本项目通过对模型进行三维漫游检查,利用 Naviswork 软件的碰撞检测功能,发现了筒壁预制构件间的 2 821 处的碰撞,之后将碰撞问题进行归类,并筛选出其中会导致施工现场冲突的较严重的 50 处问题,输出相应的检测报告,然后将问题一一进行优化解决,如图 24 所示。

利用 BIM 软件平台的碰撞检测功能,可以预先发现图纸中的问题,有效规避了因图纸问题带来的停工及返工,提高了项目管理效率。

(3)物料清单输出。

预制构件自身的物理属性可基于 Revit 生成可视化的物料清单(图 25),包括混凝土用量、尺寸表、测量清单、钢筋用量和类型、预埋件型号和数量、堆放清单等信息。通过导出明细表对接,便于预制构件生产根据相应数据清单准确地进行物料采购,进而有效地组织安排生产计划。

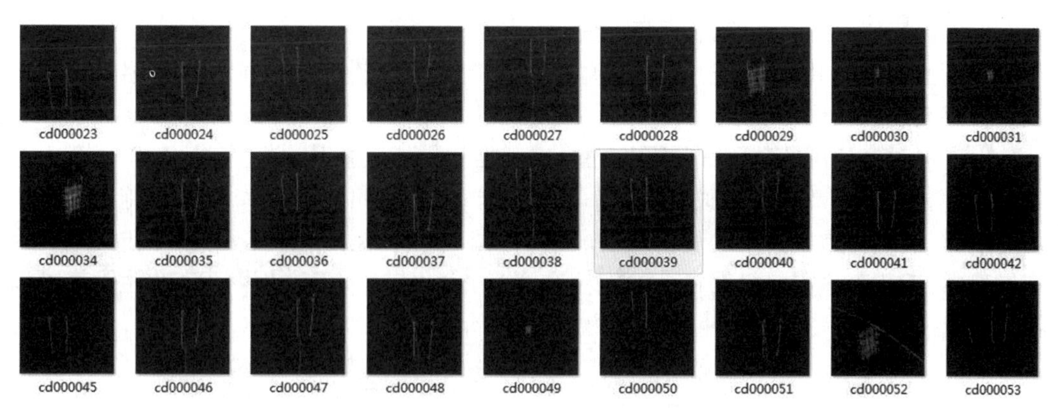

(a) 部分筒壁预制构件间的碰撞示意图

	钢筋	筒壁	预埋构件	合计
钢筋	276			
筒壁	561	140		
预埋构件	124	1 472	248	
合计	961	1 612	248	2 821

软件自动检测结果表

进行综合筛选后

	钢筋	筒壁	预埋构件	合计
钢筋	18			
筒壁	5	0		
预埋构件	25	2	0	
合计	48	2	0	50

需解决的碰撞检测表

(b) 检测报告

图 24　软件自动碰撞检测详图列表

<钢筋明细表>

A	B	C	D	E	F	G	H	I	J	K	L	M	N	O
钢筋	合计	钢筋直径	钢筋长度	钢筋体积	总重量	钢筋类型	A	B	C	D	E	F	G	H
1	63	25 mm	3420 mm	1678.79	10.2406	纵筋	120 mm	3150 mm	220 mm	0 mm	0 mm	0 mm	0 mm	160 mm
2	64	25 mm	3820 mm	1875.14	11.4383	纵筋	2270 mm	1330 mm	110 mm	30 mm	210 mm			
3	61	25 mm	1770 mm	868.85	5.3000	纵筋	1630 mm	160 mm	0 mm	0 mm	0 mm	0 mm	0 mm	650 mm
4	63	25 mm	1000 mm	490.87	2.9943	纵筋	180 mm	630 mm	270 mm	0 mm	0 mm	0 mm	0 mm	250 mm
5	1	20 mm	6310 mm	37664.55	229.7538	纵筋	6210 mm	0 mm	0 mm	0 mm	0 mm	0 mm	0 mm	190 mm
6	1	20 mm	6330 mm	37783.93	230.4820	纵筋	6230 mm	0 mm	0 mm	0 mm	0 mm	0 mm	0 mm	190 mm
7	2	20 mm	6310 mm	1982.34	12.0923	纵筋	6210 mm	0 mm	0 mm	0 mm	0 mm	0 mm	0 mm	190 mm
8	3	20 mm	6250 mm	1963.50	11.9773	分布筋	6200 mm	0 mm	0 mm	0 mm	0 mm	0 mm	0 mm	190 mm
9	3	20 mm	6280 mm	1972.92	12.0348	分布筋	6240 mm	0 mm	0 mm	0 mm	0 mm	0 mm	0 mm	190 mm
10	2	20 mm	6490 mm	2038.89	12.4373	纵筋	6390 mm	0 mm	0 mm	0 mm	0 mm	0 mm	0 mm	190 mm
11	4	20 mm	6820 mm	2142.57	13.0697	分布筋	6770 mm	0 mm	0 mm	0 mm	0 mm	0 mm	0 mm	190 mm
12	1	20 mm	6510 mm	2045.18	12.4756	纵筋	6420 mm	0 mm	0 mm	0 mm	0 mm	0 mm	0 mm	190 mm
13	1	20 mm	6700 mm	2104.87	12.8397	纵筋	6600 mm	0 mm	0 mm	0 mm	0 mm	0 mm	0 mm	190 mm
14	2	20 mm	6590 mm	2070.31	12.6289	纵筋	6490 mm	0 mm	0 mm	0 mm	0 mm	0 mm	0 mm	190 mm
15	1	20 mm	6540 mm	2054.60	12.5331	纵筋	6440 mm	0 mm	0 mm	0 mm	0 mm	0 mm	0 mm	190 mm
16	5	20 mm	6640 mm	2086.02	12.7247	纵筋	6540 mm	0 mm	0 mm	0 mm	0 mm	0 mm	0 mm	190 mm
17	1	20 mm	6660 mm	2092.30	12.7630	纵筋	6560 mm	0 mm	0 mm	0 mm	0 mm	0 mm	0 mm	190 mm
18	5	20 mm	6690 mm	2101.73	12.8205	纵筋	6590 mm	0 mm	0 mm	0 mm	0 mm	0 mm	0 mm	190 mm
19	4	20 mm	6610 mm	2076.59	12.6672	纵筋	6510 mm	0 mm	0 mm	0 mm	0 mm	0 mm	0 mm	190 mm
20	1	20 mm	6640 mm	2086.02	12.7247	纵筋	6540 mm	0 mm	0 mm	0 mm	0 mm	0 mm	0 mm	190 mm
21	10	20 mm	6710 mm	2108.01	12.8589	纵筋	6610 mm	0 mm	0 mm	0 mm	0 mm	0 mm	0 mm	190 mm

图 25　基于 Revit 输出的物料清单(局部)

(4)生产阶段的 BIM 培训、现场交底。

为贯彻“全员 BIM”的思想,应对预制工厂管理人员多进行 BIM 软件应用的实操培训及溯源系统的操作培训。

由于本项目使用的装配式异形构件通过三维软件能具象化其生产过程,将每个生产细节通过三维模型及三维动画展现出来,提高了施工人员的工作效率,使工程施工变得更加简单,有效地将施工技术通过三维生产模型(图 26)传递给了施工人员。同时,现场施工过程中,工艺工序需要极高精度的定位和测量,由此借助 BIM 技术的精确性优势可以辅助完成一系列工作。预制生产实景图如图 27 所示。

图 26　预制构件生产模型图

图 27　预制生产实景图

(5)预制构件生产。

根据装配式建筑预制混凝土构件的生产特点在系统内实施质量管理办法:通过对预制构件统一编码并运用 BIM 模型将构件信息植入二维码内等手段实现构件生产的质量检验,即通过手持终端方式将扫描二维码内通过 BIM 平台植入的构件信息实名填入各生产运行情况,达到检验环节的质量可控性及信息可追溯性,如图 28 和图 29 所示。

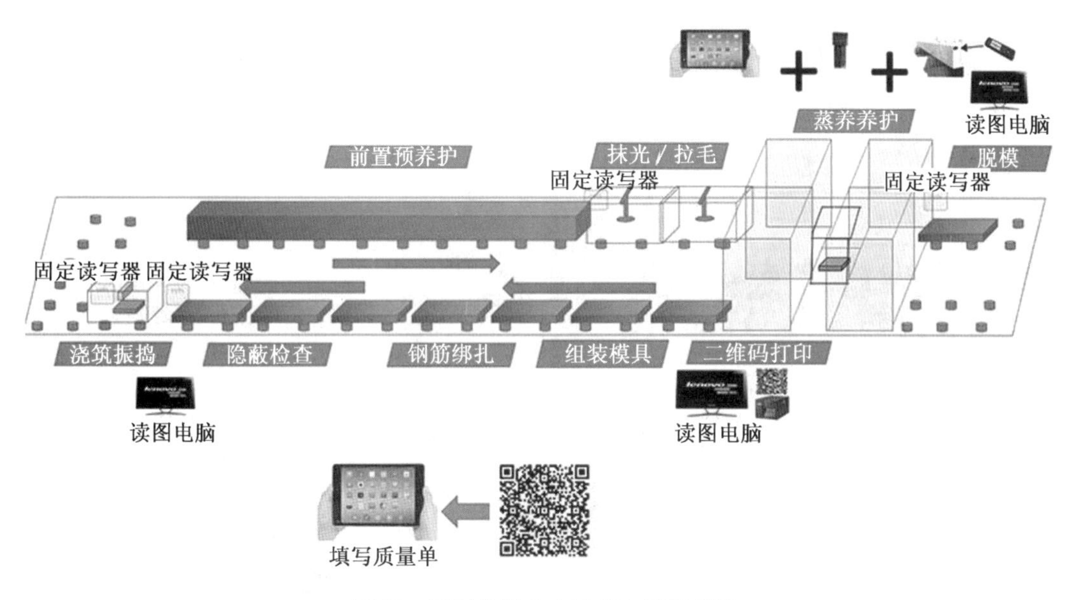

图 28　预制构件生产过程追溯管理图

图 29　移动端的质量检验

(6)运输方案模拟。

通过建立 BIM 模型,在预制构件装车前,模拟预制构件装车方案(图 30),通过优化调整,提升车辆运输效率,降低运输成本。

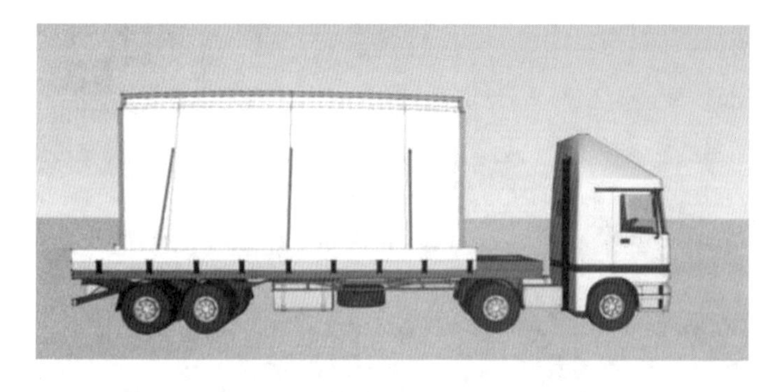

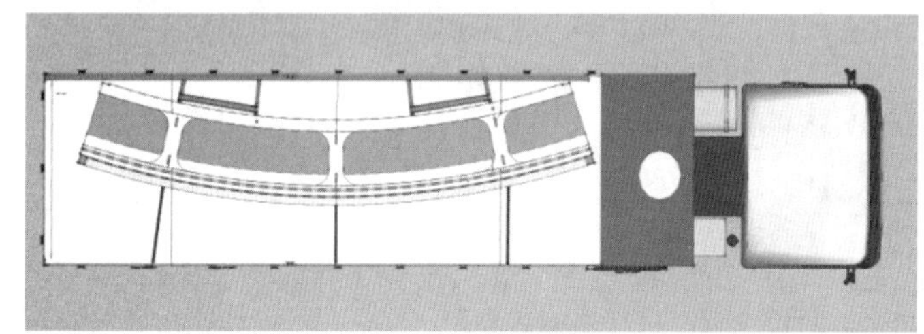

图 30　运输阶段装车堆放模拟示意图

8　基于 BIM 技术的施工阶段应用

(1)施工场地布置。

利用 BIM 技术建立场地模型(图 31),合理规划现场临建、预制构件堆场位置,提高场地利用率,节约用地资源;通过科学合理布置塔吊位置、预制构件堆放位置,提高现场吊装效率;合理规划场地内运输车辆进出路线,避免现场施工产生问题。

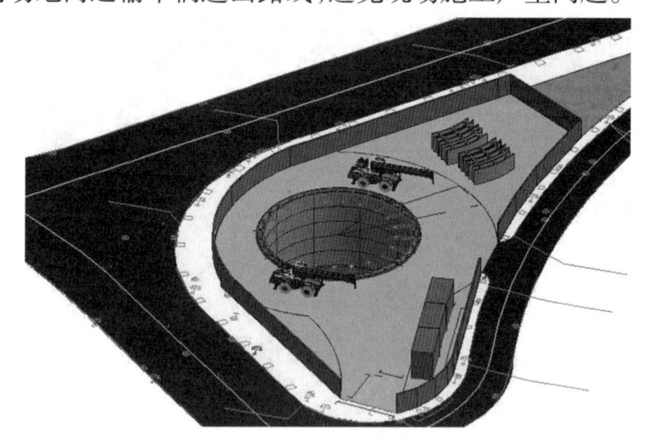

图 31　场地布置图

(2)施工模拟。

4D 施工模拟技术可以在项目建造过程中合理制订施工计划、精确掌握施工进度,优化使用施工资源以及科学地进行场地布置,对整个工程的施工进度、资源和质量进行统一管理和控制(图 32),以缩短工期、降低成本、提高质量。

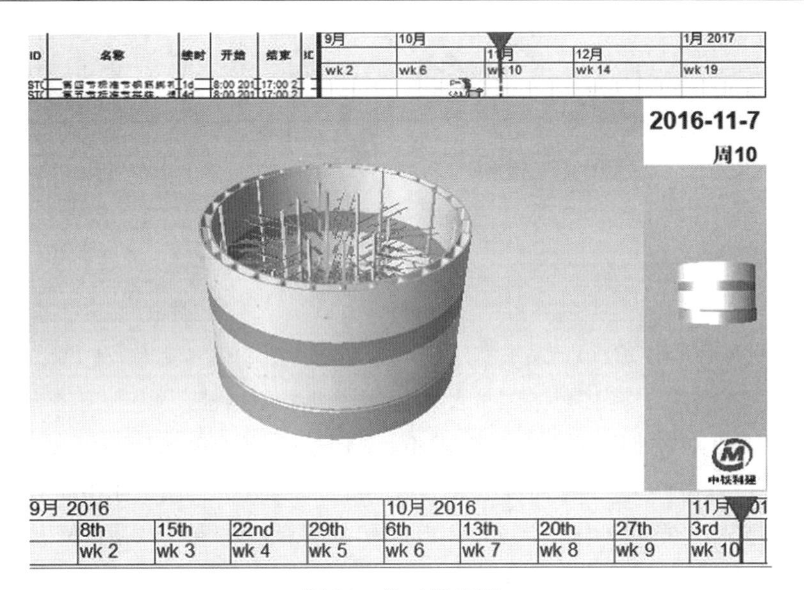

图 32　施工模拟图

利用 BIM 的可视化特点，模拟构件支承，进行现场指导（图 33）。

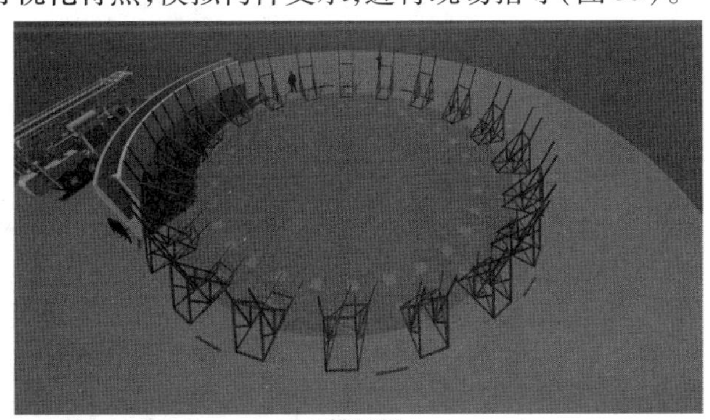

(a) 模拟图一

(c) 模拟图二

(d) 实景图

图 33　构件支承模拟图构件支承实景图

（3）复杂节点三维展示。

通过对结构连接节点等关键部位进行三维展示（图 34），辅助施工方案技术交底，提高了工人的现场施工质量与效率，避免了施工过程中因施工不当造成材料浪费。

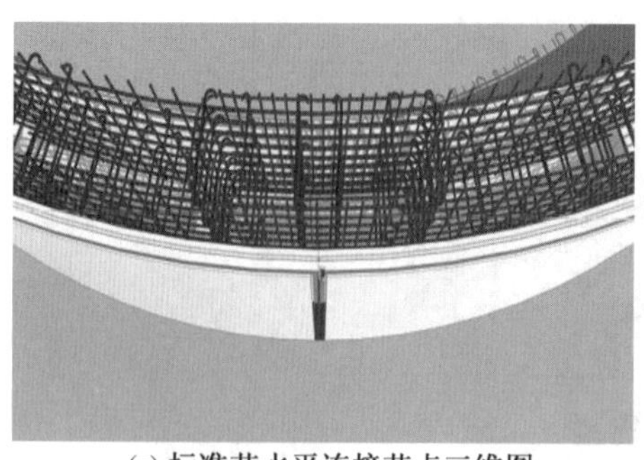

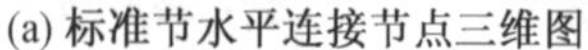

(a) 标准节水平连接节点三维图

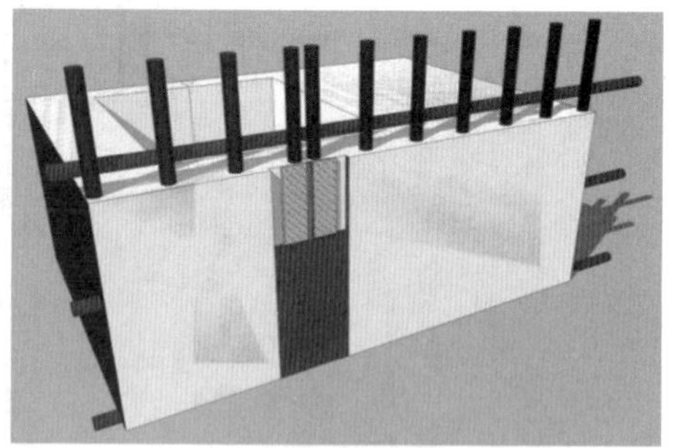

(b) 标准节竖向连接节点三维图

图 34　标准节水平与竖向连接节点三维图

(4)精确辅助施工现场放线及放置预埋件。

现场施工过程中,工艺工序需要高精度的定位和测量,由此借助 BIM 技术的精确性优势可以辅助完成一系列工作。例如,在放线和放置预埋件时,采用 BIM 技术辅助现场进行定位放样(图 35),从而很好地保证了预制构件、施工精度,提高了施工容错率。

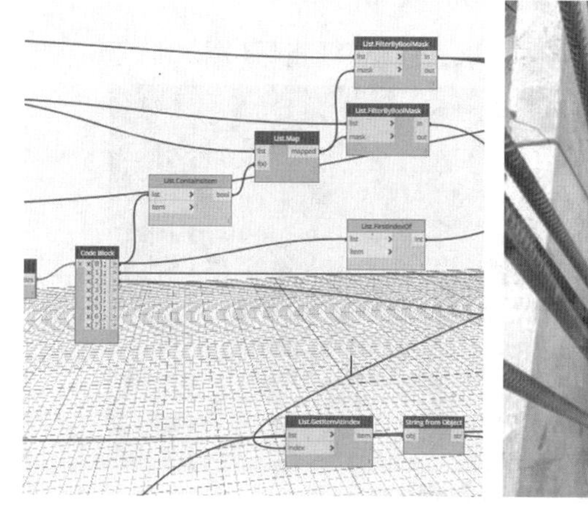

图 35　辅助预埋件精准放样

(5)虚拟进度与实际进度对比。

在施工阶段,将施工进度计划整合进施工图 BIM 模型,形成 4D 施工模型,模拟项目整体施工进度安排,对工程施工实际进度情况与虚拟进度情况进行对比分析(图 36),检查与分析施工工序衔接及进度计划合理性,并借助施工管理平台进行项目施工进度管理,切实提供施工管理质量与水平。

(6)竣工模型。

在项目竣工交付阶段,在施工模型的基础上,对工程竣工模型的竣工信息进行补充完善,生成各专业竣工模型。同时搜集整理各类非结构化的施工过程文件,形成以竣工 BIM 模型为中心的工程竣工数据库,并与竣工 BIM 模型实现关联,归档完成。海沧沉井式智能机械车库项目建成实景图如图 37 所示。

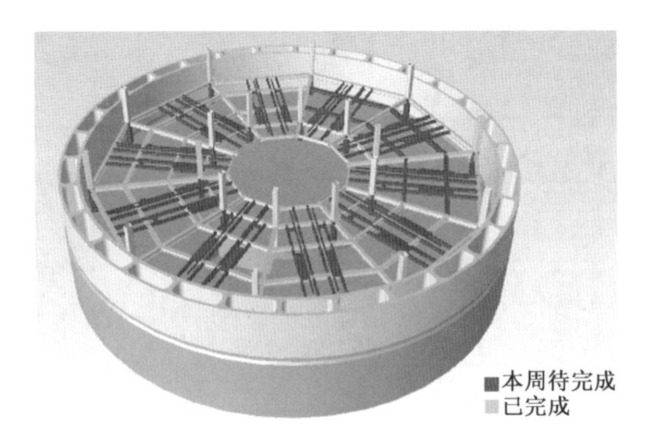

图 36　虚拟进度与实际进度对比分析

图 37　海沧沉井式智能机械车库项目建成实景图

参考文献

[1] 佚名. 全国首个预制装配沉井式地下机械停车库投入使用[J]. 现代交通技术,2017,14(3):29.
[2] 周威榕,郑彦静. 厦门海沧创新停车空间利用[J]. 城乡建设,2017(6):51-53.
[3] 李婵夕. 城市狭小地块建设地下停车库施工方法研究[J]. 福建建设科技,2018(5):52-54.